쉽게 하는
R 통계분석

황성동 저

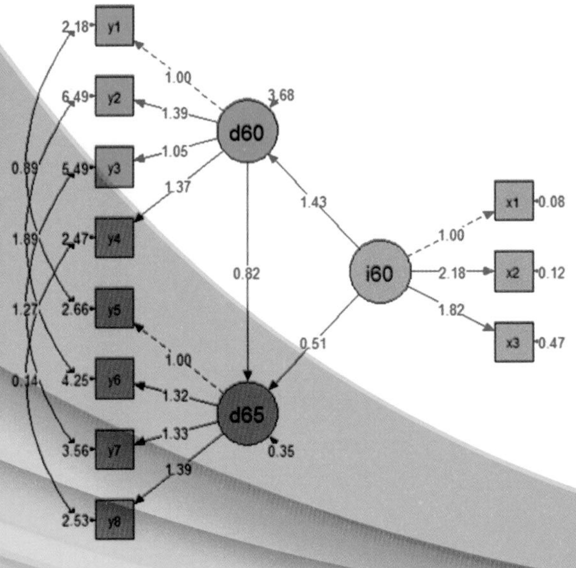

학지사

* 명령어(스크립트) 파일과 데이터 파일은
학지사 홈페이지(http://www.hakjisa.co.kr)에서
다운로드할 수 있으며, 분석 결과는 R 버전에 따라
다소 다르게 나올 수 있습니다.

머리말

데이터 과학 시대에 즈음하여 데이터 사이언스에 대한 사회적 관심과 수요가 커짐에 따라 데이터를 이해하고 분석하는 지식과 기술에 대한 중요성 또한 크게 증가하고 있다. 데이터 분석 도구 프로그램 중에는 연구자들에게 비교적 친숙한 유료 프로그램으로 SPSS, SAS, Stata 등이 있지만 그 비용이 만만치 않은 것이 사실이다. 이에 반해, R 플랫폼은 오픈소스 및 무료 프로그램으로 누구나 원하면 마음껏 활용할 수 있다는 큰 장점이 있다.

그리고 R은 통계분석 프로그램이기도 하지만 기본적으로 프로그래밍 언어이기 때문에 많은 데이터 과학자와 통계학자에 의해 표준 언어로 사용되면서 매우 광범위하게 활용되고 있다. 그래서 R에는 기본(base) 프로그램 외에 2020년 2월 현재 18,000개가 넘는 분석 패키지가 개발되어 있어 어떤 데이터 분석도 가능할 정도로 발전된 모습을 보이고 있다. 그리고 오픈소스 특성을 이용하여 많은 데이터 개발자가 R 프로그램과 패키지 확장, 그리고 개선을 위해 부단히 노력하고 있어 앞으로의 발전 가능성은 무궁무진하다고 하겠다.

이 책은 R을 보다 체계적으로 배울 수 있도록 R에 대한 소개와 더불어 설치 방법부터 시작하여 통계분석 방법들을 하나씩 하나씩 이해하기 쉽게 학습할 수 있도록 구성하였다. 특히 많은 연구자가 어려워하는 통계분석에 대한 수식과 이론을 최소화하여 초보자도 쉽게 접근할 수 있도록 하였다. 그리고 분석 기법별로 제시된 명령어와 예제를 직접 보고 따라 함으로써 분석 결과를 이해하고 데이터 분석 기법들을 차근차근 학습할 수 있도록 하였다.

이 책은 총 4부로 구성되어 있으며, 제1부는 R 설치 방법, 기본 사용법, 그리고 데이터 구조 및 데이터 처리에 대한 내용을 포함하여 기본적으로 R을 이해하기 위한 장들로 구성하였다. 제2부는 기술통계분석을 다루고 있어 통계분석의 기본 개념, 기술통계분석, 빈도표 및 분할표, 그리고 신뢰도 분석을 포함하고 있다. 이어서 제3부는 추론통계분석에 대한 내용으로, 통계적 검정을 시작으로 카이스퀘어 검정, 평균차이 검정, 상관분석, 회귀분석, 분산분석, 일반화선형회귀분석, 요인분석 및 구조방정식까지 폭넓게 다루고 있다. 그리고 제4부는 데이터 시각화에 대한 내용을 다루고 있으며, ggplot2 및 sjPlot 패키지를 이용한 데이터 시각화에 대한 장들로 구성되어 있다.

저자는 대학교에서 학생들에게 리서치 방법과 데이터 분석을 상당 기간 가르쳐 왔지만 상업용 프로그램의 한계와 제약으로 인해 학생들과 연구자들이 겪고 있는 어려움을 직접 체험하였다. 그래서 R 프로그램을 알게 된 이후로 학생들이 보다 편리하고 비용에 대한 부담 없이 마음껏 활용할 수 있는 프로그램이 되기를 소망해 왔다. 이러한 이유로, 이 책을 통해 학생들과 연구자들이 R을 이해하고 활용하는 데 조금이라도 도움이 되었으면 하는 마음이 간절하다.

이 책이 나오기까지 항상 선한 길로 인도해 주신 주님의 은혜에 먼저 깊은 감사를 드린다. 그리고 R 프로그램을 개선하기 위해 끊임없이 노력해 온 개발자들에게 진심 어린 감사를 표한다. 아울러 강의 시간에 많은 질문과 격려를 아끼지 않은 학생들과 연구자들에게도 감사함을 느낀다. 끝으로 옆에서 항상 격려와 조언을 아끼지 않는 아내 정화와 늘 아빠를 지지해 준 아들 희근에게 고마움을 전하고 싶다.

2021년 5월

황성동

차례

세부 차례

I

R 이해하기

III

추론통계분석

I R 이해하기

01 R 설치하기

02 R 기본사용법

03 R 데이터 구조 및 데이터 처리

01 R 설치하기

1.1 R의 역사

R은 프로그래밍 언어이면서 동시에 통계분석 소프트웨어이기도 하다. 무엇보다 R은 오픈소스 플랫폼으로서 인터넷 사이트(http://www.r-project.org)에서 누구나 쉽게 다운받아 무료로 사용할 수 있는 큰 장점을 가지고 있다. R을 처음 만든 사람은 당시 뉴질랜드 오클랜드대학교의 통계학과 교수였던 Robert Gentleman과 Ross Ihaka였으며, 이들은 1993년 R을 처음 소개하면서 그 소스(source)를 공개하여 누구나 사용할 수 있도록 하였다([그림 1-2] 참조). 이들은 1976년 당시 미국의 벨 연구소(Bell Lab) 통계학자였던 John Chambers가 만든 통계분석 언어인 S 프로그램에 영향을 많이 받았다고 한다. R 프로그램의 이름은 Robert Gentleman과 Ross Ihaka의 이름이 모두 R로 시작한다는 점과 John Chambers가 만든 S 프로그램 이름에 기인하여 R로 명명되었다(https://en.wikipedia.org/wiki/R_(programming_language)). 2000년 R 1.0 버전이 공식 발표되어 2020년 R 프로그램 개발 20주년을 맞이하였다.

[그림 1-1] R 인터넷 사이트 초기 화면

[그림 1-2] R 개발자 및 오클랜드대학교 통계학과 현판

(상단 왼쪽부터 Robert Gentleman, Ross Ihaka)

R을 사용하는 이유(Why use R?)

- R은 오픈소스 프로그램으로서 누구나 무료로 사용할 수 있다.
- R은 지속적으로 발전되고 있으며, 2021년 2월 현재 18,000개가 넘는 패키지가 만들어져 있다.
- R은 수많은 데이터과학자들과 프로그래머들에 의해 매우 광범위하게 사용되고 지지를 받고 있다.

1.2 R 설치하기

R 프로그램 설치는 공식사이트인 http://www.r-project.org에서 다음과 같은 순서로 이루어진다.

- 먼저 초기 화면에서 download R을 클릭([그림 1-3] 참조)
- R 서버에 해당되는 CRAN mirror를 선택([그림 1-4] 참조)
- Download R for Windows를 클릭([그림 1-5] 참조)
- Install R for the first time을 클릭([그림 1-6] 참조)
- Download R 4.0.2 for Windows를 클릭([그림 1-7] 참조) (윈도우 사용자의 경우)
- 저장된 실행 파일을 더블 클릭하여 설치([그림 1-8] 참조)

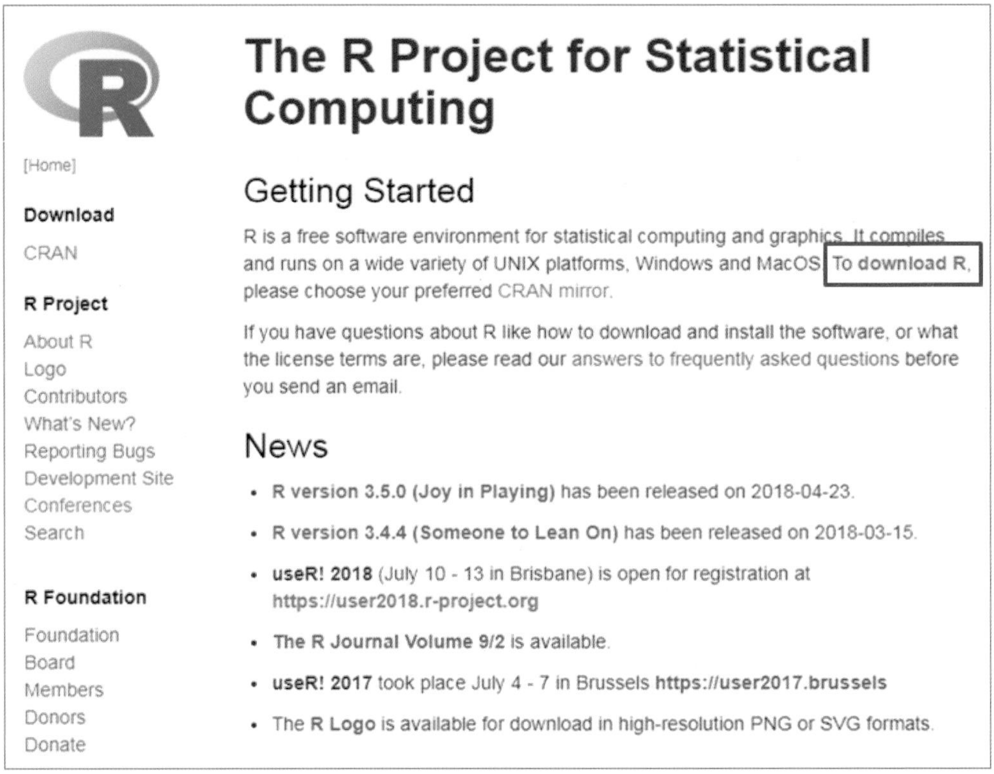

[Home]

Download

CRAN

R Project

About R
Logo
Contributors
What's New?
Reporting Bugs
Development Site
Conferences
Search

R Foundation

Foundation
Board
Members
Donors
Donate

The R Project for Statistical Computing

Getting Started

R is a free software environment for statistical computing and graphics. It compiles and runs on a wide variety of UNIX platforms, Windows and MacOS. To download R, please choose your preferred CRAN mirror.

If you have questions about R like how to download and install the software, or what the license terms are, please read our answers to frequently asked questions before you send an email.

News

- **R version 3.5.0 (Joy in Playing)** has been released on 2018-04-23.
- **R version 3.4.4 (Someone to Lean On)** has been released on 2018-03-15.
- **useR! 2018** (July 10 - 13 in Brisbane) is open for registration at **https://user2018.r-project.org**
- **The R Journal Volume 9/2** is available.
- **useR! 2017** took place July 4 - 7 in Brussels **https://user2017.brussels**
- The **R Logo** is available for download in high-resolution PNG or SVG formats.

[그림 1-3] R 프로그램의 공식 사이트 초기 화면

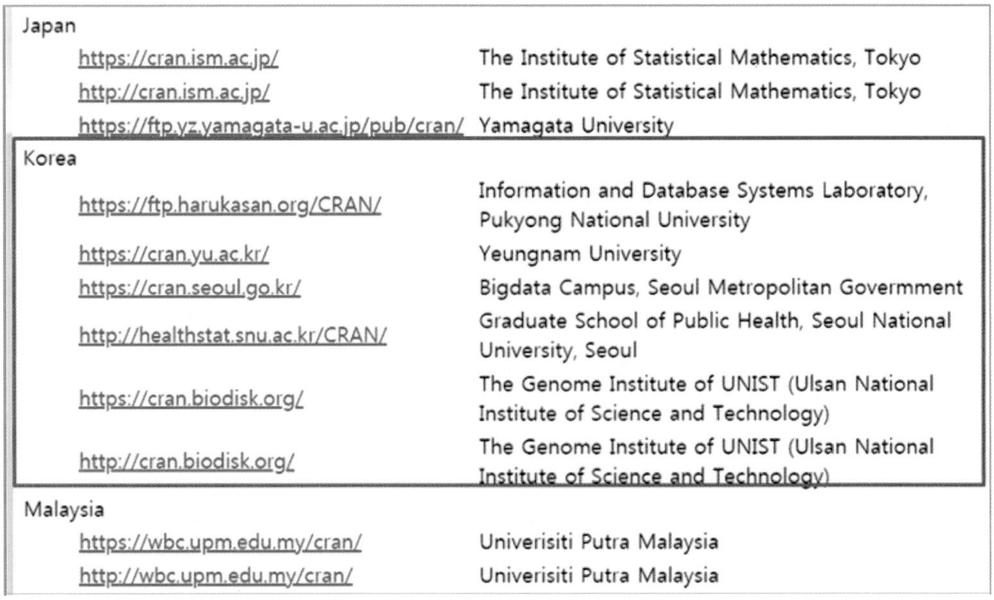

Japan	
https://cran.ism.ac.jp/	The Institute of Statistical Mathematics, Tokyo
http://cran.ism.ac.jp/	The Institute of Statistical Mathematics, Tokyo
https://ftp.yz.yamagata-u.ac.jp/pub/cran/	Yamagata University
Korea	
https://ftp.harukasan.org/CRAN/	Information and Database Systems Laboratory, Pukyong National University
https://cran.yu.ac.kr/	Yeungnam University
https://cran.seoul.go.kr/	Bigdata Campus, Seoul Metropolitan Govermment
http://healthstat.snu.ac.kr/CRAN/	Graduate School of Public Health, Seoul National University, Seoul
https://cran.biodisk.org/	The Genome Institute of UNIST (Ulsan National Institute of Science and Technology)
http://cran.biodisk.org/	The Genome Institute of UNIST (Ulsan National Institute of Science and Technology)
Malaysia	
https://wbc.upm.edu.my/cran/	Univerisiti Putra Malaysia
http://wbc.upm.edu.my/cran/	Univerisiti Putra Malaysia

[그림 1-4] CRAN mirror 설정하기

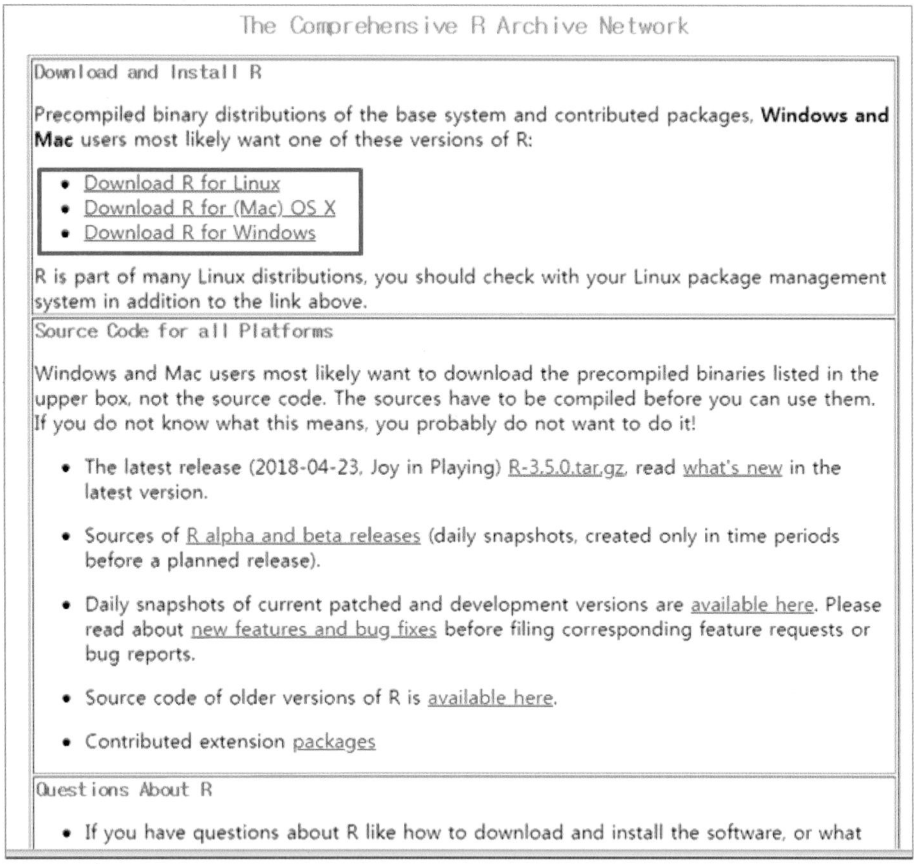
The Comprehensive R Archive Network

Download and Install R

Precompiled binary distributions of the base system and contributed packages, **Windows and Mac** users most likely want one of these versions of R:

- Download R for Linux
- Download R for (Mac) OS X
- Download R for Windows

R is part of many Linux distributions, you should check with your Linux package management system in addition to the link above.

Source Code for all Platforms

Windows and Mac users most likely want to download the precompiled binaries listed in the upper box, not the source code. The sources have to be compiled before you can use them. If you do not know what this means, you probably do not want to do it!

- The latest release (2018-04-23, Joy in Playing) R-3.5.0.tar.gz, read what's new in the latest version.
- Sources of R alpha and beta releases (daily snapshots, created only in time periods before a planned release).
- Daily snapshots of current patched and development versions are available here. Please read about new features and bug fixes before filing corresponding feature requests or bug reports.
- Source code of older versions of R is available here.
- Contributed extension packages

Questions About R

- If you have questions about R like how to download and install the software, or what

[그림 1-5] 다양한 OS 프로그램 중 선택

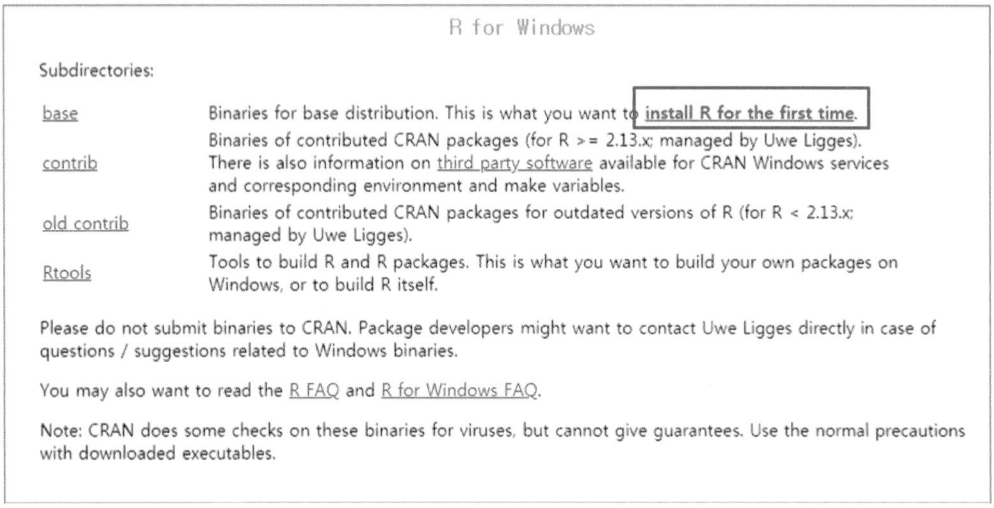
R for Windows

Subdirectories:

base	Binaries for base distribution. This is what you want to **install R for the first time**.
contrib	Binaries of contributed CRAN packages (for R >= 2.13.x; managed by Uwe Ligges). There is also information on third party software available for CRAN Windows services and corresponding environment and make variables.
old contrib	Binaries of contributed CRAN packages for outdated versions of R (for R < 2.13.x; managed by Uwe Ligges).
Rtools	Tools to build R and R packages. This is what you want to build your own packages on Windows, or to build R itself.

Please do not submit binaries to CRAN. Package developers might want to contact Uwe Ligges directly in case of questions / suggestions related to Windows binaries.

You may also want to read the R FAQ and R for Windows FAQ.

Note: CRAN does some checks on these binaries for viruses, but cannot give guarantees. Use the normal precautions with downloaded executables.

[그림 1-6] 최초 설치를 선택

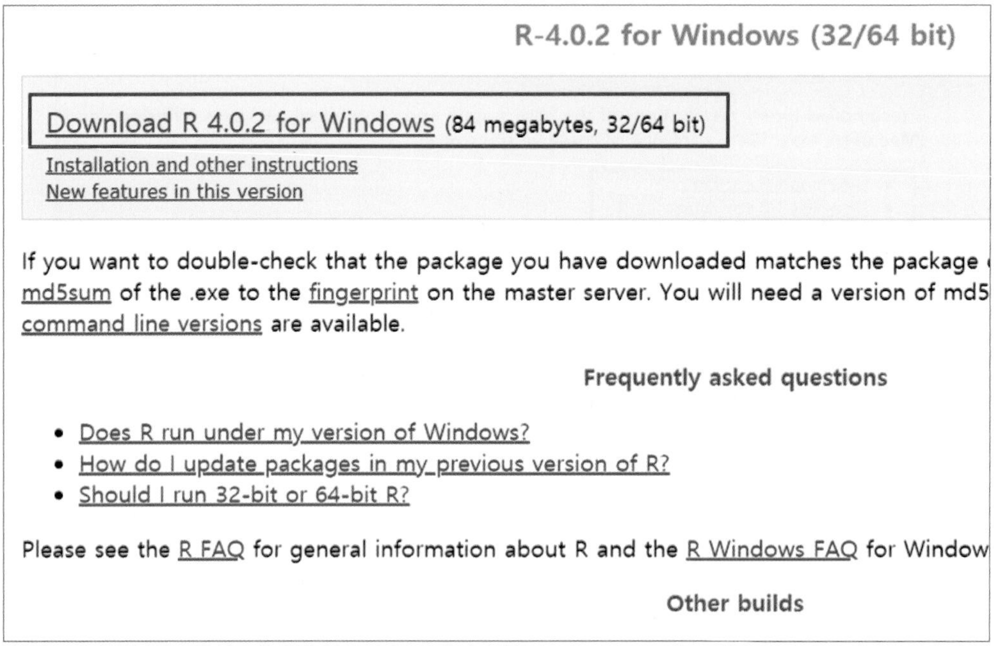

[그림 1-7] R 최신 버전을 선택

다음과 같이 저장된 실행 파일을 더블 클릭하여 실행한다.

[그림 1-8] 저장된 실행 파일을 더블 클릭

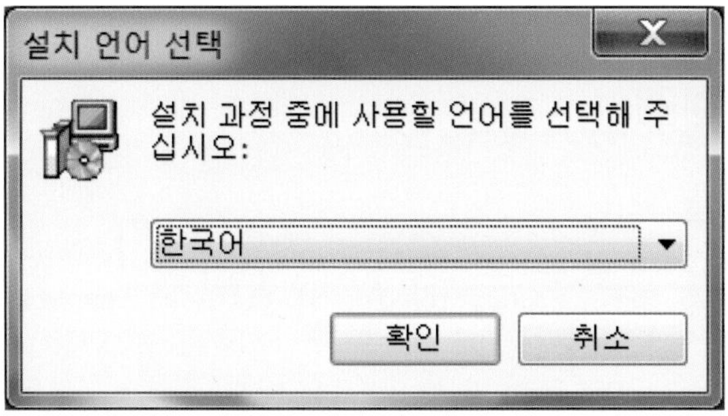

[그림 1-9] 설치 중 사용 언어 선택

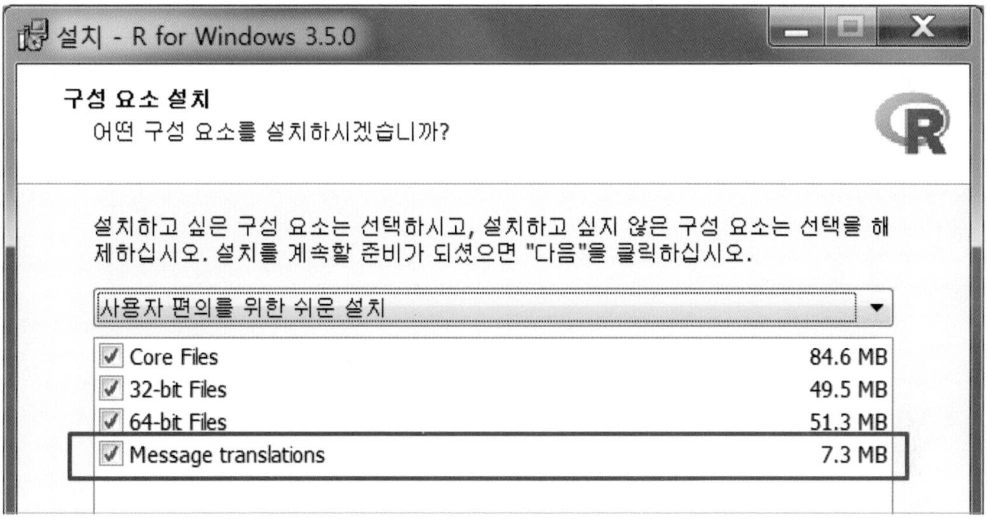

[그림 1-10] 한국어 환경을 위해 Message translations 체크

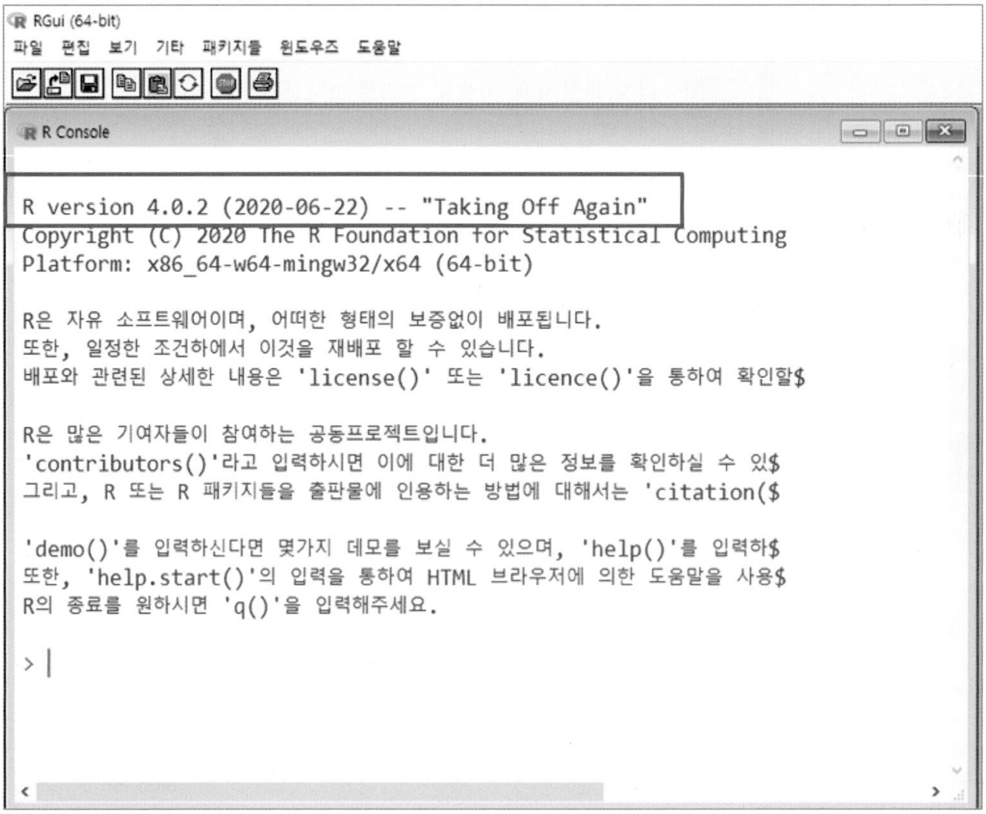


```
> library(vcd)
> head(Arthritis)
  ID Treatment  Sex Age Improved
1 57   Treated Male  27     Some
2 46   Treated Male  29     None
3 77   Treated Male  30     None
4 17   Treated Male  32   Marked
5 36   Treated Male  46   Marked
6 23   Treated Male  58   Marked
```

[그림 1-11] R을 실행한 초기 화면

위 그림에서 보는 것처럼 R은 SPSS 등과 같이 그래픽사용자 환경(graphical user interface, GUI)이 아니라 명령어중심 환경(command-line user interface, CUI)으로 되어 있어 명령어 기반 프로그램임을 알 수 있다.

1.3 R 패키지 설치 및 불러오기

R은 기본 프로그램(base program)과 패키지(packages)로 구성되어 있으며, 패키지는 구체적인 통계분석을 위한 목적으로 만든 것이다. 따라서 R을 제대로 사용하려면 구체적인 분석을 위해 만들어진 패키지를 설치하는 것이 필요하다.

❐ 패키지 설치하기 방법1: 명령어 직접 입력

```
> install.packages("lavaan")
> install.packages("psych")
```

❐ 패키지 설치하기 방법2: 메뉴 이용

다음과 같이 R 메뉴에서 설치할 수 있다.

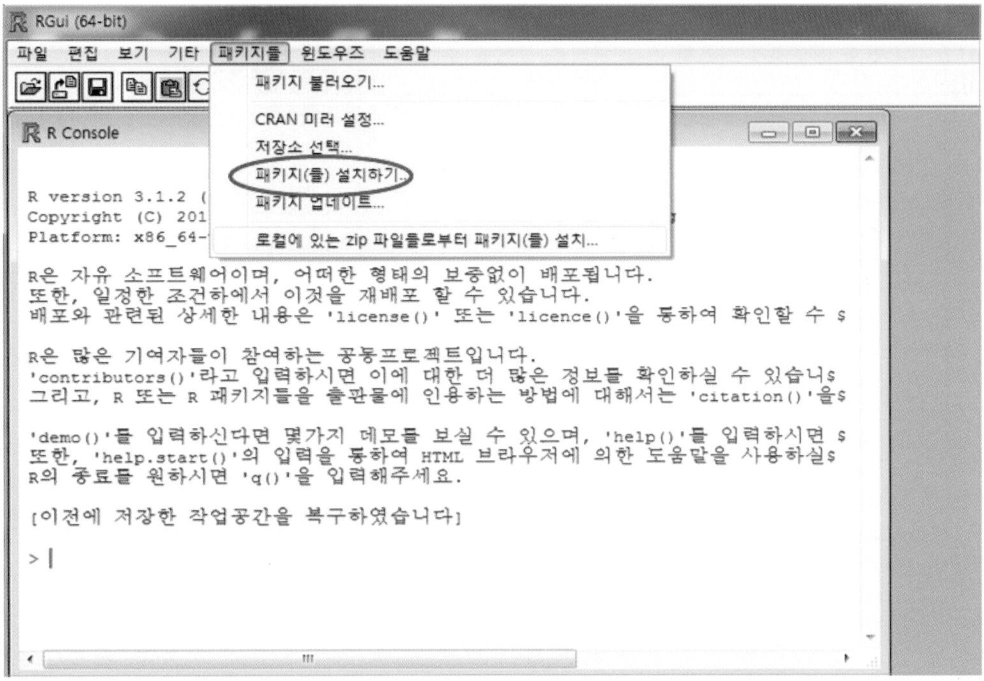

[그림 1-12] R 실행 화면에서 패키지 설치하기 메뉴 선택

패키지를 설치할 때는 먼저 CRAN 미러 설정을 하게 되며, 패키지를 설치하기 전에 "Would you like to use your personal library instead?"라는 질문이 나오면 "yes"라고 응답한다.

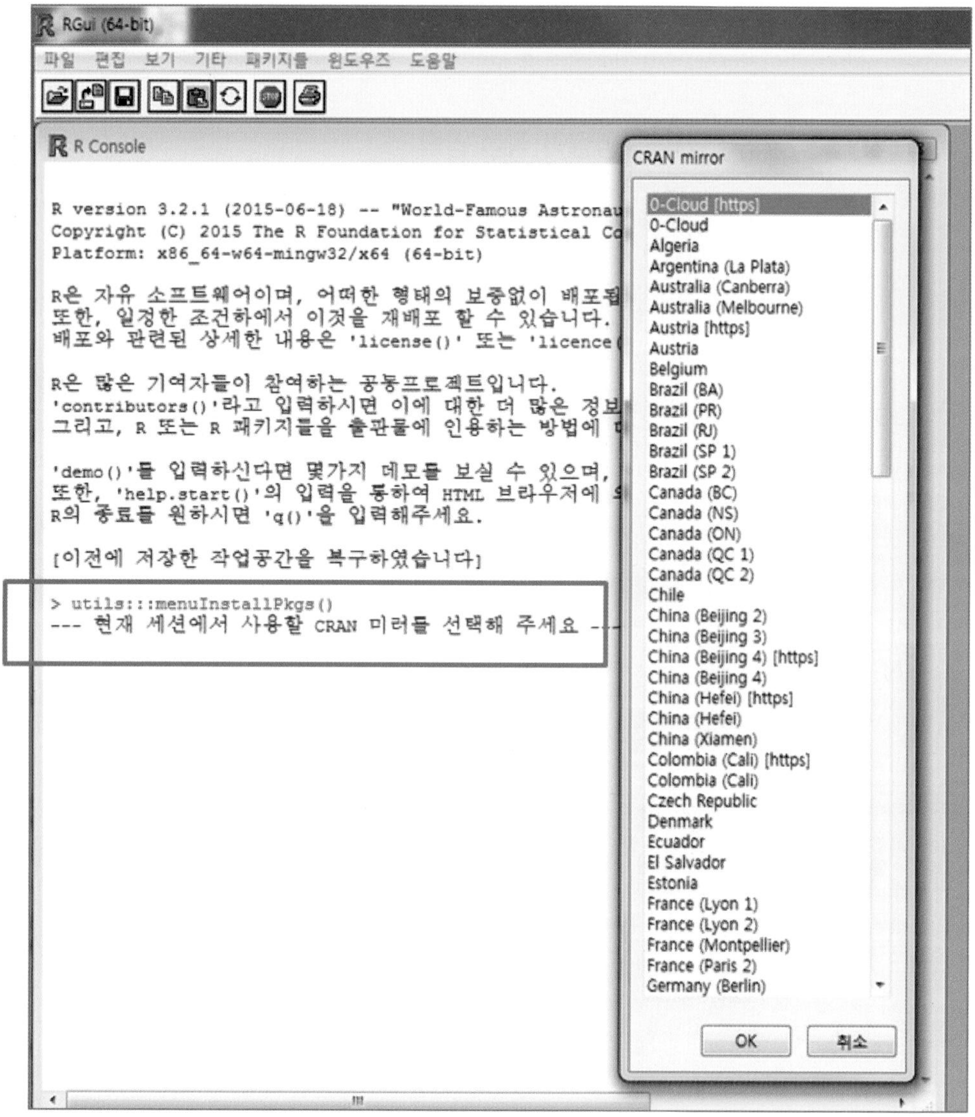

[그림 1-13] 패키지 설치에 앞서 CRAN 미러 설정하기

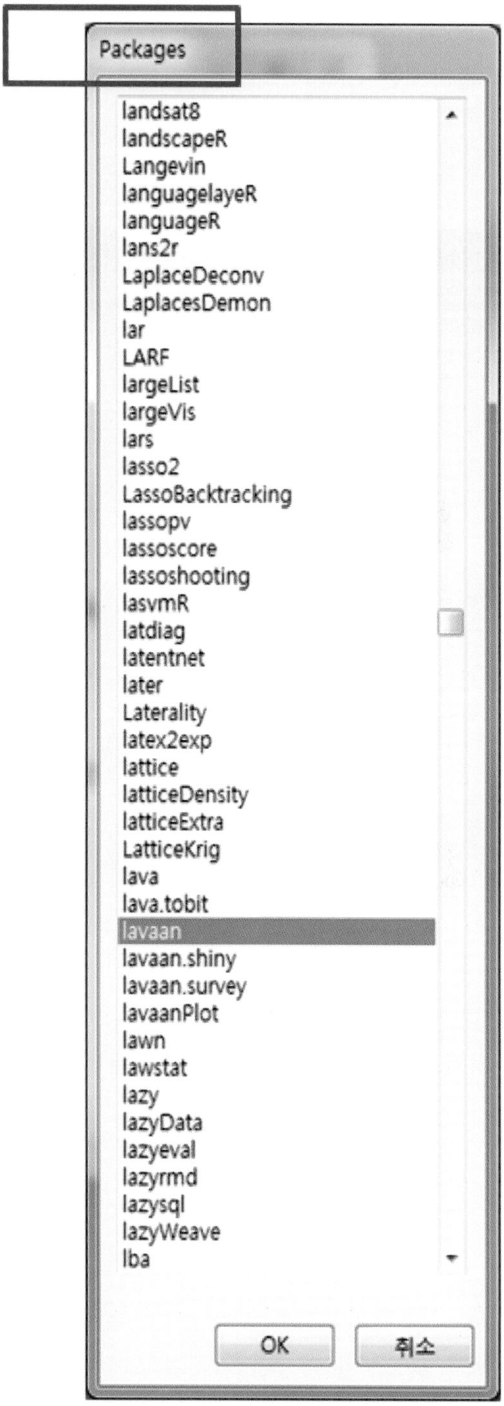

[그림 1-14] 여러 패키지 중에서 설치할 패키지 선택

선택한 패키지는 Window 10 경우 라이브러리 ⇨ 문서 ⇨ R 폴더에 저장되어 있으며, base 프로그램과 패키지는 C:₩Program Files₩R₩R-4.0.2 폴더에 저장되어 있다.

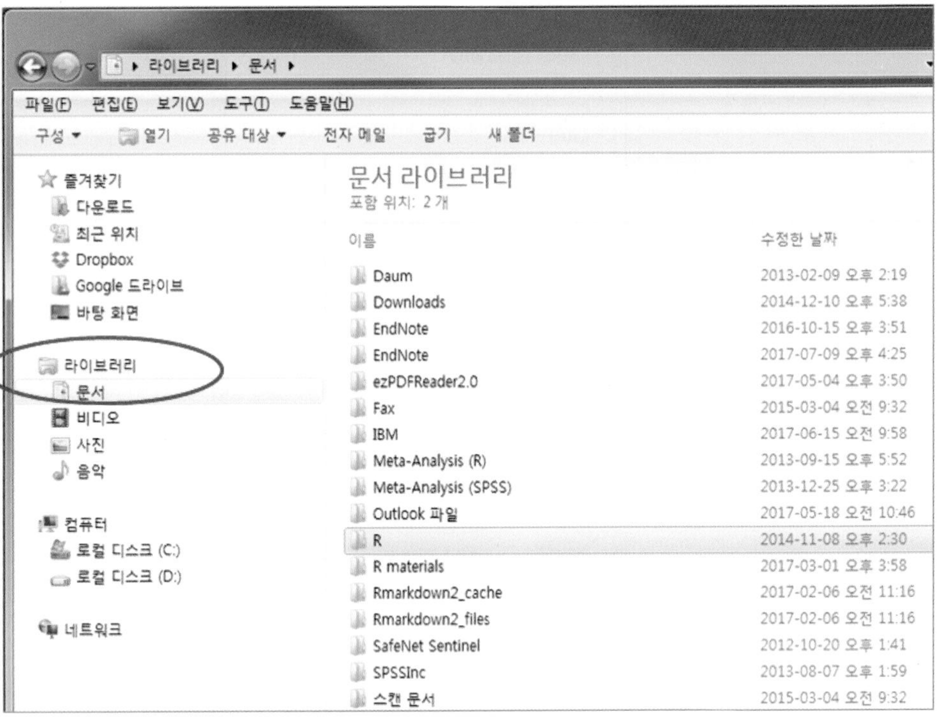

[그림 1-15] Windows 10의 경우 설치된 패키지가 저장된 폴더

참고로 설치된 패키지가 저장된 library 경로를 알아보려면 다음과 같이 명령어를 입력한다.

```
> .libPaths( )
```

❐ 패키지 불러오기: 명령어 직접 입력

패키지 불러오기는 다음과 같이 library(패키지 이름)를 입력한다.

```
> library(psych)

> library(lavaan)
```

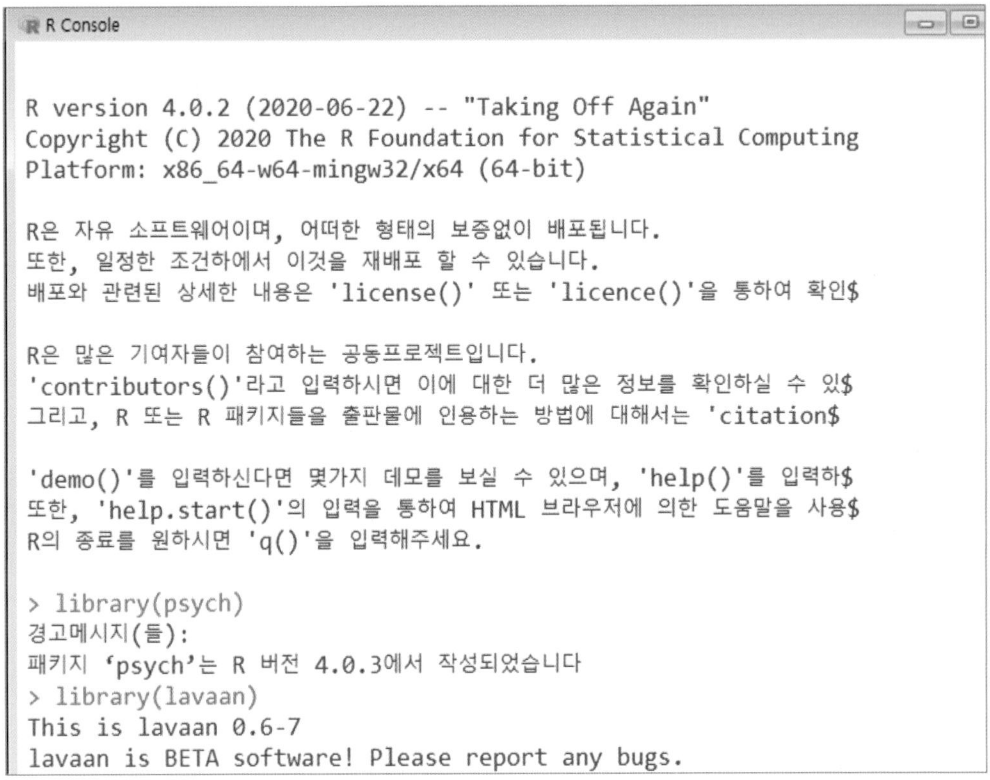

[그림 1-16] 패키지를 불러온 모습

그리고 설치된 패키지에 대한 간략한 설명을 보려면 다음과 같이 입력한다.

```
> ?psych
```

00.psych {psych} R Documentation

A package for personality, psychometric, and psychological research

Description

Overview of the psych package.

The psych package has been developed at Northwestern University to include functions most useful for personality and psychological research. Some of the functions (e.g., read.file, read.clipboard, describe, pairs.panels, error.bars and error.dots) are useful for basic data entry and descriptive analyses. Use help(package="psych") or objects("package:psych") for a list of all functions Two vignettes are included as part of the package. The overview vignette provides examples of using psych in many applications.

Psychometric applications include routines (fa for maximum likelihood (fm="mle"), minimum residual (fm="minres"), minimum rank (fm=minrank) principal axes (fm="pa") and weighted least squares (fm="wls") factor analysis as well as functions to do Schmid Leiman transformations (schmid) to transform a hierarchical factor structure into a bifactor solution. Principal Components Analysis (pca is also available. Rotations may be done using Factor or components transformations to a target matrix include the standard Promax transformation (Promax), a transformation to a cluster target, or to any simple target matrix (target.rot) as well as the ability to call many of the GPArotation functions. Functions for determining the number of factors in a data matrix include Very Simple Structure (VSS) and Minimum Average Partial correlation (MAP). An alternative approach to factor analysis is Item Cluster Analysis (ICLUST). Reliability coefficients alpha (scoreItems, score.multiple.choice), beta (ICLUST) and McDonald's omega (omega and omega.graph) as well as Guttman's six estimates of internal consistency reliability (guttman) and the six measures of Intraclass correlation coefficients (ICC) discussed by Shrout and Fleiss are also available.

The scoreItems, and score.multiple.choice functions may be used to form single or multiple scales from sets of dichotomous, multilevel, or multiple choice items by specifying scoring keys.

Additional functions make for more convenient descriptions of item characteristics include 1 and 2 parameter Item Response measures. The tetrachoric, polychoric and irt.fa functions are used to find 2 parameter descriptions of item functioning. scoreIrt, scoreIrt.1pl and scoreIrt.2pl do basic IRT based scoring.

A number of procedures have been developed as part of the Synthetic Aperture Personality Assessment (SAPA) project. These routines facilitate forming and analyzing composite scales equivalent to using the raw data but doing so by adding within and between cluster/scale item correlations. These functions include extracting clusters from factor loading matrices (factor2cluster), synthetically forming clusters from correlation matrices (cluster.cor), and finding multiple ((setCor) and partial ((partial.r) correlations from correlation matrices.

[그림 1-17] 설치한 패키지에 대한 간단한 설명

참고로 이 책에서 사용할 패키지 리스트는 다음과 같다.

vcd	tidyverse
psych	pscl
funModeling	gmodels
dplyr	multcomp
UsingR	gplots
corrgram	mvoutlier
car	rrcov
ggm	moonBook
gvlma	qcc
effects	AER
HH	GPArotation
reshape2	lavaan
knitr	semPlot
devtools	lattice
carData	

그리고 이를 한꺼번에 설치하고 싶으면 다음 명령어를 실행하면 된다.

```
> install.packages(c("vcd", "psych", "funModeling", "dplyr", "UsingR",
"corrgram", "car", "ggm", "gvlma", "effects", "HH", "reshape2", "knitr",
"tidyverse", "pscl", "gmodels", "multcomp", "gplots", "mvoutlier", "rrcov",
"moonBook", "qcc", "AER", "GPArotation", "lavaan", "semPlot", "devtools",
"carData", "lattice"))
```

1.4 RStudio 설치

이번에는 R을 좀 더 편리하게 사용할 수 있는 RStudio 설치하는 방법을 알아보자. RStudio는 R을 먼저 설치한 후 설치해야 하는 프로그램으로서 R 사용법을 어느 정도 알고 있는 연구자들에게 편리한 프로그램이라고 할 수 있다.

먼저 다음과 같이 http://rstudio.com에서 RStudio 프로그램을 다운받는다.

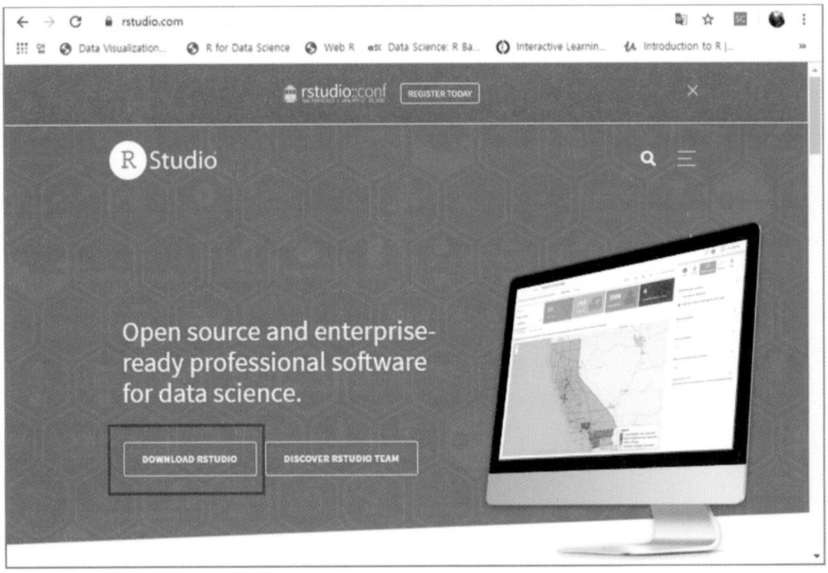

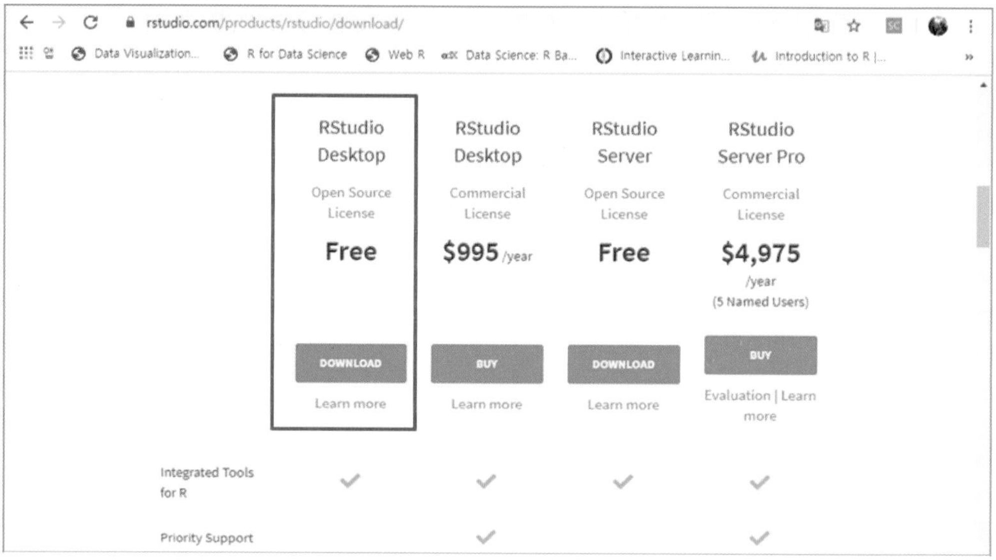
rstudio.com/products/rstudio/download/
RStudio Desktop
Open Source License
Free
DOWNLOAD
Learn more
RStudio Desktop
Commercial License
$995 /year
BUY
Learn more
RStudio Server
Open Source License
Free
DOWNLOAD
Learn more
RStudio Server Pro
Commercial License
$4,975 /year
(5 Named Users)
BUY
Evaluation | Learn more
Integrated Tools for R
Priority Support

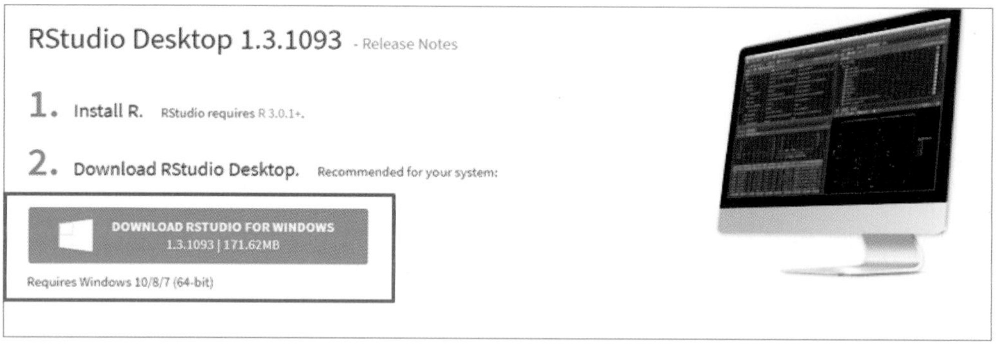
RStudio Desktop 1.3.1093 - Release Notes
1. Install R. RStudio requires R 3.0.1+.
2. Download RStudio Desktop. Recommended for your system:
DOWNLOAD RSTUDIO FOR WINDOWS
1.3.1093 | 171.62MB
Requires Windows 10/8/7 (64-bit)

그러고 나서 다운로드된 파일을 실행하게 되면 다음과 같은 초기 화면이 나타나게 된다.

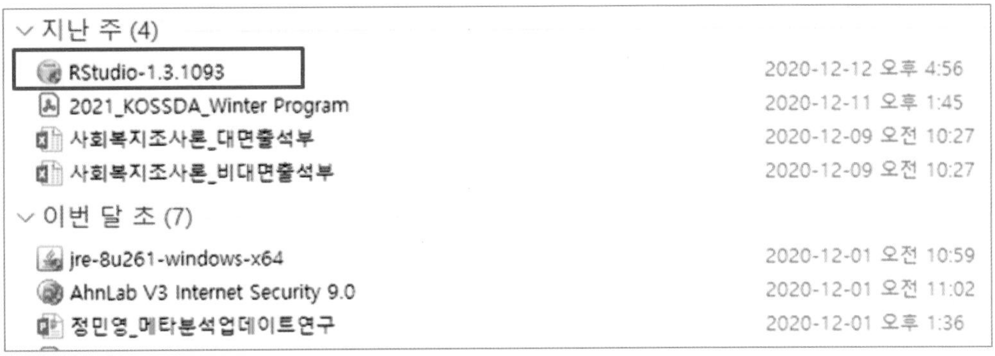

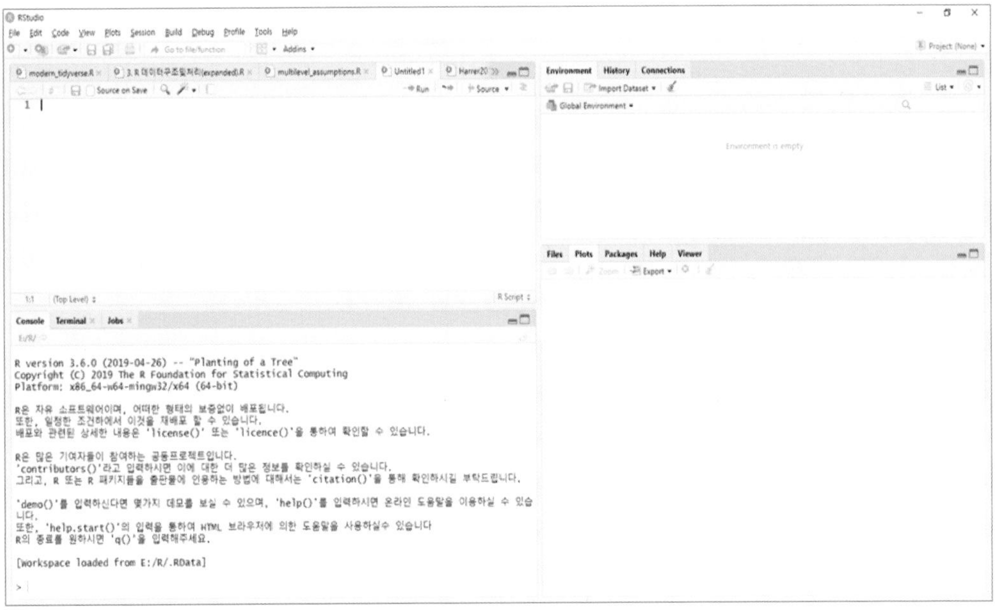

RStudio는 통합환경, 즉 IDE(integrated development environment) 특성을 갖추고 있으며 크게 4개의 창(pane)으로 구성되어 있다. 다음에서 보는 바와 같이 왼쪽에 2개, 오른쪽에 2개의 창이 있다. 먼저 왼쪽 상단에 있는 창은 R 명령어(script)를 입력하는 창이며, 왼쪽 하단에 있는 창은 분석 결과를 보여 주는 Console 창이다. 그리고 오른쪽 상단에 있는 창은 데이터 관련 창이며 오른쪽 하단에는 패키지 설치와 그림(plot) 결과를 보여 주는 창이다.

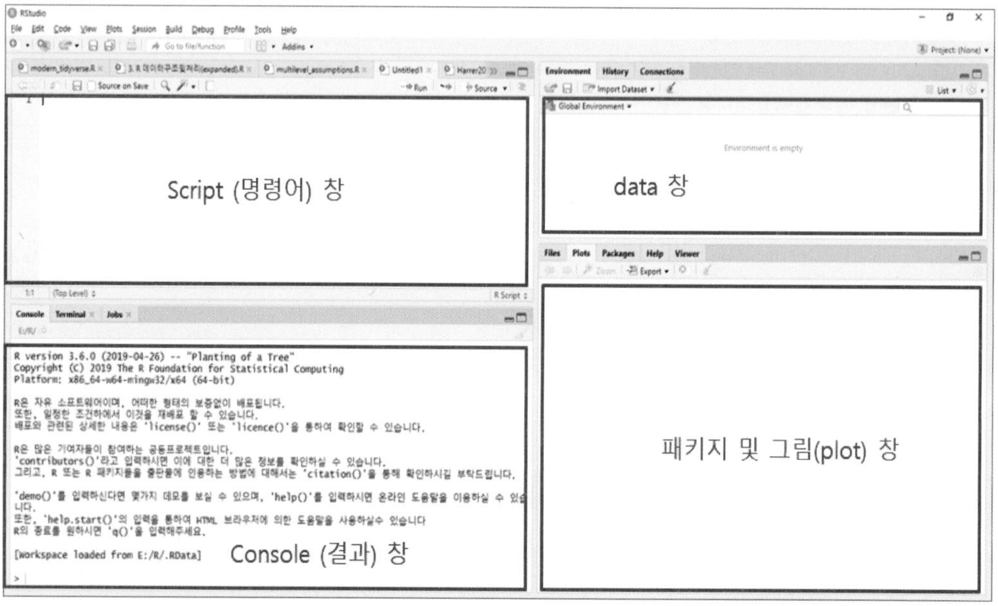

그리고 사용법은 명령어 창에 작성된 명령어를 (블록) 선택한 후 실행버튼(Run)을 클릭하면 다음과 같이 Console 창과 플롯 창에 결과가 나타난다.

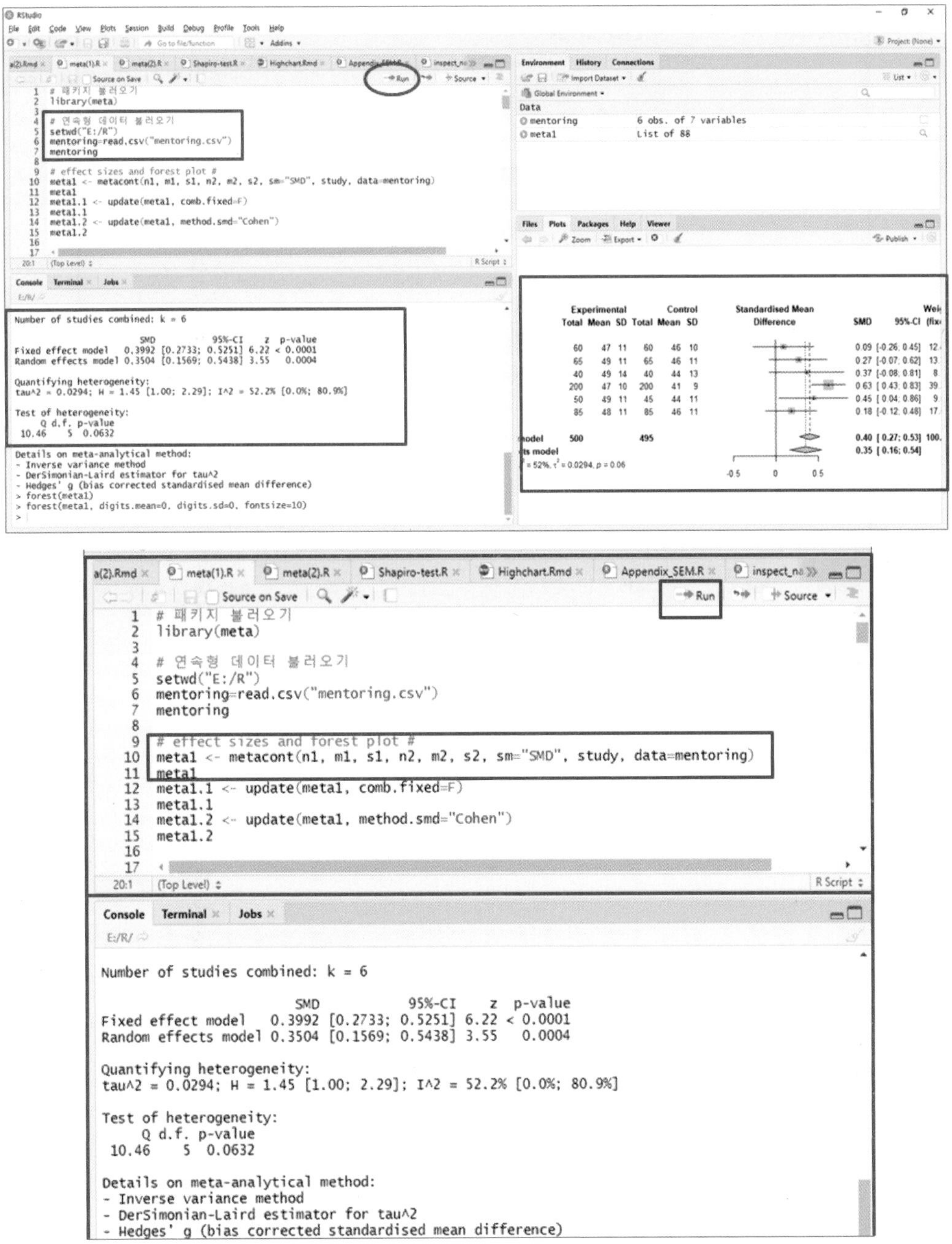

[그림 1-18] RStudio 왼쪽 창 상, 하

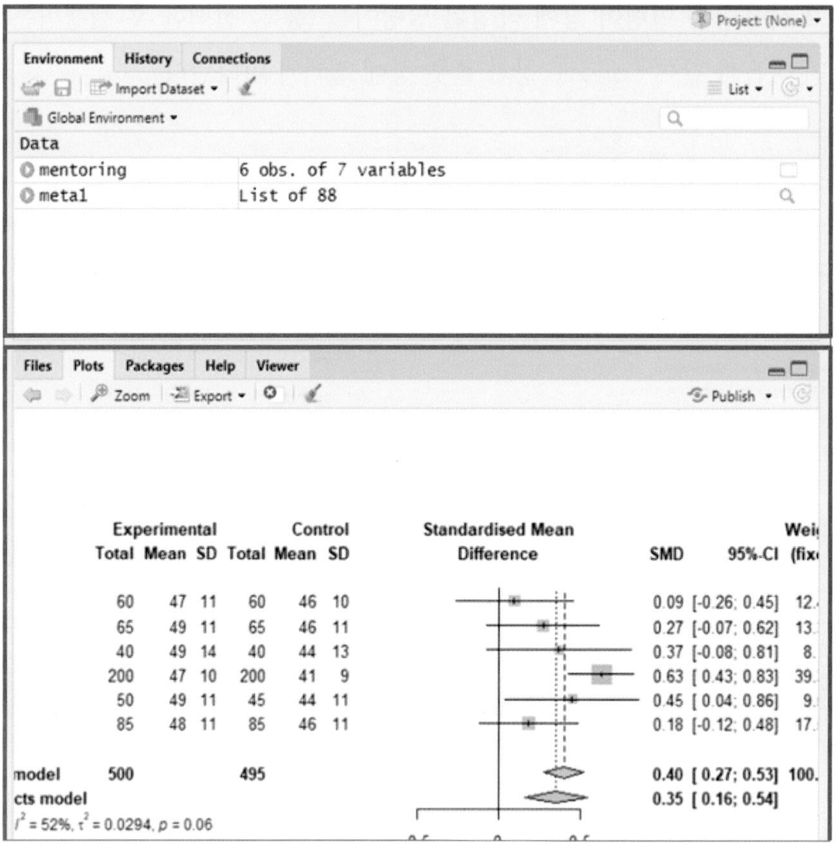

[그림 1-19] RStudio 오른쪽 창 상, 하

02 R 기본 사용법

R은 통계분석 프로그램이기도 하지만 프로그래밍 언어이므로 단순계산에서부터 복잡한 수식 계산 및 프로그램을 위한 다양한 기능을 갖추고 있다. 다음 예시에 제시된 단순계산 기능을 연습해 보자.

```
# simple calculations #

> 3+4
[1] 7
> 4*7
[1] 28
> 3^3
[1] 27
> sqrt(25)
[1] 5
> log(5)
[1] 1.609438
> log(5, 10)
[1] 0.69897
> exp(1.609438)
[1] 5
```

2.1 데이터 만들기

R에서는 다음에서 보는 것처럼 데이터를 직접 입력해서 만들 수 있다.

```
# 영아의 몸무게 데이터 만들기
> age <– c(1, 3, 5, 2, 11, 9, 3, 9, 12, 3) # 개월 수(months)
> weight <– c(4.4, 5.3, 7.2, 5.2, 8.5, 7.3, 6.0, 10.4, 10.2, 6.1) # 몸무게(kg)
> mean(weight) # 평균
> sd(weight) # 표준편차
> cor(age, weight) # 상관분석
> plot(age, weight) # 플롯(산점도) 만들기
> infant <– data.frame(age, weight) # infant라는 데이터 파일로 저장
> infant # infant 데이터 불러오기
> write.csv(infant, "C:/R/infant.csv") # infant.csv 파일로 저장
```

```
> age <- c(1, 3, 5, 2, 11, 9, 3, 9, 12, 3) # 개월 수(months)
> weight <- c(4.4, 5.3, 7.2, 5.2, 8.5, 7.3, 6.0, 10.4, 10.2, 6.1) # 몸무게(kg)
> mean(weight)
[1] 7.06
> sd(weight)
[1] 2.077498
> cor(age, weight)
[1] 0.9075655
> plot(age, weight)
> |
```

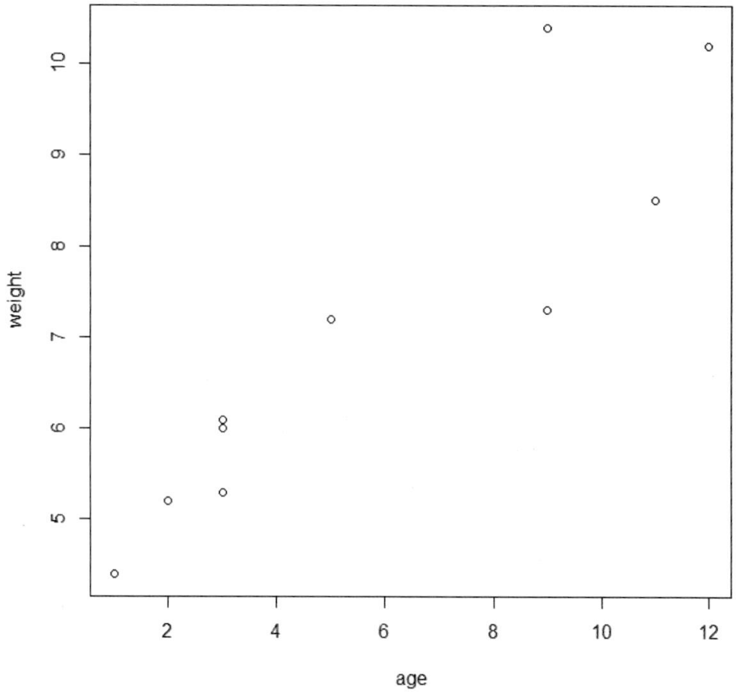


```
> infant <- data.frame(age, weight) # infant라는 데이터 파일로 저장
> infant
   age weight
1    1    4.4
2    3    5.3
3    5    7.2
4    2    5.2
5   11    8.5
6    9    7.3
7    3    6.0
8    9   10.4
9   12   10.2
10   3    6.1
```

2.2 데이터 불러오기

R에서는 다양한 유형의 데이터를 불러올 수 있다. 하지만 가장 보편적인 데이터는 Excel 파일을 쉼표로 분리한 파일로 변환한 .csv 형식의 파일을 가장 많이 활용한다.

2.2.1 csv 파일 불러오기

먼저 불러올 파일 경로를 제시하면서 데이터(*.csv file)를 불러올 수 있다.

```
> inf <- read.csv("C:/R/infant.csv")
> inf
```

또는 먼저 working directory를 지정한 후 데이터(*.csv file)를 불러올 수 있다.

```
> setwd("C:/R")
> inf <- read.csv("infant.csv")
> inf
```

물론 이때 분석할 데이터는 다음과 같이 C 드라이브에 R 폴더를 만들어 폴더 안에 미리 저장되어 있어야 한다.

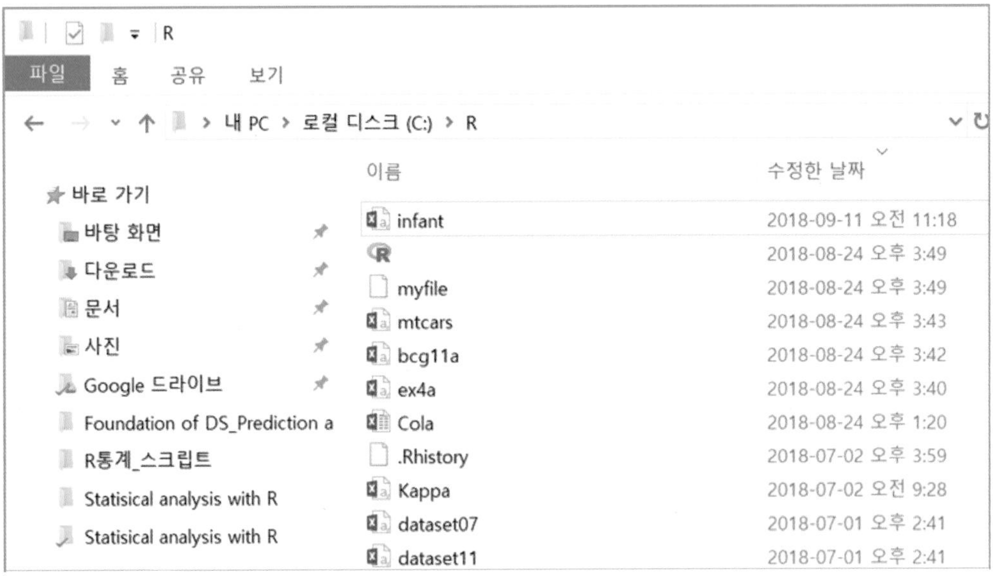

```
> inf <- read.csv("C:/R/infant.csv")
> inf
   age weight
1    1    4.4
2    3    5.3
3    5    7.2
4    2    5.2
5   11    8.5
6    9    7.3
7    3    6.0
8    9   10.4
9   12   10.2
10   3    6.1
> setwd("C:/R")
> inf <- read.csv("infant.csv")
> inf
   age weight
1    1    4.4
2    3    5.3
3    5    7.2
4    2    5.2
5   11    8.5
6    9    7.3
7    3    6.0
8    9   10.4
9   12   10.2
10   3    6.1
> |
```

참고로 R 프로그램에 있는 고유한 데이터(예: mtcars)를 csv 파일로 만들려면 readr 패키지를 이용하여 다음과 같이 할 수 있다.

```
> library(readr)
> mtcars
> write_csv(mtcars, "C:/R/mtcars.csv")
```

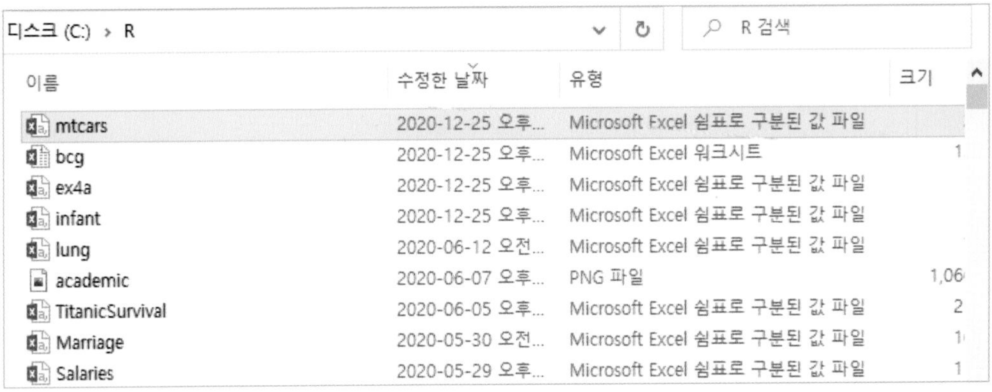

2.2.2 SPSS 파일 불러오기

다른 통계 패키지의 데이터 파일을 읽기 위해서는 foreign 패키지를 사용한다. 이때 stata 파일(*.dta)을 불러오고 싶으면 read.dta를 사용한다.

```
> library(foreign)
> ex4 <- read.spss("C:/R/ex4.sav")
> ex4

> # CSV 파일로 저장하기
> write.csv(ex4, "C:/R/ex4a.csv")
> ex4 <- read.csv("C:/R/ex4a.csv")
> ex4
```

2.2.3 Excel 파일 불러오기

Excel 파일을 불러올 때는 패키지 'readxl'을 사용한다.

```
> library(readxl)
```

```
> bcg11 <- read_excel("C:/R/bcg.xlsx") #  첫 번째 워크시트 불러오기
> bcg11

> bcg13 <- read_excel("C:/R/bcg.xlsx", 2) #  두 번째 워크시트 불러오기
> bcg13
```

2.2.4 text 파일 불러오기

```
> bcg11 <- read.table("C:/R/bcg11.txt", header=TRUE)
> bcg11
> mydata2 <- read.table("C:/R/ADHD.txt", header=TRUE)
> mydata2
```

2.2.5 rds, rda 파일 불러오기(R 고유한 유형의 데이터)

```
> library(readr)
> gcbs <- read_rds("C:/R/GCBS_data.rds")
> head(gcbs)
```

2.2.6 웹페이지에 있는 데이터 파일 불러오기

```
> library(readr)
> my.data <- read_csv("https://github.com/tidyverse/readr/raw/master/inst/
  extdata/mtcars.csv")
> my.data
```

2.2.7 패키지 데이터 불러오기

R에서는 패키지 자체에 고유한 데이터들이 있어서 이를 불러올 때는 패키지를 먼저 불러온 후 데이터를 불러온다.

```
> install.packages("vcd")   # vcd: Visualizing Categorical Data
> library(vcd)
> help(package="vcd")
```

Visualizing Categorical Data

Documentation for package 'vcd' version 1.4-7

- DESCRIPTION file.
- User guides, package vignettes and other documentation.
- Code demos. Use demo() to run them.
- Package NEWS.

Help Pages

A B C D E F G H I J K L M N O P R S T U V W

-- A --

agreementplot	Bangdiwala's Observer Agreement Chart
agreementplot.default	Bangdiwala's Observer Agreement Chart
agreementplot.formula	Bangdiwala's Observer Agreement Chart
aperm.lodds	Calculate Generalized Log Odds for Frequency Tables
aperm.loddsratio	Calculate Generalized Log Odds Ratios for Frequency Tables
aperm.structable	Structured Contingency Tables
Arthritis	Arthritis Treatment Data
as.array.lodds	Calculate Generalized Log Odds for Frequency Tables
as.array.loddsratio	Calculate Generalized Log Odds Ratios for Frequency Tables

출처: http://127.0.0.1:12563/library/vcd/html/00Index.html

```
> ?Arthritis # 또는 help(Arthritis)
```

Arthritis Treatment Data

Description

Data from Koch \& Edwards (1988) from a double-blind clinical trial investigating a new treatment for rheumatoid arthritis.

Usage

```
data("Arthritis")
```

Format

A data frame with 84 observations and 5 variables.

ID

patient ID.

Treatment

factor indicating treatment (Placebo, Treated).

Sex

factor indicating sex (Female, Male).

Age

age of patient.

Improved

ordered factor indicating treatment outcome (None, Some, Marked).

출처: http://127.0.0.1:12563/library/vcd/html/Arthritis.html

```
> head(Arthritis)  # 첫 6케이스 제시
> tail(Arthritis)   # 마지막 6케이스 제시
> str(Arthritis)    # 데이터 구조
```

```
> library(vcd)
> head(Arthritis)
  ID Treatment  Sex Age Improved
1 57   Treated Male  27     Some
2 46   Treated Male  29     None
3 77   Treated Male  30     None
4 17   Treated Male  32   Marked
5 36   Treated Male  46   Marked
6 23   Treated Male  58   Marked
> tail(Arthritis)
   ID Treatment    Sex Age Improved
79 67   Placebo Female  65   Marked
80 32   Placebo Female  66     None
81 42   Placebo Female  66     None
82 15   Placebo Female  66     Some
83 71   Placebo Female  68     Some
84  1   Placebo Female  74   Marked
> str(Arthritis)
'data.frame':	84 obs. of  5 variables:
 $ ID       : int  57 46 77 17 36 23 75 39 33 55 ...
 $ Treatment: Factor w/ 2 levels "Placebo","Treated": 2 2 2 2 2 2 2 2 2 2 ...
 $ Sex      : Factor w/ 2 levels "Female","Male": 2 2 2 2 2 2 2 2 2 2 ...
 $ Age      : int  27 29 30 32 46 58 59 59 63 63 ...
 $ Improved : Ord.factor w/ 3 levels "None"<"Some"<..: 2 1 1 3 3 3 1 3 1 1 ...
> 
```

```
> names(Arthritis)        # 변수이름
> class(Arthritis)        # 데이터 유형
> dim(Arthritis)          # 데이터 크기
> length(Arthritis)       # 변수의 수
> length(Arthritis$Sex)   # 케이스 수
> colnames(Arthritis)     # 변수이름
```

```
> names(Arthritis)
[1] "ID"        "Treatment" "Sex"       "Age"       "Improved"
> class(Arthritis)
[1] "data.frame"
> dim(Arthritis)
[1] 84  5
> length(Arthritis)
[1] 5
> length(Arthritis$Sex)
[1] 84
> colnames(Arthritis)
[1] "ID"        "Treatment" "Sex"       "Age"       "Improved"
>
```

2.3 객체 만들기(assignment)

R에서는 수식이나 방정식 등을 쉽게 지정해서(assign) 이를 분석에 편리하게 활용할 수 있는 기능이 있는데 이를 객체 만들기(assignment)라고 한다. 예를 들어, 다음에서 보는 것처럼 자동차의 연비 관련 데이터(mtcars)에서 자동차의 중량(wt)이 연비(mpg)에 미치는 회귀식 lm(mpg~wt, data=mtcars)을 fit이라는 객체로 지정하게 되면 회귀분석의 결과나 산점도를 그릴 때 매우 편리하게 활용할 수 있다.

```
> head(mtcars)
> lm(mpg ~ wt, data=mtcars)
> summary(lm(mpg ~ wt, data=mtcars))
> fit <- lm(mpg ~ wt, data=mtcars)
> summary(fit)
```

```
> head(mtcars)
                   mpg cyl disp  hp drat    wt  qsec vs am gear carb
Mazda RX4         21.0   6  160 110 3.90 2.620 16.46  0  1    4    4
Mazda RX4 Wag     21.0   6  160 110 3.90 2.875 17.02  0  1    4    4
Datsun 710        22.8   4  108  93 3.85 2.320 18.61  1  1    4    1
Hornet 4 Drive    21.4   6  258 110 3.08 3.215 19.44  1  0    3    1
Hornet Sportabout 18.7   8  360 175 3.15 3.440 17.02  0  0    3    2
Valiant           18.1   6  225 105 2.76 3.460 20.22  1  0    3    1
> lm(mpg ~ wt, data=mtcars)

Call:
lm(formula = mpg ~ wt, data = mtcars)

Coefficients:
(Intercept)           wt
     37.285       -5.344

> summary(lm(mpg ~ wt, data=mtcars))

Call:
lm(formula = mpg ~ wt, data = mtcars)

Residuals:
    Min      1Q  Median      3Q     Max
-4.5432 -2.3647 -0.1252  1.4096  6.8727

Coefficients:
            Estimate Std. Error t value Pr(>|t|)
(Intercept)  37.2851     1.8776  19.858  < 2e-16 ***
wt           -5.3445     0.5591  -9.559 1.29e-10 ***
---
Signif. codes:  0 '***' 0.001 '**' 0.01 '*' 0.05 '.' 0.1 ' ' 1
```

```
> fit <- lm(mpg ~ wt, data=mtcars)
> summary(fit)

Call:
lm(formula = mpg ~ wt, data = mtcars)

Residuals:
    Min      1Q  Median      3Q     Max
-4.5432 -2.3647 -0.1252  1.4096  6.8727

Coefficients:
            Estimate Std. Error t value Pr(>|t|)
(Intercept)  37.2851     1.8776  19.858  < 2e-16 ***
wt           -5.3445     0.5591  -9.559 1.29e-10 ***
---
Signif. codes:  0 '***' 0.001 '**' 0.01 '*' 0.05 '.' 0.1 ' ' 1

Residual standard error: 3.046 on 30 degrees of freedom
Multiple R-squared:  0.7528,	Adjusted R-squared:  0.7446
F-statistic: 91.38 on 1 and 30 DF,  p-value: 1.294e-10
```

```
> plot(mpg ~ wt, data=mtcars)
> abline(fit)
```

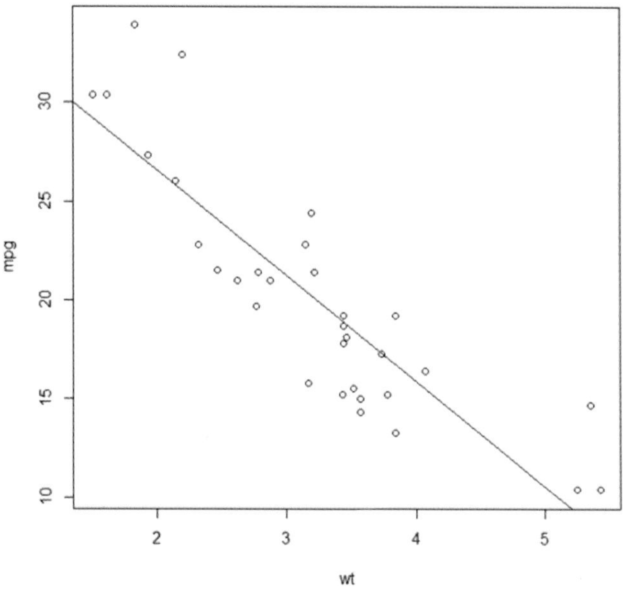

다음은 0에서 1 사이의 난수 20개를 형성해서 이를 x라고 지정, 즉 객체를 만들면 이에 대한 요약값이나 도표를 쉽게 만들 수 있다.

```
> x <- runif(20)  # 0~1 사이 난수 20개 형성
> x
> summary(x)  # 최소, 최대, 평균값 등
> hist(x)
```

```
> x <- runif(20)   # 0~1 사이 난수 20개 형성
> x
 [1] 0.468498834 0.962070665 0.950456004 0.682034999 0.832264791 0.303734118 0.257807768
 [8] 0.702788960 0.089466509 0.262896348 0.731971365 0.949813052 0.882499200 0.672724449
[15] 0.456553397 0.004908927 0.180474442 0.861758088 0.539407978 0.048651702
> summary(x)
    Min.  1st Qu.   Median     Mean  3rd Qu.     Max. 
0.004909 0.261624 0.606066 0.542039 0.839638 0.962071 
> hist(x)
> |
```

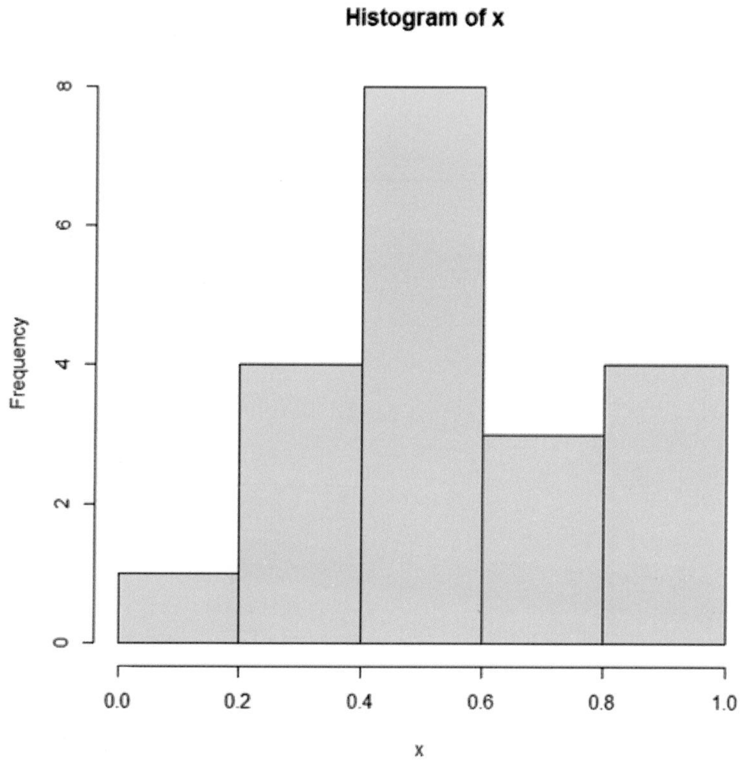

2.4 R Workspace를 관리하기 위한 명령어

R을 종료하게 되면 "작업공간 이미지를 저장하겠습니까?"라는 메시지가 나오는데 이때 "예"라고 응답하게 되면 다음과 같이 2개의 파일이 문서 폴더에 저장됨을 알 수 있다. 여기서 RHISTORY 파일은 지금까지 사용했던 명령어들이 저장되었음을 알 수 있고, R Workspace 파일은 다음 번 R을 사용하게 될 때 앞서 사용했던 명령어 및 객체들을 기억하게 되어 편리하게 사용할 수 있게 된다.

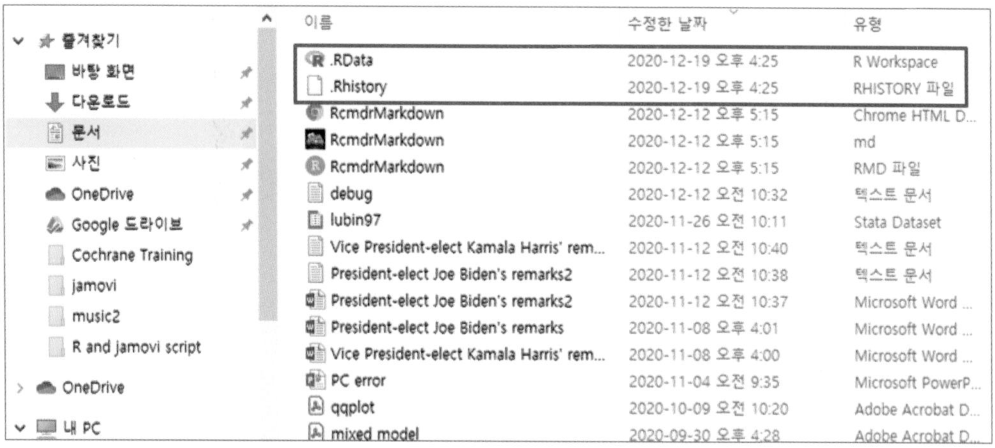

만약 명령어(script) 파일을 만들고 싶다면 R 창에서 '파일 > 새 스크립트'를 클릭한 후 명령어를 여기에 만들고 저장할 때 .R 형식으로(예: myscript.R) 저장하면 된다. 그리고 이를 불러올 때는 '파일 > 스크립트 열기'를 클릭하면 된다.

2.5 R 데이터 분석에 필요한 주요 기본 명령어

R 데이터 분석에서 필요한 주요 기본 명령어는 다음과 같이 제시할 수 있다.

```
> getwd( )  # 현재 실행 디렉토리를 보여 준다.
> setwd("C:/R")  # 실행 디렉토리를 지정할 때
> options( )  # 현재 사용하고 있는 옵션을 보여 준다.
> options(digits=3) # 소수점 3째 자리로 옵션 지정

> head(Arthritis) # 첫 6 케이스 제시
> str(Arthritis)    # 데이터 구조
> names(Arthritis)  # 변수이름
> class(Arthritis)  # 데이터 유형
> dim(Arthritis)    # 데이터 크기
> length(Arthritis) # 변수의 수
> length(Arthritis$Age) # 케이스 수
> colnames(Arthritis) # 변수이름
```

그밖에 참고가 될 만한 주요 명령어는 다음과 같다.

```
> runif(n) # 0과 1 사이 난수 n개 형성
> runif(20, min=0, max=40)
> rm(w) # 변수 w 삭제
> ls( )  # 현재 시스템에서 사용하는 객체 및 변수 리스트(is( )와 동일)
> rm(list=ls( )) # 현재 시스템에서 사용하는 모든 변수 삭제
> help("for") # for 명령어에 대한 도움
> search( )  # 현재 어떤 패키지가 설치되어 있는지 확인

> round(x, 0)  # x값을 반올림한 정수
> detach(package: ggplot2)  # ggplot2 패키지 제거
```

```
> demo( ) # 어떤 데모가 있는지 보여 준다.
> help(lm) # lm기능에 대한 설명 찾기

> savehistory("C:/R/myfile.txt") # 사용했던 명령어 파일 저장
> loadhistory("C:/R/myfile.txt") # 명령어 파일 불러오기

> opar <- par(mfrow=c(2, 2)) # 그림 화면을 사등분으로 분할
> fit <- lm(mpg ~ wt, data=mtcars)
> plot(fit)
> par(opar) # 그림 화면을 원래 모양대로 복원
> plot(fit)
```

R에서 사용되는 부호

== 같다

>= 크거나 같다

!= 같지 않다

& "and" (논리)

| "or" (논리)

! "not" (논리)

TIP R에서 오류 발생의 주요 원인

- 철자 오류(소문자, 대문자 구분)
- comma(,)와 period(.) 오류
- single quotation(' ') 및 double quotation(" ")의 비일관성
- 괄호 부호 ( ) 일치(이중 및 삼중 괄호도 반드시 일치)
- + 부호가 나오는 것은 아직 명령문(script)이 완성되지 않았음을 의미
- 명령어에 오류를 수정하고자 할 때에는 키보드의 arrow key 활용
- # 부호는 코멘트를 만들 때 사용하며 R에서 명령어로 인식하지 않음

03 R 데이터 구조 및 데이터 처리[1)]

3.1 데이터 이해하기

R 데이터는 행과 열로 구성되어 있으며 행은 케이스, 열은 변수를 나타낸다.

〈표 3-1〉 데이터 사례

ID	Age	Gender	Status
1	25	M	Poor
2	34	F	Good
3	28	M	Excellent
4	52	F	Poor
5	45	M	Good

ID는 케이스 번호, Age는 수량형 변수, Gender는 명목형 변수, Status는 순서형 변수이다. R에서 케이스 번호는 행(row) 이름을 가리키며, 범주형(명목형 및 순서형) 변수를 factor변수라고 부른다.

1) 본 내용은 Kabacoff(2015, pp. 20–45)를 주로 참고했음을 밝힌다.

3.2 데이터 구조

R은 다양한 유형의 데이터를 포함하는데 구체적으로 벡터(vector), 매트릭스(matrix), 어레이(arrary), 데이티프레임(data frame), 리스트(list) 등이 있다.

3.2.1 벡터(vector)

벡터는 단일차원의 데이터로 수량데이터, 문자데이터 또는 논리데이터로 구성된다. 여기에 데이터를 포괄하는(combine) 기능으로 c( ) 기능이 있다.

```
> a <– c(1, 2, 3, 4, -2, 5, 3)  # 수량데이터(numeric data)
> b <– c("one", "two", "three")  # 문자데이터(character data)
> c <– c("독립변수", "종속변수", "매개변수")  # 문자데이터(한글)
> d <– c(TRUE, FALSE, TRUE, TRUE)  # 논리데이터(logical data)
```

```
> a <- c(1, 2, 3, 4, -2, 5, 3) # numeric data
> b <- c("one", "two", "three") # character data
> c <- c("독립변수", "종속변수", "매개변수") # 한글데이터
> d <- c(TRUE, FALSE, TRUE, TRUE) # logical data
> a
[1]  1  2  3  4 -2  5  3
> b
[1] "one"   "two"   "three"
> c
[1] "독립변수" "종속변수" "매개변수"
> d
[1]  TRUE FALSE  TRUE  TRUE
```

3.2.2 매트릭스(matrix)

매트릭스는 2차원의 데이터로 모두 동일한 유형(예: 수량, 문자 또는 논리)의 데이터로 구성된다. 다음은 1에서 30까지의 숫자로 행이 5, 열이 6인 매트릭스를 만든다.

```
> y <- matrix(1:30, nrow=5, ncol=6)  # 디폴트는 열(column) 순으로
> y
```

```
> y <- matrix(1:30, nrow=5, ncol=6)
> y
     [,1] [,2] [,3] [,4] [,5] [,6]
[1,]    1    6   11   16   21   26
[2,]    2    7   12   17   22   27
[3,]    3    8   13   18   23   28
[4,]    4    9   14   19   24   29
[5,]    5   10   15   20   25   30
> |
```

참고로 2×2 매트릭스를 만들고 싶다면 다음과 같이 할 수 있다.

```
> cells <- c(12, 24, 36, 48)
> rnames <- c("R1", "R2")
> cnames <- c("C1", "C2")
> mymatrix <- matrix(cells, nrow=2, ncol=2, dimnames=list(rnames, cnames))
> matrix_2 <- matrix(cells, nrow=2, ncol=2, byrow=T, dimnames=list(rnames,
  cnames))  # 행(row) 순서로 배열
```

```
> cells <- c(12, 24, 36, 48)
> rnames <- c("R1", "R2")
> cnames <- c("C1", "C2")
> matrix_1 <- matrix(cells, nrow=2, ncol=2, dimnames=list(rnames, cnames))
> matrix_1
   C1 C2
R1 12 36
R2 24 48
> matrix_2 <- matrix(cells, nrow=2, ncol=2, byrow=T, dimnames=list(rnames, cnames))
> matrix_2
   C1 C2
R1 12 24
R2 36 48
```

3.2.3 어레이(array)

어레이는 매트릭스와 유사하지만 차원이 3개 이상으로 이루어지며, 새로운 통계방법을 프로그래밍할 때 유용하다. 매트릭스와 마찬가지로 단일 유형의 데이터로 구성된다(Kabacoff, 2015, p. 25).

```
> dim1 <- c("A1", "A2")
> dim2 <- c("B1", "B2", "B3")
> dim3 <- c("C1", "C2", "C3", "C4")
> z <- array(1:24, c(2, 3, 4), dimnames=list(dim1, dim2, dim3))
> z
> z[1, 2, 3]  # A1, B2, C3에 해당되는 값 찾기
```

```
> dim1 <- c("A1", "A2")
> dim2 <- c("B1", "B2", "B3")
> dim3 <- c("C1", "C2", "C3", "C4")
> z <- array(1:24, c(2, 3, 4), dimnames=list(dim1, dim2, dim3))
> z
, , C1

   B1 B2 B3
A1  1  3  5
A2  2  4  6

, , C2

   B1 B2 B3
A1  7  9 11
A2  8 10 12

, , C3

   B1 B2 B3
A1 13 15 17
A2 14 16 18

, , C4

   B1 B2 B3
A1 19 21 23
A2 20 22 24

> z[1, 2, 3]
[1] 15
```

3.2.4 데이터프레임(data frame)

데이터프레임은 여러 유형의 데이터를 포함한다는 점에서 매트릭스보다 더 포괄적이며 우리가 SPSS, SAS, Stata에서 보는 데이디셋과 유시하다. 데이터프레임은 R에서 다루게 되는 가장 보편적인 데이터구조이다.

```
> # Creating a data frame (데이터프레임 만들기)
> ID <– c(1, 2, 3, 4, 5)
> Age <– c(25, 34, 28, 52, 45)
> Gender <– c("M", "F", "M", "F", "M")
> Status <– c("Poor", "Good", "Excellent", "Poor", "Good")
> data1 <– data.frame(ID, Age, Gender, Status)
> data1
```

```
> # Creating a data frame
> ID <- c(1, 2, 3, 4, 5)
> Age <- c(25, 34, 28, 52, 45)
> Gender <- c("M", "F", "M", "F", "M")
> Status <- c("Poor", "Good", "Excellent", "Poor", "Good")
> data1 <- data.frame(ID, Age, Gender, Status)
> data1
  ID Age Gender    Status
1  1  25      M      Poor
2  2  34      F      Good
3  3  28      M Excellent
4  4  52      F      Poor
5  5  45      M      Good
> |
```

참고로 특정한 데이터 요소를 찾는 방법(indexing)은 다음과 같이 실시할 수 있다.

> data1

> data1[1:2] # 첫 두 변수의 데이터

> data1[(1:3),] # 첫 세 케이스의 정보

> data1[c("Gender", "Status")]

> data1$Age

> table(data1$Gender, data1$Status)

```
> data1
  ID Age Gender    Status
1  1  25      M      Poor
2  2  34      F      Good
3  3  28      M Excellent
4  4  52      F      Poor
5  5  45      M      Good
> data1[1:2] # 첫 두 변수 데이터
  ID Age
1  1  25
2  2  34
3  3  28
4  4  52
5  5  45
> data1[1:3, ] # 첫 세 케이스 데이터
  ID Age Gender    Status
1  1  25      M      Poor
2  2  34      F      Good
3  3  28      M Excellent
> data1[c("Gender", "Status")]
  Gender    Status
1      M      Poor
2      F      Good
3      M Excellent
4      F      Poor
5      M      Good
> data1$Age
[1] 25 34 28 52 45
> table(data1$Gender, data1$Status)

    Excellent Good Poor
  F         0    1    1
  M         1    1    1
> |
```

3.2.5 리스트(list)

리스트는 R 데이터 유형에서 가장 복합적인 유형으로 여러 객체들(objects)의 모음(collection)으로 여기에는 벡터, 매트릭스, 데이터프레임, 심지어 다른 리스트를 모두 포괄하여 하나의 데이터 이름하에 집합한 것이 된다(Kabacoff, 2015, p. 31).

```
# 4개의 구성요소로 이루어진 리스트 만들기

> g <- "My First List"
> h <- c(25, 26, 18, 39)
> j <- matrix(1:20, nrow=4)
> k <- data1
> mylist <- list(title=g, ages=h, matrix=j, data.frame=k)
> mylist
> mylist[[2]]
> mylist[["ages"]]
```

```
> # Creating a list with four components
> g <- "My First List"
> h <- c(25, 26, 18, 39)
> j <- matrix(1:20, nrow=4)
> k <- data1
> mylist <- list(title=g, ages=h, matrix=j, data.frame=k)
> mylist
$title
[1] "My First List"

$ages
[1] 25 26 18 39

$matrix
     [,1] [,2] [,3] [,4] [,5]
[1,]    1    5    9   13   17
[2,]    2    6   10   14   18
[3,]    3    7   11   15   19
[4,]    4    8   12   16   20

$data.frame
  ID Age Gender    Status
1  1  25      M      Poor
2  2  34      F      Good
3  3  28      M Excellent
4  4  52      F      Poor
5  5  45      M      Good

> mylist[[2]]
[1] 25 26 18 39
> mylist[["ages"]]
[1] 25 26 18 39
```

3.3 데이터 처리 주요 기능

3.3.1 ATTACH, DETACH, WITH 기능 활용

> head(mtcars)

> summary(mtcars$mpg)

> plot(mtcars$disp, mtcars$mpg)

```
> attach(mtcars)
> summary(mpg)
> plot(disp, mpg)
> detach(mtcars)
```

attach( ) 기능은 데이터프레임을 불러오는 기능이며 반대로 데이터프레임을 제외하고 싶을 때는 detach( ) 기능을 활용한다. 일상적으로 attach( ), detach( ) 기능을 활용하는 것이 R에서 데이터를 다룰 때 유용하다(Kabacoff, 2015, pp. 27-28).

```
> head(mtcars)
                   mpg cyl disp  hp drat    wt  qsec vs am gear carb
Mazda RX4         21.0   6  160 110 3.90 2.620 16.46  0  1    4    4
Mazda RX4 Wag     21.0   6  160 110 3.90 2.875 17.02  0  1    4    4
Datsun 710        22.8   4  108  93 3.85 2.320 18.61  1  1    4    1
Hornet 4 Drive    21.4   6  258 110 3.08 3.215 19.44  1  0    3    1
Hornet Sportabout 18.7   8  360 175 3.15 3.440 17.02  0  0    3    2
Valiant           18.1   6  225 105 2.76 3.460 20.22  1  0    3    1
> summary(mtcars$mpg)
   Min. 1st Qu.  Median    Mean 3rd Qu.    Max. 
  10.40   15.43   19.20   20.09   22.80   33.90 
> plot(mtcars$mpg, mtcars$disp)
> plot(mtcars$disp, mtcars$mpg)
> attach(mtcars)
> summary(mpg)
   Min. 1st Qu.  Median    Mean 3rd Qu.    Max. 
  10.40   15.43   19.20   20.09   22.80   33.90 
> plot(disp, mpg)
> detach(mtcars)
> |
```

하지만 attach( ) 기능의 제한점은 동일한 이름을 가진 변수나 객체가 존재할 때인데, 다음 예시를 확인해 보자.

```
> mpg <- c(17, 25, 36)
> attach(mtcars)
> plot(wt, mpg)
> mpg
```

```
>
> mpg <- c(17, 25, 36)
> attach(mtcars)
The following object is masked _by_ .GlobalEnv:

    mpg

> plot(wt, mpg)
Error in xy.coords(x, y, xlabel, ylabel, log) :
  'x' and 'y' lengths differ
> mpg
[1] 17 25 36
> detach(mtcars)
> |
```

> mpg <– c(17, 25, 36) # mpg라는 객체를 만든다.

> attach(mtcars)

The following object(s) are masked _by_ '.GlobalEnv': mpg

mtcars라는 데이터프레임을 부르면 동일한 객체(변수)인 mpg가 이미 존재하고 있어 mtcars 데이터의 mpg 변수는 불러올 수 없음을 알려준다.

> plot(mpg, wt)

Error in xy.coords(x, y, xlabel, ylabel, log) :

'x' and 'y' lengths differ

mtcars의 변수인 mpg를 사용할 수 없음을 알게 된다. 왜냐하면 미리 만들어 준 mpg가 존재하기 때문이고 이 mpg 변수는 mtcars의 wt 변수와 케이스가 일치하지 않기 때문에 플롯을 만들 수 없음을 알려준다.

> mpg # 원래 만든 mpg객체의 데이터를 보여 준다.

[1] 17 25 36

따라서 이런 경우 대안적 방법으로 with( ) 기능을 활용하는 것이다. 다음의 예시를 보자.

```
> with(mtcars, {
 print(summary(mpg))
 plot(mpg, disp)
})
```

위의 경우 중괄호{ } 내의 명령어는 mtcars 데이터프레임에만 적용되는 것이므로 동일한 이름을 가진 객체에 대해 염려하지 않아도 된다. 이 경우 summary(mpg)처럼 명령어가 하나만 있는 경우에는 중괄호{ }를 사용하지 않을 수 있다. with( ) 기능의 한계는 모든 기능이 with( ) 명령어 내에서만 작용한다는 점이다.

```
> with(mtcars, {
+ print(summary(mpg))
+ plot(disp, mpg)
+ })
   Min. 1st Qu.  Median    Mean 3rd Qu.    Max. 
  10.40   15.43   19.20   20.09   22.80   33.90 
> 
```

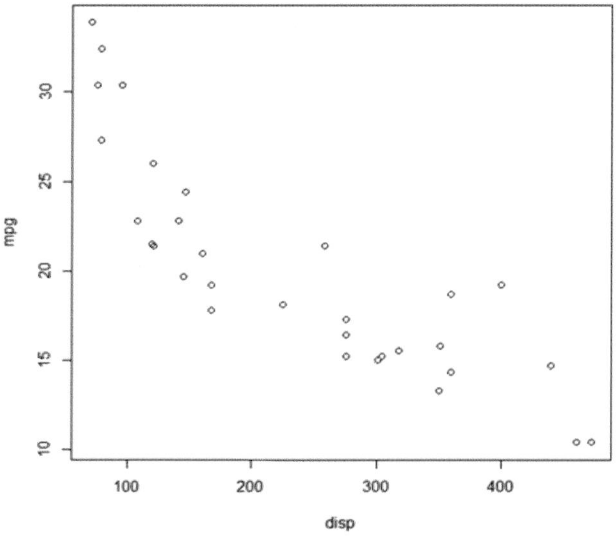

3.3.2 케이스 번호 명시(case identifiers)

앞서 3.2.4에서 만든 데이터프레임 data1에서 ID는 개인, 즉 케이스를 명시하는 변수로 사용되었다. R에서 데이터프레임의 케이스(observations) 번호는 row.names 명령어로 명시될 수 있다.

예를 들어, 다음 명령어는 ID를 R에서 구현하는 분석 결과 및 그래프 작성에서 케이스를 지칭하는 변수로 구체화한 것이다.

```
> data1 <- data.frame(ID, Age, Gender, Status, row.names=ID)
```

3.3.3 범주변수로 전환(factor)

3.3.3.1 변수의 유형

〈표 3-2〉 R에서 사용되는 변수의 유형

변수 유형	예시	변수 속성	R에서 분류
명목형(nominal)	성별: 남성, 여성 당뇨 유형: Type1, Type2	categorical	factor(범주변수)
순서형(ordinal)	건강상태: poor, good, excellent	ordered categorical	factor(범주변수)
연속형(continuous)	연령: 14.5, 22.8	numerical	numerical(수량변수)

수량변수는 소수점을 포함하는 실수(예: 연령, 경력 등)뿐만 아니라 자연수(예: 가족수)를 말하는 이산형(discrete) 변수를 포함한다.

- 연속형(continuous) 변수: 한계가 없음(infinite), 즉 무한적으로 나눌 수 있음(예: 시간, 거리)

- 이산형(discrete) 변수: 한계가 있음(finite), 즉 무한적으로 나눌 수 없음(예: 자동차 엔진 크기, 자녀 수)

다음 명령어를 활용하여 두 데이터를 불러온 다음 각 변수의 속성을 알아보자.

```
> library(vcd)
> head(Arthritis)
> str(Arthritis) # 데이터의 속성 및 구조
> levels(Arthritis$Improved) # factor 변수인 Improved의 순서 확인
> head(mtcars)
> str(mtcars)
```

```
> library(vcd)
필요한 패키지를 로딩중입니다: grid
> head(Arthritis)
  ID Treatment  Sex Age Improved
1 57   Treated Male  27     Some
2 46   Treated Male  29     None
3 77   Treated Male  30     None
4 17   Treated Male  32   Marked
5 36   Treated Male  46   Marked
6 23   Treated Male  58   Marked
> str(Arthritis)
'data.frame':	84 obs. of  5 variables:
 $ ID       : int  57 46 77 17 36 23 75 39 33 55 ...
 $ Treatment: Factor w/ 2 levels "Placebo","Treated": 2 2 2 2 2 2 2 2 2 2 ...
 $ Sex      : Factor w/ 2 levels "Female","Male": 2 2 2 2 2 2 2 2 2 2 ...
 $ Age      : int  27 29 30 32 46 58 59 59 63 63 ...
 $ Improved : Ord.factor w/ 3 levels "None"<"Some"<..: 2 1 1 3 3 3 1 3 1 1 ...
> levels(Arthritis$Improved)
[1] "None"   "Some"   "Marked"
> head(mtcars)
                   mpg cyl disp  hp drat    wt  qsec vs am gear carb
Mazda RX4         21.0   6  160 110 3.90 2.620 16.46  0  1    4    4
Mazda RX4 Wag     21.0   6  160 110 3.90 2.875 17.02  0  1    4    4
Datsun 710        22.8   4  108  93 3.85 2.320 18.61  1  1    4    1
Hornet 4 Drive    21.4   6  258 110 3.08 3.215 19.44  1  0    3    1
Hornet Sportabout 18.7   8  360 175 3.15 3.440 17.02  0  0    3    2
Valiant           18.1   6  225 105 2.76 3.460 20.22  1  0    3    1
> str(mtcars)
'data.frame':	32 obs. of  11 variables:
 $ mpg : num  21 21 22.8 21.4 18.7 18.1 14.3 24.4 22.8 19.2 ...
 $ cyl : num  6 6 4 6 8 6 8 4 4 6 ...
 $ disp: num  160 160 108 258 360 ...
 $ hp  : num  110 110 93 110 175 105 245 62 95 123 ...
 $ drat: num  3.9 3.9 3.85 3.08 3.15 2.76 3.21 3.69 3.92 3.92 ...
 $ wt  : num  2.62 2.88 2.32 3.21 3.44 ...
```

TIP 변수 유형

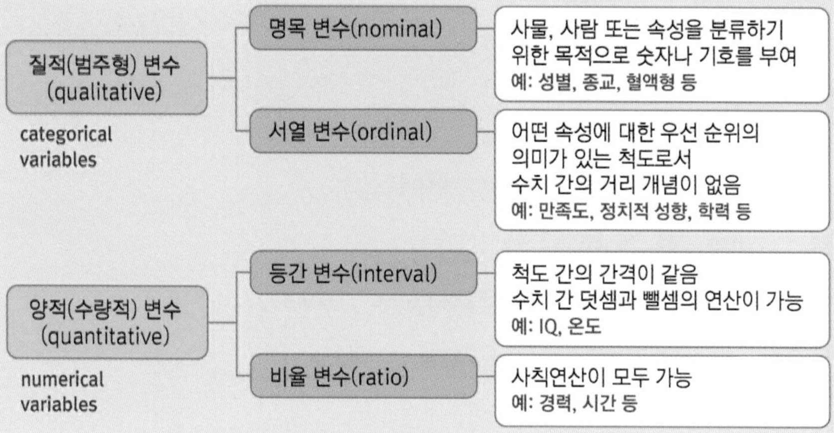

데이터를 분석할 때는 변수의 유형 및 속성에 따라 분석기법이 달라진다.

3.3.3.2 범주변수(factor)로 전환

다음 명령어는 1, 2를 수량변수가 아닌 범주변수로 처리한다.

```
> diabetes <– c(1, 2, 1, 1)
> diabetes <– factor(diabetes)
```

다음 명령어는 알파벳 순서로 1=Excellent, 2=Good, 3=Poor로 순서를 정한다.

```
> status <– c("Poor", "Good", "Excellent", "Poor")
> status <– factor(status)
```

다음 명령어는 순서(level)를 1=Poor, 2=Good, 3=Excellent로 정한다.

```
> status <– factor(status, levels=c("Poor", "Good", "Excellent"))
> status <– factor(status, levels=c("Poor", "Good", "Excellent"), order=TRUE)
```

```
> data1
  ID Age Gender    Status
1  1  25      M      Poor
2  2  34      F      Good
3  3  28      M Excellent
4  4  52      F      Poor
5  5  45      M      Good
> str(data1)
'data.frame':   5 obs. of  4 variables:
 $ ID    : num  1 2 3 4 5
 $ Age   : num  25 34 28 52 45
 $ Gender: Factor w/ 2 levels "F","M": 2 1 2 1 2
 $ Status: Factor w/ 3 levels "Excellent","Good",..: 3 2 1 3 2
> Status
[1] "Poor"      "Good"      "Excellent" "Poor"      "Good"
> Status <- factor(Status)
> Status
[1] Poor      Good      Excellent Poor      Good
Levels: Excellent Good Poor
> Status <- factor(Status, levels=c("Poor", "Good", "Excellent")
+ )
> Status
[1] Poor      Good      Excellent Poor      Good
Levels: Poor Good Excellent
> Status <- factor(Status, levels=c("Poor", "Good", "Excellent"), order=T)
> Status
[1] Poor      Good      Excellent Poor      Good
Levels: Poor < Good < Excellent
> |
```

3.3.4 변수이름 변경(variable labels)

먼저 다음과 같이 mydata라는 데이터프레임을 만들자.

```
> id <- c(1,2,3,4,5)
> sex <- c("M", "F", "F", "M", "F")
> age <- c(32, 45, 52, 69, 999)
> q1 <- c(5, 3, 3, 3, 2)
> q2 <- c(4, 5, 5, 3, 2)
> q3 <- c(5, 2, 5, 4, 1)
```

> mydata <- data.frame(id, sex, age, q1, q2, q3)

> mydata

```
> # Creating a data frame
> id <- c(1,2,3,4,5)
> sex <- c("M", "F", "F", "M", "F")
> age <- c(32, 45, 52, 69, 999)
> q1 <- c(5, 3, 3, 3, 2)
> q2 <- c(4, 5, 5, 3, 2)
> q3 <- c(5, 2, 5, 4, 1)
> mydata <- data.frame(id, sex, age, q1, q2, q3)
> mydata
  id sex age q1 q2 q3
1  1   M  32  5  4  5
2  2   F  45  3  5  2
3  3   F  52  3  5  5
4  4   M  69  3  3  4
5  5   F 999  2  2  1
> |
```

변수이름을 변경할 때는 다음과 같은 방법을 일반적으로 사용할 수 있다. 다음 결과를 보면 mydata의 두 번째 변수인 sex가 gender로 변경되었음을 확인할 수 있다.

> names(mydata)[2] <- "gender"

> mydata

```
> # Renaming variables (변수이름 변경)
> names(mydata)[2] <- "gender"
> mydata
  id gender age q1 q2 q3
1  1      M  32  5  4  5
2  2      F  45  3  5  2
3  3      F  52  3  5  5
4  4      M  69  3  3  4
5  5      F 999  2  2  1
```

그리고 다음과 같은 방법을 통해서도 변수이름을 변경할 수 있다.

```
> mydata
> colnames(mydata) <- c('id', 'gender', 'age', 'i1', 'i2', 'i3')
> mydata
```

```
> # 또는 아래와 같이 할 수 있다.
> mydata
  id sex age q1 q2 q3
1  1   M  32  5  4  5
2  2   F  45  3  5  2
3  3   F  52  3  5  5
4  4   M  69  3  3  4
5  5   F 999  2  2  1
> colnames(mydata) <- c('id', 'gender', 'age', 'i1', 'i2', 'i3')
> mydata
  id gender age i1 i2 i3
1  1      M  32  5  4  5
2  2      F  45  3  5  2
3  3      F  52  3  5  5
4  4      M  69  3  3  4
5  5      F 999  2  2  1
> |
```

3.3.5 변수값 변경(value labels)

factor( ) 기능으로 범주형 변수의 변수값을 만들 수 있다. 앞의 사례에서 sex라는 변수는 1, 2로 코딩되어 있다면 다음 명령어로 변수값을 바꿀 수 있다. 여기서 levels는 실제 코딩된 변수값을 나타내며, labels는 변환할 적합한 변수값을 제시하고 있다.

```
> data1
> sex <- c(1, 2, 1, 2, 1)
> data1 <- data.frame(data1, sex)
```

```
> data1
> data1$sex <– factor(data1$sex, levels=c(1,2), labels=c("Male", "Female"))
> data1
```

```
> data1
  ID Age Gender    Status
1  1  25      M      Poor
2  2  34      F      Good
3  3  28      M Excellent
4  4  52      F      Poor
5  5  45      M      Good
> sex <- c(1, 2, 1, 2, 1)
> data1
  ID Age Gender    Status
1  1  25      M      Poor
2  2  34      F      Good
3  3  28      M Excellent
4  4  52      F      Poor
5  5  45      M      Good
> data1 <- data.frame(data1, sex)
> data1
  ID Age Gender    Status sex
1  1  25      M      Poor   1
2  2  34      F      Good   2
3  3  28      M Excellent   1
4  4  52      F      Poor   2
5  5  45      M      Good   1
> data1$sex <- factor(data1$sex, levels=c(1,2), labels=c("Male", "Female"))
> data1
  ID Age Gender    Status    sex
1  1  25      M      Poor   Male
2  2  34      F      Good Female
3  3  28      M Excellent   Male
4  4  52      F      Poor Female
5  5  45      M      Good   Male
```

3.3.6 코딩변경(recoding variables)

변수의 코딩을 변경하고자 할 때는 다음과 같이 할 수 있다.

```
> mydata
> mydata$age[mydata$age==999] <- NA  # age=999는 결측값으로 지정
> mydata$agecat[mydata$age >= 65] <- 'aged'  #65세 이상을 aged로
> mydata$agecat[mydata$age >= 45 & mydata$age < 65] <- 'middle aged'
> mydata$agecat[mydata$age < 45] <- 'young'
> mydata
```

```
> mydata
  id sex age q1 q2 q3
1  1   M  32  5  4  5
2  2   F  45  3  5  2
3  3   F  52  3  5  5
4  4   M  69  3  3  4
5  5   F 999  2  2  1
> mydata$age[mydata$age==999] <- NA
> mydata$agecat[mydata$age >= 65] <- 'aged'
> mydata$agecat[mydata$age >= 45 & mydata$age < 65] <- 'middgle aged'
> mydata$agecat[mydata$age < 45] <- 'young'
> mydata
  id sex age q1 q2 q3       agecat
1  1   M  32  5  4  5        young
2  2   F  45  3  5  2 middgle aged
3  3   F  52  3  5  5 middgle aged
4  4   M  69  3  3  4         aged
5  5   F  NA  2  2  1         <NA>
```

이어서 이번에는 sex 변수의 값을 다시 코딩하여 새 변수 gender를 만들어 보자.

```
> mydata$gender[mydata$sex=="M"] <– 1
> mydata$gender[mydata$sex=="F"] <– 2
> mydata
> mydata <– mydata[, -c(7, 8)]  # 7, 8번째 변수를 삭제
> mydata
```

```
> mydata$gender[mydata$sex=="M"] <- 1
> mydata$gender[mydata$sex=="F"] <- 2
> mydata
  id sex age q1 q2 q3      agecat gender
1  1   M  32  5  4  5       young      1
2  2   F  45  3  5  2 middle aged      2
3  3   F  52  3  5  5 middle aged      2
4  4   M  69  3  3  4       elder      1
5  5   F  NA  2  2  1        <NA>      2
> mydata <- mydata[, -c(7,8)]
> mydata
  id sex age q1 q2 q3
1  1   M  32  5  4  5
2  2   F  45  3  5  2
3  3   F  52  3  5  5
4  4   M  69  3  3  4
5  5   F  NA  2  2  1
> |
```

이번에는 pscl 패키지에 있는 bioChemists 데이터를 활용해서 코딩변경을 실시해 보자.

```
> library(pscl)
> bio <– bioChemists
> head(bio)
> bio$art2[bio$art > 0] <– 1
> bio$art2[bio$art == 0] <– 0
> bio$art2 <– factor(bio$art2, levels=c(0,1), labels=c("No", "Yes"))
> table(bio$art2)
```

```
> library(pscl)
> ?bioChemists
starting httpd help server ... done
> bio <- bioChemists
> head(bio)
  art   fem     mar kid5  phd ment
1   0   Men Married    0 2.52    7
2   0 Women  Single    0 2.05    6
3   0 Women  Single    0 3.75    6
4   0   Men Married    1 1.18    3
5   0 Women  Single    0 3.75   26
6   0 Women Married    2 3.59    2
> # Create a binary outcome variable
> bio$art2[bio$art > 0] <- 1
> bio$art2[bio$art == 0] <- 0
> bio$art2 <- factor(bio$art2, levels=c(0,1), labels=c("No", "Yes"))
> table(bio$art2)

 No Yes
275 640
> |
```

```
> plot(table(bio$art))
```

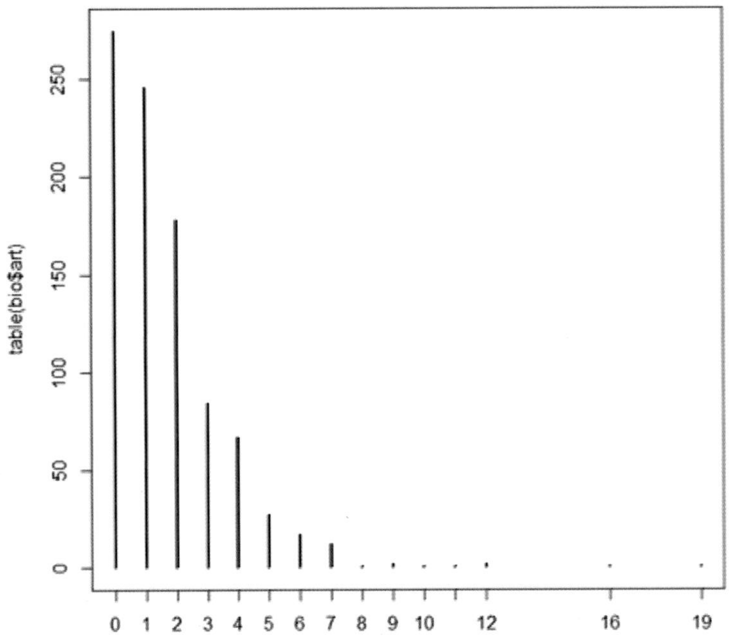


```
> plot(table(bio$art2))
```

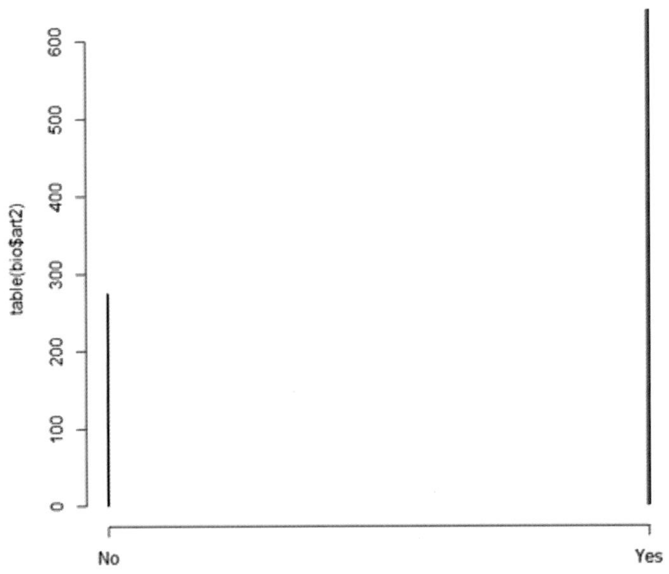

3.3.7 결측값(missing values)

R에서 결측값을 지정하고자 하는 경우에는 다음과 같이 할 수 있다. 즉, age가 999인 경우 결측값(NA)으로 지정한다.

```
> mydata$age[mydata$age==999] <- NA
> mydata
```

그리고 데이터 분석에서는 다음과 같이 결측값을 제외하고 분석할 수 있다. 즉, na.omit( ) 기능을 활용하여 결측값이 있는 모든 케이스를 삭제할 수 있으며, na.rm= TRUE 옵션을 사용하여 결측값을 제외하고 분석할 수 있다.

```
# 모든 결측값 케이스 삭제(listwise deletion)
> mydata <- na.omit(mydata)
> mydata

# 결측값은 제외하고 계산
> x <- c(1, 2, NA, 3)
> y <- sum(x)
> y
> y <- sum(x, na.rm=TRUE)
> y
```

```
> x <- c(1, 2, NA, 3)
> y <- sum(x)
> y
[1] NA
> y <- sum(x, na.rm=TRUE)
> y
[1] 6
```

참고로 결측값을 대체(imputation)하는 경우 VIM 패키지를 활용하면 간단하게 처리할 수 있다. 다음 명령어는 결측값이 있는 케이스와 가장 가까운 (결측값이 없는) k개 케이스, 여기서는 3개 케이스를 선택하여 결측값을 대체하는 경우이다. 구체적으로 결측값이 연속변수인 경우 3개 케이스의 값들의 평균으로 대체되며, 범주형 변수인 경우 가장 빈도수가 높은 값으로 대체된다. 다음 결과를 보면 age의 결측값(NA)이 52로 대체되었음을 알 수 있다.

```
> mydata
> mydata$age[mydata$age==999] <- NA
> mydata
> library(VIM)
> mydata <- kNN(mydata, k=3, imp_var=FALSE)
> mydata
```

```
> id <- c(1,2,3,4,5)
> sex <- c("M", "F", "F", "M", "F")
> age <- c(32, 45, 52, 69, 999)
> q1 <- c(5, 3, 3, 3, 2)
> q2 <- c(4, 5, 5, 3, 2)
> q3 <- c(5, 2, 5, 4, 1)
> mydata <- data.frame(id, sex, age, q1, q2, q3)
> mydata
  id sex age q1 q2 q3
1  1   M  32  5  4  5
2  2   F  45  3  5  2
3  3   F  52  3  5  5
4  4   M  69  3  3  4
5  5   F 999  2  2  1
> mydata$age[mydata$age==999] <- NA
> mydata
  id sex age q1 q2 q3
1  1   M  32  5  4  5
2  2   F  45  3  5  2
3  3   F  52  3  5  5
4  4   M  69  3  3  4
5  5   F  NA  2  2  1
> library(VIM)
> mydata <- kNN(mydata, k=3, imp_var=FALSE)
> mydata
  id sex age q1 q2 q3
1  1   M  32  5  4  5
2  2   F  45  3  5  2
3  3   F  52  3  5  5
4  4   M  69  3  3  4
5  5   F  52  2  2  1
> 
```

예제 2 결측값 대체

이번에는 ggplot2 패키지에 있는 포유동물의 수면 관련 데이터인 msleep 데이터를 사용하여 결측값 대체를 실행해 보자.

```
> library(ggplot2)
> head(msleep)
> library(VIM)
> df <- msleep
> df2 <- kNN(df, k=5, imp_var=FALSE)
> head(df2)
```

다음 결과에서 보듯이 결측값인 NA(붉은 색)가 평균 또는 최빈값으로 대체되어 있음을 확인할 수 있다.

```
> # 결측값 대체(예제2)
> library(ggplot2)
> head(msleep)
# A tibble: 6 x 11
  name  genus vore  order conservation sleep_total sleep_rem sleep_cycle awake
  <chr> <chr> <chr> <chr> <chr>              <dbl>     <dbl>       <dbl> <dbl>
1 Chee~ Acin~ carni Carn~ lc                  12.1      NA        NA      11.9
2 Owl ~ Aotus omni  Prim~ NA                  17         1.8      NA       7
3 Moun~ Aplo~ herbi Rode~ nt                  14.4       2.4      NA       9.6
4 Grea~ Blar~ omni  Sori~ lc                  14.9       2.3       0.133   9.1
5 Cow   Bos   herbi Arti~ domesticated         4         0.7       0.667  20
6 Thre~ Brad~ herbi Pilo~ NA                  14.4       2.2       0.767   9.6
# ... with 2 more variables: brainwt <dbl>, bodywt <dbl>
> library(VIM)
> df2 <- kNN(df, k=5, imp_var=FALSE)
> head(df2)
                        name      genus  vore        order conservation
1                    Cheetah   Acinonyx carni    Carnivora           lc
2                 Owl monkey      Aotus  omni     Primates           lc
3            Mountain beaver Aplodontia herbi     Rodentia           nt
4 Greater short-tailed shrew    Blarina  omni Soricomorpha           lc
5                        Cow        Bos herbi Artiodactyla domesticated
6           Three-toed sloth   Bradypus herbi       Pilosa           lc
  sleep_total sleep_rem sleep_cycle awake brainwt  bodywt
1        12.1       0.7   0.3833333  11.9 0.01750  50.000
2        17.0       1.8   0.1833333   7.0 0.01550   0.480
3        14.4       2.4   0.2166667   9.6 0.00100   1.350
4        14.9       2.3   0.1333333   9.1 0.00029   0.019
5         4.0       0.7   0.6666667  20.0 0.42300 600.000
6        14.4       2.2   0.7666667   9.6 0.00400   3.850
> 
```

3.3.8 데이터 합치기(merging datasets)

데이터를 합칠 경우는 크게 두 가지인데 변수를 추가하는 경우와 케이스를 추가하는 경우이다. 이 경우 전자는 merge( ), 후자는 rbind( ) 기능을 활용한다.

```
> mydata

# 변수를 선택하여 2개의 데이터셋으로 나눈다.
> mydata_1 <- mydata[, c(1:3)]
> mydata_2 <- mydata[, c(1, 4:6)]

# 두 데이터셋의 변수를 합치는 경우
> total_1 <- merge(mydata_1, mydata_2, by="id")
> total_1

# 케이스를 선택하여 2개의 데이터셋으로 만든다.
> mydata_3 <- mydata[1:3,]
> mydata_4 <- mydata[4:5,]

# 두 데이터셋의 케이스를 합치는 경우
> total_2 <- rbind(mydata_3, mydata_4)
> total_2
```

```
> ## selecting variables
> mydata_1 <- mydata[, c(1:3)]
> mydata_2 <- mydata[, c(1, 4:6)]
> ## to add variables
> total_1 <- merge(mydata_1, mydata_2, by="id")
> total_1
  id sex age q1 q2 q3
1  1   M  32  5  4  5
2  2   F  45  3  5  2
3  3   F  52  3  5  5
4  4   M  69  3  3  4
5  5   F 999  2  2  1
> # selecting observations
> mydata_3 <- mydata[1:3,]
> mydata_4 <- mydata[4:5,]
> ## to add observations
> total_2 <- rbind(mydata_3, mydata_4)
> total_2
  id sex age q1 q2 q3
1  1   M  32  5  4  5
2  2   F  45  3  5  2
3  3   F  52  3  5  5
4  4   M  69  3  3  4
5  5   F 999  2  2  1
>
```

3.3.9 하위 데이터셋 만들기(making subsets)

이번에는 subset( ) 기능을 활용하여 하위 데이터셋을 만들어 보자.

```
> mydata
> newdata1 <- subset(mydata, age>=35 | age<24, select=c(age, q1, q2, q3))
> newdata1
> newdata2 <- subset(mydata, sex=="M" & age>25, select=sex:q3)
> newdata2
```

```
> ## subset function
> mydata
  id sex age q1 q2 q3
1  1   M  32  5  4  5
2  2   F  45  3  5  2
3  3   F  52  3  5  5
4  4   M  69  3  3  4
5  5   F 999  2  2  1
> newdata1 <- subset(mydata, age>=35 | age<24, select=c(age, q1, q2, q3))
> newdata1
  age q1 q2 q3
2  45  3  5  2
3  52  3  5  5
4  69  3  3  4
5 999  2  2  1
> newdata2 <- subset(mydata, sex=="M" & age>25, select=sex:q3)
> newdata2
  sex age q1 q2 q3
1   M  32  5  4  5
4   M  69  3  3  4
>
```

3.3.10 데이터 형식 전환(long format and wide format)

이번에는 'reshape2' 패키지의 melt( ), dcast( ) 기능을 활용하여 데이터의 형식을 전환해 보자.

```
> library(reshape2)
```

```
> repeated <- read.csv("E:/R/repeated2.csv")
> repeated
```

```
# wide format 데이터를 long format으로 전환하는 경우
> long <- melt(repeated, id=c("id", "group"))
> long
```

```
# long format 데이터를 wide format으로 전환하는 경우
> wide <- dcast(long, id + group ~ variable)
> wide
```

```
> library(reshape2)
> repeated <- read.csv("E:/R/repeated2.csv")
> head(repeated)
  id group pre post followup
1  1     1  78   79       84
2  2     1  61   60       64
3  3     1  73   72       78
4  4     1  66   79       76
5  5     1  61   74       78
6  6     1  51   77       77
> # restructuring the data into long format
> long <- melt(repeated, id=c("id", "group"))
> long
   id group variable value
1   1     1      pre    78
2   2     1      pre    61
3   3     1      pre    73
4   4     1      pre    66
5   5     1      pre    61
6   6     1      pre    51
7   7     1      pre    70
8   8     1      pre    59
9   9     1      pre    52
10 10     1      pre    76
```

```
> # restructureing the data into wide format
> wide <- dcast(long, id + group ~ variable)
> wide
   id group pre post followup
1   1     1  78   79       84
2   2     1  61   60       64
3   3     1  73   72       78
4   4     1  66   79       76
5   5     1  61   74       78
6   6     1  51   77       77
7   7     1  70   78       78
8   8     1  59   77       76
9   9     1  52   73       73
10 10     1  76   80       77
11 11     1  54   66       66
12 12     1  57   67       67
13 13     1  56   65       65
14 14     1  79   85       85
15 15     1  83   85       86
16 16     2  72   71       72
17 17     2  66   65       66
18 18     2  60   62       64
```

3.3.11 연속변수를 factor 변수로 만들기

이번에는 cut( ) 기능을 이용하여 연속변수를 범주형(factor) 변수로 만들어 보자. 데이터는 미국의 센서스 보완 자료인 1985년 Current Population Survey(CPS) 데이터로 연령을 다음과 같이 세 그룹으로 나눌 수 있다.

```
> data <- read.csv("E:/R/CPS85.csv")
> head(data)
> data$age2 <-  with(data, cut(x=age, breaks=c(0, 30, 50, 100), right=F,
 labels=c('under 30', '30 - 49', '50 and over')))
> table(data$age2)
> boxplot(wage ~ age2, data, col="skyblue")  # 연령대별 시간당 임금
```

```
> data <- read.csv("E:/R/CPS85.csv")
> head(data)
  wage educ race sex hispanic south married exper union age   sector
1  9.0   10    W   M       NH    NS Married    27   Not  43    const
2  5.5   12    W   M       NH    NS Married    20   Not  38    sales
3  3.8   12    W   F       NH    NS  Single     4   Not  22    sales
4 10.5   12    W   F       NH    NS Married    29   Not  47 clerical
5 15.0   12    W   M       NH    NS Married    40 Union  58    const
6  9.0   16    W   F       NH    NS Married    27   Not  49 clerical
> data$age2 <- with(data, cut(x=age, breaks=c(0, 30, 50, 100), right=F,
+ labels=c('under 30', '30 - 49', '50 and over')))
> table(data$age2)

  under 30     30 - 49 50 and over 
       165         271          97 
```

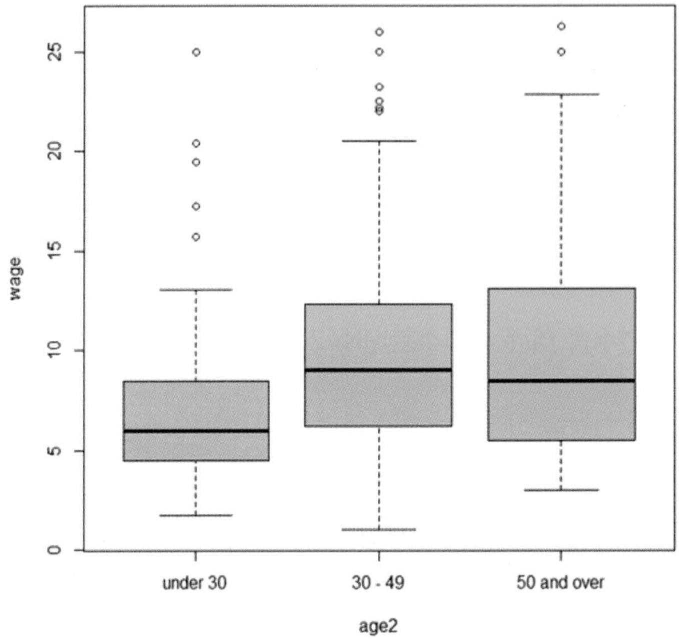

3.4 tidyverse를 이용한 데이터 처리

최근 개발된 데이터 처리 패키지 tidyverse를 사용하는 법을 소개하고자 한다 (Wickham et al., 2019). tidyverse는 기존의 데이터 처리 패키지 dplyr과 그래픽 패키지

ggplot2를 결합한 것으로 데이터 처리와 시각화에 매우 유용한 패키지다.

먼저 tidyverse와 gapminder 데이터가 있는 gapminder 패키지를 불러온다. gapminder 데이터는 세계 142개국의 인구, 평균수명, 1인당 GDP를 1952년부터 2007년까지 매 5년 간격으로 데이터를 제공하는 매우 유용한 데이터이다.

```
> library(tidyverse)
> library(gapminder)
> gapminder
```

```
> library(tidyverse)
-- Attaching packages ---------------------------------------------
√ ggplot2 2.2.1     √ purrr   0.2.5
√ tibble  1.4.2     √ dplyr   0.7.6
√ tidyr   0.8.1     √ stringr 1.3.1
√ readr   1.1.1     √ forcats 0.3.0
-- Conflicts -----------------------------------------------------
x dplyr::filter() masks stats::filter()
x dplyr::lag()    masks stats::lag()
> library(gapminder)
경고메시지(들):
패키지 'gapminder'는 R 버전 3.5.1에서 작성되었습니다
>
> gapminder
# A tibble: 1,704 x 6
   country     continent  year lifeExp      pop gdpPercap
   <fct>       <fct>     <int>   <dbl>    <int>     <dbl>
 1 Afghanistan Asia       1952    28.8  8425333      779.
 2 Afghanistan Asia       1957    30.3  9240934      821.
 3 Afghanistan Asia       1962    32.0 10267083      853.
 4 Afghanistan Asia       1967    34.0 11537966      836.
 5 Afghanistan Asia       1972    36.1 13079460      740.
 6 Afghanistan Asia       1977    38.4 14880372      786.
 7 Afghanistan Asia       1982    39.9 12881816      978.
 8 Afghanistan Asia       1987    40.8 13867957      852.
 9 Afghanistan Asia       1992    41.7 16317921      649.
10 Afghanistan Asia       1997    41.8 22227415      635.
# ... with 1,694 more rows
```

3.4.1 filter( ) 기능

filter( ) 기능은 데이터의 케이스(observations)를 선택할 수 있는 기능을 제공하며 다음과 같이 활용될 수 있다. 특히 tidyverse에서는 명령문에 %>%라는 연결기능(pipe)을 제공하고 있으며 영어로는 then으로 읽는다.

```
> gapminder %>% filter(year == 2007)
> gapminder %>% filter(country == "Korea, Rep.")
```

```
> gapminder %>% filter(year == 2007)
# A tibble: 142 x 6
   country     continent  year lifeExp       pop gdpPercap
   <fct>       <fct>     <int>   <dbl>     <int>     <dbl>
 1 Afghanistan Asia       2007    43.8  31889923      975.
 2 Albania     Europe     2007    76.4   3600523     5937.
 3 Algeria     Africa     2007    72.3  33333216     6223.
 4 Angola      Africa     2007    42.7  12420476     4797.
 5 Argentina   Americas   2007    75.3  40301927    12779.
 6 Australia   Oceania    2007    81.2  20434176    34435.
 7 Austria     Europe     2007    79.8   8199783    36126.
 8 Bahrain     Asia       2007    75.6    708573    29796.
 9 Bangladesh  Asia       2007    64.1 150448339     1391.
10 Belgium     Europe     2007    79.4  10392226    33693.
# ... with 132 more rows
> gapminder %>% filter(country == "Korea, Rep.")
# A tibble: 12 x 6
   country     continent  year lifeExp      pop gdpPercap
   <fct>       <fct>     <int>   <dbl>    <int>     <dbl>
 1 Korea, Rep. Asia       1952    47.5 20947571     1031.
 2 Korea, Rep. Asia       1957    52.7 22611552     1488.
 3 Korea, Rep. Asia       1962    55.3 26420307     1536.
 4 Korea, Rep. Asia       1967    57.7 30131000     2029.
 5 Korea, Rep. Asia       1972    62.6 33505000     3031.
 6 Korea, Rep. Asia       1977    64.8 36436000     4657.
 7 Korea, Rep. Asia       1982    67.1 39326000     5623.
 8 Korea, Rep. Asia       1987    69.8 41622000     8533.
 9 Korea, Rep. Asia       1992    72.2 43805450    12104.
10 Korea, Rep. Asia       1997    74.6 46173816    15994.
```

물론 다음과 같이 여러 개의 filter( ) 기능을 한꺼번에 사용할 수도 있다.

```
> gapminder %>% filter(year == 2007, country == "Korea, Rep.")
```

```
> gapminder %>% filter(year == 2007, country == "Korea, Rep.")
# A tibble: 1 x 6
  country     continent  year lifeExp      pop gdpPercap
  <fct>       <fct>     <int>   <dbl>    <int>     <dbl>
1 Korea, Rep. Asia       2007    78.6 49044790    23348.
```

3.4.2 arrange( ) 기능

arrange( ) 기능은 케이스(observations)를 정렬(오름차순, 내림차순)하는 기능을 제공한다. 다음 분석 결과에서 보듯이 1인당 GDP별로 오름차순(디폴트)으로 정렬하며, 그다음 결과는 2007년의 경우 1인당 GDP별로 내림차순으로 정렬하고 있다.

```
> gapminder %>% arrange(gdpPercap)
> gapminder %>% filter(year == 2007) %>% arrange(desc(gdpPercap))
```

```
> # arrange verb (sorts the observations)
> gapminder %>% arrange(gdpPercap)
# A tibble: 1,704 x 6
   country          continent  year lifeExp      pop gdpPercap
   <fct>            <fct>     <int>   <dbl>    <int>     <dbl>
 1 Congo, Dem. Rep. Africa     2002    45.0 55379852      241.
 2 Congo, Dem. Rep. Africa     2007    46.5 64606759      278.
 3 Lesotho          Africa     1952    42.1   748747      299.
 4 Guinea-Bissau    Africa     1952    32.5   580653      300.
 5 Congo, Dem. Rep. Africa     1997    42.6 47798986      312.
 6 Eritrea          Africa     1952    35.9  1438760      329.
 7 Myanmar          Asia       1952    36.3 20092996      331
 8 Lesotho          Africa     1957    45.0   813338      336.
 9 Burundi          Africa     1952    39.0  2445618      339.
10 Eritrea          Africa     1957    38.0  1542611      344.
# ... with 1,694 more rows
> gapminder %>% filter(year == 2007) %>% arrange(desc(gdpPercap))
# A tibble: 142 x 6
   country          continent  year lifeExp       pop gdpPercap
   <fct>            <fct>     <int>   <dbl>     <int>     <dbl>
 1 Norway           Europe     2007    80.2   4627926    49357.
 2 Kuwait           Asia       2007    77.6   2505559    47307.
 3 Singapore        Asia       2007    80.0   4553009    47143.
 4 United States    Americas   2007    78.2 301139947    42952.
 5 Ireland          Europe     2007    78.9   4109086    40676.
 6 Hong Kong, China Asia       2007    82.2   6980412    39725.
 7 Switzerland      Europe     2007    81.7   7554661    37506.
 8 Netherlands      Europe     2007    79.8  16570613    36798.
 9 Canada           Americas   2007    80.7  33390141    36319.
10 Iceland          Europe     2007    81.8    301931    36181.
# ... with 132 more rows
> |
```

3.4.3 mutate( ) 기능

mutate( ) 기능은 기존의 변수를 변형하거나 새로운 변수를 만들 때 활용하는 유용한 기능이다. 다음 결과를 보면 첫 번째 결과는 인구(pop)변수를 1,000,000명으로 나눈 경우이며, 두 번째 결과는 gdp를 1인당 GDP를 인구와 곱한 전체 GDP를 보여 주는 새로운 변수를 만들었다.

```
> gapminder %>% mutate(pop = pop / 1000000)
> gapminder %>% mutate(gdp = gdpPercap * pop)
```

```
> # mutate verb (adds or changes a variable)
> gapminder %>% mutate(pop = pop / 1000000)
# A tibble: 1,704 x 6
   country     continent  year lifeExp   pop gdpPercap
   <fct>       <fct>     <int>   <dbl> <dbl>     <dbl>
 1 Afghanistan Asia       1952    28.8  8.43      779.
 2 Afghanistan Asia       1957    30.3  9.24      821.
 3 Afghanistan Asia       1962    32.0 10.3       853.
 4 Afghanistan Asia       1967    34.0 11.5       836.
 5 Afghanistan Asia       1972    36.1 13.1       740.
 6 Afghanistan Asia       1977    38.4 14.9       786.
 7 Afghanistan Asia       1982    39.9 12.9       978.
 8 Afghanistan Asia       1987    40.8 13.9       852.
 9 Afghanistan Asia       1992    41.7 16.3       649.
10 Afghanistan Asia       1997    41.8 22.2       635.
# ... with 1,694 more rows
> gapminder %>% mutate(gdp = gdpPercap * pop)
# A tibble: 1,704 x 7
   country     continent  year lifeExp      pop gdpPercap          gdp
   <fct>       <fct>     <int>   <dbl>    <int>     <dbl>        <dbl>
 1 Afghanistan Asia       1952    28.8  8425333      779.  6567086330.
 2 Afghanistan Asia       1957    30.3  9240934      821.  7585448670.
 3 Afghanistan Asia       1962    32.0 10267083      853.  8758855797.
 4 Afghanistan Asia       1967    34.0 11537966      836.  9648014150.
 5 Afghanistan Asia       1972    36.1 13079460      740.  9678553274.
 6 Afghanistan Asia       1977    38.4 14880372      786. 11697659231.
 7 Afghanistan Asia       1982    39.9 12881816      978. 12598563401.
 8 Afghanistan Asia       1987    40.8 13867957      852. 11820990309.
 9 Afghanistan Asia       1992    41.7 16317921      649. 10595901589.
10 Afghanistan Asia       1997    41.8 22227415      635. 14121995875.
# ... with 1,694 more rows
```

다음은 지금까지 배웠던 filter( ), arrange( ), mutate( ) 기능을 한꺼번에 활용해서 분석해 보자.

```
> gapminder %>% mutate(gdp = gdpPercap * pop) %>%
filter(year == 2007) %>% arrange(desc(gdp))
```

```
> gapminder %>% mutate(gdp = gdpPercap * pop) %>%
+ filter(year == 2007) %>% arrange(desc(gdp))
# A tibble: 142 x 7
   country        continent  year lifeExp        pop gdpPercap     gdp
   <fct>          <fct>     <int>   <dbl>      <int>     <dbl>   <dbl>
 1 United States  Americas   2007    78.2  301139947    42952. 1.29e13
 2 China          Asia       2007    73.0 1318683096     4959. 6.54e12
 3 Japan          Asia       2007    82.6  127467972    31656. 4.04e12
 4 India          Asia       2007    64.7 1110396331     2452. 2.72e12
 5 Germany        Europe     2007    79.4   82400996    32170. 2.65e12
 6 United Kingdom Europe     2007    79.4   60776238    33203. 2.02e12
 7 France         Europe     2007    80.7   61083916    30470. 1.86e12
 8 Brazil         Americas   2007    72.4  190010647     9066. 1.72e12
 9 Italy          Europe     2007    80.5   58147733    28570. 1.66e12
10 Mexico         Americas   2007    76.2  108700891    11978. 1.30e12
# ... with 132 more rows
> |
```

3.4.4 select( ) 기능

select( ) 기능은 변수를 선택하거나 삭제 및 순서를 재조정하는 기능을 갖고 있다. 다음 결과는 gapminder 데이터에서 4개의 변수(country, continent, year, lifeExp)만 선택한 데이터를 나타내고 있고 그 다음 결과는 전체 변수에서 pop 변수를 삭제한 데이터를 제시하고 있다.

```
> gapminder %>% select(country, continent, year, lifeExp)
> gapminder %>% select(-pop)
```

```
> # select verb (keeps, drops or reorders variables)
> gapminder %>% select(country, continent, year, lifeExp)
# A tibble: 1,704 x 4
   country     continent  year lifeExp
   <fct>       <fct>     <int>   <dbl>
 1 Afghanistan Asia       1952    28.8
 2 Afghanistan Asia       1957    30.3
 3 Afghanistan Asia       1962    32.0
 4 Afghanistan Asia       1967    34.0
 5 Afghanistan Asia       1972    36.1
 6 Afghanistan Asia       1977    38.4
 7 Afghanistan Asia       1982    39.9
 8 Afghanistan Asia       1987    40.8
 9 Afghanistan Asia       1992    41.7
10 Afghanistan Asia       1997    41.8
# ... with 1,694 more rows
> gapminder %>% select(-pop)
# A tibble: 1,704 x 5
   country     continent  year lifeExp gdpPercap
   <fct>       <fct>     <int>   <dbl>     <dbl>
 1 Afghanistan Asia       1952    28.8      779.
 2 Afghanistan Asia       1957    30.3      821.
 3 Afghanistan Asia       1962    32.0      853.
 4 Afghanistan Asia       1967    34.0      836.
 5 Afghanistan Asia       1972    36.1      740.
 6 Afghanistan Asia       1977    38.4      786.
 7 Afghanistan Asia       1982    39.9      978.
 8 Afghanistan Asia       1987    40.8      852.
 9 Afghanistan Asia       1992    41.7      649.
10 Afghanistan Asia       1997    41.8      635.
# ... with 1,694 more rows
```

3.4.5 rename( ) 기능

rename( ) 기능은 변수의 이름을 변경하는 기능이다. 다음 결과를 보면 gapminder 데이터에서 lifeExp는 LifeExp로 pop는 Pop로 gdpPercap는 GdpPercap로 변경한 결과이다. 형식은 rename(new variable=old variable)이다.

```
> gapminder %>% rename(LifeExp=lifeExp, Pop=pop, GdpPercap=gdpPercap)
```

```
> # rename verb (rename variables)
> gapminder %>% rename(LifeExp=lifeExp, Pop=pop, GdpPercap=gdpPercap)
# A tibble: 1,704 x 6
   country     continent  year LifeExp      Pop GdpPercap
   <fct>       <fct>     <int>   <dbl>    <int>     <dbl>
 1 Afghanistan Asia       1952    28.8  8425333      779.
 2 Afghanistan Asia       1957    30.3  9240934      821.
 3 Afghanistan Asia       1962    32.0 10267083      853.
 4 Afghanistan Asia       1967    34.0 11537966      836.
 5 Afghanistan Asia       1972    36.1 13079460      740.
 6 Afghanistan Asia       1977    38.4 14880372      786.
 7 Afghanistan Asia       1982    39.9 12881816      978.
 8 Afghanistan Asia       1987    40.8 13867957      852.
 9 Afghanistan Asia       1992    41.7 16317921      649.
10 Afghanistan Asia       1997    41.8 22227415      635.
# ... with 1,694 more rows
> |
```

3.4.6 summarize( ) 기능

summarize( ) 기능은 데이터의 값을 평균값, 중간값, 최소값 및 최대값, 합계로 변환하는 기능을 갖고 있으며, 특히 group_by 기능을 포함하면 집단별 summarize 결과를 제시하는 유용한 기능이다. 다음 결과에서는 평균수명의 평균값과 2007년의 경우 평균수명 평균값 및 총인구수를 보여 주고 있다.

```
> gapminder %>% summarize(meanLifeExp = mean(lifeExp))
> gapminder %>% filter(year == 2007) %>% summarize(meanLifeExp =
  mean(lifeExp))
> gapminder %>% filter(year == 2007) %>%
summarize(meanLifeExp = mean(lifeExp), totalPop = sum(pop))
```

```
> > # summarize verb (mean, sum, median, min, max)
> gapminder %>% summarize(meanLifeExp = mean(lifeExp))
# A tibble: 1 x 1
  meanLifeExp
        <dbl>
1        59.5
> gapminder %>% filter(year == 2007) %>% summarize(meanLifeExp = mean(lifeExp))
# A tibble: 1 x 1
  meanLifeExp
        <dbl>
1        67.0
> gapminder %>% filter(year == 2007) %>%
+ summarize(meanLifeExp = mean(lifeExp), totalPop = sum(as.numeric(pop)))
# A tibble: 1 x 2
  meanLifeExp   totalPop
        <dbl>      <dbl>
1        67.0 6251013179
> |
```

다음 결과는 group_by( ) 기능을 이용하여 연도별로 평균수명 및 총인구수를 보여주고 있다. 그리고 이어서 2007년도 대륙별 평균수명 및 총인구수를 나타내고 있다.

```
> gapminder %>% group_by(year) %>%
summarize(meanLifeExp = mean(lifeExp), totalPop = sum(pop))
> gapminder %>% filter(year == 2007) %>% group_by(continent) %>%
summarize(meanLifeExp = mean(lifeExp), totalPop = sum(pop))
```

```
> gapminder %>% group_by(year) %>%
+ summarize(meanLifeExp = mean(lifeExp), totalPop = sum(as.numeric(pop)))
# A tibble: 12 x 3
    year meanLifeExp   totalPop
   <int>       <dbl>      <dbl>
 1  1952        49.1 2406957150
 2  1957        51.5 2664404580
 3  1962        53.6 2899782974
 4  1967        55.7 3217478384
 5  1972        57.6 3576977158
 6  1977        59.6 3930045807
 7  1982        61.5 4289436840
 8  1987        63.2 4691477418
 9  1992        64.2 5110710260
10  1997        65.0 5515204472
11  2002        65.7 5886977579
12  2007        67.0 6251013179
> gapminder %>% filter(year == 2007) %>% group_by(continent) %>%
+ summarize(meanLifeExp = mean(lifeExp), totalPop = sum(as.numeric(pop)))
# A tibble: 5 x 3
  continent meanLifeExp   totalPop
  <fct>           <dbl>      <dbl>
1 Africa           54.8  929539692
2 Americas         73.6  898871184
3 Asia             70.7 3811953827
4 Europe           77.6  586098529
5 Oceania          80.7   24549947
```

3.4.7 데이터 형식 전환

이번에는 tidyverse를 이용해 데이터의 형식을 long format 및 wide format으로 전환해 보자. 여기에는 gather( ) 및 spread( ) 기능을 활용한다.

분석에 사용할 데이터를 다음과 같이 불러온다.

```
> library(tidyverse)
> repeated <– read.csv("E:/R/repeated2.csv")
> repeated
```

먼저 gather( ) 기능을 이용하여 wide format 데이터를 long format으로 전환해 보자. long format에 사용할 변수를 variable, measurement로 정한 후 불러올 값들을 지정한다(여기서는 3번째 칼럼에서 5번째 칼럼의 값들을 지정).

```
> long2 <– gather(repeated, variable, measurement, 3:5)
> long2
```

```
> # 데이터 전환 using tidyverse
> library(tidyverse)
> head(repeated)
  id group pre post followup
1  1     1  78   79       84
2  2     1  61   60       64
3  3     1  73   72       78
4  4     1  66   79       76
5  5     1  61   74       78
6  6     1  51   77       77
> long2 <- gather(repeated, variable, measurement, 3:5)
> long2
   id group variable measurement
1   1     1      pre          78
2   2     1      pre          61
3   3     1      pre          73
4   4     1      pre          66
5   5     1      pre          61
6   6     1      pre          51
7   7     1      pre          70
8   8     1      pre          59
9   9     1      pre          52
10 10     1      pre          76
11 11     1      pre          54
12 12     1      pre          57
13 13     1      pre          56
```

이번에는 long format 데이터를 wide format 데이터로 다시 전환해 보자. 여기서는 spread( ) 기능을 이용하며, 앞서 long format으로 만들 때 만든 variable, measurement 변수이름을 지정한다.

```
> wide2 <– spread(long2, variable, measurement)
> wide2
```

```
> wide2 <- spread(long2, variable, measurement)
> wide2
   id group followup post pre
1   1     1       84   79  78
2   2     1       64   60  61
3   3     1       78   72  73
4   4     1       76   79  66
5   5     1       78   74  61
6   6     1       77   77  51
7   7     1       78   78  70
8   8     1       76   77  59
9   9     1       73   73  52
10 10     1       77   80  76
11 11     1       66   66  54
12 12     1       67   67  57
13 13     1       65   65  56
14 14     1       85   85  79
15 15     1       86   85  83
```

tidyverse에서는 변수 정렬을 알파벳순으로 하기 때문에 원래 데이터의 모습으로 정렬하기 위해서는 select( ) 기능을 활용하여 변수(columns) 순서를 원래 모습대로 변경한다.

```
> wide2 %>% select(id, group, pre, post, followup) -> wide3
> head(wide3)
```

```
> wide2 %>% select(id, group, pre, post, followup) -> wide3
> head(wide3)
  id group pre post followup
1  1     1  78   79       84
2  2     1  61   60       64
3  3     1  73   72       78
4  4     1  66   79       76
5  5     1  61   74       78
6  6     1  51   77       77
> 
```

Ⅱ 기술통계분석

04 통계분석의 기본 개념

4.1 통계분석의 분류

4.1.1 기술통계분석과 추론통계분석

통계분석은 우선 다음 그림과 같이 기술통계분석과 추론통계분석으로 나눌 수 있다. 기술통계분석(descriptive statistics)은 표본으로부터 변수의 특성을 제시하거나 데이터를 요약하는 통계분석을 의미하며, 추론통계분석(inferential statistics)은 통계치로부터 모수를 추정하는 통계분석을 의미한다.

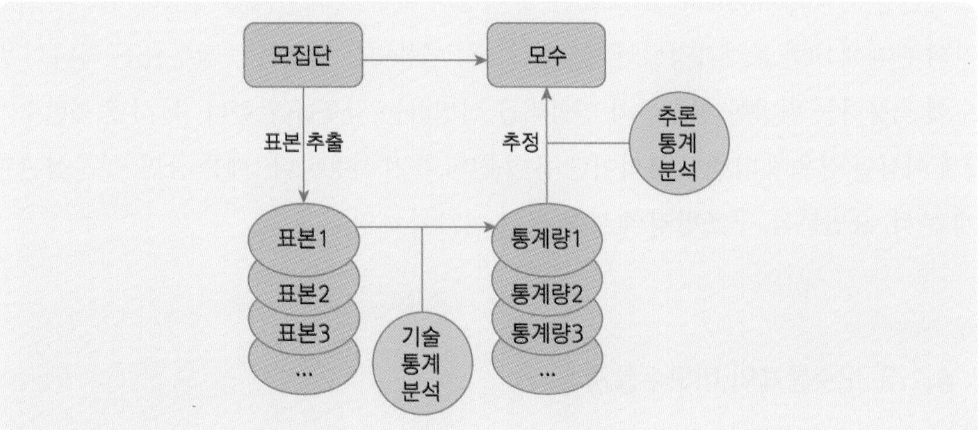

출처: 권재명(2017), p. 124에서 재구성.

용어 정리

- 모집단(population): 연구자의 관심대상이 되는 모든 개체의 집합(전체)
- 표본(sample): 모집단을 대표하는 모집단에서 추출된 일부(전체의 일부분)
- 모수(parameter): 모집단의 속성을 나타내는 값
- 통계치/통계량(statistic): 표본의 속성을 나타내는 값

4.1.2 일변량, 이변량 및 다변량 분석

분석하고자 하는 변수의 수에 따라 일변량 분석, 이변량 분석, 다변량 분석으로 구분할 수 있다.

일변량 분석(univariate analysis)은 단일변수에 대한 기술 및 자료에 대한 요약을 의미하는 것으로 빈도분석이 그 대표적 사례가 된다.

이변량 분석(bivariate analysis)은 두 변수 간의 관련성에 대한 분석이나 설명에 활용되는 분석을 의미하는 것으로 교차분석, 상관분석, t-검정 등이 여기에 속한다.

다변량 분석(multivariate analysis)은 셋 이상의 변수 간의 관계를 설명하거나 두 변수 간의 관계에 대한 분석과정에서 제3의 변수의 영향력을 배제하는 경우 또는 하나의 변수에 작용하는 다양한 변수들의 영향력을 설명하는 경우를 말한다. 특히 종속변수가 2개 이상인 경우에 다변량 분석이란 용어를 더 즐겨 사용한다. 예를 들면, 부분상관관계 분석, 요인분석, 구조방정식 모형 등이 여기에 해당된다.

4.1.3 모수통계와 비모수통계

분석에 있어서 필요한 가정(assumption)에 따라 또는 표본의 특성에 따라 모수통계

와 비모수통계로 구분할 수 있다.

모수통계(parametrics)는 통계치로 모수를 추정하는 것에 관한 통계 기법으로 분석에 대한 가정(예: 정규성)이 필요하고 주로 등간, 비율변수의 분석에 활용된다.

비모수통계(nonparametrics)는 모집단의 특성을 추정하지만 모수와 통계치의 관계를 다루지 않으며 통계적 가정을 충족하지 못하는 경우 사용된다. 그리고 표본이 작거나 주로 명목, 서열변수의 분석에 활용된다. 예를 들면, Wilcoxon 부호순위 검정, Kendall's tau 검정이 여기에 해당된다.

분산분석(ANOVA)의 가정

- 종속변수의 정규성(정규분포)
- 분산의 동일성(equality of variance)

회귀분석의 가정

- 종속변수의 정규분포
- 종속변수의 상호독립성
- 종속변수와 독립변수의 선형성
- 분산의 동일성(homoscedasticity; constant variance)

4.2 통계분석의 기본 개념

통계분석을 수행함에 있어서 먼저 기본적으로 이해해야 할 개념들로 다음과 같은 것들이 있다. 이러한 개념들을 먼저 이해하도록 하자.

평균(mean)
중위수(median)
최빈값(mode)

정규분포(normal distribution)
왜도(skewness)
첨도(kurtosis)

분산(variance)
표준편차(standard deviation, SD)
표준오차(standard error, SE)

4.2.1 중심/집중경향치(central tendency)

중심경향치는 데이터에 대한 기본 설명 자료로서 데이터가 어디에 집중되어 있는가를 나타내는 정도로 평균, 중위수, 최빈값이 있다.

$$\overline{X} = \frac{\Sigma X_i}{n}$$

- 평균(mean)
  - 산술평균을 의미하며 극단 값에 민감하다.
- 중위수 또는 중간값(median)
  - 데이터를 크기 순서로 배열해 놓았을 때 중앙에 위치는 하는 값(예: 소득)으로 특이 값 또는 이상치(outliers)가 존재하는 경우에 평균 대신 활용된다.
- 최빈값(mode)
  - 빈도수가 가장 많은 변수값을 말한다.

다음의 예시는 이상치가 있는 경우 평균이 얼마나 많은 영향을 받는지를 보여 준다. 1~21의 데이터에서는 평균과 중위수는 모두 11이었지만 1~20, 500으로 이루어진 데이터의 경우 중위수는 11이지만 평균은 33.8로 매우 다름을 알 수 있다.

```
> x <- c(1:21)
> x
 [1]  1  2  3  4  5  6  7  8  9 10 11 12 13 14 15 16 17 18 19 20 21
> quantile(x)
  0%  25%  50%  75% 100% 
   1    6   11   16   21 
> summary(x)
   Min. 1st Qu.  Median    Mean 3rd Qu.    Max. 
      1       6      11      11      16      21 
> y <- c(1:20, 500)
> y
 [1]   1   2   3   4   5   6   7   8   9  10  11  12  13  14  15  16  17  18
[19]  19  20 500
> quantile(y)
  0%  25%  50%  75% 100% 
   1    6   11   16  500 
> summary(y)
   Min. 1st Qu.  Median    Mean 3rd Qu.    Max. 
   1.00    6.00   11.00   33.81   16.00  500.00 
> |
```

4.2.2 분포(distribution)

4.2.2.1 정규분포(normal distribution)

데이터의 분포는 데이터가 어떻게 위치하는가를 의미한다. 정규분포는 표본을 통한 통계적 추정 및 가설 검정의 기본이 되는 분포로서, 실제로 사회적 자연적 현상에서 접하는 여러 자료의 분포가 정규분포와 비슷한 형태를 보인다. 이 정규분포의 속성은 다음과 같다.

- 연속변수(종 모양의 분포, bell-shaped curve)
- 좌우 대칭의 단봉 분포(unimodal distribution)
- 분포의 특성을 N(평균, 분산), 즉 $N(\mu, \sigma^2)$로 표현
- 왜도=0, 첨도=0
- 평균, 중앙값, 최빈값이 보통 일치
- 평균과 표준편차에 따라 정규분포의 모양이 달라진다.

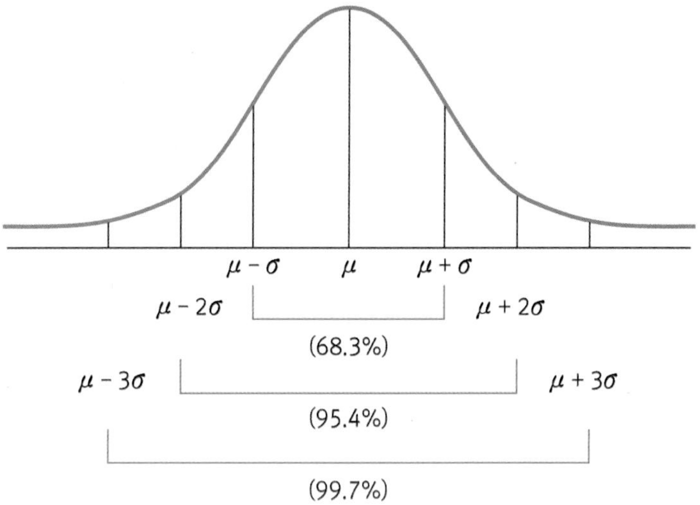

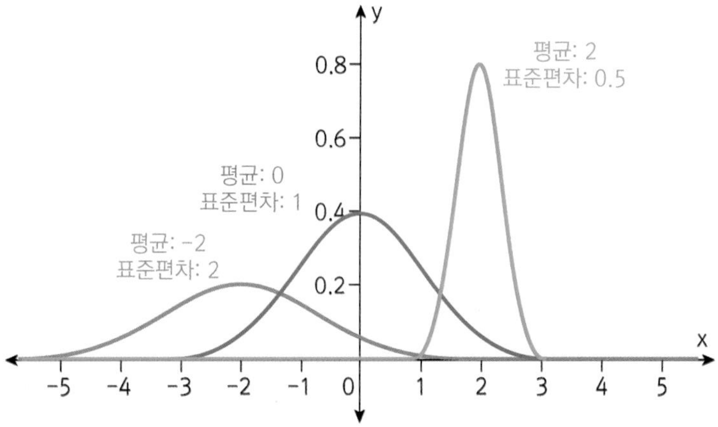

중심극한정리(cental limit theorem, CLT)

중심극한정리의 의미는 모집단의 분포가 무엇이든 간에 크기가 비교적 큰(예: n>25-30) 무작위 표본(random sample)의 평균 분포는 대체로 정규분포를 이룬다. 이 정리로 인해 비교적 큰 무작위 표본의 평균에 기초해서 통계적 추론이 가능하다. 즉, 통계적 추론에서는 확률변수의 분포에 대한 가정이 필요한데 중심극한정리를 이용하면 모집단의 분포에 대한 가정 없이도 정규분포를 이용할 수 있다(Adhikari & DeNero, 2018).

한편, 데이터의 분포가 얼마나 정규분포를 벗어났는가를 나타내는 수치로 왜도와 첨도가 있다.

4.2.2.2 왜도(skewness)

왜도는 데이터의 분포가 좌우대칭에서 벗어나 왼쪽으로 또는 오른쪽으로 치우친 정도를 말하는데 정규분포보다 왼쪽으로 치우쳐 있다면 왜도는 +가 되며, 오른쪽으로 치우쳐 있다면 왜도는 −가 된다. 왜도가 0에 가까울수록 평균을 중심으로 대칭으로 분포되며, 0에서 멀어질수록 이상치(outliers)를 포함할 가능성이 높아진다.

〈정규분포와 왜도〉

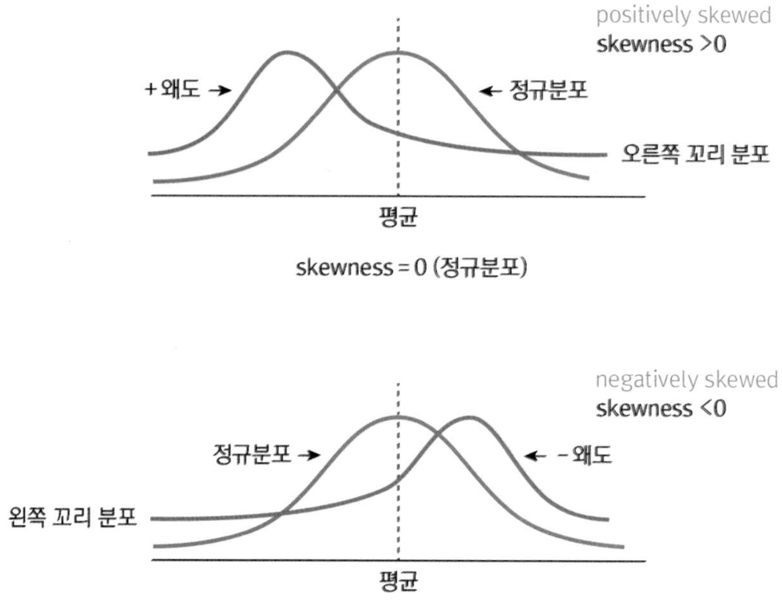

왜도 $$\hat{\mu}_3 = \frac{\sum_{i=1}^{n}[(x_i - \bar{x})/s]^3}{n-1}$$

4.2.2.3 첨도(kurtosis)

첨도는 분포의 폭이 넓고(wide), 좁은(narrow) 정도를 보이고 있으며, 분포의 꼬리 집중도를 측정한다(measures the tail−heaviness of the distribution). 첨도가 0보다 큰 경우에는 정규분포보다 꼬리에 더 많은 가중치가 주어지며, 첨도가 0보다 작은 경우에는 꼬리에 가중치가 더 적게 주어진다.

한편, 자료가 정규분포를 이루면 왜도=0, 첨도=0으로 나타난다. 그리고 분포에 꼬리(tail)가 있는 경우 평균은 꼬리 방향으로 이동하며, 중위수로부터 멀어진다.

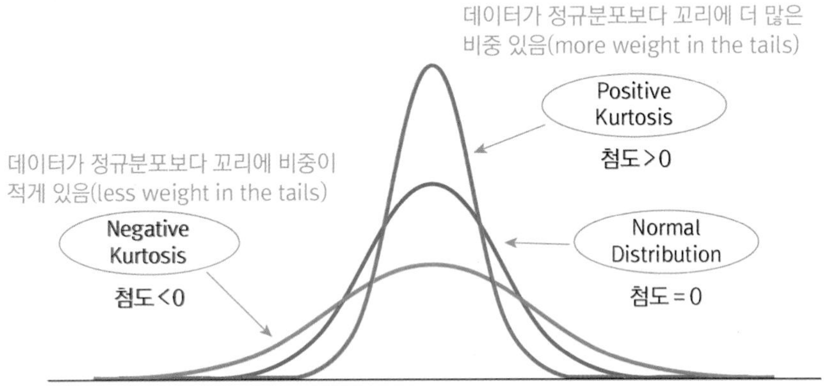

$$\text{첨도} \quad \hat{\mu}_4 = \frac{\sum_{i=1}^{n}[(x_i - \bar{x})/s]^4}{n-1} - 3$$

4.2.2.4 표준화(standardization)

• 표준점수(standardized score)

표준점수는 원 점수와 평균의 차이를 표준편차로 나눈 것을 말한다. 이때 구해진 표준점수의 분포는 정규분포를 이루게 된다.

$$Z = \frac{X_i - \overline{X}}{s}$$

특히 이 정규분포를 표준정규분포(standard normal distribution), 즉 평균=0, 표준편차=1인 분포를 말한다.

$$Z = \frac{X_i - \mu}{\sigma} \qquad Z \sim N(0,1)$$

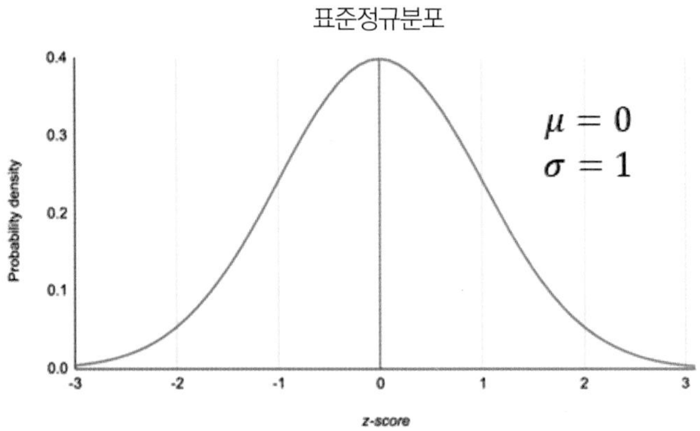

출처: https://www.scribbr.com/statistics/standard-normal-distribution/

만약, 수능시험에서 한국사의 분포와 세계사의 분포가 난이도의 차이로 인해 다음과 같이 나왔다면 수험생들에게 선택한 과목으로 인해 불리함이 없도록 원점수가 아니라 표준점수로 성적을 비교하는 것이 적합할 것이다.

〈한국사의 분포〉

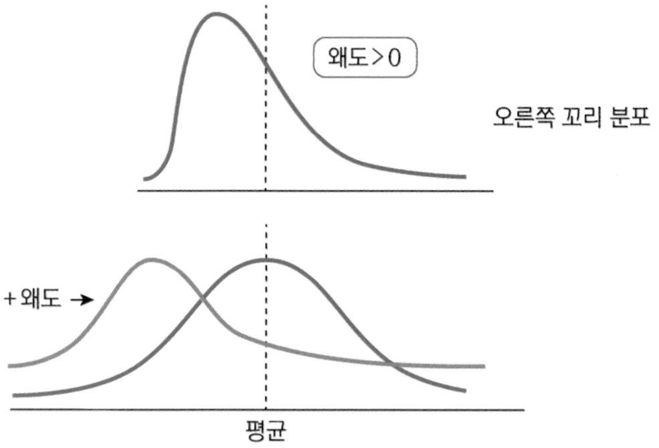

〈세계사의 분포〉

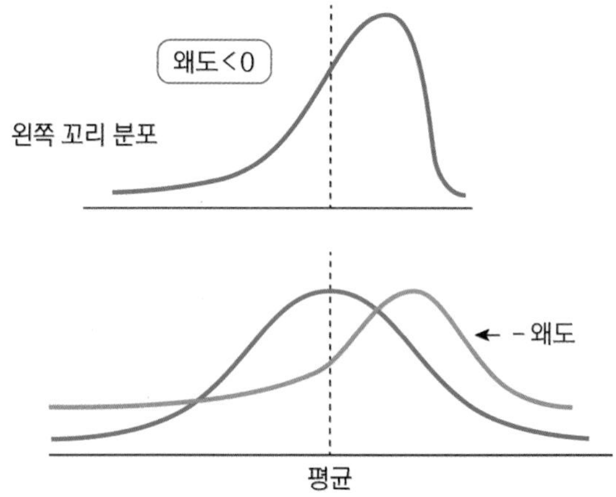

4.2.3 산포(dispersion or variation) (variability or spread)

산포는 데이터가 평균을 중심으로 어느 정도 흩어져 있는가(spread out)를 나타내며, 산포를 나타내는 수치로는 분산(variance), 표준편차(standard deviation)가 있다. 한편, 표준오차(standard error, se)는 모집단에 대한 추정치의 표준편차를 의미하는데, 예를 들어 표본평균들로 이루어진 분포의 표준편차를 의미한다.

• 분산

$$s^2 = \frac{\sum_{i=1}^{n}(x_i - \bar{x})^2}{n-1}$$

• 표준편차

$$s = \sqrt{s^2}$$

• 표준오차

$$se = \frac{s}{\sqrt{n}}$$

• 표본 데이터와 평균

	X	$\overline{X}$
X_1	17	
X_2	15	
X_3	23	
X_4	7	
X_5	9	
X_6	13	
Σ	84	14

예를 들어, 왼쪽에 있는 데이터가 대학생 6명을 무작위로 추출하여 이들이 1분 동안 윗몸 일으키기를 한 횟수를 기록한 데이터라고 하자. 이때 표본평균은 다음과 같이 구한다.

표본 평균($\overline{X}$)

$$\overline{X} = \frac{\Sigma X_i}{n}$$

$$\overline{X} = \frac{17+15+23+7+9+13}{6} = \frac{84}{6} = 14$$

4.2.3.1 편차의 제곱 합(sum of squared deviations)

앞서 살펴본 표본 데이터 값(17, 15, 23, 7, 9, 13)과 이에 대한 평균(14)이 있을 때, 편차(deviations)는 데이터 값−평균(values−mean)을 말한다. 이때 편차는 양의 수도 있고 음의 수도 있기 때문에 편차의 합은 항상 0(sum of deviations=0)이 된다. 따라서 편차가 서로 상쇄(cancellation)되는 것을 방지하기 위해 편차에 제곱(squared deviations)을 하게 된다. 이렇게 제곱한 편차의 합을 편차의 제곱 합(sum of squared deviations)이라고 한다.

$$SS=\sum_{i=1}^{n}(X_i-\overline{X})^2$$

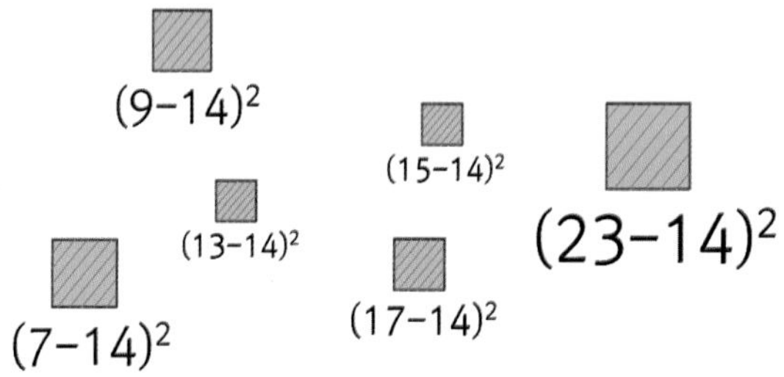

$$\begin{aligned}\Sigma &= (X_i-\overline{X})^2 = (X_1-\overline{X})^2+(X_2-\overline{X})^2+(X_3-\overline{X})^2+(X_4-\overline{X})^2+(X_5-\overline{X})^2+(X_6-\overline{X})^2\\ &=(17-14)^2+(15-14)^2+(23-14)^2+(7-14)^2+(9-14)^2+(13-14)^2\\ &=9+1+81+49+25+1\\ &=166\end{aligned}$$

	X	$\overline{X}$	$X_i-\overline{X}$	$(X_i-\overline{X})^2$
X_1	17		3	9
X_2	15		1	1
X_3	23		9	81
X_4	7		−7	49
X_5	9		−5	25
X_6	13		−1	1
Σ	84	84/6=14	0	166

4.2.3.2 분산(variance; average of the squared deviations)

분산(variance)은 편차의 제곱합(sum of squares)을 n−1로 나눈 값을 말한다. 즉, 편차의 제곱을 대표하는 값을 얻기 위해 편차의 제곱합을 n−1로 나누어서 편차의 제곱 중 이를 대표하는 값으로 평균값을 구한 것이다(the average of the squared deviations). 분산은 각 데이터의 값들이 평균과의 차이를 제곱했기 때문에 평균적으로 평균으로부터 떨어진 면적을 의미한다.

$$s^2 = \frac{\Sigma_i^n (X_i - \overline{X})^2}{n-1}$$

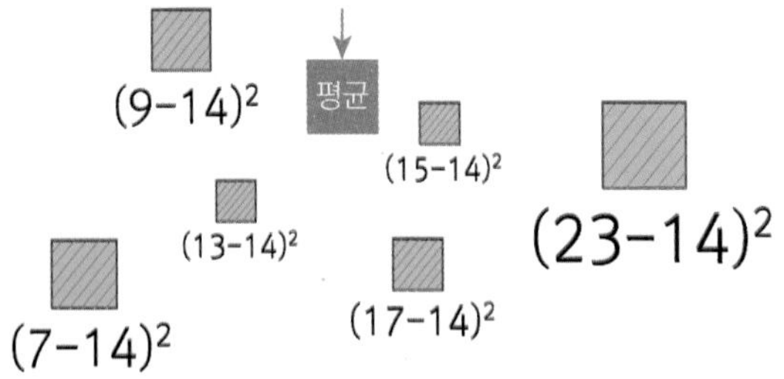

$$s^2 = \frac{\Sigma(X_i - \overline{X})^2}{n-1} = 166/(6-1) = 33.2$$

4.2.3.3 표준편차(standard deviations, SD)

표준편차는 분산의 제곱근 값(the square root of the variance)으로 분산에서 데이터와 단위를 일치하도록 하기 위해(데이터와 동일한 단위로 나타내기 위해) 표준화한 값을 의미하며, 산포의 정도를 나타내는 가장 대표적인 값이다(the most common tool to show variability). 표준편차는 각 데이터의 값들이 평균적으로 평균으로부터 떨어진 거리를 의미한다.

분산의 제곱근 = variance^0.5

$$SD = s = \sqrt{\frac{\sum_{i}^{n}(X_i - \overline{X})^2}{n-1}}$$

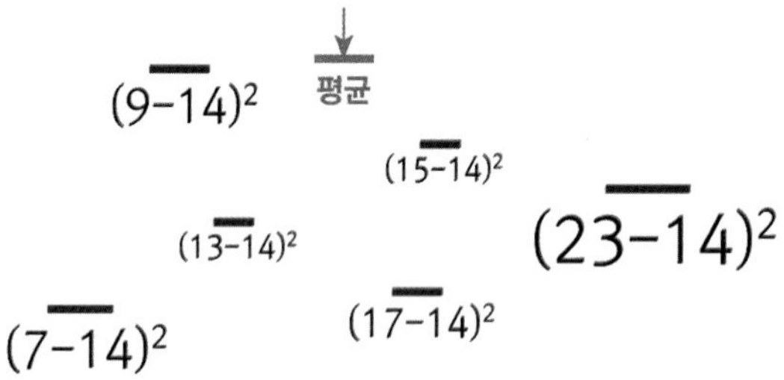

$$s = \sqrt{\frac{\Sigma(X_i - \overline{X})^2}{n-1}} = \sqrt{33.2} = 5.76$$

05 기술통계분석

앞 장에서 설명한 통계분석에 대한 기본 개념을 바탕으로 표본의 특성을 요약하고 기술하는 기술통계분석을 다루어 보자. 이를 위해 R base 프로그램에 있는 나무의 부피, 둘레 등에 관한 데이터 trees를 활용한다.

```
> trees
> head(trees)
> ?trees # trees에 대한 정보 요청
> str(trees) # 데이터의 구조
> dim(trees) # 데이터 구성(케이스 수 및 변수 수)
```

```
> head(trees)
  Girth Height Volume
1   8.3     70   10.3
2   8.6     65   10.3
3   8.8     63   10.2
4  10.5     72   16.4
5  10.7     81   18.8
6  10.8     83   19.7
>
> ?trees
starting httpd help server ... done
> str(trees)
'data.frame':   31 obs. of  3 variables:
 $ Girth : num  8.3 8.6 8.8 10.5 10.7 10.8 11 11 11.1 11.2 ...
 $ Height: num  70 65 63 72 81 83 66 75 80 75 ...
 $ Volume: num  10.3 10.3 10.2 16.4 18.8 19.7 15.6 18.2 22.6 19.9 ...
> dim(trees)
[1] 31  3
```

trees

3 변수와 31 케이스로 구성된 데이터로 변수는 다음과 같다.

- girth: 나무 둘레[실제로는 나무의 직경으로 지상에서 약 1.4미터 높이(breast height)에서 측정한다]
- height: 나무 높이
- volume: 나무 부피

5.1 평균, 분산 및 표준편차

```
> attach(trees)
> mean(Volume) # 표본 평균
> length(Volume) # 케이스 수
> var(Volume) # 표본 분산
```

```
> attach(trees)
> mean(Volume)
[1] 30.17097
> length(Volume)
[1] 31
> var(Volume)
[1] 270.2028
```

TIP 모분산

모분산은 표본분산*(n-1)/n으로 구한다.

```
> var(Volume)*(length(Volume)-1)/length(Volume)

[1] 261.4866
```

```
> sd(Volume) # 표본 평균의 표준편차

> sd(Volume)/sqrt(length(Volume)) # 표준오차(추정치의 표준편차)
```

```
> sd(Volume)
[1] 16.43785
> sd(Volume)/sqrt(length(Volume))  # se=sd/sqrt(n)
[1] 2.952324
```

TIP 표준오차

표준오차는 추정치(표본평균, 표본분산, 회귀계수 등)의 표준편차를 의미한다. 예를 들어, 모평균의 추정치인 표본평균(들)의 표준편차를 표준오차라 부른다(안재형, 2011, p. 27).

```
# 변동계수
> sd(Volume)/mean(Volume)
```

```
> sd(Volume)/mean(Volume)
[1] 0.5448233
```

예를 들어, 한국의 주식시장(KOSPI)과 미국의 주식시장(Dow Jones)의 변동량을 비교하고자 할 때 주가의 지수단위가 다르기 때문에 변동량에 차이가 많이 발생하는데, 이렇게 지수(단위)가 다른 경우 단순 비교가 어렵다. 왜냐하면 평균이 증가하면 분산과 표준편차도 같이 증가하기 때문에 이런 현상을 보정하기 위해 표준편차를 평균으로 나누어준 변동계수(coefficient of variation)를 이용한다.

5.2 중위수(median) 및 사분위수(quartiles)

자료의 분포가 정규분포와 달리 좌우대칭을 보이지 않거나 이상치(outlier)가 있는 경우, 평균은 극단적인 값에 많은 영향을 받게 되므로 평균 대신 중위수(median) 같은 순서 통계량(order statistics)을 사용하게 된다. 이 경우 가장 많이 활용하는 통계량이 사분위수(quartiles)이다. 예를 들어, 소득의 분포를 나타낼 때 1사분위 소득, 3사분위 소득 등을 제시한다(안재형, 2011).

한편 중위수가 평균에 대응하는 통계치라고 하면 IQR(interquartile range)은 Q3(3분위수) − Q1(1분위수)로 산포 정도를 측정하는 표준편차에 해당된다고 할 수 있다. 예를 들어, 다음 보기 1~21의 숫자에서 1분위(Q1)가 6이고 3분위(Q3)는 16이다. 따라서 IQR은 Q3−Q1=16−6=10이 된다. 이 경우 IQR( ) 기능을 이용하여 간단히 구할 수 있다. 그리고 fivenum( ) 기능은 데이터의 다섯 가지 요약값(최소값, 25%값, 중위수, 75%값, 최대값)을 제시하며, quantile( ) 기능도 동일한 결과를 제시한다.

```
> x <- c(1:21)
> x
> fivenum(x)
> quantile(x)
> IQR(x)
```

```
> x <- c(1:21)
> x
 [1]  1  2  3  4  5  6  7  8  9 10 11 12 13 14 15 16 17 18 19 20 21
> fivenum(x)
[1]  1  6 11 16 21
> quantile(x)
  0%  25%  50%  75% 100% 
   1    6   11   16   21 
> IQR(x)
[1] 10
> 
```

이번에는 trees 데이터를 이용하여 중위수, 다섯 가지 요약값, IQR 등을 구해 보자. 한편 summary( ) 기능은 fivenum( )에서 보여 주는 다섯 가지 요약값 외 평균을 추가로 제시한다.

```
> attach(trees)
> median(Volume)
> fivenum(Volume)
> quantile(Volume)
> IQR(Volume)
> fivenum(Volume)[2] – 1.5*IQR(Volume)
> fivenum(Volume)[4] + 1.5*IQR(Volume)
> summary(Volume)
```

```
> attach(trees)
> median(Volume)
[1] 24.2
> fivenum(Volume)
[1] 10.2 19.4 24.2 37.3 77.0
> quantile(Volume)
  0%  25%  50%  75% 100% 
10.2 19.4 24.2 37.3 77.0 
> IQR(Volume)
[1] 17.9
> fivenum(Volume)[2]-1.5*IQR(Volume)
[1] -7.45
> fivenum(Volume)[4]+1.5*IQR(Volume)
[1] 64.15
> summary(Volume)
   Min. 1st Qu.  Median    Mean 3rd Qu.    Max. 
  10.20   19.40   24.20   30.17   37.30   77.00 
> |
```

일반적으로 순서 통계량에서 (Q1−1.5*IQR) 또는 (Q3+1.5*IQR) 범위를 벗어나게 되면 이상치(outlier)라고 생각한다. 위의 분석 결과에서 Volume의 최대값은 77이므로 (Q3+1.5*IQR)=64.15를 넘어서고 있어 이상치로 보인다.

5.3 기술통계량(descriptives)

이번에는 psych 패키지를 활용하여 데이터의 여러 변수에 대한 기술통계량을 제시해 보자. 여기서 describe( ) 기능을 활용하면 각 변수에 대한 평균, 표준편차, 중위수, 왜도, 첨도 등이 한꺼번에 제시됨을 알 수 있다.

```
> library(psych)
> summary(trees)
> describe(trees)
```

```
> library(psych)
> summary(trees)
     Girth           Height       Volume
 Min.   : 8.30   Min.   :63   Min.   :10.20
 1st Qu.:11.05   1st Qu.:72   1st Qu.:19.40
 Median :12.90   Median :76   Median :24.20
 Mean   :13.25   Mean   :76   Mean   :30.17
 3rd Qu.:15.25   3rd Qu.:80   3rd Qu.:37.30
 Max.   :20.60   Max.   :87   Max.   :77.00
> describe(trees)
       vars  n  mean    sd median trimmed   mad  min  max range  skew kurtosis   se
Girth     1 31 13.25  3.14   12.9   13.14  2.82  8.3 20.6  12.3  0.50    -0.71 0.56
Height    2 31 76.00  6.37   76.0   76.24  5.93 63.0 87.0  24.0 -0.36    -0.72 1.14
Volume    3 31 30.17 16.44   24.2   28.54 11.56 10.2 77.0  66.8  1.01     0.25 2.95
> |
```

TIP mad(median absolute deviation)

mad는 비정규성 데이터의 산포를 나타내는 것으로 정규성 데이터의 표준편차(sd)와 같은 기능을 한다. mad=median(|Yi - median(Yi)|)

이번에는 자동차 연비 관련 데이터인 mtcars 데이터에서 3개의 변수(mpg, hp, wt)만 선택하여 기술통계량을 제시해 보자.

```
> head(mtcars)
> myvars <- c("mpg", "hp", "wt")
> summary(mtcars[myvars])
> describe(mtcars[myvars])
```

```
> myvars <- c("mpg", "hp", "wt")
> summary(mtcars[myvars])
      mpg              hp              wt
 Min.   :10.40   Min.   : 52.0   Min.   :1.513
 1st Qu.:15.43   1st Qu.: 96.5   1st Qu.:2.581
 Median :19.20   Median :123.0   Median :3.325
 Mean   :20.09   Mean   :146.7   Mean   :3.217
 3rd Qu.:22.80   3rd Qu.:180.0   3rd Qu.:3.610
 Max.   :33.90   Max.   :335.0   Max.   :5.424
> describe(mtcars[myvars])
    vars  n   mean    sd median trimmed   mad   min    max  range skew kurtosis    se
mpg    1 32  20.09  6.03  19.20   19.70  5.41 10.40  33.90  23.50 0.61    -0.37  1.07
hp     2 32 146.69 68.56 123.00  141.19 77.10 52.00 335.00 283.00 0.73    -0.14 12.12
wt     3 32   3.22  0.98   3.33    3.15  0.77  1.51   5.42   3.91 0.42    -0.02  0.17
```

describeBy( ) 기능을 이용하면 변수의 기술통계량을 범주변수의 속성에 따라 구분하여 제시하게 된다. 이와 비슷한 결과를 aggregate( ) 기능을 활용하여 얻을 수 있다.

```
> describeBy(mtcars[myvars], list(am=mtcars$am))
> aggregate(mtcars[myvars], by=list(am=mtcars$am), mean)
> aggregate(mpg~am, data=mtcars, mean)
```

```
> describeBy(mtcars[myvars], list(am=mtcars$am))

 Descriptive statistics by group
am: 0
    vars  n   mean    sd median trimmed   mad   min    max  range  skew kurtosis    se
mpg    1 19  17.15  3.83  17.30   17.12  3.11 10.40  24.40  14.00  0.01    -0.80  0.88
hp     2 19 160.26 53.91 175.00  161.06 77.10 62.00 245.00 183.00 -0.01    -1.21 12.37
wt     3 19   3.77  0.78   3.52    3.75  0.45  2.46   5.42   2.96  0.98     0.14  0.18
-------------------------------------------------------------------------------------
am: 1
    vars  n   mean    sd median trimmed   mad   min    max  range skew kurtosis    se
mpg    1 13  24.39  6.17  22.80   24.38  6.67 15.00  33.90  18.90 0.05    -1.46  1.71
hp     2 13 126.85 84.06 109.00  114.73 63.75 52.00 335.00 283.00 1.36     0.56 23.31
wt     3 13   2.41  0.62   2.32    2.39  0.68  1.51   3.57   2.06 0.21    -1.17  0.17
> aggregate(mtcars[myvars], by=list(am=mtcars$am), mean)
  am      mpg       hp       wt
1  0 17.14737 160.2632 3.768895
2  1 24.39231 126.8462 2.411000
> aggregate(mpg~am, data=mtcars, mean)
  am      mpg
1  0 17.14737
2  1 24.39231
```

5.4 그래프

이제 데이터의 속성을 그림으로 나타내는 그래프 만들기 기능을 알아보자. 먼저 연속변수의 분포를 나타내는 박스플롯을 그려 보자.

5.4.1 박스플롯(boxplot)

> attach(trees)

> fivenum(Volume)

> quantile(Volume)

> IQR(Volume)

> fivenum(Volume)[2]-1.5*IQR(Volume)

> fivenum(Volume)[4]+1.5*IQR(Volume)

```
> fivenum(Volume)
[1] 10.2 19.4 24.2 37.3 77.0
> quantile(Volume)
  0%  25%  50%  75% 100%
10.2 19.4 24.2 37.3 77.0
> IQR(Volume)
[1] 17.9
> fivenum(Volume)[2]-1.5*IQR(Volume)
[1] -7.45
> fivenum(Volume)[4]+1.5*IQR(Volume)
[1] 64.15
```

> boxplot(Volume, col="light green")

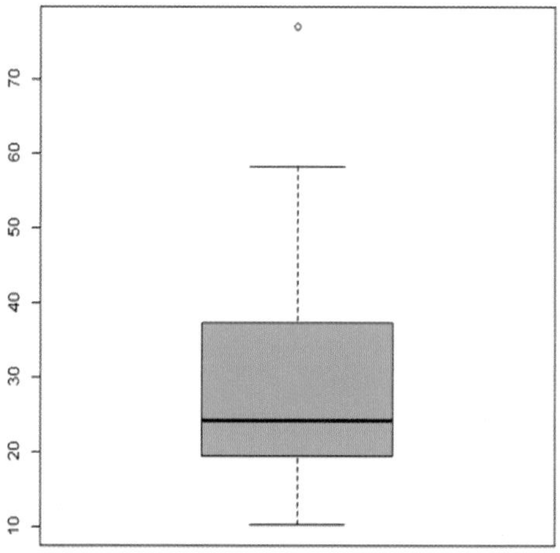

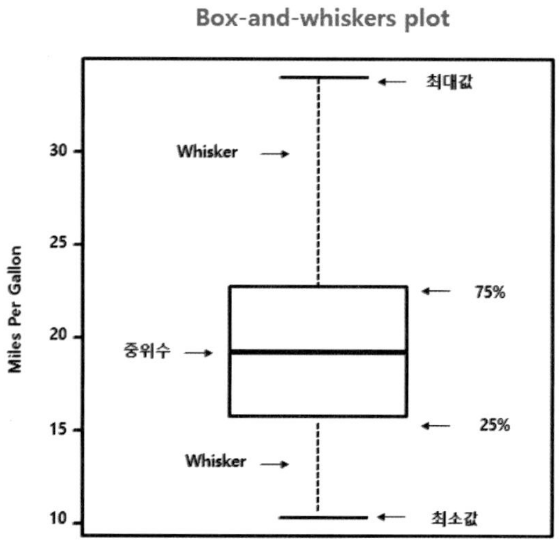

출처: Kabacoff (2015), p. 129.

박스플롯의 정식명칭은 box-and-whiskers plot으로 연속변수의 분포를 보여 주며, 특히 다섯 가지 요약치(최소값, 25%값, 중간값, 75%값, 최대값)를 보여 준다. 그리고 이상치(IQR이 사분위 범위, 즉 75%-25%일 때 25%-1.5*IQR 및 75%+1.5*IQR 범위 밖의 값)를 보여 주기도 한다. 기본적으로 ±1.5*IQR 범위를 넘어서는 이상치 값은 점으로 표현된다(Kabacoff, 2015, p. 129).

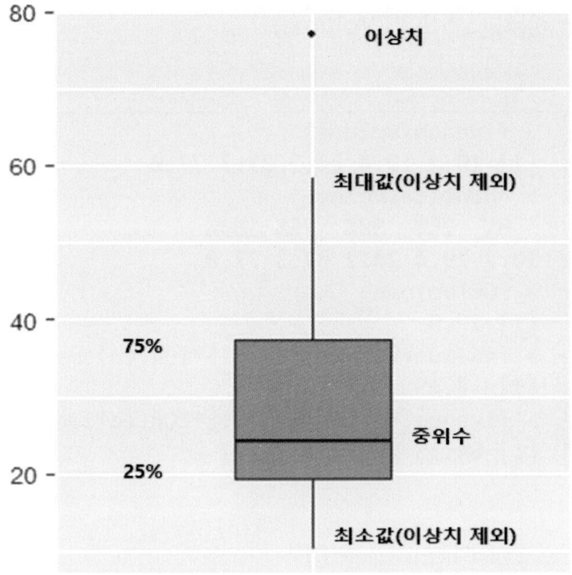

이번에는 boxplot.stats( ) 기능을 활용하여 박스플롯에 대한 통계치를 살펴보자. 다음 결과에서 보듯이 연비에 대한 최소값, 25%, 중위수, 75%, 최대값을 보여 주며, 케이스 수는 32, 그리고 이상치($out)는 없음을 나타내고 있다.

```
> attach(mtcars)
> boxplot.stats(mpg)
> boxplot(mpg, main="Box plot", ylab="Miles Per Gallon")
```

```
> boxplot.stats(mpg)
$stats
[1] 10.40 15.35 19.20 22.80 33.90

$n
[1] 32

$conf
[1] 17.11916 21.28084

$out
numeric(0)
```

다음 자동차 연비에 대한 박스플롯을 살펴보면 연비 중간값은 19.2, 그리고 50%의 자동차는 연비 15.3에서 22.8 사이에 존재하며, 가장 낮은 연비는 10.4이다. 그리고 이 플롯에서 이상치는 보이지 않으며 약간 정적(+) 방향으로 치우친(꼬리가 오른쪽으로 길게 늘어진) 분포를 보인다(왜냐하면 상위 whisker가 하위 whisker보다 길기 때문이다).

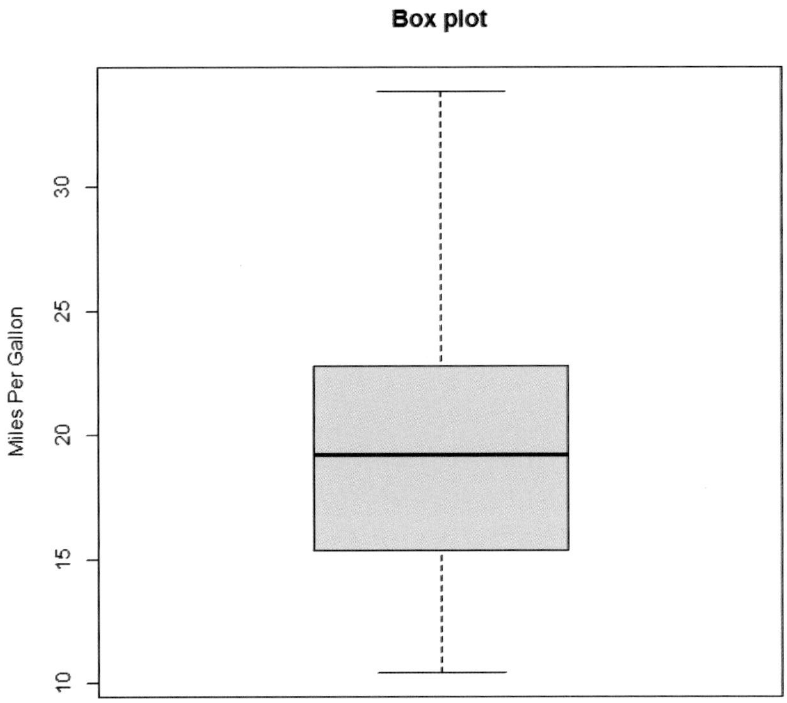

그리고 다음과 같이 trees 데이터의 세 변수(Girth, Height, Volume)의 박스플롯을 한꺼번에 만들 수 있다.

```
> boxplot(trees)
```

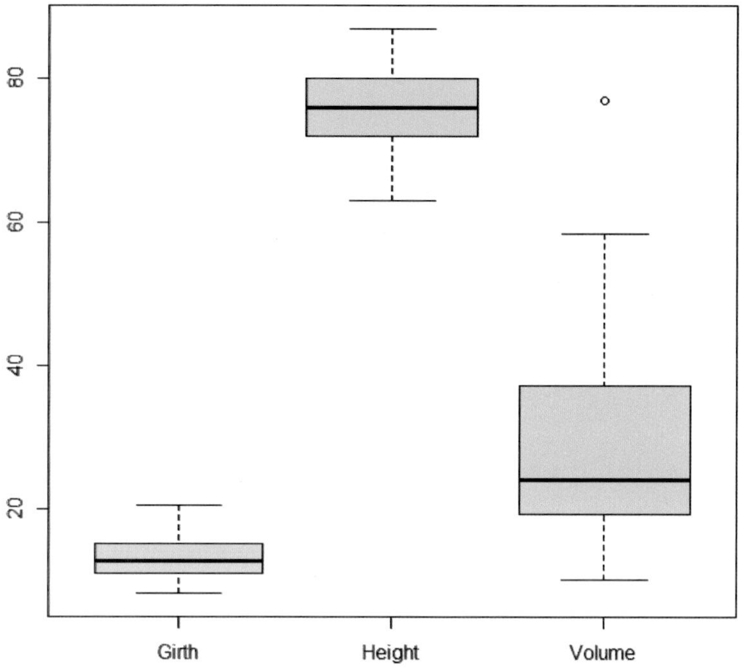

5.4.2 히스토그램(histogram)

다음은 연속변수에 대한 그래프로 히스토그램을 만들어 보자. 히스토그램은 연속변수의 분포(distribution)를 보여 주며, 데이터가 정규분포를 보이는지 아니면 왼쪽, 오른쪽으로 치우친 분포를 보여 주는지를 파악할 수 있는 좋은 플롯이라고 할 수 있다.

```
> attach(trees)
> hist(Volume)
```

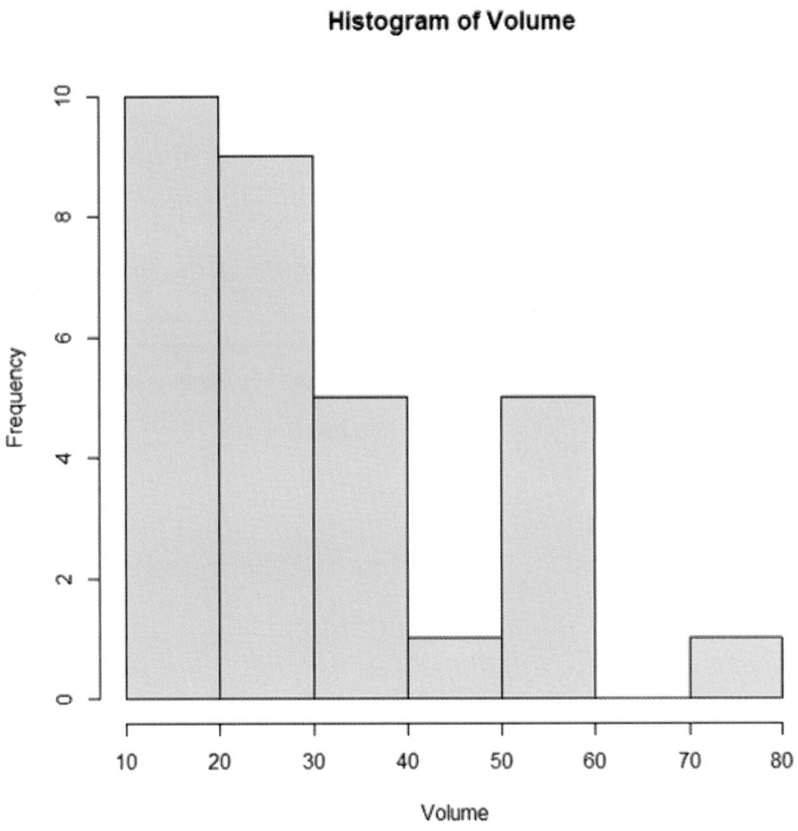

```
> hist(Volume, probability=T)  # 단위가 확률(density)로 표현
```

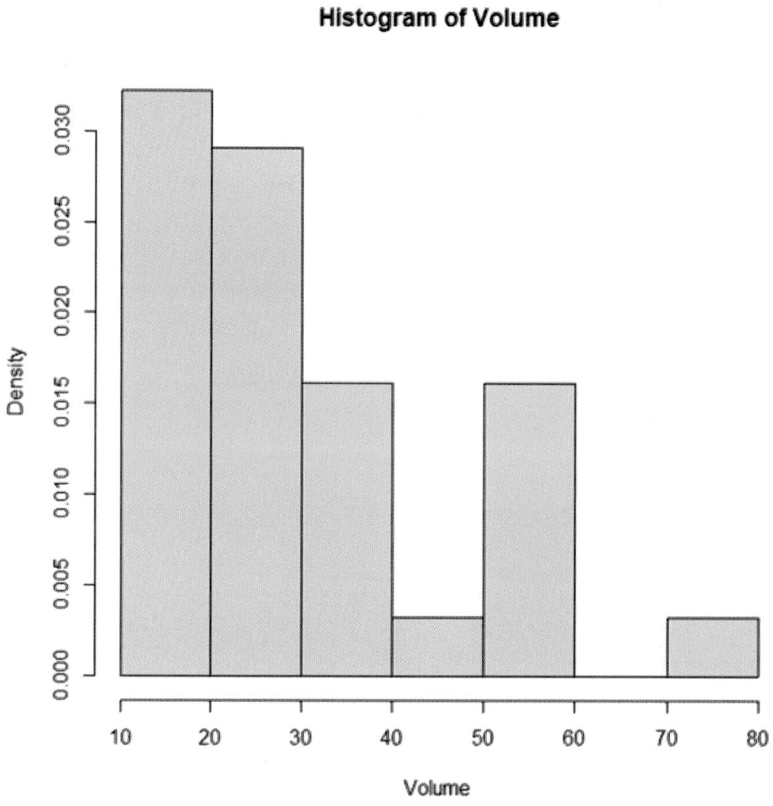

이제 히스토그램에 연속형 변수의 분포를 보여 주는 density plot을 추가해 보자. 먼저 나무의 부피(Volume)에 대한 분포에서 다음 히스토그램을 보면 약간 정적(+)으로 치우진 분포, 즉 오른쪽 꼬리가 약간 긴 분포를 보인다(skewness=1.01).

```
> hist(Volume, probability=T)
> lines(density(Volume), col="blue")
```

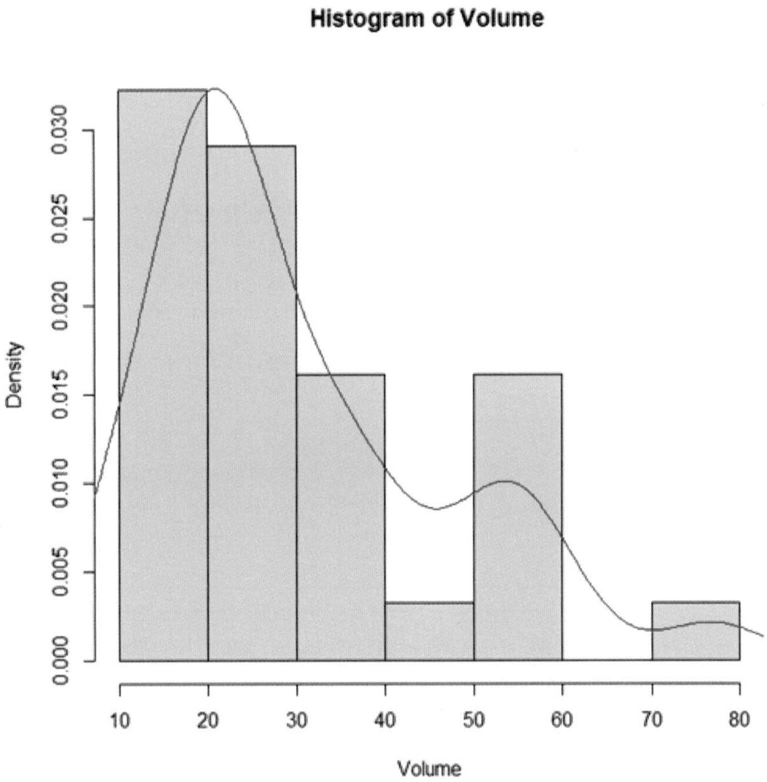


```
> describe(trees)
       vars  n  mean    sd median trimmed   mad  min  max range  skew kurtosis   se
Girth     1 31 13.25  3.14   12.9   13.14  2.82  8.3 20.6  12.3  0.50    -0.71 0.56
Height    2 31 76.00  6.37   76.0   76.24  5.93 63.0 87.0  24.0 -0.36    -0.72 1.14
Volume    3 31 30.17 16.44   24.2   28.54 11.56 10.2 77.0  66.8  1.01     0.25 2.95
> |
```

한편, 다음 히스토그램에서 나무의 높이(Height)에 대한 분포를 보면 약간 부적(−)으로 치우진 분포, 즉 왼쪽 꼬리가 다소 긴 모습을 보이고 있다(skewness=−0.36).

```
> hist(Height, probability=T)
> lines(density(Height), col="blue")
```

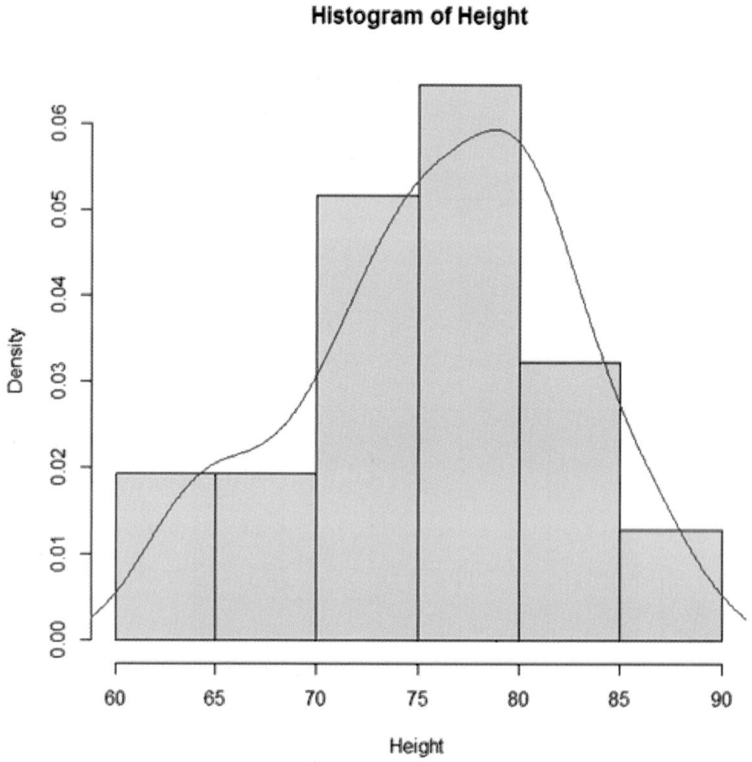


```
> describe(trees)
       vars  n  mean    sd median trimmed   mad  min  max range  skew kurtosis   se
Girth     1 31 13.25  3.14   12.9   13.14  2.82  8.3 20.6  12.3  0.50    -0.71 0.56
Height    2 31 76.00  6.37   76.0   76.24  5.93 63.0 87.0  24.0 -0.36    -0.72 1.14
Volume    3 31 30.17 16.44   24.2   28.54 11.56 10.2 77.0  66.8  1.01     0.25 2.95
> |
```

5.4.3 줄기-잎 그림(stem-and-leaf plot)

다음은 줄기-잎 그림을 보여 주고 있는데 왼쪽은 줄기(10단위), 오른쪽은 잎(1단위)에 해당된다고 보면 된다. 이에 대한 해석은 다음 결과에서 첫 줄에 보면 반올림해서 10에 해당되는 데이터 값이 3개이고(10.2, 10.3, 10.3), 16에 해당되는 데이터 값이 2개임을 (15.6, 16.4) 알 수 있다. 그리고 반올림해서 43에 해당되는 값은 하나이며(42.6) 가장 큰 값은 77임을 알 수 있다.

```
> stem(Volume)
> sort(Volume)
```

```
> stem(Volume)

  The decimal point is 1 digit(s) to the right of the |

  1 | 00066899
  2 | 00111234567
  3 | 24568
  4 | 3
  5 | 12568
  6 |
  7 | 7

> sort(Volume)
 [1] 10.2 10.3 10.3 15.6 16.4 18.2 18.8 19.1 19.7 19.9 21.0 21.3 21.4 22.2 22.6 24.2 24.9
[18] 25.7 27.4 31.7 33.8 34.5 36.3 38.3 42.6 51.0 51.5 55.4 55.7 58.3 77.0
> 
```

5.4.4 산점도(scatter plot)

다음으로 산점도를 살펴보자. 다음은 나무의 둘레와 부피의 산점도이다. 두 변수가 뚜렷한 선형관계를 보이고 있음을 알 수 있다.

```
> attach(trees)
> plot(Girth, Volume)
```

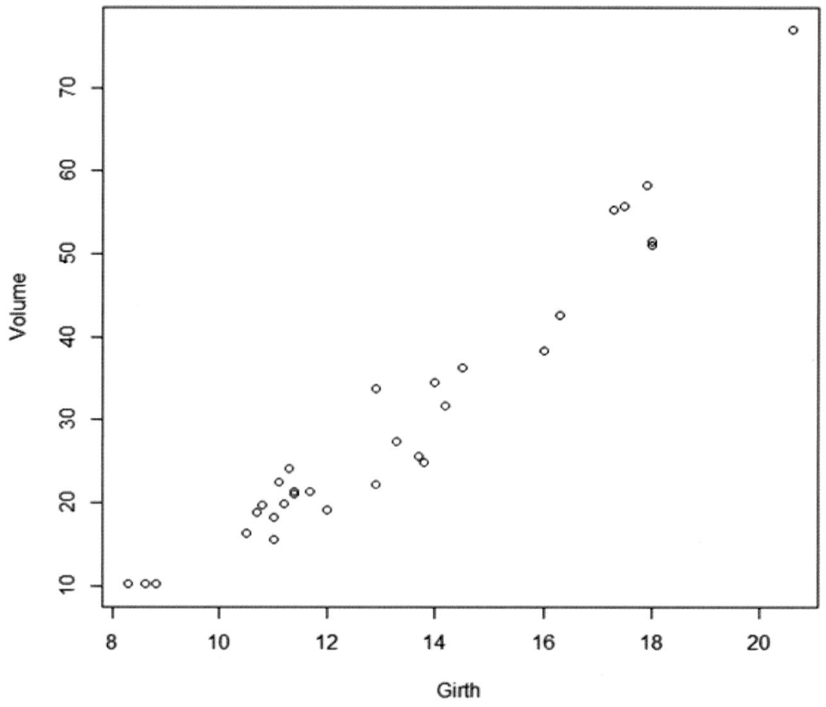

산점도에서 각 데이터에 레이블(여기서는 케이스 이름)을 포함하고 싶으면 다음과 같이 만들 수 있다.

```
> plot(Girth, Volume, data=trees, cex=3.0, pch=21, bg="lightblue")
> text(Girth, Volume, row.names(trees), cex=0.6)
```

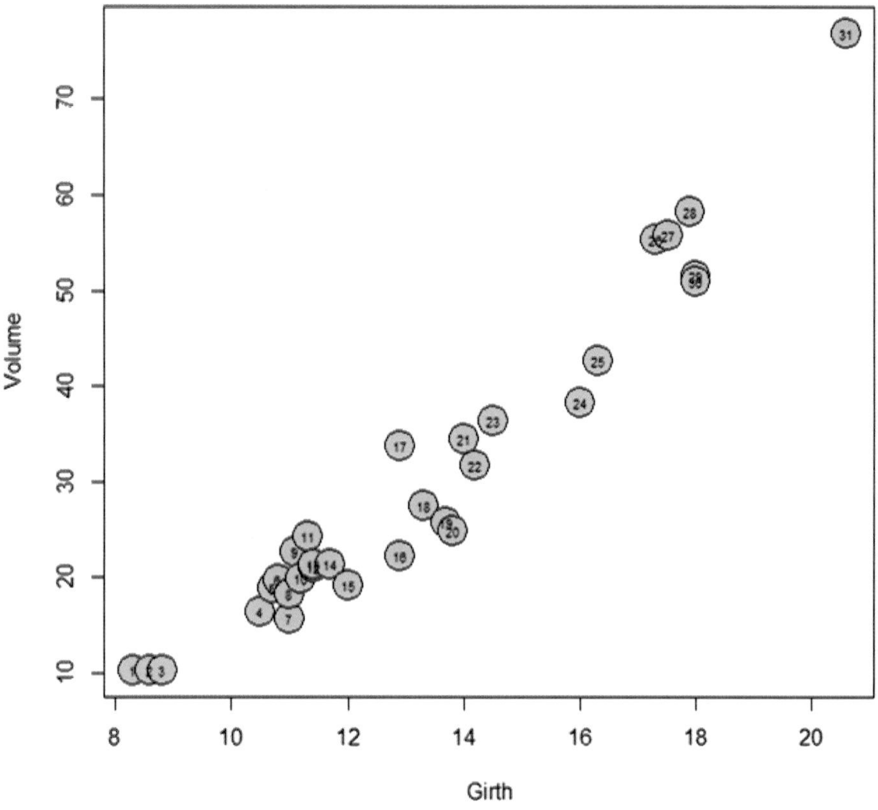

다음은 나무의 부피와 둘레에 대한 회귀선을 산점도에 포함한 것이다.

```
> fit <- lm(Volume ~ Girth, data=trees)
> plot(Volume ~ Girth)
> abline(fit)
```

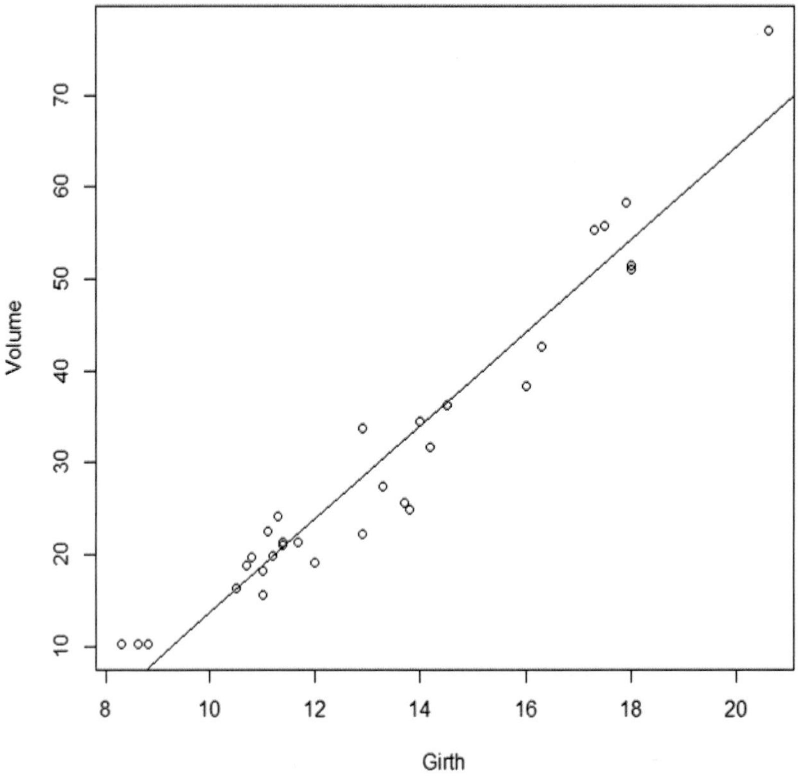

다음 그림은 나무 데이터(trees)의 세 변수(Girth, Height, Volume)에 대한 각각의 산점도를 한꺼번에 그린 것이다. 세 변수 중 Girth와 Volume의 관계가 가장 선형관계를 뚜렷하게 나타내고 있음을 알 수 있다.

```
> pairs(trees)
```

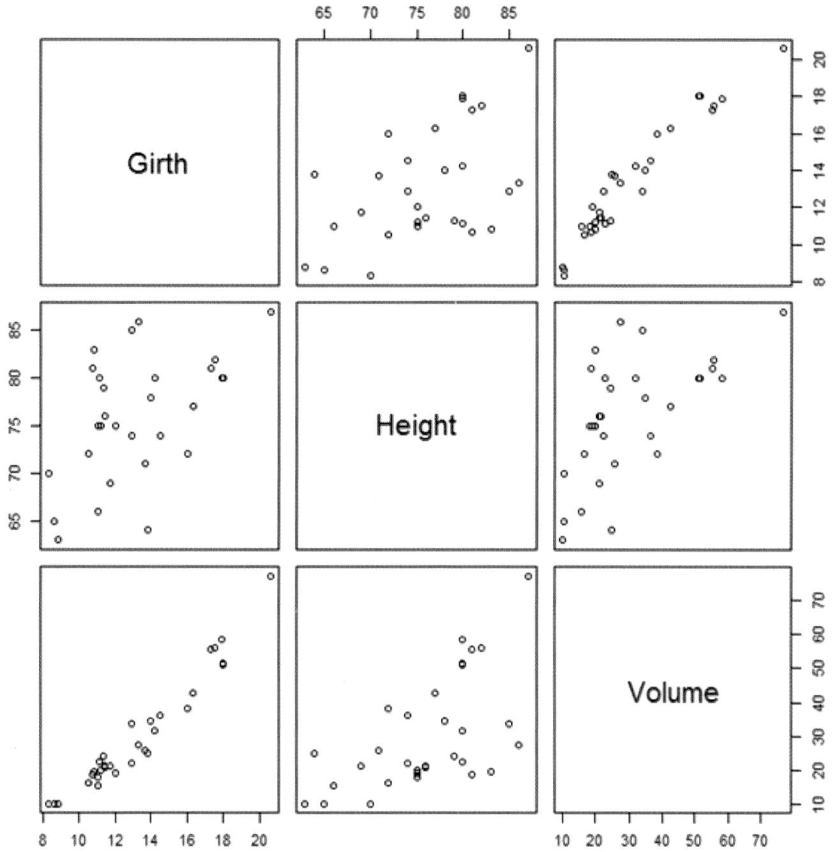

5.4.5 정규성 플롯(Q-Q Normality plot)

다음은 나무의 부피(Volume)에 대한 정규분포 검정을 위한 플롯으로 데이터가 직선 위에 있으면 정규분포를 이룬다고 할 수 있다. 하지만 다음 그림을 보면 상당수의 데이터가 직선에서 벗어나 있어 정규분포를 이루고 있다고 보기 어렵다.

```
> qqnorm(Volume)
> qqline(Volume, col="blue")
```

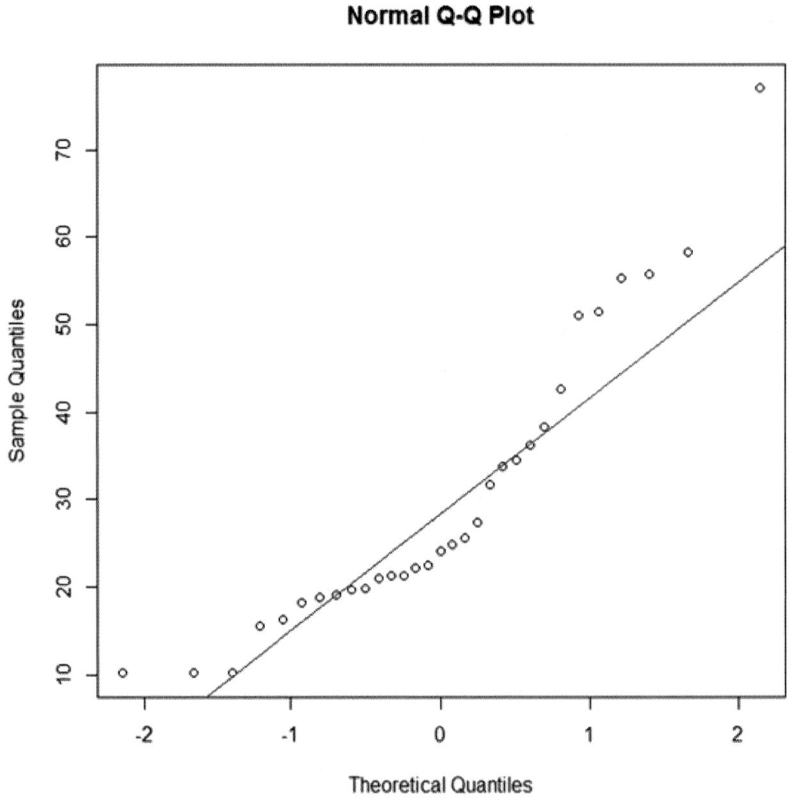

정규성 검정

shapiro.test( )를 이용한 정규성 검정 결과 $p<0.01$이므로 정규분포를 이룬다는 영가설을 기각함으로써 정규분포를 이루고 있지 못함을 확인할 수 있다.

> shapiro.test(Volume)

```
> shapiro.test(Volume)

        Shapiro-Wilk normality test

data:  Volume
W = 0.88757, p-value = 0.003579
```

5.4.6 막대그래프(bar plots)

데이터가 범주변수인 경우 plot( ) 기능으로 막대그래프를 쉽게 만들 수 있다. 예를 들어, mtcars 데이터의 자동차 실린더 유형(cylinders)과 변속기 유형(am)의 막대그래프를 다음과 같이 만들 수 있다.

먼저 cyl, am을 factor 변수로 바꾼다.

```
> str(mtcars)
> mtcars$cyl <- factor(mtcars$cyl)
> mtcars$am <- factor(mtcars$am)
> str(mtcars)
```

```
> str(mtcars)
'data.frame':   32 obs. of  11 variables:
 $ mpg : num  21 21 22.8 21.4 18.7 18.1 14.3 24.4 22.8 19.2 ...
 $ cyl : num  6 6 4 6 8 6 8 4 4 6 ...
 $ disp: num  160 160 108 258 360 ...
 $ hp  : num  110 110 93 110 175 105 245 62 95 123 ...
 $ drat: num  3.9 3.9 3.85 3.08 3.15 2.76 3.21 3.69 3.92 3.92 ...
 $ wt  : num  2.62 2.88 2.32 3.21 3.44 ...
 $ qsec: num  16.5 17 18.6 19.4 17 ...
 $ vs  : num  0 0 1 1 0 1 0 1 1 1 ...
 $ am  : num  1 1 1 0 0 0 0 0 0 0 ...
 $ gear: num  4 4 4 3 3 3 3 4 4 4 ...
 $ carb: num  4 4 1 1 2 1 4 2 2 4 ...
> mtcars$cyl <- factor(mtcars$cyl)
> mtcars$am <- factor(mtcars$am)
> str(mtcars)
'data.frame':   32 obs. of  11 variables:
 $ mpg : num  21 21 22.8 21.4 18.7 18.1 14.3 24.4 22.8 19.2 ...
 $ cyl : Factor w/ 3 levels "4","6","8": 2 2 1 2 3 2 3 1 1 2 ...
 $ disp: num  160 160 108 258 360 ...
 $ hp  : num  110 110 93 110 175 105 245 62 95 123 ...
 $ drat: num  3.9 3.9 3.85 3.08 3.15 2.76 3.21 3.69 3.92 3.92 ...
 $ wt  : num  2.62 2.88 2.32 3.21 3.44 ...
 $ qsec: num  16.5 17 18.6 19.4 17 ...
 $ vs  : num  0 0 1 1 0 1 0 1 1 1 ...
 $ am  : Factor w/ 2 levels "0","1": 2 2 2 1 1 1 1 1 1 1 ...
 $ gear: num  4 4 4 3 3 3 3 4 4 4 ...
 $ carb: num  4 4 1 1 2 1 4 2 2 4 ...
> 
```

단순막대그래프(simple bar plot)

단일변수인 경우 단순막대그래프를 다음과 같이 만들 수 있다.

```
> plot(mtcars$cyl)
```

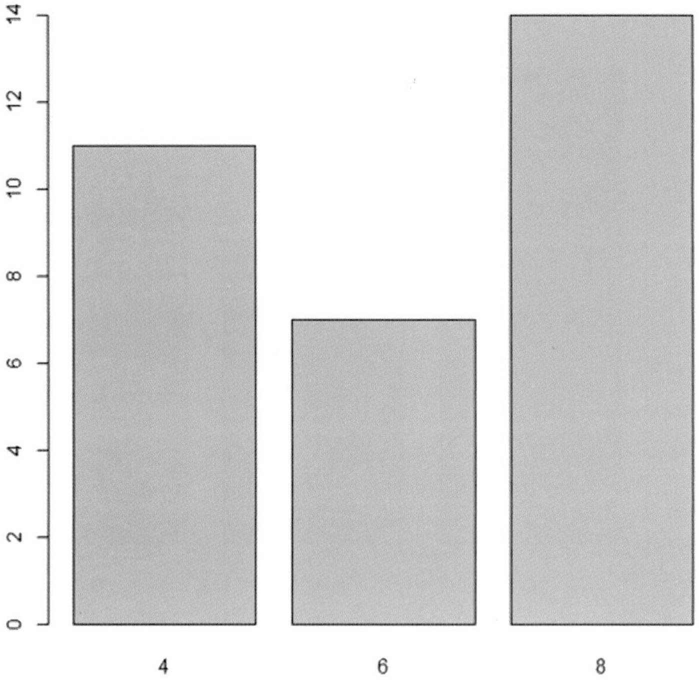

여기에 색깔을 넣고 싶다면 다음과 같이 세 가지 종류의 색깔을 지정할 수 있다.

> plot(mtcars$cyl, col=2:4) # 색깔을 세 가지(2, 3, 4)로 지정

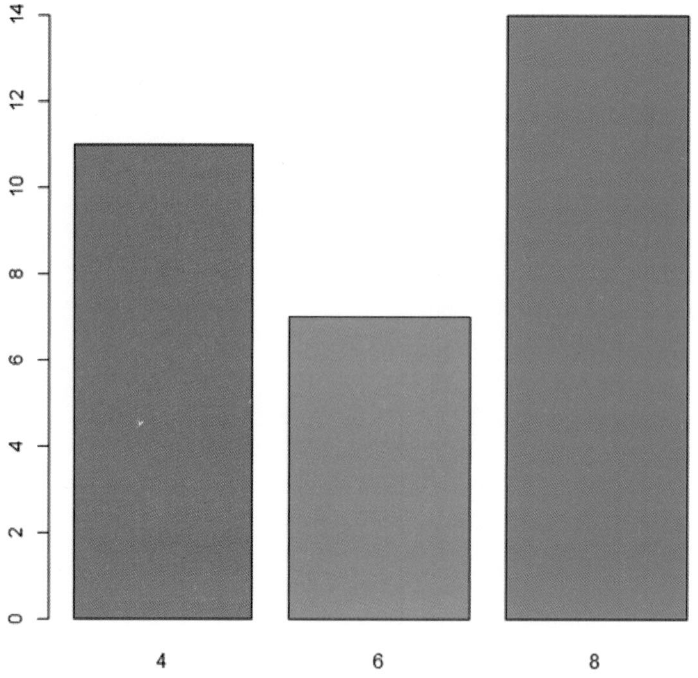

이번에는 제목과 x축 및 y축의 이름을 다음과 같이 제시할 수 있다.

```
> plot(mtcars$cyl, col=2:4, main="Simple Bar Plot", xlab="Number of
  cylinders", ylab="Frequency")
```

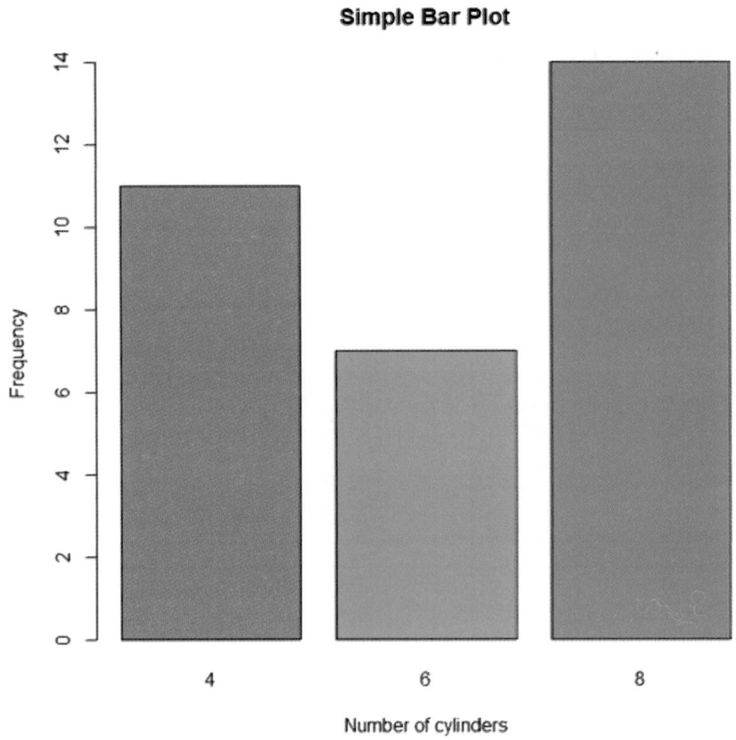

앞서 본 플롯에서 horiz=TRUE를 추가하면 가로축 막대그래프가 된다.

```
> plot(mtcars$cyl, col=2:4, horiz=TRUE)
```

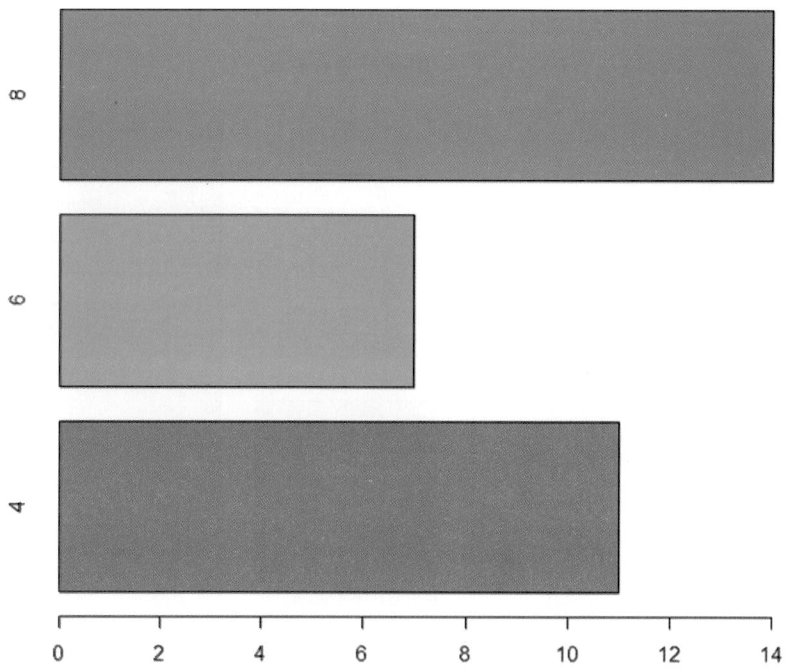

한편, 누적막대그래프를 사용하려면 반드시 행렬(matrix)로 만들어진 데이터가 있어야 한다. 따라서 먼저 cyl(실린더)와 am(변속기)로 테이블을 만든 다음 barplot( ) 기능을 활용한다.

```
> attach(mtcars)
> counts <- table(cyl, am)
> counts
```

```
> counts <- table(cyl, am)
> counts
   am
cyl  0  1
  4  3  8
  6  4  3
  8 12  2
```

```
> barplot(counts)
```

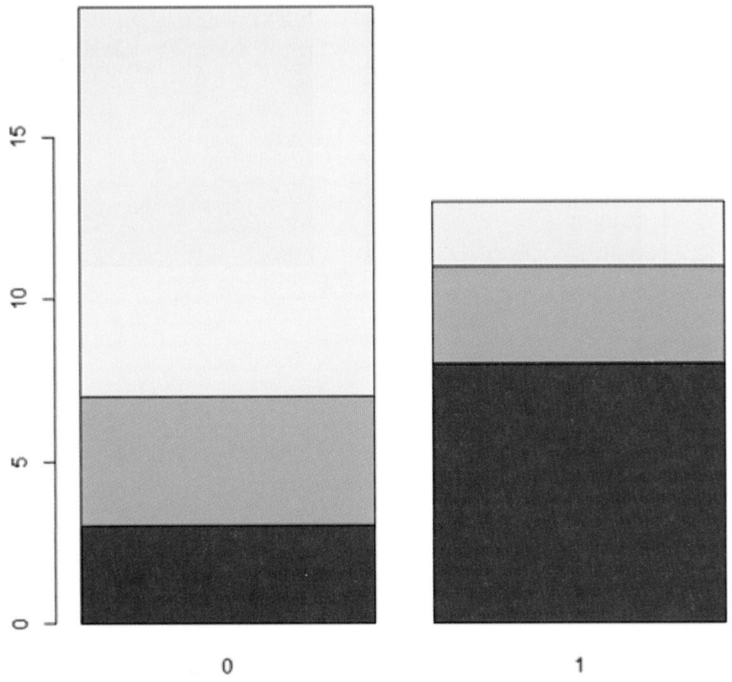

여기서 색깔, 범례, 레이블 등을 포함한 누적막대그래프를 만들고자 하면 다음과 같은 옵션을 추가하면 된다. 한편, beside=TRUE 옵션을 사용하면 변수의 속성이 나란히 가로로 나타난다.

```
# 누적막대그래프
> barplot(counts, ylim=c(0, 20), col=2:4, legend=rownames(counts),
  main="Stacked Bar Plot")
```

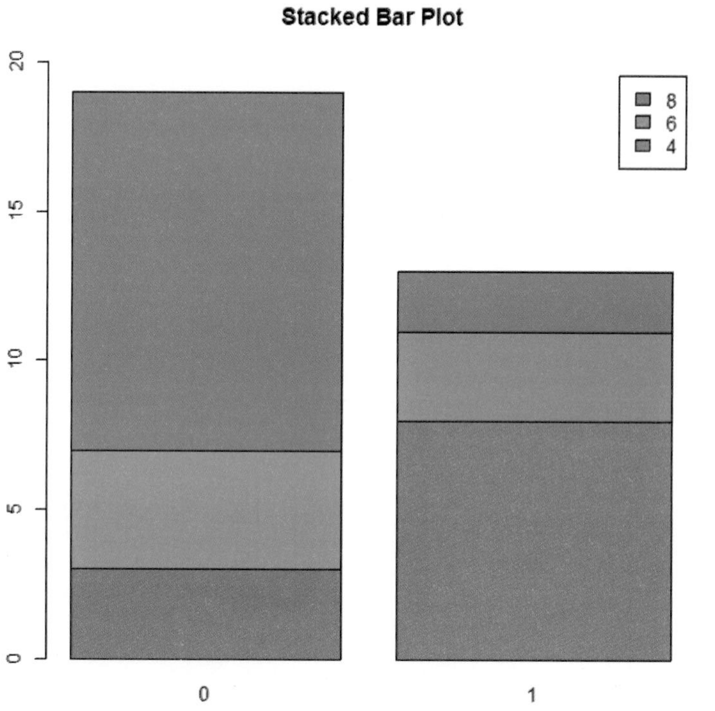

```
> barplot(counts, ylim=c(0, 20), col=2:4, main="Stacked Bar Plot",
  legend=rownames(counts), xlab="Transmission(0=automatic, 1=manual)",
  ylab="Frequency", beside=TRUE)
```

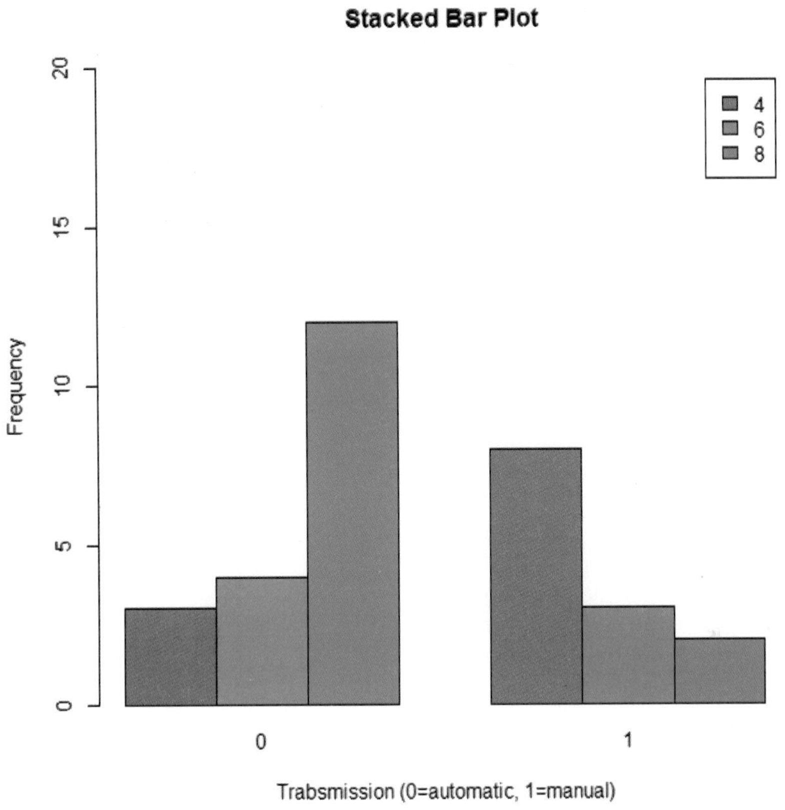

여기서 'funModeling' 패키지를 이용하면 조금 더 편리하게 그래프를 만들 수 있다(Casas, 2018). 다음 그림에서 보는 것처럼 자동차의 실린더(cyl)별로 변속기(am) 유형의 빈도수와 퍼센트를 제시하고 있다.

```
> library(funModeling)
> cross_plot(mtcars, 'cyl', 'am')
```

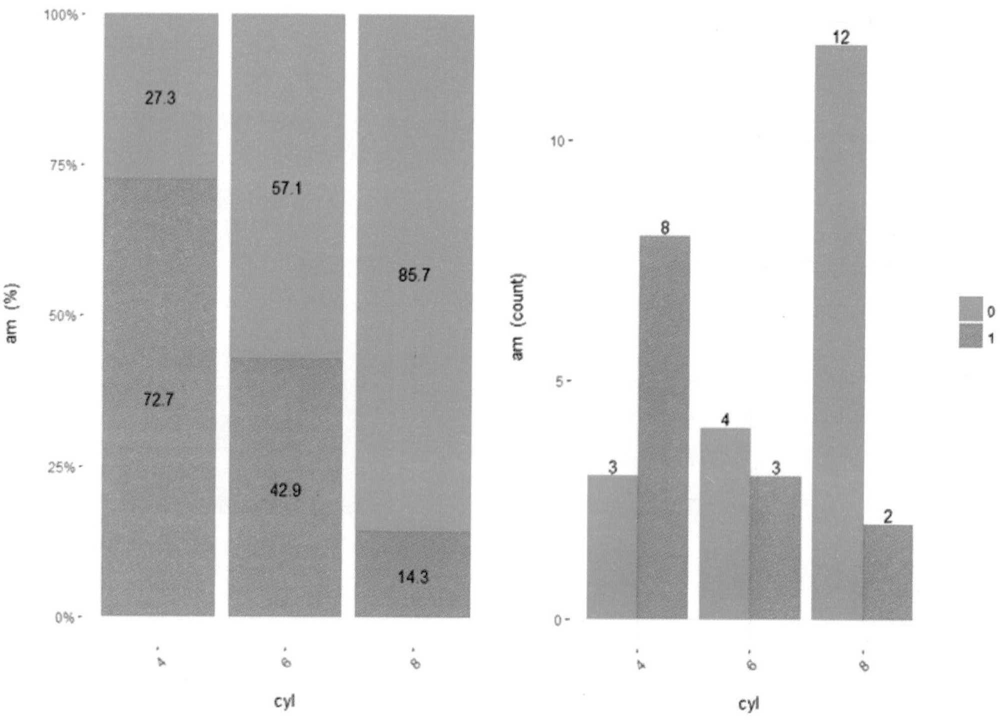

이 장에서는 주로 R의 base 프로그램을 통해 박스플롯, 히스토그램, 산점도, 막대그래프 등을 구현하였으며, 보다 자세한 그래픽에 대한 내용은 ggplot2와 sjPlot 패키지를 활용한 데이터 시각화에 대한 장을(제4부) 참고하기 바란다.

06 빈도표 및 분할표

6.1 빈도표(frequency table)

기술통계분석에서 흔히 사용되는 빈도표와 그림을 만들어 보자. 먼저 jmv 패키지를 이용해서 빈도표를 만들어 보자. 여기서 사용할 데이터는 base 프로그램에 있는 자동차 연비 관련 데이터인 mtcars 데이터이다.

> head(mtcars)

```
> head(mtcars)
                   mpg cyl disp  hp drat    wt  qsec vs am gear carb
Mazda RX4         21.0   6  160 110 3.90 2.620 16.46  0  1    4    4
Mazda RX4 Wag     21.0   6  160 110 3.90 2.875 17.02  0  1    4    4
Datsun 710        22.8   4  108  93 3.85 2.320 18.61  1  1    4    1
Hornet 4 Drive    21.4   6  258 110 3.08 3.215 19.44  1  0    3    1
Hornet Sportabout 18.7   8  360 175 3.15 3.440 17.02  0  0    3    2
Valiant           18.1   6  225 105 2.76 3.460 20.22  1  0    3    1
```

먼저 jmv 패키지를 설치하고 불러온 후 descriptives( ) 기능을 사용하여(평균, 중위수 등) 간단한 기술통계량과 빈도표를 다음과 같이 만들 수 있다. 그리고 범주형 변수에 대해서는 빈도표를 작성하여 빈도, 퍼센트, 누적퍼센트가 제시되어 있어 변수의 기술적인 속성을 쉽게 파악할 수 있다.

```
> install.packages("jmv")
> library(jmv)
> options(digits=3)
> descriptives(mtcars, c(cyl, am, mpg), freq=TRUE)
```

```
Descriptives
──────────────────────────────────────
                cyl       am       mpg
──────────────────────────────────────
 N               32       32        32
 Missing          0        0         0
 Mean          6.19    0.406      20.1
 Median        6.00     0.00      19.2
 Minimum       4.00     0.00      10.4
 Maximum       8.00     1.00      33.9
──────────────────────────────────────


FREQUENCIES

Frequencies of cyl
─────────────────────────────────────────────────
 Levels    Counts    % of Total    Cumulative %
─────────────────────────────────────────────────
 4             11          34.4            34.4
 6              7          21.9            56.2
 8             14          43.8           100.0
─────────────────────────────────────────────────


Frequencies of am
─────────────────────────────────────────────────
 Levels    Counts    % of Total    Cumulative %
─────────────────────────────────────────────────
 0             19          59.4            59.4
 1             13          40.6           100.0
─────────────────────────────────────────────────
```

그리고 일련의 연속변수를 범주형 변수의 속성에 따라 요약치를 다음과 같이 제시할 수도 있다. 즉, disp(엔진 크기), mpg(연비)를 cyl(실린더)별로 평균, 중위수 등을 제시한다.

```
> descriptives(formula=disp + mpg ~ cyl, mtcars)
```

```
> descriptives(formula=disp + mpg ~ cyl, mtcars)

 DESCRIPTIVES

 Descriptives
 ─────────────────────────────────
              cyl    disp     mpg
 ─────────────────────────────────
   N          4        11      11
              6         7       7
              8        14      14
   Missing    4         0       0
              6         0       0
              8         0       0
   Mean       4       105    26.7
              6       183    19.7
              8       353    15.1
   Median     4       108    26.0
              6       168    19.7
              8       350    15.2
   Minimum    4      71.1    21.4
              6       145    17.8
              8       276    10.4
   Maximum    4       147    33.9
              6       258    21.4
              8       472    19.2
 ─────────────────────────────────
```

한편, funModeling 패키지를 활용하여 빈도분석을 실행할 수도 있다(Casas, 2018).

```
> library(funModeling)

> freq(mtcars, 'mpg', plot=FALSE)   # 플롯은 제외하고 빈도표만 제시
```

```
    mpg frequency percentage cumulative_perc
1  10.4         2       6.25            6.25
2  15.2         2       6.25           12.50
3  19.2         2       6.25           18.75
4    21         2       6.25           25.00
5  21.4         2       6.25           31.25
6  22.8         2       6.25           37.50
7  30.4         2       6.25           43.75
8  13.3         1       3.12           46.87
9  14.3         1       3.12           49.99
10 14.7         1       3.12           53.11
11   15         1       3.12           56.23
12 15.5         1       3.12           59.35
13 15.8         1       3.12           62.47
14 16.4         1       3.12           65.59
15 17.3         1       3.12           68.71
16 17.8         1       3.12           71.83
17 18.1         1       3.12           74.95
18 18.7         1       3.12           78.07
19 19.7         1       3.12           81.19
20 21.5         1       3.12           84.31
21 24.4         1       3.12           87.43
22   26         1       3.12           90.55
23 27.3         1       3.12           93.67
24 32.4         1       3.12           96.79
25 33.9         1       3.12          100.00
```

위 빈도표를 조금 더 잘 표시해 주는 kable( ) 기능을 활용하여 표 형식으로 나타내는 방법은 다음과 같다.

> library(knitr)

> kable(freq(mtcars, 'mpg', plot=FALSE, na.rm=TRUE))

```
> library(knitr)
> kable(freq(mtcars, 'mpg', plot=FALSE, na.rm=TRUE))


|mpg  | frequency| percentage| cumulative_perc|
|:----|---------:|----------:|---------------:|
|10.4 |         2|       6.25|            6.25|
|15.2 |         2|       6.25|           12.50|
|19.2 |         2|       6.25|           18.75|
|21   |         2|       6.25|           25.00|
|21.4 |         2|       6.25|           31.25|
|22.8 |         2|       6.25|           37.50|
|30.4 |         2|       6.25|           43.75|
|13.3 |         1|       3.12|           46.87|
|14.3 |         1|       3.12|           49.99|
|14.7 |         1|       3.12|           53.11|
|15   |         1|       3.12|           56.23|
|15.5 |         1|       3.12|           59.35|
|15.8 |         1|       3.12|           62.47|
|16.4 |         1|       3.12|           65.59|
|17.3 |         1|       3.12|           68.71|
|17.8 |         1|       3.12|           71.83|
|18.1 |         1|       3.12|           74.95|
|18.7 |         1|       3.12|           78.07|
|19.7 |         1|       3.12|           81.19|
|21.5 |         1|       3.12|           84.31|
|24.4 |         1|       3.12|           87.43|
|26   |         1|       3.12|           90.55|
|27.3 |         1|       3.12|           93.67|
|32.4 |         1|       3.12|           96.79|
|33.9 |         1|       3.12|          100.00|
> |
```

이번에는 두 변수를 한꺼번에 빈도분석하며 플롯(막대그래프)도 함께 제시해 보자.

> freq(mtcars, c('cyl', 'am'))

```
> freq(mtcars, c('cyl', 'am'))
  cyl frequency percentage cumulative_perc
1   8        14       43.8            43.8
2   4        11       34.4            78.1
3   6         7       21.9           100.0

  am frequency percentage cumulative_perc
1  0        19       59.4            59.4
2  1        13       40.6           100.0

[1] "Variables processed: cyl, am"
> |
```

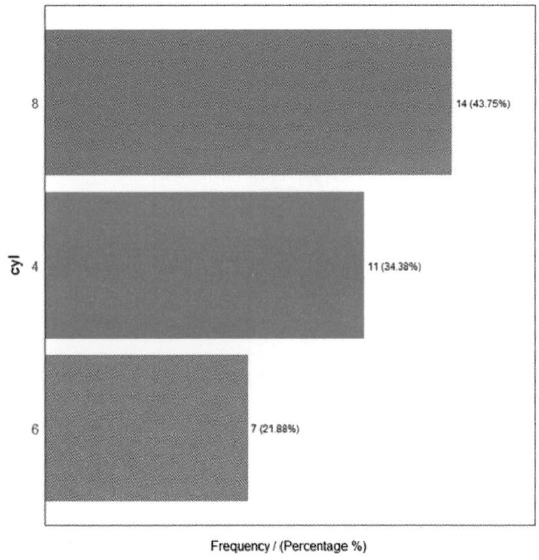

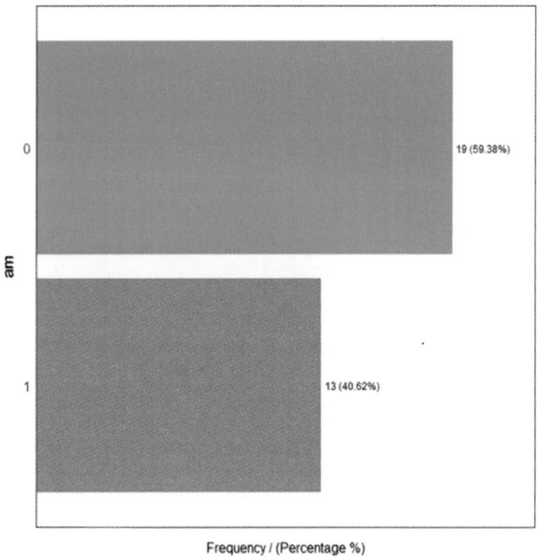

그리고 funModeling 패키지에는 여러 수량 변수들을 한꺼번에 그래프로 나타낼 수 있는 기능이 있다(plotting numerical data).

```
> plot_num(mtcars, bins=20)
```

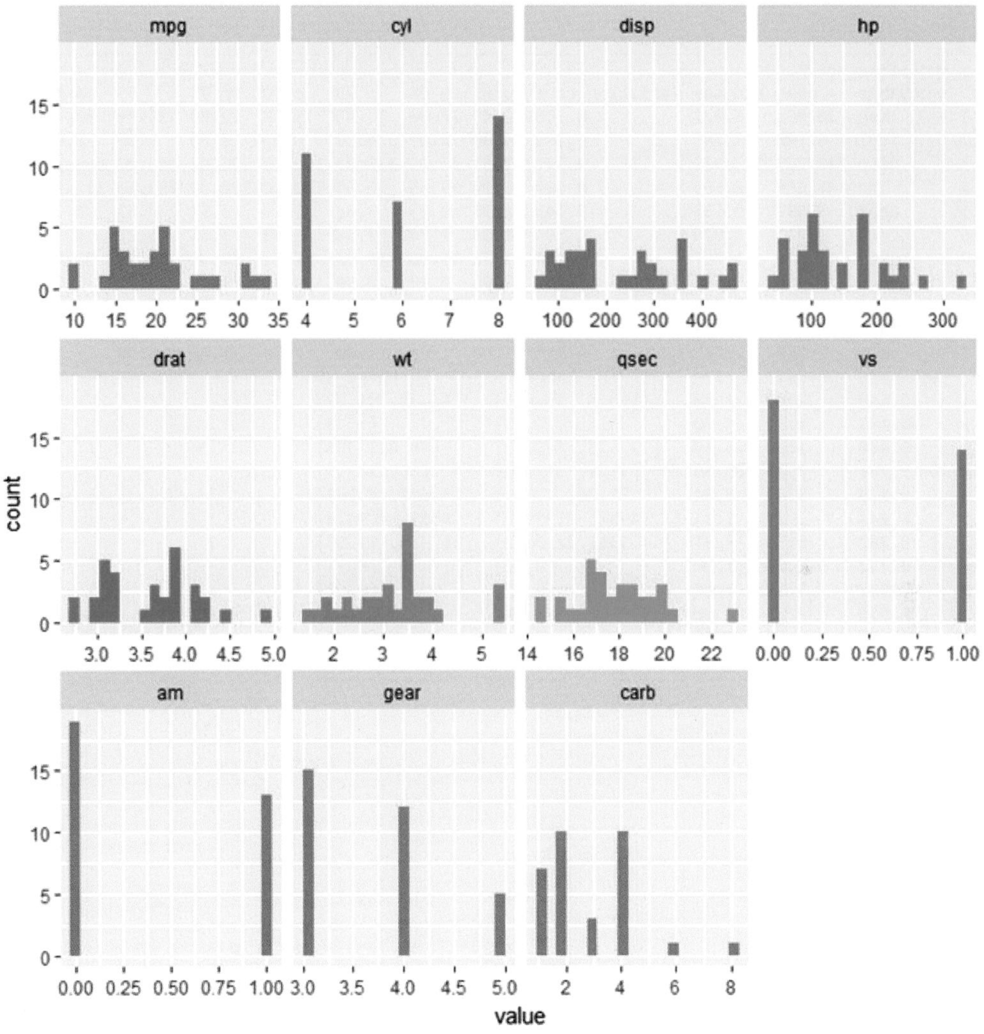

또한 이 패키지에는 여러 수량변수들의 기술통계적 속성, 즉 평균, 표준편차, 변동계수, 왜도, 첨도, IQR, 범위 등을 한꺼번에 다음과 같이 나타낼 수도 있다(profiling numerical data).

> profiling_num(mtcars)

```
> profiling_num(mtcars)
   variable    mean std_dev variation_coef  p_01  p_05   p_25   p_50   p_75   p_95   p_99
1       mpg  20.091   6.027          0.300 10.40 12.00  15.43  19.20  22.80  31.30  33.44
2       cyl   6.188   1.786          0.289  4.00  4.00   4.00   6.00   8.00   8.00   8.00
3      disp 230.722 123.939          0.537 72.53 77.35 120.83 196.30 326.00 449.00 468.28
4        hp 146.688  68.563          0.467 55.10 63.65  96.50 123.00 180.00 253.55 312.99
5      drat   3.597   0.535          0.149  2.76  2.85   3.08   3.70   3.92   4.31   4.78
6        wt   3.217   0.978          0.304  1.54  1.74   2.58   3.33   3.61   5.29   5.40
7      qsec  17.849   1.787          0.100 14.53 15.05  16.89  17.71  18.90  20.10  22.07
8        vs   0.438   0.504          1.152  0.00  0.00   0.00   0.00   1.00   1.00   1.00
9        am   0.406   0.499          1.228  0.00  0.00   0.00   0.00   1.00   1.00   1.00
10     gear   3.688   0.738          0.200  3.00  3.00   3.00   4.00   4.00   5.00   5.00
11     carb   2.812   1.615          0.574  1.00  1.00   2.00   2.00   4.00   4.90   7.38
   skewness kurtosis    iqr            range_98            range_80
1     0.640     2.80   7.38      [10.4, 33.435]      [14.34, 30.09]
2    -0.183     1.32   4.00              [4, 8]              [4, 8]
3     0.400     1.91 205.18    [72.526, 468.28]         [80.61, 396]
4     0.761     3.05  83.50      [55.1, 312.99]          [66, 243.5]
5     0.279     2.44   0.84       [2.76, 4.775]      [3.007, 4.209]
6     0.444     3.17   1.03 [1.54462, 5.39951] [1.9555, 4.0475]
7     0.387     3.55   2.01  [14.531, 22.0692]     [15.534, 19.99]
8     0.252     1.06   1.00              [0, 1]              [0, 1]
9     0.382     1.15   1.00              [0, 1]              [0, 1]
10    0.555     2.06   1.00              [3, 5]              [3, 5]
11    1.102     4.54   2.00          [1, 7.38]              [1, 4]
> |
```

6.2 분할표(contingency tables)

이번에는 2개 이상의 변수로 구성된 분할표(contingency tables)를 만들어 보자. 먼저 vcd 패키지에 있는 관절염 치료 관련 데이터인 Arthritis 데이터를 불러온다.

```
> install.packages("vcd")
> library(vcd)
> head(Arthritis)
```

```
> library(vcd)
> head(Arthritis)
  ID Treatment  Sex Age Improved
1 57   Treated Male  27     Some
2 46   Treated Male  29     None
3 77   Treated Male  30     None
4 17   Treated Male  32   Marked
5 36   Treated Male  46   Marked
6 23   Treated Male  58   Marked
```

먼저 xtabs( ) 기능을 사용하여 행(Treatment)과 열(Improved)의 분할표를 만들어 보자.

```
> attach(Arthritis)
> options(digits=3)

> mytable <- xtabs(~ Treatment + Improved, data=Arthritis)
> mytable
> prop.table(mytable)  # 비율(proportion)로 제시
```

```
> mytable <- xtabs(~ Treatment + Improved, data=Arthritis)
> mytable
         Improved
Treatment None Some Marked
  Placebo   29    7      7
  Treated   13    7     21
> prop.table(mytable)
         Improved
Treatment   None   Some Marked
  Placebo 0.3452 0.0833 0.0833
  Treated 0.1548 0.0833 0.2500
```

이번에는 addmargins( ) 기능을 사용하여 주변합(marginal sum)에 해당되는 각 행과 열의 합계를 제시해 보자.

> addmargins(mytable)   # 각 항목을 더한 수치(합) 제시
> addmargins(prop.table(mytable)) # 각 항목을 비율로 제시
> addmargins(prop.table(mytable))*100 # 퍼센트로 제시

```
> addmargins(mytable)
         Improved
Treatment None Some Marked Sum
  Placebo   29    7      7  43
  Treated   13    7     21  41
  Sum       42   14     28  84
> addmargins(prop.table(mytable))
         Improved
Treatment   None   Some Marked    Sum
  Placebo 0.3452 0.0833 0.0833 0.5119
  Treated 0.1548 0.0833 0.2500 0.4881
  Sum     0.5000 0.1667 0.3333 1.0000
> addmargins(prop.table(mytable))*100
         Improved
Treatment   None   Some Marked    Sum
  Placebo  34.52   8.33   8.33  51.19
  Treated  15.48   8.33  25.00  48.81
  Sum      50.00  16.67  33.33 100.00
```

이번에는 패키지 gmodels의 CrossTable( ) 기능을 사용하여 2차원 분할표(two-way table)를 만들어 보자.

```
> install.packages("gmodels")
> library(gmodels)
> CrossTable(Treatment, Improved)
```

```
   Cell Contents
|-------------------------|
|                       N |
| Chi-square contribution |
|           N / Row Total |
|           N / Col Total |
|         N / Table Total |
|-------------------------|


Total Observations in Table:  84


             | Improved
   Treatment |      None |      Some |    Marked | Row Total |
-------------|-----------|-----------|-----------|-----------|
     Placebo |        29 |         7 |         7 |        43 |
             |     2.616 |     0.004 |     3.752 |           |
             |     0.674 |     0.163 |     0.163 |     0.512 |
             |     0.690 |     0.500 |     0.250 |           |
             |     0.345 |     0.083 |     0.083 |           |
-------------|-----------|-----------|-----------|-----------|
     Treated |        13 |         7 |        21 |        41 |
             |     2.744 |     0.004 |     3.935 |           |
             |     0.317 |     0.171 |     0.512 |     0.488 |
             |     0.310 |     0.500 |     0.750 |           |
             |     0.155 |     0.083 |     0.250 |           |
-------------|-----------|-----------|-----------|-----------|
Column Total |        42 |        14 |        28 |        84 |
             |     0.500 |     0.167 |     0.333 |           |
-------------|-----------|-----------|-----------|-----------|
```

> CrossTable(Treatment, Improved, prop.chisq=F) # 카이스퀘어 비율 삭제

```
> CrossTable(Treatment, Improved, prop.chisq=F)


   Cell Contents
|-------------------------|
|                       N |
|           N / Row Total |
|           N / Col Total |
|         N / Table Total |
|-------------------------|


Total Observations in Table:  84


             | Improved
   Treatment |      None |      Some |    Marked | Row Total |
-------------|-----------|-----------|-----------|-----------|
     Placebo |        29 |         7 |         7 |        43 |
             |     0.674 |     0.163 |     0.163 |     0.512 |
             |     0.690 |     0.500 |     0.250 |           |
             |     0.345 |     0.083 |     0.083 |           |
-------------|-----------|-----------|-----------|-----------|
     Treated |        13 |         7 |        21 |        41 |
             |     0.317 |     0.171 |     0.512 |     0.488 |
             |     0.310 |     0.500 |     0.750 |           |
             |     0.155 |     0.083 |     0.250 |           |
-------------|-----------|-----------|-----------|-----------|
Column Total |        42 |        14 |        28 |        84 |
             |     0.500 |     0.167 |     0.333 |           |
-------------|-----------|-----------|-----------|-----------|
```

그리고 다음과 같이 분할표를 3차원(three-way table)으로 나타낼 수도 있다.

```
> mytable <- xtabs(~ Treatment + Sex + Improved, data=Arthritis)
> mytable
```

```
> # three-way table
> mytable <- xtabs(~ Treatment + Sex + Improved, data=Arthritis)
> mytable
, , Improved = None

         Sex
Treatment Female Male
  Placebo     19   10
  Treated      6    7

, , Improved = Some

         Sex
Treatment Female Male
  Placebo      7    0
  Treated      5    2

, , Improved = Marked

         Sex
Treatment Female Male
  Placebo      6    1
  Treated     16    5
```

다음은 ftable( ) 기능을 활용하여 3차원 분할표를 보다 간결하게 제시할 수 있다.

```
> ftable(mytable)
> ftable(addmargins(mytable))
```

```
> ftable(mytable)
                   Improved None Some Marked
Treatment Sex
Placebo   Female              19    7      6
          Male                10    0      1
Treated   Female               6    5     16
          Male                 7    2      5
> ftable(addmargins(mytable))
                   Improved None Some Marked Sum
Treatment Sex
Placebo   Female              19    7      6  32
          Male                10    0      1  11
          Sum                 29    7      7  43
Treated   Female               6    5     16  27
          Male                 7    2      5  14
          Sum                 13    7     21  41
Sum       Female              25   12     22  59
          Male                17    2      6  25
          Sum                 42   14     28  84
```

다음 명령어는 ftable( ) 기능에서 Treatment(1) * Sex(2)에 대한 각 Improved 비율을 제시하고 있다.

```
> ftable(prop.table(mytable, c(1,2)))
```

그리고 위 결과에서 세 번째 변수(Improved)에 대해 1.0으로 합산하고자 할 때 다음 명령어를 사용한다.

> ftable(addmargins(prop.table(mytable, c(1,2)), 3))

```
> ftable(prop.table(mytable, c(1,2)))
                   Improved   None   Some Marked
Treatment Sex
Placebo   Female          0.5938 0.2188 0.1875
          Male            0.9091 0.0000 0.0909
Treated   Female          0.2222 0.1852 0.5926
          Male            0.5000 0.1429 0.3571
> ftable(addmargins(prop.table(mytable, c(1,2)), 3))
                   Improved   None   Some Marked    Sum
Treatment Sex
Placebo   Female          0.5938 0.2188 0.1875 1.0000
          Male            0.9091 0.0000 0.0909 1.0000
Treated   Female          0.2222 0.1852 0.5926 1.0000
          Male            0.5000 0.1429 0.3571 1.0000
```

위 결과를 퍼센트로 제시하고 싶은 경우 다음과 같이 *100을 하면 된다.

> ftable(addmargins(prop.table(mytable, c(1,2)), 3))*100

```
> ftable(addmargins(prop.table(mytable, c(1,2)), 3))*100
                   Improved   None   Some Marked    Sum
Treatment Sex
Placebo   Female           59.38  21.88  18.75 100.00
          Male             90.91   0.00   9.09 100.00
Treated   Female           22.22  18.52  59.26 100.00
          Male             50.00  14.29  35.71 100.00
> |
```

07 신뢰도 분석

7.1 척도의 신뢰도 분석

기술통계분석의 마지막 순서로 여러 항목으로 구성된 척도에 대한 내적 일관성분석(internal consistency)을 나타내는 알파 신뢰도 분석을 실시해 보자. 여기서 사용할 데이터는 금융기관의 직원들의 직무 만족도에 대한 데이터 attitude이다.

```
> ?attitude
```

attitude {datasets} R Documentation

The Chatterjee-Price Attitude Data

Description

From a survey of the clerical employees of a large financial organization, the data are aggregated from the questionnaires of the approximately 35 employees for each of 30 (randomly selected) departments. The numbers give the percent proportion of favourable responses to seven questions in each department.

Usage

attitude

Format

A data frame with 30 observations on 7 variables. The first column are the short names from the reference, the second one the variable names in the data frame:

Y	rating	numeric	Overall rating
X[1]	complaints	numeric	Handling of employee complaints
X[2]	privileges	numeric	Does not allow special privileges
X[3]	learning	numeric	Opportunity to learn
X[4]	raises	numeric	Raises based on performance
X[5]	critical	numeric	Too critical
X[6]	advancel	numeric	Advancement

Source

Chatterjee, S. and Price, B. (1977) *Regression Analysis by Example*. New York: Wiley. (Section 3.7, p.68ff of 2nd ed.(1991).)

출처: http://127.0.0.1:23065/library/datasets/html/attitude.html

이 데이터는 금융회사 직원들을 대상으로 한 서베이 조사결과로 7문항(rating, complaints, privileges, learning, raises, critical, advance)의 설문에 대한 긍정적 응답 비율(percent proportion of favourable responses)을 보고한 데이터이다. 각 문항이 전제 문항과 어느 정도 관련성이 있는지를 나타내는 내적 일관성 신뢰도는 0–1의 범위이며 1.0에 가까울수록 내적 일관성이 높다고 하겠다. 여기서 사용할 패키지는 psych이며, 패키지의 alpha( ) 기능을 사용하여 내적 일관성을 분석한 결과를 보면 알파 신뢰도(raw_alpha)=0.84로 나타나 비교적 신뢰도가 높은 편이라고 하겠다.

```
> library(psych)
> head(attitude)
> alpha(attitude)
```

```
> head(attitude)
  rating complaints privileges learning raises critical advance
1     43         51         30       39     61       92      45
2     63         64         51       54     63       73      47
3     71         70         68       69     76       86      48
4     61         63         45       47     54       84      35
5     81         78         56       66     71       83      47
6     43         55         49       44     54       49      34
```

```
> alpha(attitude)

Reliability analysis
Call: alpha(x = attitude)

 raw_alpha std.alpha G6(smc) average_r S/N   ase mean  sd median_r
      0.84      0.84    0.88      0.43 5.2 0.042   60 8.2     0.45

 lower alpha upper     95% confidence boundaries
0.76 0.84 0.93

 Reliability if an item is dropped:
           raw_alpha std.alpha G6(smc) average_r S/N alpha se var.r med.r
rating          0.81      0.81    0.83      0.41 4.2    0.052 0.035  0.45
complaints      0.80      0.80    0.82      0.39 3.9    0.057 0.035  0.43
privileges      0.83      0.82    0.87      0.44 4.7    0.048 0.054  0.53
learning        0.80      0.80    0.84      0.40 4.0    0.054 0.045  0.38
raises          0.80      0.78    0.83      0.38 3.6    0.056 0.048  0.34
critical        0.86      0.86    0.89      0.51 6.3    0.038 0.030  0.56
advance         0.84      0.83    0.86      0.46 5.0    0.043 0.048  0.49

 Item statistics
            n raw.r std.r r.cor r.drop mean   sd
rating     30  0.78  0.76  0.75   0.67   65 12.2
complaints 30  0.84  0.81  0.82   0.74   67 13.3
privileges 30  0.70  0.68  0.60   0.56   53 12.2
learning   30  0.81  0.80  0.78   0.71   56 11.7
raises     30  0.85  0.86  0.85   0.79   65 10.4
critical   30  0.42  0.45  0.31   0.27   75  9.9
advance    30  0.60  0.62  0.56   0.46   43 10.3
> |
```

만약 alpha(attitude) 명령어를 실행했음에도 에러 메시지가 나오고 분석 결과가 제시되지 않으면 이것은 그래픽 패키지(예: ggplot2 등)에 있는 alpha 기능과 중복되기 때문이다. 이럴 경우 R을 다시 실행하여 분석하면 된다. 또는 다음 명령어를 사용하여 ggplot2를 제거할 수 있다.

```
> detach (package: ggplot2)
```

alpha( ) 기능은 척도의 내적 일관성 신뢰도 검정값(estimates of the internal consistency reliability of a test)으로 Cronbach's alpha 값과 Guttman's Lamda_6 값을

보고하며, 이 둘은 거의 비슷하다. 이와 더불어 각 항목과 전체항목과의 상관계수(raw.r), 그리고 각 항목의 평균(mean), 표준편차(sd) 및 각 항목을 제외할 때(if an item is dropped) alpha 값을 제시한다.

TIP

알파는 척도의 내적 일관성을 검정하는 몇 가지 방법 중 하나로 대부분의 통계분석 프로그램에 포함되어 있어 가장 흔히 보고되는 내적 일관성 측정방법이다. 하지만 요인이 하나인(unifactorial test) 경우 알파는 적합한 방법이지만 여러 개의 요인으로(microstructure) 구성된 경우에는 베타(beta) 및 오메가(omega_hierchical) 방법이 더 적합하다고 하겠다. 한편 거트만 람다 6(Guttman's Lambda 6)은 다른 모든 항목으로 구성된 회귀식으로 설명되는 각 항목의 분산(squared multiple correlation or smc)을 의미한다(Revelle, 2018).

한편 크론바흐 알파는 모든 가능한 반분신뢰도를 계산한 평균값(mean of all possible split half reliabilities)이므로 다음과 같이 계산할 수도 있으며, 다음 분석 결과에서 거트만 람다 3은 알파와 동일한 값으로 제시되었다.

```
> splitHalf(attitude)
```

```
> splitHalf(attitude)
Split half reliabilities
Call: splitHalf(r = attitude)

Maximum split half reliability (lambda 4) =  0.89
Guttman lambda 6                          =  0.88
Average split half reliability            =  0.81
Guttman lambda 3 (alpha)                  =  0.84
Minimum split half reliability  (beta)    =  0.74
Average interitem r =  0.43  with median =  0.45>
> |
```

7.2 자아존중감 척도의 신뢰도 분석

이번에는 조직진단 데이터에서 자아존중감과 조직헌신도에 대한 척도의 신뢰도 분석을 실시해 보자. 먼저 조직진단 데이터(diagnosis_scale)를 불러온 후 자아존중감에 대한 10개 항목만(6:15) 선택해서 자아존중감 척도 분석을 위한 데이터(diag_scale_subset)를 만든다.

```
> diag_scale <- read.csv("D:/R/diagnosis_scale.csv")
> head(diag_scale)

> diag_scale_subset <- diag_scale[, 6:15]
> head(diag_scale_subset)

> alpha(diag_scale_subset)
```

다음 분석 결과에서 보는 것처럼 어떤 항목(self_esteem08)이 전체 척도와 역의 상관관계를 보이고 있음을 알려주고 있다. 그리고 self_esteem08 항목을 제거하게 되면 알파 신뢰도가 0.83에서 0.86으로 상향조정됨을 알 수 있다.

```
> alpha(diag_scale_subset)
Some items ( self_esteem08 ) were negatively correlated with the total scale and
probably should be reversed.
To do this, run the function again with the 'check.keys=TRUE' option
Reliability analysis
Call: alpha(x = diag_scale_subset)

  raw_alpha std.alpha G6(smc) average_r S/N   ase mean   sd
       0.83      0.83    0.86      0.33 4.8 0.027    3 0.37

 lower alpha upper     95% confidence boundaries
0.78 0.83 0.88

 Reliability if an item is dropped:
             raw_alpha std.alpha G6(smc) average_r S/N alpha se
self_esteem01      0.82      0.82    0.85      0.34 4.6    0.029
self_esteem02      0.82      0.81    0.84      0.32 4.3    0.029
self_esteem03      0.81      0.80    0.83      0.31 4.0    0.032
self_esteem04      0.81      0.80    0.84      0.31 4.1    0.031
self_esteem05      0.80      0.80    0.83      0.31 4.0    0.032
self_esteem06      0.81      0.81    0.84      0.32 4.2    0.031
self_esteem07      0.81      0.81    0.84      0.32 4.1    0.031
self_esteem08      0.86      0.87    0.88      0.42 6.5    0.025
self_esteem09      0.81      0.81    0.84      0.32 4.2    0.030
self_esteem10      0.79      0.79    0.82      0.29 3.7    0.034
```

```
 Item statistics
                n raw.r std.r  r.cor r.drop mean   sd
self_esteem01 74 0.564 0.556  0.491  0.447  3.0 0.56
self_esteem02 75 0.653 0.631  0.583  0.511  2.5 0.74
self_esteem03 75 0.704 0.728  0.709  0.633  3.3 0.49
self_esteem04 75 0.684 0.706  0.676  0.605  3.2 0.48
self_esteem05 75 0.719 0.725  0.706  0.630  3.1 0.57
self_esteem06 74 0.693 0.672  0.629  0.583  3.2 0.66
self_esteem07 75 0.682 0.684  0.636  0.588  3.3 0.51
self_esteem08 74 0.056 0.079 -0.072 -0.068  1.8 0.46
self_esteem09 73 0.666 0.656  0.620  0.541  3.3 0.71
self_esteem10 75 0.821 0.827  0.829  0.762  3.2 0.58

Non missing response frequency for each item
                 1    2    3    4 miss
self_esteem01 0.00 0.18 0.69 0.14 0.01
self_esteem02 0.05 0.51 0.35 0.09 0.00
self_esteem03 0.00 0.01 0.67 0.32 0.00
self_esteem04 0.00 0.04 0.73 0.23 0.00
self_esteem05 0.00 0.11 0.67 0.23 0.00
self_esteem06 0.01 0.11 0.58 0.30 0.01
self_esteem07 0.00 0.03 0.67 0.31 0.00
self_esteem08 0.22 0.76 0.03 0.00 0.01
self_esteem09 0.03 0.05 0.47 0.45 0.03
self_esteem10 0.01 0.05 0.68 0.25 0.00
경고메시지(들):
In alpha(diag_scale_subset) :
  Some items were negatively correlated with the total scale and probably
should be reversed.
To do this, run the function again with the 'check.keys=TRUE' option
```

어떤 척도의 항목이 전체 척도와 부적(−) 관계로 나타날 경우, 역코딩(reverse)을 해 줄 필요가 있다. 이때 사용하는 기능이 check.keys=TRUE 옵션이다. 그리고 신뢰도 분석에서 이러한 경우가 발생할 경우 보통 경고가 발생한다. 따라서 check.keys=TRUE 옵션을 추가 수정한 분석에서는 다음에서 보는 것처럼 알파 신뢰도=0.84로 약간 개선되었음을 알 수 있다. 그리고 척도 항목 중에서 self_esteem08−로 나타난 것은 이 항목을 역코딩했다는 표시로 − 부호가 제시된 것이다.

> alpha(diag_scale_subset, check.keys=TRUE)

```
> alpha(diag_scale_subset, check.keys=TRUE)

Reliability analysis
Call: alpha(x = diag_scale_subset, check.keys = TRUE)

  raw_alpha std.alpha G6(smc) average_r S/N   ase mean   sd
      0.84      0.84    0.87      0.35 5.3 0.027  3.1 0.37

 lower alpha upper     95% confidence boundaries
0.79 0.84 0.89

 Reliability if an item is dropped:
              raw_alpha std.alpha G6(smc) average_r S/N alpha se
self_esteem01      0.83      0.83    0.85      0.36 5.0    0.028
self_esteem02      0.83      0.83    0.85      0.36 5.0    0.028
self_esteem03      0.81      0.81    0.84      0.33 4.4    0.031
self_esteem04      0.82      0.82    0.84      0.33 4.5    0.030
self_esteem05      0.82      0.82    0.84      0.34 4.5    0.031
self_esteem06      0.82      0.83    0.85      0.35 4.8    0.030
self_esteem07      0.82      0.82    0.85      0.34 4.6    0.030
self_esteem08-     0.86      0.87    0.88      0.42 6.5    0.025
self_esteem09      0.83      0.83    0.85      0.35 4.8    0.029
self_esteem10      0.80      0.81    0.83      0.32 4.2    0.033

 Item statistics
               n raw.r std.r r.cor r.drop mean   sd
self_esteem01  74  0.59  0.59 0.523  0.477  3.0 0.56
self_esteem02  75  0.62  0.60 0.545  0.480  2.5 0.74
self_esteem03  75  0.74  0.76 0.743  0.668  3.3 0.49
self_esteem04  75  0.70  0.71 0.684  0.617  3.2 0.48
self_esteem05  75  0.71  0.71 0.691  0.622  3.1 0.57
self_esteem06  74  0.68  0.65 0.608  0.569  3.2 0.66
self_esteem07  75  0.69  0.71 0.661  0.615  3.3 0.51
self_esteem08- 74  0.20  0.23 0.099  0.068  3.2 0.46
self_esteem09  73  0.66  0.65 0.610  0.537  3.3 0.71
self_esteem10  75  0.82  0.81 0.815  0.755  3.2 0.58
```

7.3 조직헌신도 척도의 신뢰도 분석

이번에는 조직헌신도 척도의 신뢰도 분석을 해 보자. 앞에서 실시한 자아존중감의 경우처럼 조직헌신도 항목(41:48)만 선택한 하위 데이터(diag_scale_subset2)를 만든다. 다음 분석 결과 알파 신뢰도=0.90이 제시되어 높은 신뢰도를 나타냄을 알 수 있다.

```
> diag_scale_subset2 <- diag_scale[, 41:48]
> alpha(diag_scale_subset2)
```

```
> alpha(diag_scale_subset2)

Reliability analysis
Call: alpha(x = diag_scale_subset2)

  raw_alpha std.alpha G6(smc) average_r S/N   ase mean   sd
        0.9       0.9    0.91      0.54 9.3 0.017  3.8 0.54

 lower alpha upper     95% confidence boundaries
0.87 0.9 0.94

 Reliability if an item is dropped:
             raw_alpha std.alpha G6(smc) average_r S/N alpha se
org_commit01      0.89      0.89    0.88      0.53 8.0    0.020
org_commit02      0.89      0.89    0.89      0.55 8.5    0.019
org_commit03      0.89      0.89    0.89      0.53 7.9    0.020
org_commit04      0.89      0.89    0.89      0.55 8.4    0.019
org_commit05      0.88      0.88    0.88      0.51 7.4    0.021
org_commit06      0.90      0.90    0.90      0.56 9.1    0.018
org_commit07      0.89      0.89    0.89      0.53 7.9    0.020
org_commit08      0.89      0.89    0.89      0.53 8.0    0.020

 Item statistics
              n raw.r std.r r.cor r.drop mean   sd
org_commit01 75  0.78  0.79  0.76   0.72  3.9 0.63
org_commit02 75  0.74  0.74  0.69   0.64  3.4 0.74
org_commit03 75  0.79  0.79  0.76   0.72  3.9 0.68
org_commit04 75  0.75  0.75  0.70   0.66  3.7 0.75
org_commit05 75  0.85  0.85  0.84   0.79  3.8 0.72
org_commit06 75  0.68  0.68  0.62   0.58  3.6 0.67
org_commit07 75  0.79  0.79  0.76   0.72  4.1 0.65
org_commit08 75  0.79  0.79  0.75   0.71  3.6 0.72
```

III 추론통계분석

08 통계적 검정

통계적 추론은 모집단으로부터 추출된 표본으로부터 추정된 값을 가지고 모집단의 특성인 모수에 대한 정보를 얻으려는 일련의 과정을 의미하며, 이 과정에 활용되는 통계분석을 추론통계분석이라고 한다.

일반적으로 추정값에는 점 추정값(point estimate)과 구간 추정값(interval estimate)이 있다.

- 점 추정값의 사례: 모평균에 대한 추정값으로 표본 평균($\overline{X}$)
- 구간 추정값의 사례: 모평균에 대한 95% 신뢰구간(하한선, 상한선)

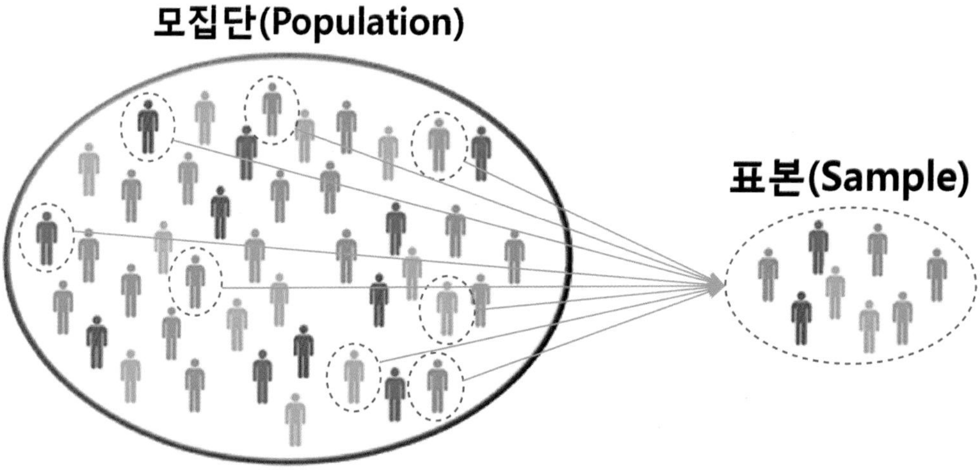

출처: https://www.omniconvert.com/what-is/sample-size/

예를 들어, 대학생 6명을 무작위로 추출하여 이들이 30초 동안 윗몸 일으키기를 한 횟수(X_i)를 다음과 같이 기록하였다고 하자.

	X	$\overline{X}$	$X_i - \overline{X}$	$(X_i - \overline{X})^2$
X_1	17		3	9
X_2	15		1	1
X_3	23		9	81
X_4	7		−7	49
X_5	9		−5	25
X_6	13		−1	1
Σ	84	84/6=14	0	166

먼저 점 추정값(point estimate)에 해당되는 표본 평균은 다음과 같이 구한다.

$$\text{표본 평균: } \overline{X} = \frac{\Sigma X_i}{n} = \frac{84}{6} = 14$$

그리고 표본 분산과 표준편차는 다음과 같이 구할 수 있다.

$$S^2 = \frac{\Sigma(X_i - \overline{X})^2}{n-1} = 166/(6-1) = 33.2$$

$$S = \sqrt{\frac{\Sigma(X_i - \overline{X})^2}{n-1}} = \sqrt{33.2} = 5.76$$

이때 이 데이터가 정규분포를 따른다고 가정하고 모평균에 대한 95% 신뢰구간(confidence interval, CI) 추정값(interval estimate)을 구하면 다음과 같다. 즉, 표본 수=6, 표본 평균=14, 표준편차=5.76이며, 자유도=5, 신뢰구간=95%이면 t값은 2.57이 된다. 따라서 다음 공식에 대입을 하면 모평균에 대한 95% 신뢰구간 추정값은 [7.96, 20.04]가 된다.

$$n = 6,\ \overline{X} = 14,\ s = 5.76,\ t_{0.05/2}^{(6-1)} = 2.57 \quad (t\text{값: > qt(0.025, 5, lower.tail=F)})$$

$$95\%\ \text{신뢰구간(CI)}: \overline{X} \pm t_{\alpha/2}^{df} \cdot \frac{s}{\sqrt{n}} = 14 \pm 2.57 \frac{5.76}{\sqrt{6}} = (7.96,\ 20.04)$$

표본으로부터 산출된 통계치를 모집단에 적용하는 추론통계분석에서 활용하는 통계적 검정(statistical test)방법은 일반적으로 다음의 두 가지 방법으로 구분할 수 있다.

- 가설 검정
- 신뢰구간 검정

통계적 검정방법으로 가설 검정을 전통적으로 사용해 왔으나 신뢰구간 검정은 영가설에(예: 집단 간 평균차이=0) 대한 구체적인 정보(예: 신뢰구간)를 가지고 있으므로 더 유용하다고 할 수 있다.

8.1 가설 검정

8.1.1 가설 검정의 주요 용어

• 가설(hypothesis)

가설은 영가설과 대립가설로 구분할 수 있는데 영가설(null hypothesis)은 연구자의 주장과 상반된 것이며, 대립가설(alternative hypothesis)은 연구자의 주장(검정하고 싶은 것)을 말한다. 가설 검정에서는 직접 대립가설을 검정하지 않고 영가설을 기각함으로써 대립가설을 지지하는 간접적인 방식을 취한다.

예) 어떤 표본(n=75)의 분석 결과가 다음과 같이 나타났다면, 이 분석 결과로 남녀 간의 월소득 차이(150.47 vs. 193.83)가 통계적으로 유의한 것인지(아니면 우연히 발생한 것인지) 검정하는 것이 필요하다.

```
> aggregate(m_income ~ gender2, data=diag, mean)
  gender2 m_income
1  Female 150.4667
2    Male 193.8333
> library(psych)
> describeBy(diag$m_income, list(gender=diag$gender2))

 Descriptive statistics by group
gender: Female
   vars  n   mean    sd median trimmed   mad min max range skew kurtosis   se
X1    1 45 150.47 63.29    140  138.41 29.65 100 450   350 2.86     9.65 9.43
------------------------------------------------------------------------------
gender: Male
   vars  n   mean    sd median trimmed   mad min max range skew kurtosis    se
X1    1 30 193.83 73.03    185  185.62 81.54 100 400   300 1.04     0.79 13.33
>
```

이를 검정하기 위해서는 우선 다음과 같은 가설을 설정하는 것이 필요하다.

영가설: 두 집단(남, 여) 간에 소득 차이가 없다.

(표본에서 나온 통계치의 차이는 우연히 발생한 것이다)

대립가설: 두 집단(남, 여) 간에 소득 차이가 있다.

영가설(남, 여 소득 차이=0)

	True(참)	False(허위)
기각하지 않음	바른 결정	2종 오류
기각함	1종 오류	바른 결정

가설을 검정하기 위해서는 우선 다음과 같은 용어의 의미를 이해하는 것이 필요하다.

• 1종 오류

영가설이 참(true)일 때 영가설을 기각하는 오류를 말한다.

• 검정통계량(test statistic)

관찰이나 실험의 결과로 나온 요약된 값(통계치)을 의미하며, 모수적 방법은 통계치(statistics)로 모수(parameters)를 추정하는 데 반해 비모수적 방법은 모수와 통계치의 관계를 다루지 않으며 표본이 작거나 분석에 대한 가정(예: 정규분포)을 충족하지 못할 때 이용한다.

보통 통계적 검정방법으로 t-검정, F-검정, 카이제곱 검정이 주로 이용되고 있는데 이는 분석 결과로 구한 통계치가 특정분포(t-분포, F-분포, χ^2분포)를 따르기 때문에 붙여진 이름이다. 그리고 각 방법으로 구한 통계치를 t값, F값, χ^2 값이라고 한다(김태근, 2006).

• 유의수준(α)

1종 오류를 허용하는 기준을 의미하며(검정통계량이 영가설하에서 나올 확률 기준), 보통 α=0.05(5%)를 유의수준으로 결정한다. 즉, 검정통계량이 영가설하에서 발생할 확률이 5% 미만인 경우 영가설을 기각한다고 미리 결정하는 것이다.

• 유의확률(p-value)

영가설하에서 검정통계량(관찰된 통계량)만큼의 극단적인 값이 관찰될 확률, 즉 주어진 데이터가 얼마나 가능한지의 확률을 말한다(권재명, 2017). 또는 보다 단순하게 검정통계량이 영가설을 지지하는 정도를 말한다고 할 수 있다. 그리고 영가설이 참(true)임에도 영가설을 기각함으로써 1종 오류를 범할 확률을 의미하기도 한다. 유의확률(p-value)이 유의수준보다 작으면 '통계적으로 유의한 결과(statistically significant)'라고 해석하고 영가설을 기각한다. 즉, 영가설을 지지하는 정도가 유의수준보다 작으므로 영가설을 기각하게 된다.

이상을 정리하면 다음과 같다.

요약

1종 오류
영가설이 참(true)임에도 이를 기각하는 것. 즉, 결과가 유의하지 않은데 유의하다고 하는 경우를 말한다.

검정통계량
실험이나 관찰의 결과로 나온 요약된 값. 즉, 통계치를 의미하며, 예를 들어 $t=-2.73$, $F=11.26$ 등을 말한다.

유의수준 또는 알파(α)
1종 오류의 허용 기준/확률(일반적으로 알파=0.05를 기준으로 설정하며 이를 유의수준 5% 또는 신뢰수준 95%라고 한다).

유의확률(p-value)
영가설하에서 검정통계량이 발생할 확률을 의미한다. 즉, 표본의 결과가 우연히(due to chance) 발생할 확률을 의미하며 영가설을 기각함으로써 1종 오류를 범할 확률을 말한다.

따라서 유의확률(p)이 알파(α)보다 작으면 영가설 기각에 확신을 갖게 된다. 즉, 대립가설을 지지하게 되고, 분석 결과가 통계적으로 유의(statistically significant)하다고 판단한다.

TIP **Statistical chance**

"…… 대부분의 연구에서는 어떤 결과(차이)가 우연히 일어날 확률(statistical chance)이 0.05보다 작으면, 우연히 일어날 가능성을 배제하게 된다. 즉, 통계적으로 유의하다고 판단한다"(Rubin, 2008, p. 73).

이때 유의확률은 분석 결과가 우연히(due to chance) 발생할 확률을 의미하므로, 유의확률, 즉 우연히 일어날 확률이 낮을수록 그 결과는 통계적으로 유의하다고 본다.

8.1.2 가설 검정의 절차 및 사례

- 영가설(H_0)과 대립가설(H_α)의 설정(예, 영가설: 남녀 소득 차이=0)
- 통계분석방법 결정(t-검정, 카이스퀘어 검정 등) (연구목적과 데이터 속성에 따라 결정)
- 유의수준(α) 결정(1종 오류 허용 기준)
- 검정통계량 계산: 실험, 관찰 및 조사 후 그 결과를 통계적으로 요약한 값(t값, F값 등)
- 영가설의 가정하에서 검정통계량 만큼의 극단적인 값이 발생할 확률인 유의확률(p-value)이 유의수준(α)보다 작은지 확인하여 영가설을 기각하거나 기각하지 않는다.
- 또는 영가설의 분포에서 검정통계량과 기각영역을 확인하여 영가설을 기각 또는 기각하지 않음을 결정(실험 및 관찰의 결과로 요약된 값이 영가설하에서 쉽게 발생할 수 있는 값인지 확인) ([그림 8-1] 참조)

다음 결과는 어떤 조직에서 남녀 간의 월 소득의 차이를 검정한 결과이다.

```
> t.test(m_income ~ gender2, var.equal=TRUE, data=diag)

        Two Sample t-test

data:  m_income by gender2
t = -2.7327, df = 73, p-value = 0.007874
alternative hypothesis: true difference in means is not equal to 0
95 percent confidence interval:
 -74.99436 -11.73898
sample estimates:
mean in group Female   mean in group Male
            150.4667             193.8333
```

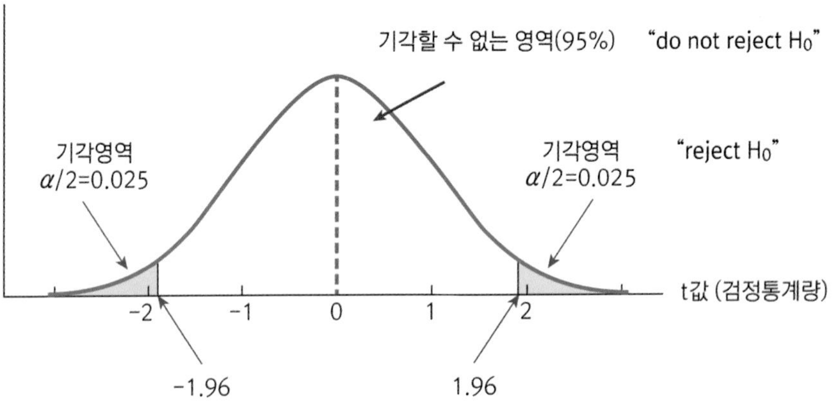

[그림 8-1] 유의수준 5%에서의 영가설의 분포

우선, 영가설은 남녀 간 소득차이=0으로($\mu_1 = \mu_2$ 또는 $\mu_1 - \mu_2 = 0$) 설정하였으며, 두 집단의 평균 차이에 대한 검정이므로 t-검정을 실시하였다. 유의수준은 일반적으로 5%, 즉 알파=0.05로 기준 값을 정하였으며, 분석 결과 검정통계량은 t=−2.73으로 나타났다. 여기서 영가설을 기각하려면 분석 결과로 나타난 검정통계량이 발생할 확률(유의확률)이 유의수준 0.05보다 작아야 한다. 위 분석 결과에서 보듯이 유의확률 p=0.008로 나타났으므로 유의수준보다 작으므로 영가설을 기각하게 된다. 또 [그림 8-1]의 영가설 분포를 보면 검정통계량 t=−2.73이 속할 영역은 영가설의 기각영역에 속하므로 영가설을 기각하게 된다. 따라서 표본데이터의 분석 결과는 우연히 나타난 것이 아니므로 두 집단의 월소득 차이는 통계적으로 유의하다고 해석한다.

TIP

- **단측검정**: 한쪽 방향만 고려하여 검정을 시행하는 것이 양측을 모두 고려하는 양측 검정에 비해 영가설을 기각할 가능성이 높아진다. 즉, 검정력이 높아진다.
- **검정력과 표본수**: 두 집단의 평균이나 비율의 차이를 검정할 때 표본수(sample size)가 크면 작은 차이라도 영가설을 기각할 가능성이 많아지는데, 이를 영가설이 잘못되었을 때 기각할 수 있는 확률, 즉 검정력(power)이 커진다고 한다.

8.2 신뢰구간 검정

전통적인 통계적 검정방법인 가설 검정 방법을 사용하지 않고, 추정하고자 하는 모수가 포함되었을 것이라고 생각되는 신뢰구간을 제시하여 통계적 검정을 하는 방법을 의미한다.

8.2.1 신뢰구간 검정의 주요 용어

신뢰구간(confidence interval, CI)은 모수가 포함될 범위를 의미하며, 예를 들어 95% 신뢰구간은 표본추출을 반복해서 만들어지는 신뢰구간 중 모수를 포함할 확률이 95%가 되는 구간을 말한다.

모수의 신뢰구간을 추정하고자 할 때는 추정치의 표준편차, 예를 들면 표본평균의 표준편차, 즉 표준오차(standard error, SE, $\sigma_{\overline{X}}$)를 이용한다.

$$\sigma_{\overline{X}} = SE = \frac{s}{\sqrt{n}}$$

정규분포에서 95%의 신뢰수준에 모수의 신뢰구간은 평균±(표준화값*표준오차), 즉 $\overline{X}-(1.96*\frac{s}{\sqrt{n}}) \le \mu \le \overline{X}+(1.96*\frac{s}{\sqrt{n}})$이 된다. 이때 표본이 클수록 신뢰구간은 작아져서 더 정확한 추정이 된다.

8.2.2 신뢰구간 검정 사례

예를 들어, 남녀 간 월소득 차이에 대한 검정 결과가 다음과 같이 나왔다면, 영가설 검정의 경우 검정통계량 t=2.669, 유의확률값=0.009이므로 영가설의 기각영역에 속한다. 따라서 남녀 간의 월소득의 차이는 통계적으로 유의하다(statistically significant). 즉, 월소득의 차이는 우연히 생긴 것이 아니라고 할 수 있다.

집단통계량

	성별	N	평균	표준편차	평균의 표준오차
월소득	남	30	193.83	73.034	13.334
	여	43	150.49	64.776	9.878

독립표본 검정

		Levene의 등분산 검정		평균의 동일성에 대한 t-검정						
									차이의 95% 신뢰구간	
		F	유의확률	t	자유도	유의확률 (양쪽)	평균차	차이의 표준오차	하한	상한
월소득	등분산이 가정됨	1.640	.204	2.669	71	.009	43.345	16.240	10.963	75.727
	등분산이 가정되지 않음			2.612	57.590	.011	43.345	16.595	10.122	76.568

하지만 신뢰구간 검정의 경우 다음과 같이 검정통계량 t값을 t-분포표를 이용하여(〈표 8-1〉 참조) t=1.994를 구한 다음 다음 공식에 따라 상한선, 하한선 값을 구한다. 즉, 표본 데이터로부터 남녀 간의 월소득 차이는 약 43.3만 원이지만 모수의 추

정값은 약 10.9만 원에서 75.7만 원의 범위에 있음을 알 수 있다.

$$t_{\alpha/2}^{df} = t_{0.025}^{71} = 1.994$$

신뢰구간 하한선(LL) = 43.345 − (1.994 × 16.240) = 10.963
신뢰구간 상한선(UL) = 43.345 + (1.994 × 16.240) = 75.727
95% 신뢰구간(CI) = (10.96, 75.73)

95%의 신뢰구간이 영가설의 값(여기서는 0)을 포함하지 않으면 유의수준 5%에서 영가설을 기각하게 된다. 따라서 추정통계량은 통계적으로 유의하다고 결론을 내리며, 남녀 간의 월소득의 차이는 통계적으로 유의하다고 한다. 그리고 신뢰구간이 영가설의 값을 포함하지 않을 경우 유의확률은 0.05보다 작게 계산되어 어느 검정방법을 사용하더라도 영가설 기각 결정은 동일하다고 하겠다.

TIP

여기서 t값은 다음과 같이 R에서 바로 구할 수 있다.

```
# qt(α/2, df, lower.tail=F)
> qt(0.025, 71, lower.tail=F)
```

또는 엑셀 함수계산을 이용하여 TINV(0.05, 71)=1.994를 계산할 수 있다.

〈표 8-1〉 검정통계량 t 테이블

t Table

cum. prob	$t_{.50}$	$t_{.75}$	$t_{.80}$	$t_{.85}$	$t_{.90}$	$t_{.95}$	$t_{.975}$	$t_{.99}$	$t_{.995}$	$t_{.999}$	$t_{.9995}$
one-tail	0.50	0.25	0.20	0.15	0.10	0.05	0.025	0.01	0.005	0.001	0.0005
two-tails	1.00	0.50	0.40	0.30	0.20	0.10	0.05	0.02	0.01	0.002	0.001
df											
1	0.000	1.000	1.376	1.963	3.078	6.314	12.71	31.82	63.66	318.31	636.62
2	0.000	0.816	1.061	1.386	1.886	2.920	4.303	6.965	9.925	22.327	31.599
3	0.000	0.765	0.978	1.250	1.638	2.353	3.182	4.541	5.841	10.215	12.924
4	0.000	0.741	0.941	1.190	1.533	2.132	2.776	3.747	4.604	7.173	8.610
5	0.000	0.727	0.920	1.156	1.476	2.015	2.571	3.365	4.032	5.893	6.869
6	0.000	0.718	0.906	1.134	1.440	1.943	2.447	3.143	3.707	5.208	5.959
7	0.000	0.711	0.896	1.119	1.415	1.895	2.365	2.998	3.499	4.785	5.408
8	0.000	0.706	0.889	1.108	1.397	1.860	2.306	2.896	3.355	4.501	5.041
9	0.000	0.703	0.883	1.100	1.383	1.833	2.262	2.821	3.250	4.297	4.781
10	0.000	0.700	0.879	1.093	1.372	1.812	2.228	2.764	3.169	4.144	4.587
11	0.000	0.697	0.876	1.088	1.363	1.796	2.201	2.718	3.106	4.025	4.437
12	0.000	0.695	0.873	1.083	1.356	1.782	2.179	2.681	3.055	3.930	4.318
13	0.000	0.694	0.870	1.079	1.350	1.771	2.160	2.650	3.012	3.852	4.221
14	0.000	0.692	0.868	1.076	1.345	1.761	2.145	2.624	2.977	3.787	4.140
15	0.000	0.691	0.866	1.074	1.341	1.753	2.131	2.602	2.947	3.733	4.073
16	0.000	0.690	0.865	1.071	1.337	1.746	2.120	2.583	2.921	3.686	4.015
17	0.000	0.689	0.863	1.069	1.333	1.740	2.110	2.567	2.898	3.646	3.965
18	0.000	0.688	0.862	1.067	1.330	1.734	2.101	2.552	2.878	3.610	3.922
19	0.000	0.688	0.861	1.066	1.328	1.729	2.093	2.539	2.861	3.579	3.883
20	0.000	0.687	0.860	1.064	1.325	1.725	2.086	2.528	2.845	3.552	3.850
21	0.000	0.686	0.859	1.063	1.323	1.721	2.080	2.518	2.831	3.527	3.819
22	0.000	0.686	0.858	1.061	1.321	1.717	2.074	2.508	2.819	3.505	3.792
23	0.000	0.685	0.858	1.060	1.319	1.714	2.069	2.500	2.807	3.485	3.768
24	0.000	0.685	0.857	1.059	1.318	1.711	2.064	2.492	2.797	3.467	3.745
25	0.000	0.684	0.856	1.058	1.316	1.708	2.060	2.485	2.787	3.450	3.725
26	0.000	0.684	0.856	1.058	1.315	1.706	2.056	2.479	2.779	3.435	3.707
27	0.000	0.684	0.855	1.057	1.314	1.703	2.052	2.473	2.771	3.421	3.690
28	0.000	0.683	0.855	1.056	1.313	1.701	2.048	2.467	2.763	3.408	3.674
29	0.000	0.683	0.854	1.055	1.311	1.699	2.045	2.462	2.756	3.396	3.659
30	0.000	0.683	0.854	1.055	1.310	1.697	2.042	2.457	2.750	3.385	3.646
40	0.000	0.681	0.851	1.050	1.303	1.684	2.021	2.423	2.704	3.307	3.551
60	0.000	0.679	0.848	1.045	1.296	1.671	2.000	2.390	2.660	3.232	3.460
80	0.000	0.678	0.846	1.043	1.292	1.664	1.990	2.374	2.639	3.195	3.416
100	0.000	0.677	0.845	1.042	1.290	1.660	1.984	2.364	2.626	3.174	3.390
1000	0.000	0.675	0.842	1.037	1.282	1.646	1.962	2.330	2.581	3.098	3.300
z	0.000	0.674	0.842	1.036	1.282	1.645	1.960	2.326	2.576	3.090	3.291
	0%	50%	60%	70%	80%	90%	95%	98%	99%	99.8%	99.9%
	Confidence Level										

만약 여기서 두 집단의 평균 차이에 대한 표준오차를 알 수 없다면 다음의 공식을 활용하여 95% 신뢰구간을 구할 수 있다.

	성별	N	평균	표준편차	평균의 표준오차
월소득	남	30	193.83	73.034	13.334
	여	43	150.49	64.776	9.878

구간 추정: $\mu_1 - \mu_2$에 대한 95% 신뢰구간

$$(\overline{X} - \overline{Y}) \pm t_{\alpha/2}^{df} \cdot \sqrt{\frac{s_1^2}{n_1} + \frac{s_2^2}{n_2}} = (193.8 - 150.5) \pm t_{0.025}^{71} \cdot \sqrt{\frac{73.03^2}{30} + \frac{64.78^2}{43}}$$

09 카이스퀘어 검정

9.1 카이스퀘어 검정: 독립성 검정(test of independence)

두 명목변수의 독립성 검정 또는 연관성 검정(test of association) 방법으로 카이스퀘어 검정이 있으며, chisq.test( ) 기능을 활용하게 된다. 다음과 같이 vcd 패키지에 있는 관절염 데이터 Arthritis를 활용하여 분석해 보자.

```
> library(vcd)
> data(Arthritis)
> mytable <- xtabs(~ Treatment + Improved, data=Arthritis)
> chisq.test(mytable)
```

```
> library(vcd)
필요한 패키지를 로딩중입니다: grid
> mytable=xtabs(~Treatment+Improved, data=Arthritis)
> mytable
         Improved
Treatment None Some Marked
  Placebo   29    7      7
  Treated   13    7     21
> chisq.test(mytable)

        Pearson's Chi-squared test

data:  mytable
X-squared = 13.055, df = 2, p-value = 0.001463
```

두 명목변수 치료집단(Treatment)과 증상개선(Improved)의 독립성 검정을 실시한 결과 χ^2 =13.05, 유의확률(p−value)=0.0015로 나타났으므로 영가설(두 변수가 서로 독립적이다 또는 서로 관련이 없다)을 기각하게 된다. 즉, 영가설을 지지할 확률을 의미하는 유의확률=0.0015로 나타나 유의수준 5%보다 낮으므로 영가설을 기각하였다.

카이스퀘어 값은 다음 공식에서처럼 관찰빈도(observed)와 기대빈도(expected)로 계산되며, 자유도에 따라 그 분포가 매우 다르게 나타난다([그림 9−1]). 기대빈도는 두 변수의 독립성을 가정한 상태에서 기대되는 빈도수를 의미한다.

$$\chi^2 = \Sigma \frac{(\text{관찰빈도} - \text{기대빈도})^2}{\text{기대빈도}} \qquad df(\text{자유도}) = (r-1)\times(c-1)$$

참고로 Placebo 집단의 None에 해당되는 기대빈도는 {(행 합계) × (열 합계)} / (총 합계)로 계산되므로 {(29 + 7 + 7) × (29 + 13)} / (84) = 21.5가 됨을 알 수 있다. 기대빈도는 다음 명령어로 구할 수 있다.

```
> chisq.test(mytable)$expected
```

```
> chisq.test(mytable)$expected
         Improved
Treatment None   Some Marked
  Placebo 21.5 7.1667 14.333
  Treated 20.5 6.8333 13.667
```

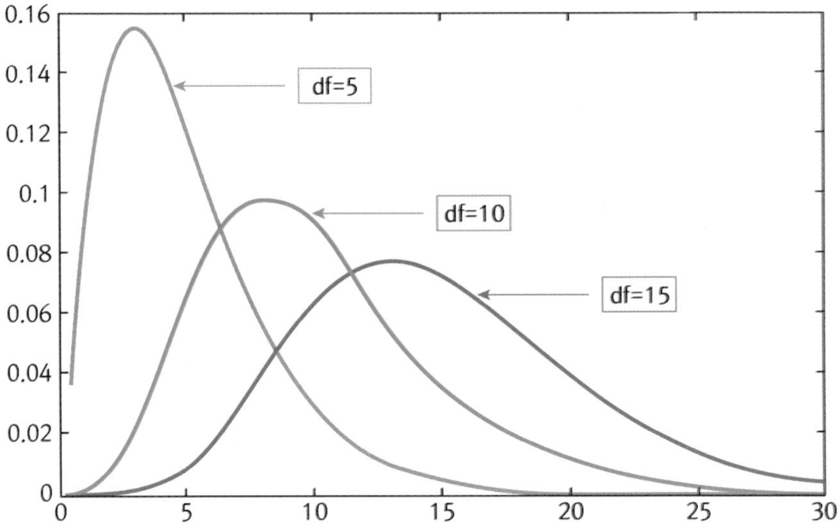

[그림 9-1] 자유도에 따른 카이스퀘어 분포

한편, gmodels 패키지의 CrossTable( ) 기능을 이용해서 카이스퀘어 검정을 실시해도 다음과 같이 동일한 결과를 얻게 된다.

```
> library(gmodels)
> attach(Arthritis)
> CrossTable(Treatment, Improved, chisq=T)
```

```
|                         N |
| Chi-square contribution |
|           N / Row Total |
|           N / Col Total |
|         N / Table Total |
|-------------------------|


Total Observations in Table:  84


             | Improved
   Treatment |      None |      Some |    Marked | Row Total |
-------------|-----------|-----------|-----------|-----------|
     Placebo |        29 |         7 |         7 |        43 |
             |     2.616 |     0.004 |     3.752 |           |
             |     0.674 |     0.163 |     0.163 |     0.512 |
             |     0.690 |     0.500 |     0.250 |           |
             |     0.345 |     0.083 |     0.083 |           |
-------------|-----------|-----------|-----------|-----------|
     Treated |        13 |         7 |        21 |        41 |
             |     2.744 |     0.004 |     3.935 |           |
             |     0.317 |     0.171 |     0.512 |     0.488 |
             |     0.310 |     0.500 |     0.750 |           |
             |     0.155 |     0.083 |     0.250 |           |
-------------|-----------|-----------|-----------|-----------|
Column Total |        42 |        14 |        28 |        84 |
             |     0.500 |     0.167 |     0.333 |           |
-------------|-----------|-----------|-----------|-----------|


Statistics for All Table Factors


Pearson's Chi-squared test
------------------------------------------------------------
Chi^2 =  13     d.f. =  2     p =  0.0015
```

9.2 피셔의 정확 검정(Fisher's exact test)

Fisher's exact test는 카이스퀘어 검정에서 기대빈도가 5 이하인 cell이 있는 경우 권장되는 분석기법으로, 카이스퀘어 검정에서 경고 메시지가 출력되면 Fisher's exact test로 수행하는 것이 적절하다. 이는 카이스퀘어 검정보다 더 정확한 검정으로 (특히, 표본이 작을 경우) 엄격한 통계적 유의성 검정 결과, 즉 유의확률을 제시한다.

```
> mytable2 <- xtabs(~ Improved + Sex, data=Arthritis)
> chisq.test(mytable2)
> chisq.test(mytable2)$expected

> # Fisher's exact test
> fisher.test(mytable2)
```

```
> chisq.test(mytable2)

        Pearson's Chi-squared test

data:  mytable2
X-squared = 4.84, df = 2, p-value = 0.089

경고메시지(들):
In chisq.test(mytable2) :
  카이제곱 approximation은 정확하지 않을수도 있습니다
> chisq.test(mytable2)$expected
        Sex
Improved  Female    Male
  None    29.5000 12.5000
  Some     9.8333  4.1667
  Marked  19.6667  8.3333
경고메시지(들):
In chisq.test(mytable2) :
  카이제곱 approximation은 정확하지 않을수도 있습니다
> # Fisher's exact test(when cells have expected values less than five)
> fisher.test(mytable2)

        Fisher's Exact Test for Count Data

data:  mytable2
p-value = 0.11
alternative hypothesis: two.sided
```

앞의 분석 결과를 보면 경고 메시지가 있는데 이는 치료여부와 증상개선의 분할표에서 하나의 셀(Some by Male)에서 기대값이 5보다 작게(4.1667) 나타났기 때문이다. 이런 경우에는 카이스퀘어 추정이 정확하지 않기 때문에 카이스퀘어 검정보다 좀 더 엄밀한 검정방법인 Fisher's exact test를 실시하는 것이 바람직하다. 분석 결과를 살펴보면 p=0.11이므로 영가설을 기각할 수 없게 된다. 즉, 증상개선은 성별에 따라 차이가 없다는 것을 알 수 있다.

9.3 연관성의 정도(measures of association)

카이스퀘어 검정에서 영가설을 기각하게 되면 두 변수가 서로 관련이 있는 것으로 볼 수 있는데 이때 두 변수의 관련성(association)이 어느 정도인지 추가로 분석해 볼 수 있다. 이 경우에는 assocstats( ) 기능을 활용하게 되며, 두 명목변수 간의 연관성의 정도인 Cramer's V를 보면 0.394라는 결과를 얻게 되며, 이 수치가 클수록 연관성의 정도가 더 강하다고 해석한다. 참고로 Phi−Coefficient 값은 2 × 2 테이블의 경우 제시된다.

```
> mytable <- xtabs(~ Treatment + Improved, data=Arthritis)
> mytable
> chisq.test(mytable)
> assocstats(mytable)
```

```
> mytable
         Improved
Treatment None Some Marked
  Placebo   29    7      7
  Treated   13    7     21
> chisq.test(mytable)

        Pearson's Chi-squared test

data:  mytable
X-squared = 10, df = 2, p-value = 0.001

> # Measures of association
> assocstats(mytable)
                    X^2 df  P(> X^2)
Likelihood Ratio 13.530  2 0.0011536
Pearson          13.055  2 0.0014626

Phi-Coefficient   : NA
Contingency Coeff.: 0.367
Cramer's V        : 0.394
```

9.4 Cochran-Mantel-Haenszel 카이스퀘어 검정

Cochran-Mantel-Haenszel 카이스퀘어 검정방법은 2개의 명목변수가 3번째 변수의 각 수준에 따라 독립적인지를 검정하는 방법이다.

```
> mytable3 <- xtabs(~ Treatment + Improved + Sex, data=Arthritis)
> mantelhaen.test(mytable3)
```

```
> mantelhaen.test(mytable3)

        Cochran-Mantel-Haenszel test

data:  mytable3
Cochran-Mantel-Haenszel M^2 = 10, df = 2, p-value = 7e-04
```

앞의 결과를 보면 치료여부와 증상개선의 관계는 성별과 독립적이지 않음을 나타내고 있다(p=0.0007). 즉, 성별에 따라 치료집단과 통제집단의 증상 개선효과가 차이가 있음을 알 수 있다.

9.5 McNemar 검정

McNemar 검정은 서로 연관된 두 이분형(binary) 변수의 일치도를 조사할 때 사용하며, 이 경우 측정된 이분형 변수의 값은 서로 연관된(matched-pair) 값이다.

사례 1

한 아이돌 그룹의 L사 제품 광고 후 L사 제품 선호도와 경쟁사 S사와 제품 선호도에 있어서 차이가 있는가?

광고 전	광고 후	
	L사	S사
L사	50	50
S사	150	70

> mcnemar.test(matrix(c(50, 150, 50, 70), ncol=2)) #디폴트(columns 순으로)

```
> mcnemar.test(matrix(c(50,150,50,70), ncol=2))

        McNemar's Chi-squared test with continuity correction

data:  matrix(c(50, 150, 50, 70), ncol = 2)
McNemar's chi-squared = 49.005, df = 1, p-value = 2.553e-12
```

McNemar 분석 결과 p<0.001이므로 영가설, 즉 광고 후 두 회사 제품 선호도에 있어서 차이가 없다는 영가설을 기각하게 되므로 광고는 제품 선호도에 영향을 주었다고 할 수 있다.

사례 2

남학생과 여학생의 통계분석 강의 만족도에 있어서 만족도가 일치하는가?

남학생	여학생	
	불만	만족
불만	20	20
만족	15	30

```
> mcnemar.test(matrix(c(20, 15, 20, 30), ncol=2))
```

```
> mcnemar.test(matrix(c(20,15,20,30), ncol=2))

	McNemar's Chi-squared test with continuity correction

data:  matrix(c(20, 15, 20, 30), ncol = 2)
McNemar's chi-squared = 0.45714, df = 1, p-value = 0.499
```

분석 결과 p=0.499이므로 남학생과 여학생의 통계분석 강의 만족도에 있어서 차이가 없다고 하겠다.

10 평균차이 검정

두 집단의 평균차이를 검정하는 t-검정은 검정통계량이 스튜던트(Student) t-분포를 따르는 통계적 검정을 의미한다. 이 경우 표본은 크지 않지만 모집단은 정규분포를 따른다고 가정한다. t-통계량은 1908년 아일랜드 기네스 맥주회사에서 일하던 화학자 Willimam Gosset이 맥주의 품질을 모니터링하기 위한 방법으로 개발하였으며, 자신의 연구를 발표할 때 회사에서 실명 사용을 금지했기 때문에 Student라는 이름으로 발표하여 스튜던트 t-검정이라 부른다(http://en.wikipedia.org/wiki/Student%27s_t-test).

t-통계량은 모분산 σ^2를 표본분산 s^2로 추정한 통계량을 의미한다. 그리고 t-분포는 [그림 10-1]에서 보는 바와 같이 t=0에 대하여 좌우 대칭이며, 자유도(degrees of freedom, df)가 커질수록 표준정규분포에 근사한다. 하지만 자유도가 작을수록 표준정규분포보다 양쪽 꼬리가 두터워진다(heavy-tailed distribution).

정규분포: $X_i \sim {}_{iid}N(\mu, \sigma^2)$

표준정규분포: $Z = \dfrac{\overline{X} - \mu}{\sqrt{\sigma^2/n}} \sim N(0, 1)$

t − 분포: $t = \dfrac{\overline{X} - \mu}{\sqrt{s^2/n}} \sim t_{df}$

- 표본이 큰 경우($n > 25$)의 경우 정규분포검정
- 표본은 작지만 정규분포의 경우 t − 검정(임의 표본 $X_1, X_2 \cdots X_n$이 정규분포를 따른다는 가정하에 t는 자유도가 $n-1$인 t − 분포를 따름)
- 표본이 작고 비정규분포의 경우 비모수 검정

iid: independent & identically distributed

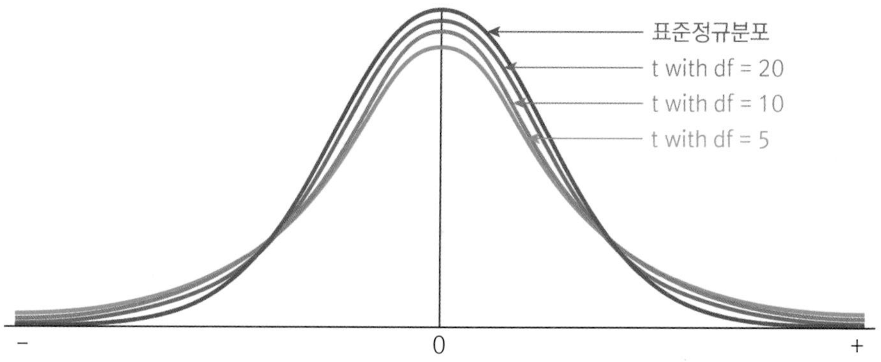

[그림 10-1] t-분포

평균차이 검정은 단일집단, 대응집단, 두 집단 평균차이 검정으로 구분된다.

10.1 단일집단 평균차이 검정(One-Sample T-Test)

2010년 조사에 의하면 한국인의 1인 1일 평균 알코올(소주) 섭취량은 8.1cc였다. 하지만 10년이 지난 2020년에는 여성의 사회적 참여와 다양한 사회적 변화로 인해 알코올 섭취량이 2010년과 달라졌는지 궁금하였다. 그래서 2020년 성인 10명을 무작위

로 선정해서 다음과 같은 결과를 얻었다고 하자(안재형, 2013).

8.27 3.66 14.27 3.11 5.05 5.76 3.75 9.48 8.36 2.87

이제 위의 데이터를 R에 직접 입력한 후 shapiro.test( ) 기능을 이용하여 정규성 검정을 한 후 단일집단 t-검정을 해 보자. 왜냐하면 t-검정은 정규분포를 가정하기 때문이다.

```
> x <- c(8.27, 3.66, 14.27, 3.11, 5.05, 5.76, 3.75, 9.48, 8.36, 2.87)
> x
> mean(x)
> shapiro.test(x) # 정규성 검정
```

```
> x <- c(8.27, 3.66, 14.27, 3.11, 5.05, 5.76, 3.75, 9.48, 8.36, 2.87)
> x
 [1]  8.27  3.66 14.27  3.11  5.05  5.76  3.75  9.48  8.36  2.87
> mean(x)
[1] 6.458
> sd(x)
[1] 3.632804
> shapiro.test(x)

        Shapiro-Wilk normality test

data:  x
W = 0.88055, p-value = 0.1324
```

정규성 검정 결과 p=0.132로 나타나 정규분포를 따른다는 영가설을 기각할 수 없어 데이터가 정규분포를 따르고 있음을 알 수 있다.

다음과 같이 단일검정을 실시한 결과 p=0.187이므로 2020년 평균 알코올 섭취량이 8.1cc라는 영가설을 기각할 수 없음을 알 수 있다. 따라서 10년이 지난 후에도 알코올 섭취량은 2010년에 비해 차이가 없음을 알 수 있다. 그리고 단측검정(평균>8.1cc)에도 동일한 결과가 나타났다.

```
> t.test(x, mu=8.1) # 평균=8.1인지 검정
> t.test(x, mu=8.1, alter="greater") # 단측검정
```

```
> t.test(x, mu=8.1)

        One Sample t-test

data:  x
t = -1.4293, df = 9, p-value = 0.1867
alternative hypothesis: true mean is not equal to 8.1
95 percent confidence interval:
 3.859249 9.056751
sample estimates:
mean of x
    6.458

> t.test(x, mu=8.1, alter="greater")

        One Sample t-test

data:  x
t = -1.4293, df = 9, p-value = 0.9067
alternative hypothesis: true mean is greater than 8.1
95 percent confidence interval:
 4.352132       Inf
sample estimates:
mean of x
    6.458
```

TIP

자유도(df)는 보통 (관측치 수−제약 조건의 수)로 결정되는데 만약 3개의 관측치 X1, X2, X3가 있는 경우 df=3이 된다. 하지만 만약 $\overline{X}=3$이라는 제약 조건이 주어지면 df=3−1=2가 된다. 그러므로 자유도(df)=(n−제약 조건의 수)로 정리될 수 있다. 앞의 분석 결과에서 평균=8.1라는 제약이 있으므로 자유도는 10(관측치)−1(제약)=9가 되었다.

10.2 대응집단 평균차이 검정(paired t-test)

대응집단 검정은 쌍둥이, 부부 또는 부모-자녀 관계 등 서로 대응이 되는(matched or paired) 집단의 평균차이 검정을 의미한다. 여기서는 영국의 통계학자 Francis Galton이 수집한(n=1078) 아버지와 아들의 키(단위: 인치)에 대한 데이터를 활용해서 분석해 보자(Lander, 2014, p. 206).

```
> library(UsingR)
> head(father.son)
> attach(father.son)
```

```
> head(father.son)
   fheight  sheight
1 65.04851 59.77827
2 63.25094 63.21404
3 64.95532 63.34242
4 65.75250 62.79238
5 61.13723 64.28113
6 63.02254 64.24221
> attach(father.son)
```

먼저 다음 정규성 검정 결과 데이터가 정규분포를 따름을 알 수 있다($p=0.509$).

> shapiro.test(fheight – sheight)

```
> shapiro.test(fheight - sheight)

        Shapiro-Wilk normality test

data:  fheight - sheight
W = 0.99853, p-value = 0.5087
```

대응집단 t-검정의 경우 일반적으로 두 변수의 차이를 구한 후 단일집단 t-검정을 실시할 수 있다. 다음 분석 결과를 보면 아들의 키와 아버지의 키의 차이는 유의하게 다름을 알 수 있다($p<0.001$).

> t.test(sheight – fheight)

```
> t.test(sheight-fheight)

        One Sample t-test

data:  sheight - fheight
t = 11.789, df = 1077, p-value < 2.2e-16
alternative hypothesis: true mean is not equal to 0
95 percent confidence interval:
 0.8310296 1.1629160
sample estimates:
mean of x
0.9969728
```

또는 다음 경우처럼 두 변수 fheight, sheight를 투입한 후 paired=T를 추가할 수 있으며 이 경우에도 결과는 앞의 결과와 동일함을 알 수 있다. 즉, 아버지의 키와 아들의 키는 서로 유의하게 다름을 알 수 있다($p < 0.001$).

> t.test(fheight, sheight, paired=T)

```
> t.test(fheight, sheight, paired=T)

        Paired t-test

data:  fheight and sheight
t = -11.789, df = 1077, p-value < 2.2e-16
alternative hypothesis: true difference in means is not equal to 0
95 percent confidence interval:
 -1.1629160 -0.8310296
sample estimates:
mean of the differences
             -0.9969728
```

이때 아들의 키를 먼저 명시하면 t값이 양의 값을 가짐을 알 수 있다. 하지만 이 경우에도 앞서와 마찬가지로 p-값은 동일하다.

> t.test(sheight, fheight, paired=T)

```
> t.test(sheight, fheight, paired=T)

        Paired t-test

data:  sheight and fheight
t = 11.789, df = 1077, p-value < 2.2e-16
alternative hypothesis: true difference in means is not equal to 0
95 percent confidence interval:
 0.8310296 1.1629160
sample estimates:
mean of the differences
              0.9969728
```

10.3 두 집단 평균차이 검정(two-sample t-test)

두 집단의 평균차이 검정의 경우 두 집단은 서로 독립적인 집단으로서 남성, 여성 집단 또는 실험 및 통제집단의 경우에 해당된다. 여기서는 자아존중감향상 프로그램의 효과를 검정한 repeated.csv 데이터를 통해 실험집단과 통제집단의 사전-사후 차이점수를 이용한 평균차이 검정을 실시해 보자.

```
# 사전-사후 차이를 이용한 두 집단 t-검정 #
> repeated <- read.csv("D:/R/repeated.csv")
> repeated
> attach(repeated)
```

```
> repeated <- read.csv("D:/R/repeated.csv")
> repeated
   group pre post
1      1  78   79
2      1  61   60
3      1  73   72
4      1  66   79
5      1  61   74
6      1  51   77
7      1  70   78
8      1  59   77
9      1  52   73
10     1  76   80
11     1  54   66
12     1  57   67
13     1  56   65
14     1  79   85
15     1  83   85
16     2  72   71
17     2  66   65
```

먼저 데이터로부터 사전-사후 차이(post-pre)를 계산해 보자.

> diff <- post - pre
> diff
> summary(diff)

```
> diff=post-pre
> diff
 [1]   1  -1  -1  13  13  26   8  18  21   4  12  10   9   6   2  -1  -1
[25]   4   3   4  -2   4  -9 -10
> summary(diff)
   Min. 1st Qu.  Median    Mean 3rd Qu.    Max.
-10.000  -1.000   4.000   4.452   8.500  26.000
```

두 집단 t-검정은 정규분포를 가정한 상태에서 두 집단의 평균 차이를 검정하는 것이므로 데이터의 정규성 검정과 두 집단 간의 분산의 동일성 가정이 충족되어야 한다.

정규성 검정

두 집단 t-검정은 일원분산분석(one-way ANOVA)의 특수한 유형으로 ANOVA에서와 같이 관찰치에서 각 그룹의 평균을 빼준 잔차를 shapiro.test( )로 검정해야 한다. 하지만 t.test( )는 잔차의 결과를 제공하지 않으므로 선형회귀분석인 lm( ) 결과를 out으로 객체화하면 repeated의 잔차가 저장되어 resid(out)으로 정규성 검정을 할 수 있다(안재형, 2011, p. 75).

> out <- lm(diff ~ group, data=repeated)
> shapiro.test(resid(out))

```
> out <- lm(diff ~ group, data=repeated)
> shapiro.test(resid(out))

        Shapiro-Wilk normality test

data:  resid(out)
W = 0.96354, p-value = 0.3608
```

데이터, 즉 잔차의 정규성 검정 결과 영가설(잔차는 정규분포를 따른다)을 기각할 수 없으므로 잔차는 정규분포를 따르는 것으로 나타났다(p=0.361). 이에 대한 자세한 과정은 다음 결과에서 확인할 수 있다.

```
> diff
> aggregate(diff ~ group, repeated, mean)
> resid(out)
> shapiro.test(resid(out))
```

```
>
> diff
 [1]   1  -1  -1  13  13  26   8  18  21   4  12  10   9   6   2  -1  -1
[18]   2   2   7  -2  -2  -8   6   4   3   4  -2   4  -9 -10
> aggregate(diff ~ group, repeated, mean)
  group    diff
1     1  9.4000
2     2 -0.1875
> resid(out)
        1        2        3        4        5        6        7        8
 -8.4000 -10.4000 -10.4000   3.6000   3.6000  16.6000  -1.4000   8.6000
        9       10       11       12       13       14       15       16
 11.6000  -5.4000   2.6000   0.6000  -0.4000  -3.4000  -7.4000  -0.8125
       17       18       19       20       21       22       23       24
 -0.8125   2.1875   2.1875   7.1875  -1.8125  -1.8125  -7.8125   6.1875
       25       26       27       28       29       30       31
  4.1875   3.1875   4.1875  -1.8125   4.1875  -8.8125  -9.8125
> shapiro.test(resid(out))

        Shapiro-Wilk normality test

data:  resid(out)
W = 0.96354, p-value = 0.3608

> |
```

분산의 동일성 검정

그리고 t-검정에 앞서 먼저 두 집단의 분산의 동일성 가정을 검정해 보면, 검정 결과 두 집단, 즉 실험집단과 통제집단의 분산의 동일성(영가설)을 기각할 수 없음(p=

0.1096)을 알 수 있다. 따라서 두 집단의 분산은 동일하다고 하겠다.

> var.test(diff ~ group)

```
> var.test(diff ~ group)

        F test to compare two variances

data:  diff by group
F = 2.3651, num df = 14, denom df = 15, p-value = 0.1096
alternative hypothesis: true ratio of variances is not equal to 1
95 percent confidence interval:
 0.817959 6.975472
sample estimates:
ratio of variances
          2.365111
```

이제 분산이 동일한 경우의 t-검정을 다음과 같이 실시하면 두 집단의 평균의 차이(9.4 vs. −0.2)가 유의하게 서로 다름을 알 수 있다($p<0.001$).

> t.test(diff ~ group, var.equal=T)

```
> t.test(diff ~ group, var.equal=T)

        Two Sample t-test

data:  diff by group
t = 3.9691, df = 29, p-value = 0.0004351
alternative hypothesis: true difference in means is not equal to 0
95 percent confidence interval:
  4.647122 14.527878
sample estimates:
mean in group 1 mean in group 2
         9.4000         -0.1875
```

만약 두 집단의 분산이 동일하지 않다면 이 경우에는 다음과 같이 Welch 검정을 실시할 수 있다. 이 경우에도 검정 결과는 동일함을 알 수 있다($p < 0.001$).

```
# 분산이 동일하지 않은 경우 t-검정(Welch 검정)
> t.test(diff ~ group)
```

```
> t.test(diff ~ group)

        Welch Two Sample t-test

data:  diff by group
t = 3.9157, df = 23.807, p-value = 0.0006595
alternative hypothesis: true difference in means is not equal to 0
95 percent confidence interval:
  4.531877 14.643123
sample estimates:
mean in group 1 mean in group 2
         9.4000         -0.1875
```

TIP 분산의 동일성 여부에 따른 t값 계산

두 집단의 분산이 동일한 경우(t_1)

$$t_1 = \frac{(m_1 - m_2)}{\sqrt{S_p{}^2\left(\frac{1}{n_1} + \frac{1}{n_2}\right)}} \qquad S_p{}^2 = \frac{(n_1 - 1)S_1^2 + (n_2 - 1)S_2^2}{(n_1 + n_2 - 2)}$$

두 집단의 분산이 다른 경우(t_2)

$$t_2 = \frac{(m_1 - m_2)}{\sqrt{\frac{s_1^2}{n_1} + \frac{s_2^2}{n_2}}}$$

11 평균차이에 대한 비모수 검정

비모수 검정(nonparametric tests)

앞서 살펴본 평균차이 검정은 정규분포에 기반한 검정인 반면 비모수 검정은 모수적 가정을 충족하지 못할 경우, 즉 데이터가 정규분포를 이루지 못하는 경우에 활용하는 검정이다. 이런 경우 데이터의 순서에 의존해서 분석을 하게 되며, 이때 데이터는 대체로 한쪽으로 치우친 분포를 보이거나(skewed data), 순서형 데이터(ordinal data)이거나 또는 표본이 작은 경우에 해당된다(안재형, 2011, p. 59; Kabacoff, 2015, p. 160).

단일집단 평균차이 검정과 대응집단 평균차이 검정에 해당되는 비모수 방법은 윌콕슨 부호순위 검정(Wilcoxon signed-rank test)이며, 두 집단 평균차이 검정에 해당되는 비모수 방법은 윌콕슨 순위합 검정(Wilcoxon rank-sum test)이며, 이는 맨-휘트니 검정(Mann-Whitney U test)과 동일하다.

11.1 단일집단 비모수 검정

먼저 단일집단 비모수 검정을 위해 조직진단 데이터인 diag3.csv를 불러온다.

> diag <- read.csv("D:/R/diag3.csv")

> head(diag)

> with(diag, summary(age))

```
> diag <- read.csv("D:/R/diag3.csv")
> head(diag)
  id gender age position work_month education religion marital_status hous
1  1      1  40        5        128         4        1              3
2  2      1  28        1         77         2        3              2
3  3      1  32        2        120         2        1              1
4  4      1  30        1         64         5        1              2
5  5      1  26        1         21         2        3              2
6  6      1  27        1         36         2        3              2
  org_commit client_commit decision_part education2 self_esteem job_satis
1       3.75          4.00          3.35          2         2.8      3.63
2       3.25          4.43          2.35          1         3.0      3.33
3       3.38          3.71          2.87          1         2.5      2.83
4       2.75          3.43          1.26          3         1.7      2.42
5       3.13          4.00          2.04          1         2.8      3.79
6       3.75          3.86          2.43          1         3.2      3.08
         pos2
1     manager
2       staff
3 mid-manager
4       staff
5       staff
6       staff
> with(diag, summary(age))
   Min. 1st Qu.  Median    Mean 3rd Qu.    Max. 
  21.00   27.00   30.00   31.75   34.00   61.00 
```

정규성 검정

먼저 연령(age)의 히스토그램을 그려 보면 정규분포를 보이고 있지 않음을 확인할 수 있다. 즉, 왼쪽으로 치우친 분포를 보이고 있으며, 왜도(skewness)=1.56으로 나타났다.

> with(diag, hist(age))

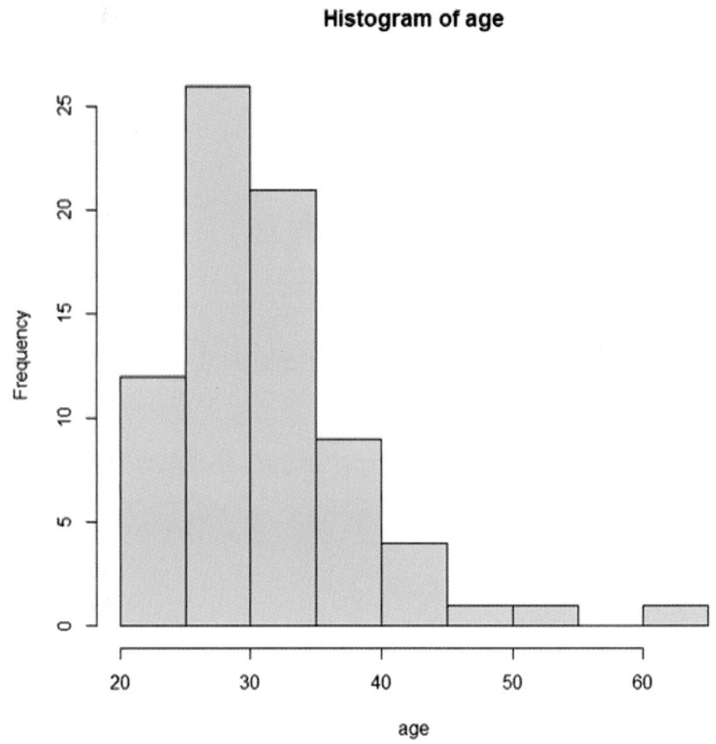

> library(psych)

> describe(diag$age)

```
> library(psych)
> describe(diag$age)
   vars  n  mean   sd median trimmed  mad min max range skew kurtosis   se
X1    1 75 31.75 7.01     30   30.87 5.93  21  61    40 1.56     3.45 0.81
> |
```

그리고 보다 정확한 정규성 검정을 위해 shapiro.test( ) 기능을 이용하여 다음과 같이 정규성 검정을 실시한 결과 정규분포를 따른다는 영가설을 기각하게 되므로($p < 0.001$) 비모수 검정을 실시해야 함을 알 수 있다.

> with(diag, shapiro.test(age))

```
> with(diag, shapiro.test(age))

        Shapiro-Wilk normality test

data:  age
W = 0.87989, p-value = 3.56e-06
```

윌콕슨 부호순위 검정(Wilcoxon signed-rank test)

이제 비모수 검정방법인 윌콕슨 부호순위 검정을 실시하며, 이때 연령의 평균값은 중위수인 30세로 설정한다.

```
> with(diag, wilcox.test(age, mu=30)) # 평균(mu)을 중위수로 설정
```

```
> with(diag, wilcox.test(age, mu=30))

        Wilcoxon signed rank test with continuity correction

data:  age
V = 1425, p-value = 0.1937
alternative hypothesis: true location is not equal to 30
```

윌콕슨 부호순위 검정을 실시한 결과 대상자 연령의 중위수가 30세라는 영가설을 기각하지 못함을 알 수 있다(p=0.194).

TIP 중위수(median)

윌콕슨 부호순위 검정은 평균의 차이가 0인지 검정하는 t-test와는 달리 자료의 순서를 사용하여 자료의 중위수(median)가 0인지를 검정한다. 즉, 양수('+')인 데이터와 음수('−')인 데이터의 수가 동일하다면 중위수가 0이 된다(안재형, 2011, p. 59).

11.2 대응집단 비모수 검정

대응집단 비모수 검정을 위해 MASS 패키지에 있는 UScrime 데이터를 활용하고자 한다. 비교 집단은 U1(도시 남성 14~24세의 실업률), U2(도시 남성 35~39세의 실업률)로 서로 대응집단이 된다.

```
# 대응집단(dependent samples) 비모수 검정
> library(MASS)
> data(UScrime)
```

```
> head(UScrime)
    M So  Ed Po1 Po2  LF  M.F Pop  NW  U1 U2 GDP Ineq     Prob    Time    y
1 151  1  91  58  56 510  950  33 301 108 41 394  261 0.084602 26.2011  791
2 143  0 113 103  95 583 1012  13 102  96 36 557  194 0.029599 25.2999 1635
3 142  1  89  45  44 533  969  18 219  94 33 318  250 0.083401 24.3006  578
4 136  0 121 149 141 577  994 157  80 102 39 673  167 0.015801 29.9012 1969
5 141  0 121 109 101 591  985  18  30  91 20 578  174 0.041399 21.2998 1234
6 121  0 110 118 115 547  964  25  44  84 29 689  126 0.034201 20.9995  682
```

패키지 psych를 이용하여 먼저 U1, U2의 기술통계량을 알아보자.

```
> library(psych)
> describe(UScrime[, c("U1", "U2")])
```

```
> library(psych)
> describe(UScrime[, c("U1", "U2")])
   vars  n  mean    sd median trimmed   mad min max range skew kurtosis   se
U1    1 47 95.47 18.03     92   93.69 17.79  70 142    72 0.77    -0.13 2.63
U2    2 47 33.98  8.45     34   33.49  8.90  20  58    38 0.54     0.17 1.23
> |
```

U1, U2는 미국 47개 주의 평균 실업률로 인구 1,000명당 실업자의 수이다. 두 집단의 평균 실업률은 95.5명, 33.98명으로 다소 차이가 많이 나는 것으로 보인다.

비모수 검정을 실시하기 전에 먼저 다음과 같이 정규성 검정을 실시하게 되면 p=0.020으로 나타나 정규성을 가정하는 영가설을 기각하게 된다. 따라서 비모수 검정을 실시해야 하며 여기서는 두 변수가 서로 대응이 되므로 대응집단 비모수 검정방법인 Wilcoxon 부호순위 검정를 실시하게 된다.

그런데 이 경우 데이터의 순서(order)를 이용해서 검정하므로 순서에 중복되는 경우가 있으면 정확한 p값을 구할 수 없으므로 exact=FALSE를 추가해 준다. 다음 결과에서 보는 것처럼 두 집단의 실업률의 차이는 서로 유의하게 다름을 알 수 있다($p<0.001$).

```
> attach(UScrime)
> shapiro.test(U1 – U2) # 정규분포 검정
> wilcox.test(U1 – U2) # 비모수 검정
> wilcox.test(U1 – U2, exact=F) # 순서에 중복이 있는 경우 비모수 검정
```

```
> attach(UScrime)
> shapiro.test(U1-U2)

        Shapiro-Wilk normality test

data:  U1 - U2
W = 0.94147, p-value = 0.02027

> wilcox.test(U1-U2)

        Wilcoxon signed rank test with continuity correction

data:  U1 - U2
V = 1128, p-value = 2.464e-09
alternative hypothesis: true location is not equal to 0

경고메시지(들):
In wilcox.test.default(U1 - U2) :
  tie가 있어 정확한 p값을 계산할 수 없습니다
> wilcox.test(U1-U2, exact=FALSE)

        Wilcoxon signed rank test with continuity correction

data:  U1 - U2
V = 1128, p-value = 2.464e-09
alternative hypothesis: true location is not equal to 0
```

한편 대응집단의 Wilcoxon 부호 순위 검정은 t-검정과 같이 wilcox.test(U1, U2, paired=T) 명령문을 사용해도 동일한 결과를 얻게 됨을 알 수 있다.

```
> wilcox.test(U1, U2, paired=T)
> wilcox.test(U1, U2, paired=T, exact=F)
```

```
> wilcox.test(U1, U2, paired=T)

        Wilcoxon signed rank test with continuity correction

data:  U1 and U2
V = 1128, p-value = 2.464e-09
alternative hypothesis: true location shift is not equal to 0

경고메시지(들):
In wilcox.test.default(U1, U2, paired = T) :
  tie가 있어 정확한 p값을 계산할 수 없습니다
> wilcox.test(U1, U2, paired=T, exact=F)

        Wilcoxon signed rank test with continuity correction

data:  U1 and U2
V = 1128, p-value = 2.464e-09
alternative hypothesis: true location shift is not equal to 0
```

예제 2 대응집단 비모수 검정

이번에는 또 다른 사례로 패키지 MASS에 포함된 젊은 여성 거식증 환자에 대한 치료 데이터 anorexia 파일을 불러온 후 이중 인지행동치료 집단인 CBT 집단만 선정한다. 여기서 Prewt는 치료 전의 몸무게이며, Postwt는 치료 후 몸무게이다.

```
> library(MASS)
> CBT <- anorexia[anorexia$Treat=="CBT", ]
> CBT
```

```
   Treat Prewt Postwt
27   CBT  80.5   82.2
28   CBT  84.9   85.6
29   CBT  81.5   81.4
30   CBT  82.6   81.9
31   CBT  79.9   76.4
32   CBT  88.7  103.6
33   CBT  94.9   98.4
34   CBT  76.3   93.4
35   CBT  81.0   73.4
36   CBT  80.5   82.1
37   CBT  85.0   96.7
38   CBT  89.2   95.3
39   CBT  81.3   82.4
40   CBT  76.5   72.5
```

먼저 사전-사후 차이에 대한 정규성 검정을 실시한 결과 p=0.007로 나타나 정규성을 가정한 영가설을 기각하게 된다. 따라서 비모수 검정인 Wilcoxon 부호순위 검정을 실시하는 것이 적절하다고 하겠다.

```
> with(CBT, shapiro.test(Postwt–Prewt))
> with(CBT, wilcox.test(Postwt–Prewt))
> with(CBT, wilcox.test(Postwt–Prewt, exact=FALSE))
```

```
> with(CBT, shapiro.test(Postwt-Prewt))

        Shapiro-Wilk normality test

data:  Postwt - Prewt
W = 0.89618, p-value = 0.007945

> with(CBT, wilcox.test(Postwt-Prewt))

        Wilcoxon signed rank test with continuity correction

data:  Postwt - Prewt
V = 303.5, p-value = 0.06447
alternative hypothesis: true location is not equal to 0

Warning message:
In wilcox.test.default(Postwt - Prewt) :
  cannot compute exact p-value with ties
> with(CBT, wilcox.test(Postwt-Prewt, exact=FALSE))

        Wilcoxon signed rank test with continuity correction

data:  Postwt - Prewt
V = 303.5, p-value = 0.06447
alternative hypothesis: true location is not equal to 0
```

거식증 환자에 대한 CBT 치료 결과 치료 전후에 몸무게 차이가 없다는 영가설을 기각할 수 없는 것으로 나타났다(p=0.064). 따라서 거식증에 대한 인지행동치료는 치료 효과가 없다고 하겠다.

11.3 두 집단 비모수 검정

이번에는 복지기관 직원들의 성별에 따른, 즉 남녀 간 월소득(m_income) 차이를 검정해 보자. 데이터는 앞서 사용한 diag3.csv를 활용한다.

```
> diag <- read.csv("D:/R/diag3.csv")
> head(diag)
> aggregate(m_income ~ gender2, data=diag, mean)
```

```
> diag <- read.csv("D:/R/diag3.csv")
> head(diag)
  id gender age position work_month education religion marital_status housing
1  1      1  40        5        128         4        1              3       1
2  2      1  28        1         77         2        3              2       4
3  3      1  32        2        120         2        1              1       2
4  4      1  30        1         64         5        1              2       1
5  5      1  26        1         21         2        3              2       1
6  6      1  27        1         36         2        3              2       4
  org_commit client_commit decision_part education2 self_esteem job_satis posi
1       3.75          4.00          3.35          2         2.8      3.63
2       3.25          4.43          2.35          1         3.0      3.33
3       3.38          3.71          2.87          1         2.5      2.83
4       2.75          3.43          1.26          3         1.7      2.42
5       3.13          4.00          2.04          1         2.8      3.79
6       3.75          3.86          2.43          1         3.2      3.08
         pos2
1     manager
2       staff
3 mid-manager
4       staff
5       staff
6       staff
> aggregate(m_income ~ gender2, data=diag, mean)
  gender2 m_income
1  Female 150.4667
2    Male 193.8333
```

다음 결과에서 보는 것처럼 먼저 회귀분석을 이용해 잔차의 정규성 검정을 실시한 결과 p<0.001로 나타났으므로 정규분포가 아님을 알 수 있다. 따라서 비모수 검정 방법인 윌콕슨 순위합 검정(wilcoxon rank sum test)을 실시한다. 분석 결과 남녀 간에 월소득은 동일하다는 영가설을 기각하게 되어(p=0.001), 남녀 간의 월소득 차이는 유의하다고 하겠다.

```
# (잔차의) 정규성 검정
> out <– lm(m_income ~ gender2, data=diag)
> shapiro.test(resid(out))

# 정규분포가 아닌 경우 비모수 검정
> wilcox.test(m_income ~ gender2, data=diag)
> wilcox.test(m_income ~ gender2, exact=F, data=diag)
```

```
> out <- lm(m_income ~ gender2, data=diag)
> shapiro.test(resid(out))

        Shapiro-Wilk normality test

data:  resid(out)
W = 0.8194, p-value = 3.713e-08

> wilcox.test(m_income ~ gender2, data=diag)

        Wilcoxon rank sum test with continuity correction

data:  m_income by gender2
W = 379, p-value = 0.001338
alternative hypothesis: true location shift is not equal to 0

경고메시지(들):
In wilcox.test.default(x = c(200L, 130L, 150L, 130L, 114L, 130L,  :
  tie가 있어 정확한 p값을 계산할 수 없습니다
> wilcox.test(m_income ~ gender2, exact=FALSE, data=diag)

        Wilcoxon rank sum test with continuity correction

data:  m_income by gender2
W = 379, p-value = 0.001338
alternative hypothesis: true location shift is not equal to 0
```

정리: 집단의 평균 차이에 대한 비모수 검정

표본이 작거나 종속변수가 한쪽으로 치우친 분포를 보이는 경우 또는 그 속성이 순서형인 경우 검정방법이다.

```
# 단일집단 검정(Wilcoxon signed rank test)
diag <- read.csv("D:/R/diag3.csv")
with(diag, shapiro.test(age))
with(diag, wilcox.test(age, mu=30))

# 대응집단 검정(Wilcoxon signed rank test)
library(MASS)
library(psych)
describe(UScrime[, c("U1", "U2")])
with(UScrime, shapiro.test(U1 - U2))
with(UScrime, wilcox.test(U1 - U2, exact=F))

# 두 집단 검정(Wilcoxon rank sum test 또는 Mann-Whitney U test)
out <- lm(m_income ~ gender2, data=diag)
shapiro.test(resid(out))
wilcox.test(m_income ~ gender2, exact=F, data=diag)
```

12 상관분석

12.1 상관분석

상관분석은 두 변수(주로 두 수량변수) 간의 상관관계를 분석하는 방법으로 두 변수의 관계의 정도를 상관계수(correlation coefficient)로 나타내며, 상관계수는 −1.0~1.0 범위에 있다. 특히 상관계수는 공분산을 표준화한 값을 의미하며 공분산과 상관계수는 다음과 같은 공식으로 표현된다.

- 공분산(covariance): 두 변수가 어느 정도 결합되어 있는가를 나타내며, 두 변수의 편차를 곱한 것의 합을 (n−1)로 나누어 준 값이다.

$$Cov(X,Y) = \frac{1}{n-1}\sum_{i=1}^{n}(X_i - \overline{X})(Y_i - \overline{Y})$$

- 상관계수(correlation coefficient): 공분산을 표준화한 값, 즉 공분산을 두 변수의 표준편차로 나눈 값이다.

$$r_{xy} = \frac{Cov(X,Y)}{S_x S_y} = \frac{\sum_{i=1}^{n}(X_i - \overline{X})(Y_i - \overline{Y})}{S_x S_y (n-1)}$$

참고로 표준화는 단위가 다른 변수들을 비교하기 위해 동일한 단위로 변환시키는 것을 의미하며 표준편차로 나누어 주는 것을 의미한다.

두 변수의 상관분석의 유형은 변수의 속성에 따라 크게 다음과 같이 분류될 수 있다.

- 두 수량변수 간 피어선 상관분석(Pearson product-moment correlation for two quantitative variables)
- 두 서열변수 간 스피어만 상관분석(Spearman correlation for two rank-ordered variables)
- 서열관계에 대한 캔달타우 비모수 검정(Kendall's tau for nonparametric measure of rank correlation)

먼저 상관분석을 위한 데이터 state.x77(미국 50개 주의 인구, 소득, 문맹률 등을 조사한 데이터)을 불러온다.

```
> states
> states <- state.x77[ , 1:6] # 첫 6개 변수만 선택
> head(states)
> cov(states) # 공분산(covariances) 산출
```

```
> states <- state.x77[ , 1:6]
> head(states)
           Population Income Illiteracy Life Exp Murder HS Grad
Alabama          3615   3624        2.1    69.0   15.1    41.3
Alaska            365   6315        1.5    69.3   11.3    66.7
Arizona          2212   4530        1.8    70.5    7.8    58.1
Arkansas         2110   3378        1.9    70.7   10.1    39.9
California      21198   5114        1.1    71.7   10.3    62.6
Colorado         2541   4884        0.7    72.1    6.8    63.9
> cov(states)
           Population Income Illiteracy Life Exp  Murder  HS Grad
Population   19931684 571230    292.868 -407.842 5663.52 -3551.51
Income         571230 377573   -163.702  280.663 -521.89  3076.77
Illiteracy        293   -164      0.372   -0.482    1.58    -3.24
Life Exp         -408    281     -0.482    1.802   -3.87     6.31
Murder           5664   -522      1.582   -3.869   13.63   -14.55
HS Grad         -3552   3077     -3.235    6.313  -14.55    65.24
```

우선 전체 변수를 대상으로 상관분석을 다음과 같이 실시해 본다.

```
> cor(states) # correlations
```

이때 서열상관분석을 실시하고 싶다면 method="spearman"을 추가한다.

```
> cor(states, method="spearman") # 서열상관분석
```

```
> cor(states)
           Population Income Illiteracy Life Exp Murder HS Grad
Population     1.0000  0.208      0.108  -0.0681  0.344 -0.0985
Income         0.2082  1.000     -0.437   0.3403 -0.230  0.6199
Illiteracy     0.1076 -0.437      1.000  -0.5885  0.703 -0.6572
Life Exp      -0.0681  0.340     -0.588   1.0000 -0.781  0.5822
Murder         0.3436 -0.230      0.703  -0.7808  1.000 -0.4880
HS Grad       -0.0985  0.620     -0.657   0.5822 -0.488  1.0000
> cor(states, method="spearman")
           Population Income Illiteracy Life Exp Murder HS Grad
Population      1.000  0.125      0.313   -0.104  0.346  -0.383
Income          0.125  1.000     -0.315    0.324 -0.217   0.510
Illiteracy      0.313 -0.315      1.000   -0.555  0.672  -0.655
Life Exp       -0.104  0.324     -0.555    1.000 -0.780   0.524
Murder          0.346 -0.217      0.672   -0.780  1.000  -0.437
HS Grad        -0.383  0.510     -0.655    0.524 -0.437   1.000
> |
```

만약 상관분석의 결과를 한쪽 방향(예: 대각선 다음 방향)으로만 제시하고 싶다면 psych 패키지의 lowerCor( ) 기능을 사용한다. 이때 비교 변수 간 결측치가 없는 경우만 분석하려면 use="pairwise"를 추가한다.

```
> library(psych)
> lowerCor(states, use="pairwise.complete.obs") # use="pairwise" 가능
```

```
> lowerCor(states, use="pairwise.complete.obs")
           Ppltn Incom Illtr Lf.Ex Murdr HS.Gr
Population  1.00
Income      0.21  1.00
Illiteracy  0.11 -0.44  1.00
Life.Exp   -0.07  0.34 -0.59  1.00
Murder      0.34 -0.23  0.70 -0.78  1.00
HS.Grad    -0.10  0.62 -0.66  0.58 -0.49  1.00
> |
```

그리고 상관관계의 통계적 유의성 검정(testing correlation for significance)을 하려면 cor.test( ) 기능을 활용한다.

```
> states <– data.frame(states) # states를 데이터프레임으로 만든다.
> attach(states)
> colnames(states) # 변수이름 제시
> cor.test(Illiteracy, Murder)
```

다음 결과에서 보듯이 문맹률(Illiteracy)과 살인율(Murder)의 상관계수는 r=0.70으로 매우 높은 정적(+) 상관관계를 보이고 있으며 통계적으로 유의하게 나타났다($p < 0.001$).

```
> states=data.frame(states)
> attach(states)
> colnames(states)
[1] "Population" "Income"     "Illiteracy" "Life.Exp"   "Murder"     "HS.Grad"
> cor.test(Illiteracy, Murder)

        Pearson's product-moment correlation

data:  Illiteracy and Murder
t = 6.8479, df = 48, p-value = 1.258e-08
alternative hypothesis: true correlation is not equal to 0
95 percent confidence interval:
 0.5279280 0.8207295
sample estimates:
      cor
0.7029752
```

여러 변수에 대한 상관분석 매트릭스 및 유의성 검정(correlation matrix and tests of significance) 분석은 다음과 같이 psych 패키지의 corr.test( ) 기능을 활용하여 실시할 수 있다.

```
> library(psych)
> corr.test(states, use="complete")  # 모든 결측치 제거(listwise deletion)
```

```
> # Correlation matrix and tests of significance
> corr.test(states, use="complete")
Call:corr.test(x = states, use = "complete")
Correlation matrix
           Population Income Illiteracy Life Exp Murder HS Grad
Population       1.00   0.21       0.11    -0.07   0.34   -0.10
Income           0.21   1.00      -0.44     0.34  -0.23    0.62
Illiteracy       0.11  -0.44       1.00    -0.59   0.70   -0.66
Life Exp        -0.07   0.34      -0.59     1.00  -0.78    0.58
Murder           0.34  -0.23       0.70    -0.78   1.00   -0.49
HS Grad         -0.10   0.62      -0.66     0.58  -0.49    1.00
Sample Size
[1] 50
Probability values (Entries above the diagonal are adjusted for multiple
           Population Income Illiteracy Life Exp Murder HS Grad
Population       0.00   0.59       1.00      1.0   0.10       1
Income           0.15   0.00       0.01      0.1   0.54       0
Illiteracy       0.46   0.00       0.00      0.0   0.00       0
Life Exp         0.64   0.02       0.00      0.0   0.00       0
Murder           0.01   0.11       0.00      0.0   0.00       0
HS Grad          0.50   0.00       0.00      0.0   0.00       0
```

이때 상관계수의 신뢰구간을 제시하고 싶다면 short=FALSE를 추가한다.

> print(corr.test(states, use="complete"), short=FALSE)

```
> print(corr.test(states, use="complete"), short=FALSE)
Call:corr.test(x = states, use = "complete")
Correlation matrix
           Population Income Illiteracy Life.Exp Murder HS.Grad
Population       1.00   0.21       0.11    -0.07   0.34   -0.10
Income           0.21   1.00      -0.44     0.34  -0.23    0.62
Illiteracy       0.11  -0.44       1.00    -0.59   0.70   -0.66
Life.Exp        -0.07   0.34      -0.59     1.00  -0.78    0.58
Murder           0.34  -0.23       0.70    -0.78   1.00   -0.49
HS.Grad         -0.10   0.62      -0.66     0.58  -0.49    1.00
Sample Size
[1] 50
Probability values (Entries above the diagonal are adjusted for multiple tests.)
           Population Income Illiteracy Life.Exp Murder HS.Grad
Population       0.00   0.59       1.00      1.0   0.10       1
Income           0.15   0.00       0.01      0.1   0.54       0
Illiteracy       0.46   0.00       0.00      0.0   0.00       0
Life.Exp         0.64   0.02       0.00      0.0   0.00       0
Murder           0.01   0.11       0.00      0.0   0.00       0
HS.Grad          0.50   0.00       0.00      0.0   0.00       0
```

```
 To see confidence intervals of the correlations, print with the short=FALSE option

 Confidence intervals based upon normal theory.  To get bootstrapped values, try cor
            lower     r upper    p
Ppltn-Incom -0.07  0.21  0.46 0.15
Ppltn-Illtr -0.18  0.11  0.37 0.46
Ppltn-Lf.Ex -0.34 -0.07  0.21 0.64
Ppltn-Murdr  0.07  0.34  0.57 0.01
Ppltn-HS.Gr -0.37 -0.10  0.18 0.50
Incom-Illtr -0.64 -0.44 -0.18 0.00
Incom-Lf.Ex  0.07  0.34  0.57 0.02
Incom-Murdr -0.48 -0.23  0.05 0.11
Incom-HS.Gr  0.41  0.62  0.77 0.00
Illtr-Lf.Ex -0.74 -0.59 -0.37 0.00
Illtr-Murdr  0.53  0.70  0.82 0.00
Illtr-HS.Gr -0.79 -0.66 -0.46 0.00
Lf.Ex-Murdr -0.87 -0.78 -0.64 0.00
Lf.Ex-HS.Gr  0.36  0.58  0.74 0.00
Murdr-HS.Gr -0.67 -0.49 -0.24 0.00
```

여기서 상관관계 플롯을 제시하고 싶으면 다음과 같이 psych패키지의 corPlot( ) 기능을 활용하여 다양한 방식으로 제시할 수 있다.

```
# correlation plot
> corPlot(states)
```

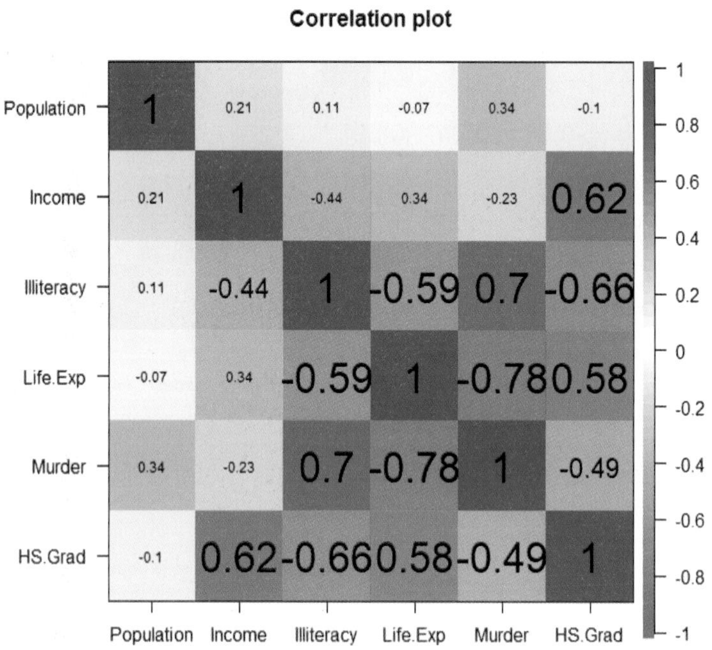

위 플롯에서 상관계수 및 유의성을 나타내는 numbers=T, stars=T, 하단만 표시하는 upper=F, 투명도를 나타내고 싶다면 alpha=0.5, 그리고 대각선 표시를 제외하고 싶을 때 diag=F 옵션을 사용할 수 있다.

> corPlot(states, numbers=T, stars=T, upper=F, alpha=0.5)

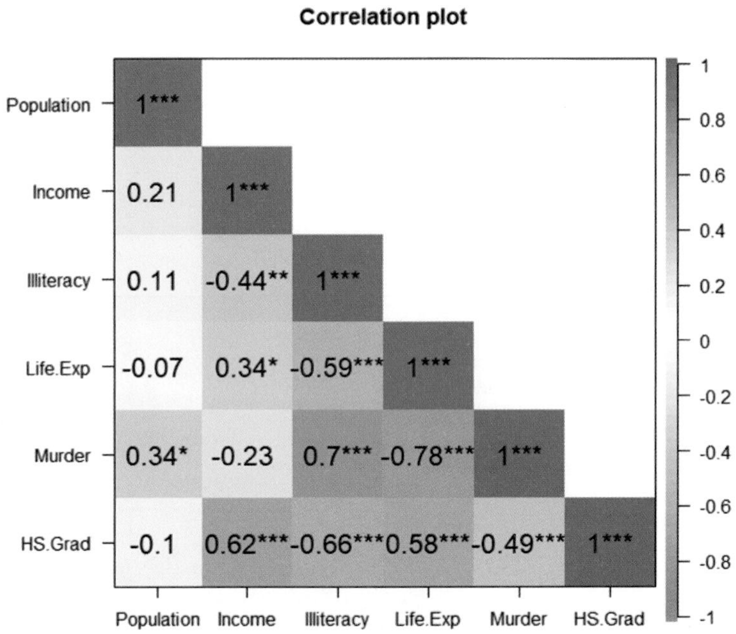

> corPlot(states, numbers=T, stars=T, upper=F, alpha=0.5, diag=F)

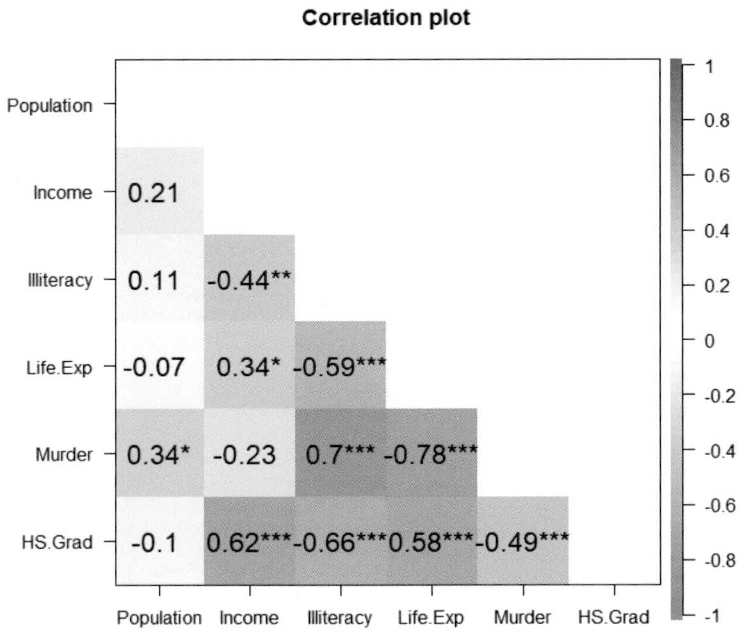

그리고 상관분석에 대한 결과를 좀 더 엄밀하게 보여 주는 그림을 얻으려면 다음과 같이 corrgram 패키지를 활용할 수 있다.

```
> library(corrgram)
> corrgram(states, order=T, lower.panel=panel.shade, upper.panel=panel.pie,
 text.panel=panel.txt, main="Corrgram of states intercorrelations")
```

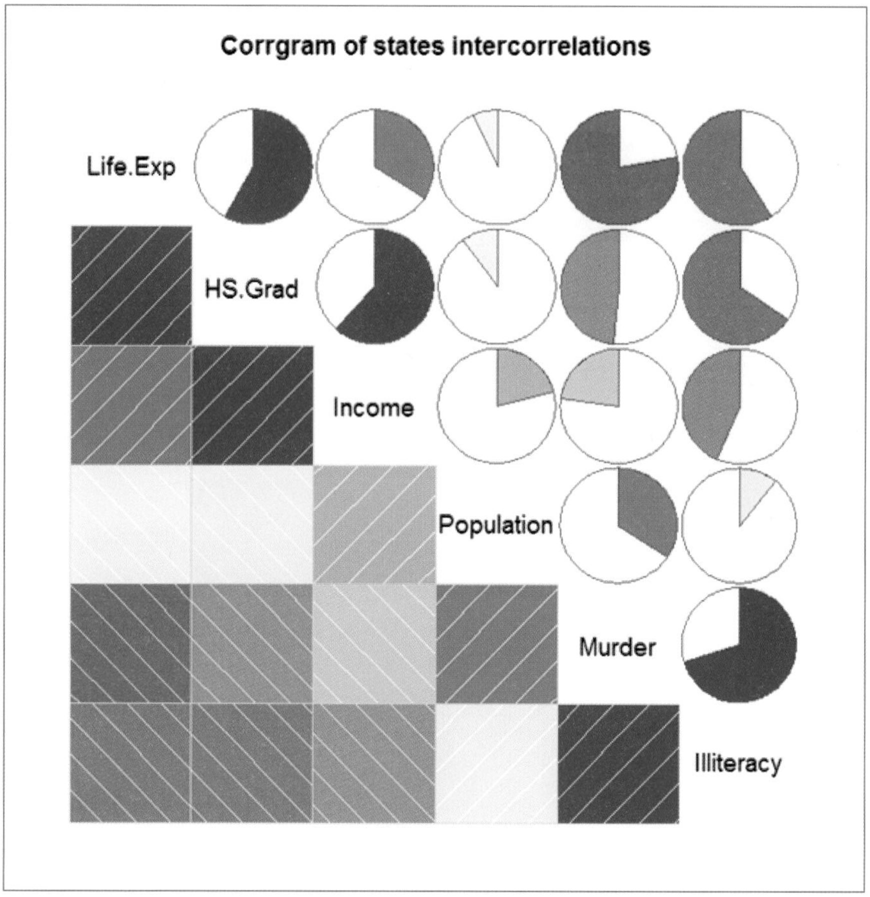

```
> corrgram(states, order=T, lower.panel=panel.shade, upper.panel=panel.conf,
  text.panel=panel.txt, main="Corrgram of states intercorrelations")
```

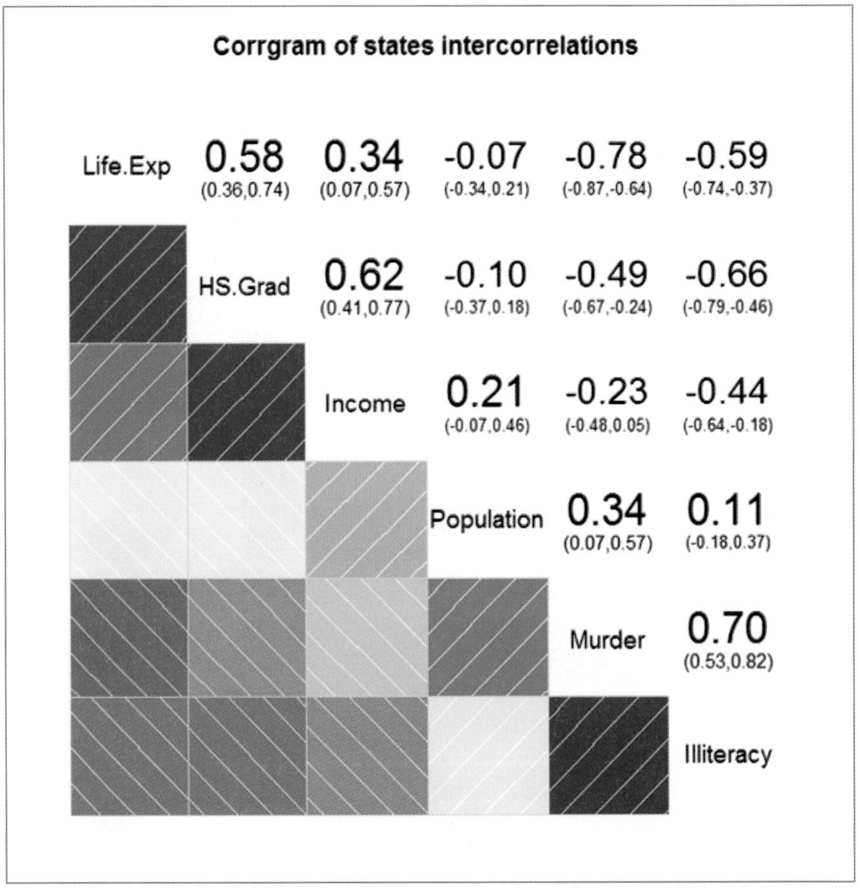

12.2 부분상관분석(partial correlations)

부분상관분석, 즉 다른 변수들을 통제한 상태에서 특정한 변수 간의 상관관계를 분석하려면 ggm 패키지의 pcor( ) 기능을 활용할 수 있다. 다음 분석 결과를 보면 소득(Income), 문맹률(Illiteracy), 고등학교 졸업률(HS Grad)을 통제한 상태(partialled out)에서 인구(Population)와 살인율(Murder)의 상관관계는 r=0.346으로 나타났다.

```
> library(ggm)
> colnames(states)

# pcor( ) 기능은 첫 두 변수(1, 5)의 상관관계를 보여 준다(나머지 2, 3, 6 변수를 통제한 상태에서).
> pcor(c(1, 5, 2, 3, 6), cov(states))
```

```
> colnames(states)
[1] "Population" "Income"     "Illiteracy" "Life Exp"   "Murder"     "HS Grad"
> pcor(c(1, 5, 2, 3, 6), cov(states))
[1] 0.346
>
```

13 회귀분석

13.1 회귀분석의 의미와 최소제곱회귀모형(OLS regression)

회귀분석은 하나 이상의 독립변수로부터 종속변수를 예측하는 방법을 일컫는 포괄적인 분석방법을 의미한다.[1] 그리고 회귀분석은 여러 측면에서 통계분석의 중심에 있다고 할 수 있으며, 일반적으로 다음과 같은 목적으로 활용된다(Kabacoff, 2015, p. 167).

- 종속변수와 연관된 독립변수를 발견
- 관련된 변수들의 관계의 형태(the form of relationships)를 서술
- 독립변수로부터 종속변수를 예측하는 방정식(equation)을 제시

1) 독립변수에 대한 다른 이름으로 예측변수(predictors) 또는 설명변수(explanatory variables)가 있으며, 종속변수에 대해서는 반응변수(response variable), 기준변수(criterion variable), 또는 결과변수(outcome variable)라고도 부른다. 한편 기계학습(machine learning)에서는 종속변수를 목표변수(target variable), 독립변수를 features라고 부른다.

회귀분석모형의 유형

- 일반선형회귀모형/최소제곱회귀모형[general linear regression or ordinary least squares (OLS) regression]
- 일반화선형회귀모형(예: 로지스틱 회귀분석, 포아송회귀분석)
- 비선형회귀모형2)

최소제곱회귀모형(OLS regression)

회귀모형에서 종속변수는 가중치가 부여된 예측변수들(weighted sum of predictor variables)로부터 예측된다. 여기서 가중치란 데이터로부터 추정된 모수, 즉 추정계수(parameters)를 의미한다. 다음 회귀식에서 $\widehat{\beta}_0$, $\widehat{\beta}_1$ 등은 추정계수에 해당된다.

$$\widehat{Y}_i = \widehat{\beta}_0 + \widehat{\beta}_1 X_{1i} + \cdots + \widehat{\beta}_k X_{ki} \ (i = 1 \cdots n)$$

$\widehat{Y}_i$: 관측치 i에 대한 종속변수 예측 값(구체적으로 어떤 일련의 독립변수의 예측 값들에 대해 종속변수 분포의 추정된 평균을 의미한다)

X_{ji}: 관측치 i의 독립변수값

$\widehat{\beta}_0$: 절편(intercept), 즉 모든 독립변수가 제로일 때 종속변수의 예측 값

$\widehat{\beta}_j$: 회귀계수(기울기), 즉 독립변수가 한 단위 변할 때 변화되는 종속변수의 값(slope representing the change in Y for a unit change in X_i)

여기서 우리가 구하고자 하는 것은 종속변수의 실제 값(actual response values)과 회귀모형에 의한 추정(예측) 값(those predicted by the model) 간의 차이를 최소화할 수 있는 모형의 계수(parameters), 즉 절편과 기울기를 구하는 것이다. 즉, 다음 식에서 보는

2) 비선형회귀모형은 이 책의 범위를 넘어서는 내용이므로 여기서는 다루지 않기로 한다.

바와 같이 실제 값과 예측 값의 차이를 의미하는 오차(errors)의 제곱합(sum of squared residuals)을 최소화(minimize)하도록 모형의 계수를 구하는 것이다. 이것이 바로 최소제곱회귀모형(OLS regression)이다(Kabacoff, 2015, p. 171).

$$\sum_{i=1}^{n}(Y_i - \widehat{Y}_i)^2 = \sum_{i=1}^{n}(Y_i - \{\hat{\beta}_0 + \hat{\beta}_1 X_{1i} + \cdots + \hat{\beta}_k X_{ki}\})^2 = \sum_{i=1}^{n}\epsilon_i^2$$

TIP 오차의 추정

- 오차(error/residual) = 실제 값 − 예측 값 = $(Y_i - \hat{Y}_i)$
- 오차는 긍정(+)의 값과 부정(−)의 값이 있다. 따라서
  - 오차가 서로 상쇄되지 않도록 제곱: $(Y_i - \hat{Y}_i)^2$
  - 제곱한 오차의 대표값(평균)을 구하기 위해: $\sum(Y_i - \hat{Y}_i)^2/(n-2)$
  - 데이터의 단위 문제 해소를 위해 제곱근: $\sqrt{\sum(Y_i - \widehat{Y}_i)^2/(n-2)}$
- 이를 평균 오차(root mean squared error, rmse)라고 부른다.

다음 [그림 13-1]은 독립변수와 종속변수의 선형 관계를 보여 주는 산점도이다. 이때 [그림 13-2]에서 보듯이 선형관계를 설명하려는 회귀선에 의해 설명되지 못하는 오차가 있음을 알 수 있으며, 이 회귀선은 독립변수와 종속변수의 평균을 통과하는 선이다.

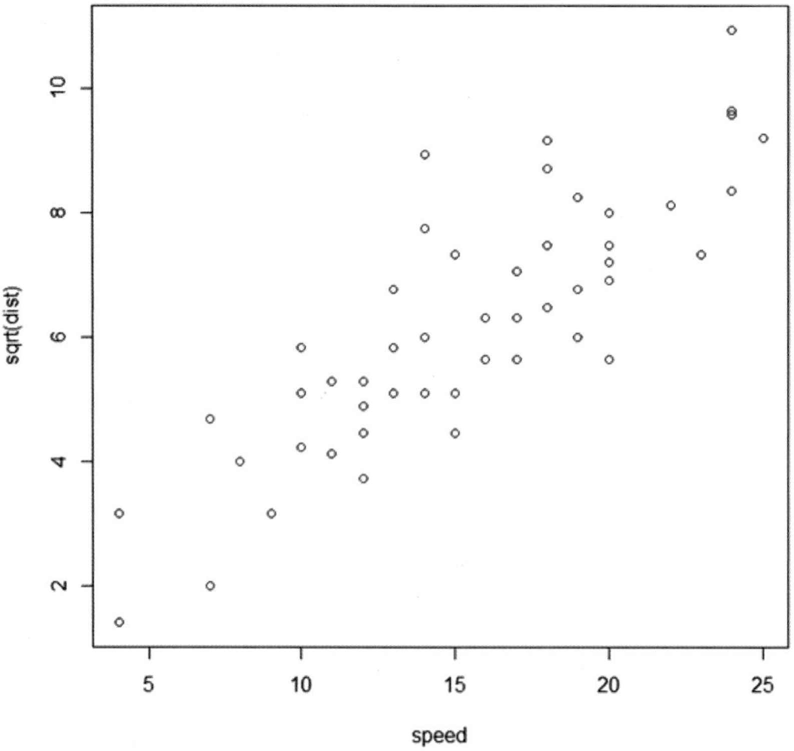

[그림 13-1] 산점도

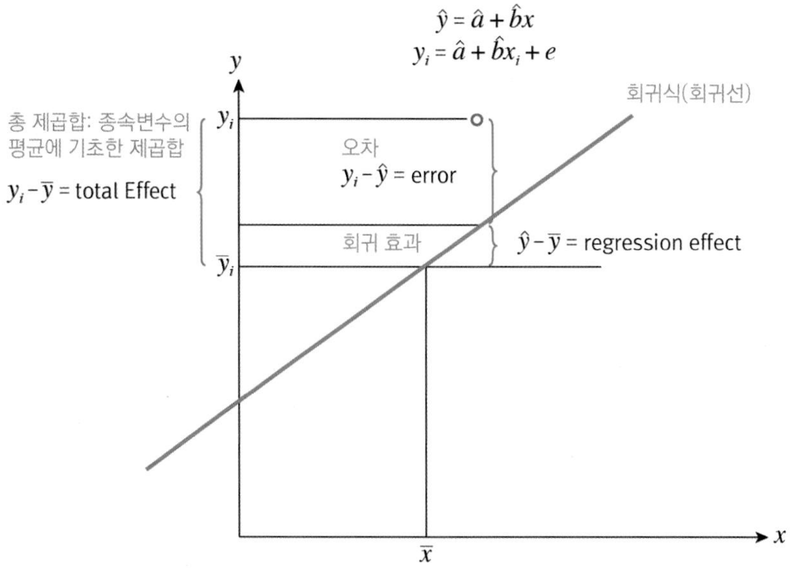

[그림 13-2] 회귀선 1

한편, [그림 13-3]과 [그림 13-4]를 비교해 보면 독립변수와 종속변수의 관계를 설명하려는 선(lines) 중에서 [그림 13-4]의 회귀선(regression line)은 그 계수(절편과 기울기)가 최선의 오차제곱합(mean squared errors)을 제공하기 때문에 이를 "best fit" line이라고 부르기도 하고 "least squares" line이라고도 부른다. 요약하면 회귀선, 즉 최소제곱선(least squared line)은 데이터를 지나는 모든 선(all lines) 중에서 오차 측 평균 오차(root mean squared error, rmse)를 최소화하는 선(line)이라고 하겠다.

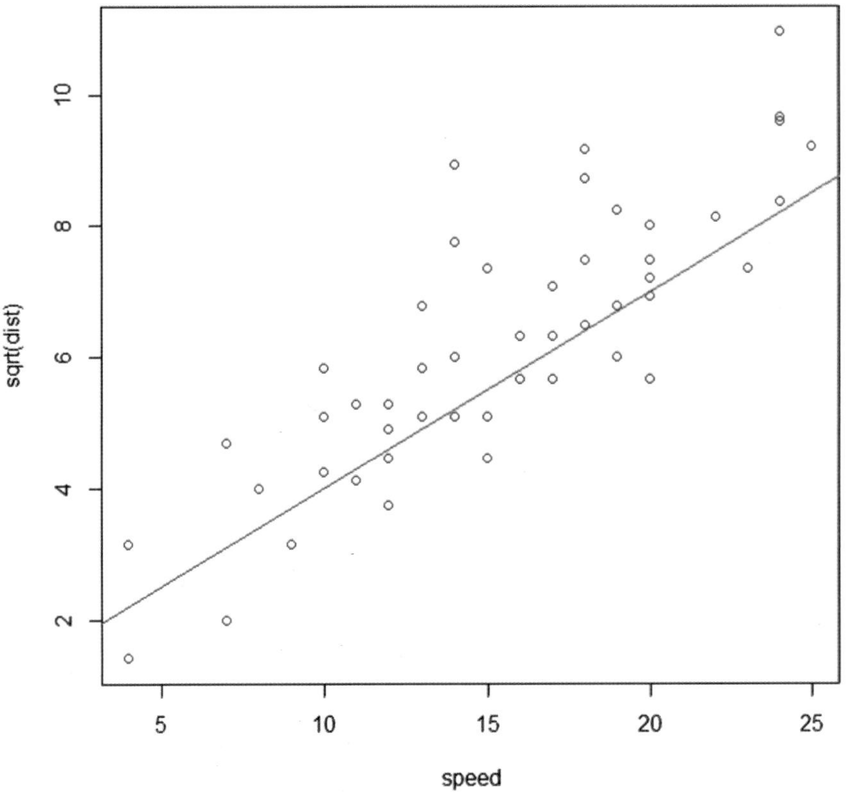

[그림 13-3] 회귀선 2

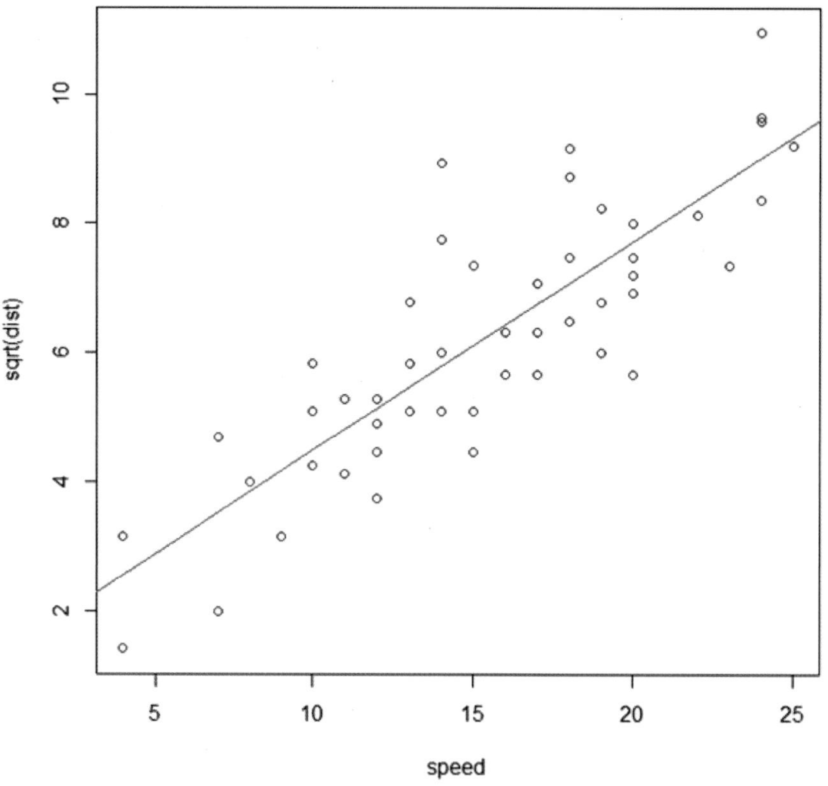

[그림 13-4] 회귀선 3

13.2 회귀분석의 실행

회귀분석에 사용할 데이터는 R base 프로그램에 있는 데이터 cars를 활용하고자 한다. 이 데이터는 자동차의 속도(speed)와 정지거리(dist)에 대한 데이터로 먼저 데이터를 불러오면 다음과 같다.

> data(cars) # 자동차의 속도(mph)와 정지거리(stopping distance, ft)

> cars

```
> cars
   speed dist
1      4    2
2      4   10
3      7    4
4      7   22
5      8   16
6      9   10
7     10   18
8     10   26
9     10   34
10    11   17
```

먼저 데이터의 속성과 각 변수의 요약 통계량(summary)을 구해 보자.

> str(cars) # 데이터의 구조 및 속성

> summary(cars)

```
> str(cars)
'data.frame':	50 obs. of  2 variables:
 $ speed: num  4 4 7 7 8 9 10 10 10 11 ...
 $ dist : num  2 10 4 22 16 10 18 26 34 17 ...
> summary(cars)
     speed           dist       
 Min.   : 4.0   Min.   :  2.00  
 1st Qu.:12.0   1st Qu.: 26.00  
 Median :15.0   Median : 36.00  
 Mean   :15.4   Mean   : 42.98  
 3rd Qu.:19.0   3rd Qu.: 56.00  
 Max.   :25.0   Max.   :120.00  
```

이어서 lm( ) 기능을 활용하여 종속변수로 dist, 독립변수로 speed를 투입해서 일반 선형회귀분석을 실시하면 다음과 같은 결과를 얻게 된다.

> out <- lm(dist ~ speed, data=cars)

> summary(out)

```
> summary(out)

Call:
lm(formula = dist ~ speed, data = cars)

Residuals:
    Min      1Q  Median      3Q     Max 
-29.069  -9.525  -2.272   9.215  43.201 

Coefficients:
            Estimate Std. Error t value Pr(>|t|)    
(Intercept) -17.5791     6.7584  -2.601   0.0123 *  
speed         3.9324     0.4155   9.464 1.49e-12 ***
---
Signif. codes:  0 '***' 0.001 '**' 0.01 '*' 0.05 '.' 0.1 ' ' 1

Residual standard error: 15.38 on 48 degrees of freedom
Multiple R-squared:  0.6511,	Adjusted R-squared:  0.6438 
F-statistic: 89.57 on 1 and 48 DF,  p-value: 1.49e-12
```

위 분석 결과를 살펴보면 우선 모형의 전반적인 검정에서 F=89.57($p<0.001$)로 나타나 모형이 통계적으로 유의함을 알 수 있다. 즉, 독립변수를 투입한 모형이 종속변수를 설명함에 있어서 적합한 모형임을 보여 준다. 그리고 speed의 회귀계수가 3.93으로 나타나 speed가 한 단위 증가할수록 distance는 3.93만큼 증가함을 알 수 있다. 결정계수(coefficient of determination)인 R^2(multiple R-squared)는 모형의 설명력을 의미하며, 조정된 결정계수(adjusted R^2)는 독립변수의 수를 감안한 모형의 설명력으로 독립변수의 수가 서로 다른 회귀모형 간에 설명력을 비교하는 데 유용하다(일반적으로 독립변수의 수가 증가하면 R^2도 증가한다). 평균 잔차(residual standard error)는 15.38로 이 수치는 회귀모형으로 종속변수를 예측함에 있어 평균적으로 15.38만큼 오차가 있음을 의미한다.

TIP 회귀식의 계수를 산출하는 공식과 R 명령어

$$y = \beta_0 + \beta_1 x$$

$$\beta_1 = \frac{\sum_{i=1}^{n}(x_i - \overline{x}) \times (y_i - \overline{y})}{\sum_{i=1}^{n}(x_i - \overline{x})^2}$$

$$\beta_0 = \overline{y} - (\beta_1 \times \overline{x})$$

```
> b1 <- (sum((x - mean(x)) * (y - mean(y)))) / (sum((x - mean(x))^2))
> b0 <- mean(y) - b1 * mean(x)
```

이제 회귀분석 결과에서 회귀분석 관련 여러 통계 값들을 추출해 보자.

```
> out <- lm(dist ~ speed, data=cars)
> summary(out)
> anova(out) # 분산분석표
```

```
> out <- lm(dist ~ speed, data=cars)
> summary(out)

Call:
lm(formula = dist ~ speed, data = cars)

Residuals:
    Min      1Q  Median      3Q     Max
-29.069  -9.525  -2.272   9.215  43.201

Coefficients:
            Estimate Std. Error t value Pr(>|t|)
(Intercept) -17.5791     6.7584  -2.601   0.0123 *
speed         3.9324     0.4155   9.464 1.49e-12 ***
---
Signif. codes:  0 '***' 0.001 '**' 0.01 '*' 0.05 '.' 0.1 ' ' 1

Residual standard error: 15.38 on 48 degrees of freedom
Multiple R-squared:  0.6511,    Adjusted R-squared:  0.6438
F-statistic: 89.57 on 1 and 48 DF,  p-value: 1.49e-12
```

```
> anova(out)
Analysis of Variance Table

Response: dist
          Df Sum Sq Mean Sq F value   Pr(>F)
speed      1  21186 21185.5  89.567 1.49e-12 ***
Residuals 48  11354   236.5
---
Signif. codes:  0 '***' 0.001 '**' 0.01 '*' 0.05 '.' 0.1 ' ' 1
```

> out$coef # 회귀계수

> fitted(out) # 예측치

> resid(out) # 잔차

> cars$dist – fitted(out) # 잔차=관측치–예측치

> summary(out)$sigma # 평균 잔차(residual standard error)

> sqrt(sum(resid(out)^2)/(length(cars$dist)–2)) # 평균 잔차 계산식

```
> out$coef # 회귀계수
(Intercept)       speed
 -17.579095    3.932409
> fitted(out) # 예측치
        1         2         3         4         5         6         7         8
-1.849460 -1.849460  9.947766  9.947766 13.880175 17.812584 21.744993 21.744993
       11        12        13        14        15        16        17        18
25.677401 29.609810 29.609810 29.609810 29.609810 33.542219 33.542219 33.542219
       21        22        23        24        25        26        27        28
```

```
> resid(out) # 잔차
         1          2          3          4          5          6          7
  3.849460  11.849460  -5.947766  12.052234   2.119825  -7.812584  -3.744993
        10         11         12         13         14         15         16
 -8.677401   2.322599 -15.609810  -9.609810  -5.609810  -1.609810  -7.542219
        19         20         21         22         23         24         25
 12.457781 -11.474628  -1.474628  22.525372  42.525372 -21.407036 -15.407036
        28         29         30         31         32         33         34
 -5.339445 -17.271854  -9.271854   0.728146 -11.204263   2.795737  22.795737
        37         38         39         40         41         42         43
-11.136672  10.863328 -29.069080 -13.069080  -9.069080  -5.069080   2.930920
        46         47         48         49         50
 -6.798715  15.201285  16.201285  43.201285   4.268876
```

```
> cars$dist - fitted(out)  # 잔차 = 관측치 - 예측치
         1          2          3          4          5          6          7
  3.849460  11.849460  -5.947766  12.052234   2.119825  -7.812584  -3.744993
        10         11         12         13         14         15         16
 -8.677401   2.322599 -15.609810  -9.609810  -5.609810  -1.609810  -7.542219
        19         20         21         22         23         24         25
 12.457781 -11.474628  -1.474628  22.525372  42.525372 -21.407036 -15.407036
        28         29         30         31         32         33         34
 -5.339445 -17.271854  -9.271854   0.728146 -11.204263   2.795737  22.795737
        37         38         39         40         41         42         43
-11.136672  10.863328 -29.069080 -13.069080  -9.069080  -5.069080   2.930920
        46         47         48         49         50
 -6.798715  15.201285  16.201285  43.201285   4.268876
> summary(out)$sigma  # 평균잔차
[1] 15.37959
> sqrt(sum(resid(out)^2)/(length(cars$dist)-2)) # 평균잔차
[1] 15.37959
> |
```

여기서 잔차(residuals)는 회귀분석에서 오차의 측정값(measurements of errors)을 의미하며, 잔차의 합은 항상 제로(0)가 된다. 그리고 종속변수의 전체 분산 중에서 예측값(fitted values)의 분산이 차지하는 비중, 즉 모형에 의해 설명되는 종속변수 분산의 비중이 R^2(R-squared)이며, 전체 분산 중에서 잔차(residuals)의 분산이 차지하는 비중은 $1-R^2$이다.

참고로 cor.test로 구한 상관계수의 t값 및 p-value는 기울기의 t값 및 p-value와 일치한다. 그리고 단순회귀분석에서는 기울기의 유의성이 모형 자체의 유의성과 동일함을 알 수 있다.

```
> with(cars, cor(speed, dist)^2)  # R²(.6511)와 동일한 값
> with(cars, cor.test(speed, dist))
```

```
[1] 0.6510794
> with(cars, cor.test(speed, dist))

        Pearson's product-moment correlation

data:  speed and dist
t = 9.464, df = 48, p-value = 1.49e-12
alternative hypothesis: true correlation is not equal to 0
95 percent confidence interval:
 0.6816422 0.8862036
sample estimates:
      cor
0.8068949
```

이제 회귀모형을 그림(플롯)으로 나타내 보자. 다음 명령어를 이용하면 다음과 같이 산점도와 회귀선이 만들어짐을 알 수 있다.

```
> plot(dist ~ speed, data=cars, col="blue")
> abline(out, col="red")
```

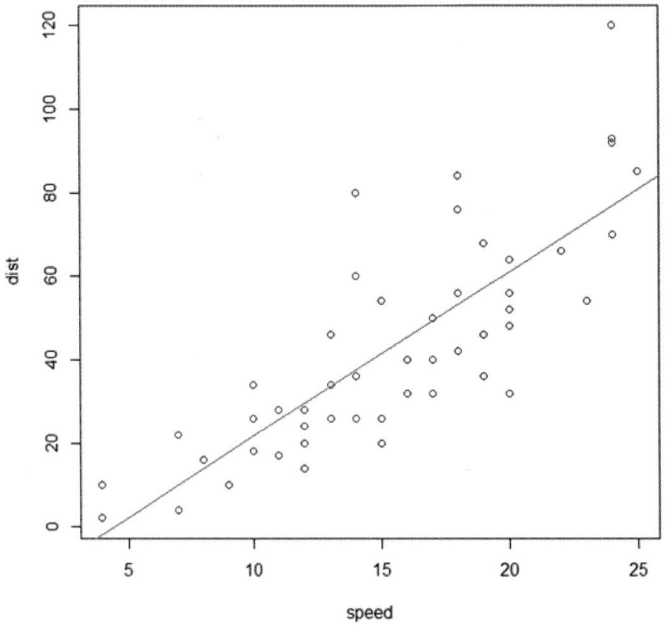

[그림 13-5] 정지거리와 속도의 관계를 보이는 산점도 및 회귀선

13.3 회귀모형의 진단(regression diagnostics)

일반적으로 회귀모형의 분석 결과로 제시되는 통계치만으로는 그 분석모형이 적절한지에 대해서 알 수 없다. 왜냐하면 분석 결과에 대한 추론의 확신은 분석한 회귀모형, 즉 OLS 모형이 어느 정도 통계적 가정을 충족하고 있느냐에 달려있기 때문이다(Kabacoff, 2015).

이것이 중요한 이유는 부적절한 데이터나 독립변수와 종속변수 간의 잘못된 관계의 설정으로 이루어진 회귀모형도 분석 결과는 유의하게 제시될 수 있지만 결과적으로 적합하지 못한 모형, 즉 오류가 있는 모형을 만들기 때문이다. 모형분석(fitting the model)을 통해 회귀분석의 결과를 제시하는 것은 회귀분석의 첫 단계(only the first step)에 해당된다고 하겠다. 따라서 OLS 모형의 계수(coefficients)를 바르게 해석하기 위해서는 〈표 13-1〉에서 제시된 바와 같이 몇 가지 통계적 가정(statistical assumptions)을 충족해야 한다(Kabacoff, 2015, pp. 183-184).

〈표 13-1〉 회귀분석의 통계적 가정

통계적 가정	
정규성(normality)	종속변수가 정규분포를 이루면 잔차는 정규분포가 된다(평균=0).
독립성(independence)	종속변수는 서로 독립적이어야 하며, 수집된 데이터에 대한 이해가 필요하다.
선형성(linearity)	종속변수가 독립변수와 선형관계를 보이면 잔차와 예측치 간에 어떤 체계적인 관계를 보이지 않는다.
등분산성(homoscedasticity)	종속변수의 분산이 독립변수의 수준에 따라 달라져서는 안 된다(constant variance).

만약 이러한 가정을 위배한다면 통계적 검정 결과와 추정된 신뢰구간은 정확하지 않을 수 있다.

13.3.1 회귀진단

앞서 설명한대로 잔차(residuals)는 관찰치(observed values)와 예측치(fitted values)의 차이이다. 적합한 회귀모형에서 나온 잔차는 정규분포를 따라야 하고, 분산이 일정하며(constant variance), 특별한 추세(패턴)를 보이지 않아야 한다. 즉, 잔차는 관찰치와 예측치의 차이로 모형에 의해 설명되고 남은 것(residuals)이므로 어떤 의미 있는 정보가 되어서는 곤란하다. 만약 잔차가 어떤 특정한 추세를 보인다면 모형에 포함되어야 할 중요한 정보가 누락되었다는 증거라고 할 수 있다. 즉, 좋은 모형이라고 할 수 없다(안재형, 2011, p. 96).

```
> out <- lm(dist ~ speed, data=cars)
> par(mfrow=c(2,2))  # 화면 분할 기능
> plot(out) # 회귀모형 진단 결과
```

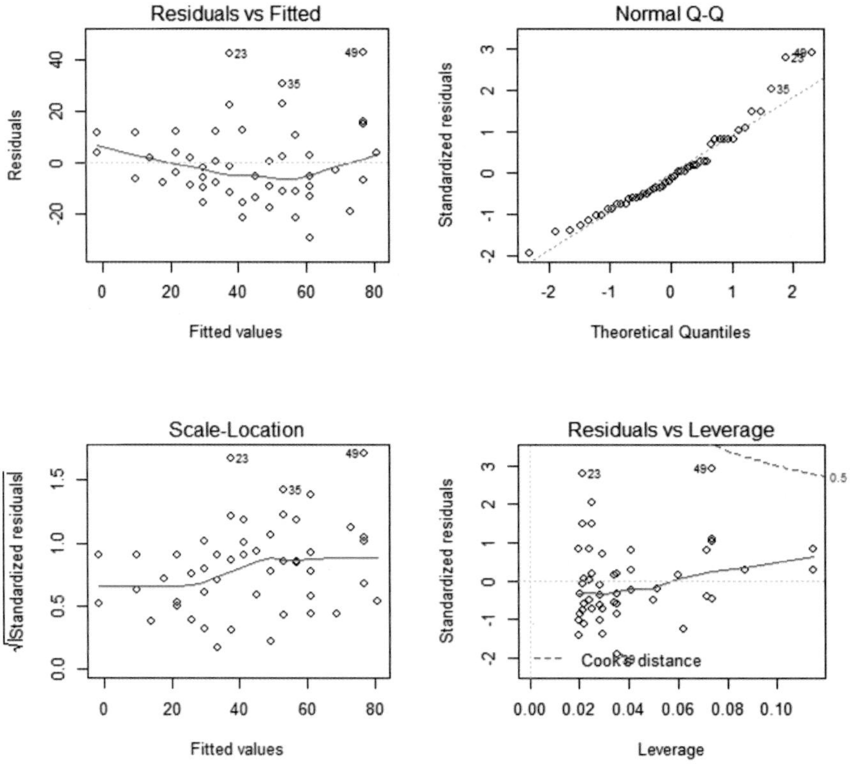

[그림 13-5] 회귀진단을 위한 플롯

이제 구체적으로 회귀분석의 통계적 가정을 하나씩 살펴보자.

13.3.1.1 정규성(Normality)

종속변수가 독립변수에 대해 정규분포를 따른다면 잔차의 값들은 평균이 0인 정규분포를 이루어야 한다. 정규 Q-Q 플롯은 정규분포하에서 기대되는 값에 대해 표준화된 잔차의 확률 플롯이다. 이 정규분포 가정을 충족하게 된다면 이 플롯의 데이터(점)들은 모두 45도 선 위에 위치해야 한다. 여기서는 정규분포의 가정을 위반한 것으로 보인다.

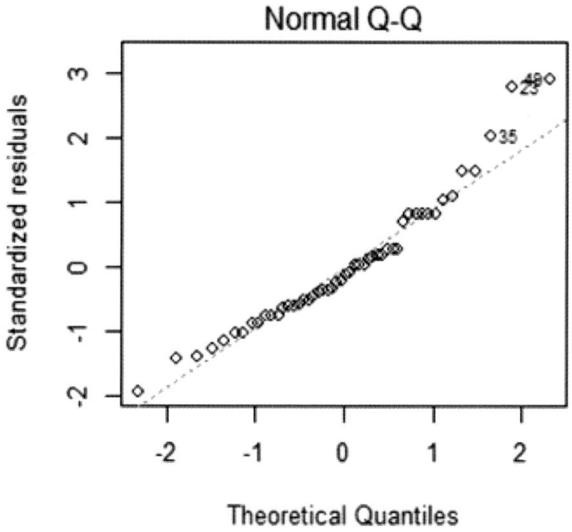

정규분포의 가정에 대한 검정을 위해 좀 더 구체적인 Normal Q-Q Plot을 만들어 보면 위의 그림보다 잔차가 정규분포를 따른다고 보기 어렵다는 점이 좀 더 명확하게 나타난다.

```
> qqnorm(resid(out))
> qqline(resid(out))
```

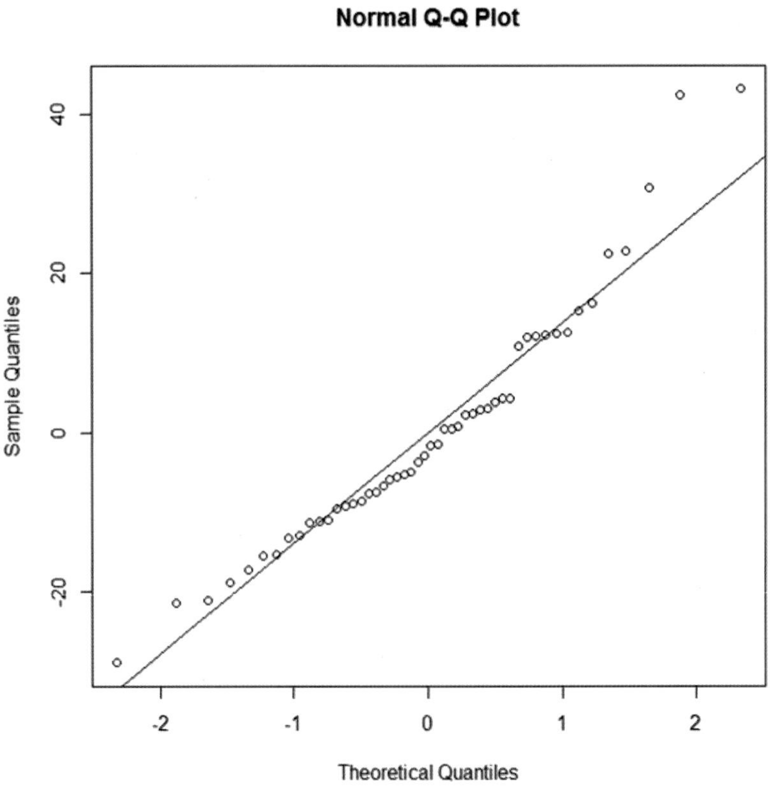

이번에는 구체적으로 잔차의 정규성 검정을 위해 Shapiro 검정을 실시해 보자. 다음 분석 결과에서 보듯이 정규성 검정 결과 잔차가 정규분포를 따른다는 영가설을 기각하게 되므로(p=0.021) 잔차가 정규분포를 보이지 않음을 알 수 있다.

> shapiro.test(resid(out))

```
> shapiro.test(resid(out))  # 정확한 p-value 제시

        Shapiro-Wilk normality test

data:  resid(out)
W = 0.94509, p-value = 0.02152

> |
```

13.3.1.2 독립성(Independence)

앞에서 본 [그림 13-5]에서는 종속변수의 값들이 서로 독립적인지 알 수 없다. 일반적으로 종속변수의 독립성을 알기 위해서는 데이터가 어떻게 수집되었는가를 이해해야 한다. 즉, 데이터가 어떻게 수집되었는가를 이해하는 것이 종속변수와 그 잔차(the residuals)가 서로 독립적인지 이해할 수 있는 최선의 방법이 된다. 예를 들어, 어떤 자동차의 정지거리(stopping distance)가 또 다른 자동차의 정지거리에 영향을 준다는 사전적인 이유가 없다면 데이터는 독립적이라 할 수 있다. 하지만 동일한 회사의 동일한 모델로부터 수집된 데이터라면 독립성 가정을 조정할 필요가 있을 것이다(Kabacoff, 2015, p. 183).

잔차의 독립성(independence of errors)

예를 들어, 시계열 데이터의 경우 종종 자기상관관계(autocorrelation)를 보인다. 즉, 시간적으로 인접한 관찰치들은 시간적으로 멀리 떨어져 있는 관찰치보다 서로 더 높은 상관관계를 보인다. car 패키지에는 이러한 자기상관관계 오류를 발견하는 Durbin-Watson 검정 기능이 있다.

```
> library(car)
> durbinWatsonTest(out)
```

```
> library(car)
> durbinWatsonTest(out)
 lag Autocorrelation D-W Statistic p-value
   1       0.1604322      1.676225   0.184
 Alternative hypothesis: rho != 0
> |
```

분석 결과 통계적으로 유의하지 않은 p값(p=0.184)을 보면 자기상관관계가 없는, 즉 잔차의 독립성을 알 수 있다.

이 검정은 시간의존적인 데이터(time-dependent data)인 경우 적절하지만 그렇지 않은 데이터일 경우 적합하지 않다고 하겠다. durbinWatsonTest는 p값을 구하기 위해 부트스트레핑(bootstrapping)방법을 사용하기 때문에 simulate=FALSE 옵션을 사용하지 않는 이상 검정할 때마다 약간 다른 값을 산출하게 된다(Kabacoff, 2015, p. 190).

13.3.1.3 선형관계(Linearity)

종속변수가 독립변수와 선형관계라면 잔차(residuals)와 예측치(fitted or predicted values) 간에는 어떤 체계적인 관계가 없어야 한다. 즉, 모형은 데이터의 모든 체계적인 분산을 포괄할 수 있어야 하며 남아있는 것은 다만 랜덤분산이어야 하는 것이다. 다음 플롯에서는 별다른 체계적인 관계가 보이지 않는다.

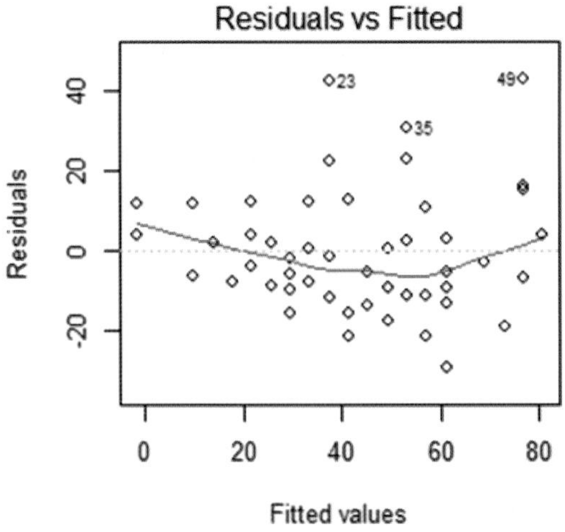

13.3.1.4 등분산성(Homoscedasticity)

종속변수의 분산이 일정하다는 것을 의미하는 등분산성을 충족하려면, 다음 그림에서 데이터의 값들은 수평선을 중심으로 (어떤 특정한 모형이 없는) 랜덤 형태(random band around a horizontal line)로 나타나야 하는데, 이 가정은 대체로 충족된 것으로 보인다.

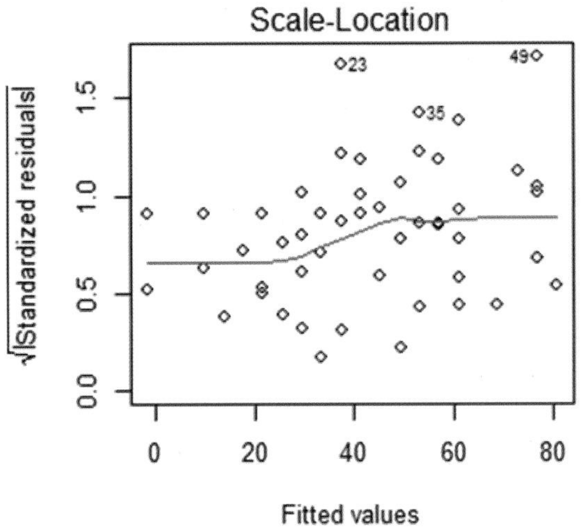

마지막으로 잔차와 레버리지 그래프는 주의를 기울여야 할 개별 데이터 값들에 대한 정보를 제공한다. 이 그래프는 이상치, 높은 레버리지값 그리고 영향력 있는 관찰값들을 발견할 수 있도록 한다(Kabacoff, 2015, pp. 184−185).

- **이상치**(outlier)는 회귀모형에 의해 잘 예측되지 않는 관찰값을 말하며 표준화 잔차(standardized residuals)가 큰 경우에 해당된다(보통 ±2.0보다 큰 경우).
- **높은 레버리지값**(high leverage value)을 가진 관찰값은 특이한 예측변수의 값(unusual combination of predictor values)으로 구성된다. 즉, 독립변수 측면에서 이상치를 말하며 레버리지를 계산하는 데 종속변수는 사용되지 않는다. 레버리지는 hat값으로 나타내며 평균보다 2~3배 크면 높은 값이다.
- **영향력 있는 관찰값**(influential observation)은 모형의 계수(model parameters)를 결정하는 데 특이한 영향(disproportionate impact)을 주는 값을 말하며, Cook's distance값으로 파악될 수 있다(보통 ±1.0 이상).

다음 그림에서는 23번과 49번 케이스가 이상치에 해당되는 것을 제외하고는 특이사항이 없다고 하겠다.

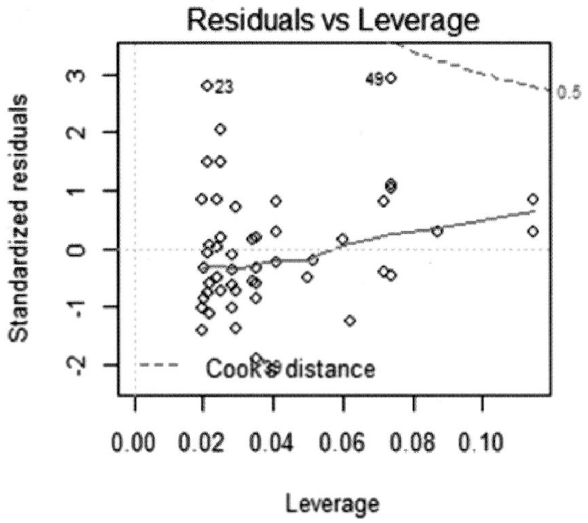

이러한 결과는 다음 플롯에서도 확인할 수 있다. 즉, 23번과 49번 케이스가 이상치에 해당됨을 확인할 수 있다.

> influencePlot(out, main="Influence Plot", sub="Circle size is proportional to Cook's distance")

```
> influencePlot(out, main="Influence Plot", sub="Circle size is proportional to Cook's distance")
     StudRes        Hat       CookD
1  0.2634500 0.11486131 0.004592312
2  0.8160784 0.11486131 0.043513991
23 3.0228288 0.02143066 0.085551808
49 3.1849928 0.07398540 0.340395934
> |
```

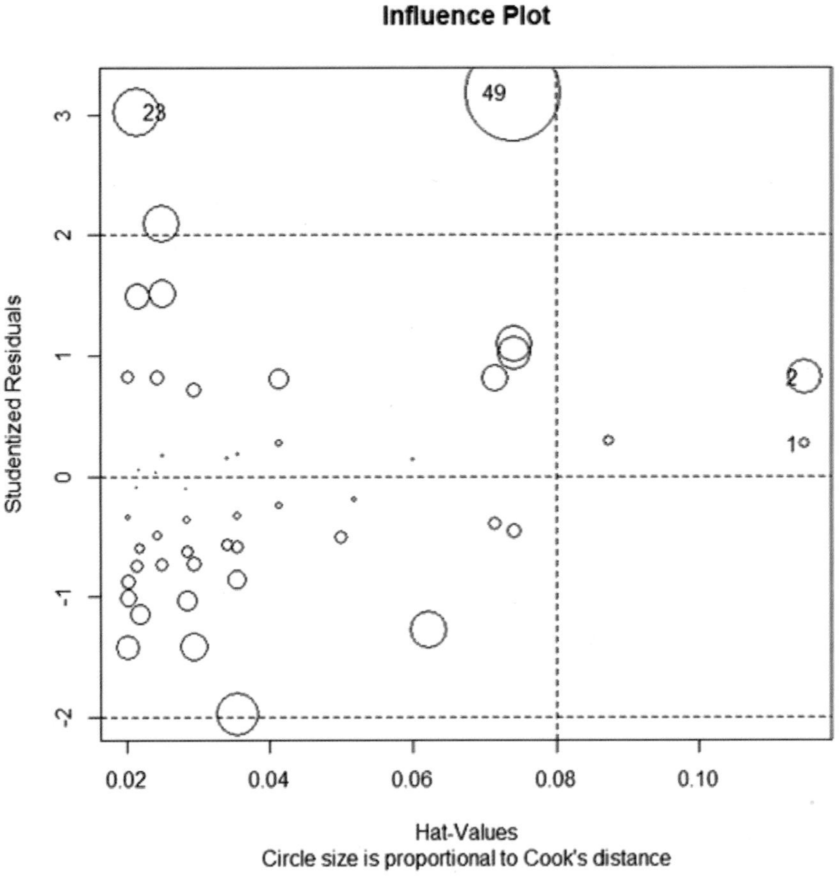
Influence Plot
Studentized Residuals
Hat-Values
Circle size is proportional to Cook's distance
23
49
2
1
3
2
1
0
-1
-2
0.02
0.04
0.06
0.08
0.10

13.3.1.5 선형 모형의 가정에 대한 종합적 검정

한편, 패키지 'gvlma'를 활용하여 선형모형의 가정에 대한 전반적인 검정(global validation of linear model assumptions)을 다음과 같이 실시할 수 있다.

```
> library(gvlma)
> gvmodel <- gvlma(out)
> summary(gvmodel)
```

```
ASSESSMENT OF THE LINEAR MODEL ASSUMPTIONS
USING THE GLOBAL TEST ON 4 DEGREES-OF-FREEDOM:
Level of Significance =  0.05

Call:
 gvlma(x = out)

                    Value  p-value                   Decision
Global Stat        15.801 0.003298 Assumptions NOT satisfied!
Skewness            6.528 0.010621 Assumptions NOT satisfied!
Kurtosis            1.661 0.197449    Assumptions acceptable.
Link Function       2.329 0.126998    Assumptions acceptable.
Heteroscedasticity  5.283 0.021530 Assumptions NOT satisfied!
> |
```

여기서 사용한 gvlma( )기능은 선형 모형의 가정에 대한 종합적 검정 기능을 갖고 있으며 또한 왜도, 첨도 및 등분산성에 대한 검정기능도 갖추고 있다. 다시 말하면 모형의 가정에 대한 단순화된 종합 검정 결과를 제시한다.

위 분석 결과 중 Global Stat을 보면 전반적으로 OLS 회귀모형의 통계적 가정을 충족하지 않음을 알 수 있다($p=0.003$). 구체적으로 왜도(skewness)와 등분산성에서 가정을 충족시키지 못하고 있음을($p=0.010$, $p=0.021$) 보여 준다. 따라서 우선적으로 정규분포의 가정을 위반하고 있는 문제를 해결해 보자.

13.3.2 종속변수의 변환

데이터가 정규분포를 보이지 못하거나 분산이 퍼질 때 log( )나 sqrt( )로 종속변수를 변환(transform)시키면 데이터가 선형에 가깝고 분산도 일정해진다. 다음 분석 결과를 보면 log-변환보다 sqrt-변환이 선형에 더 가깝고 분산도 더 집중되어 있음을 알 수 있다.

```
> plot(log(dist)~speed, data=cars)
```

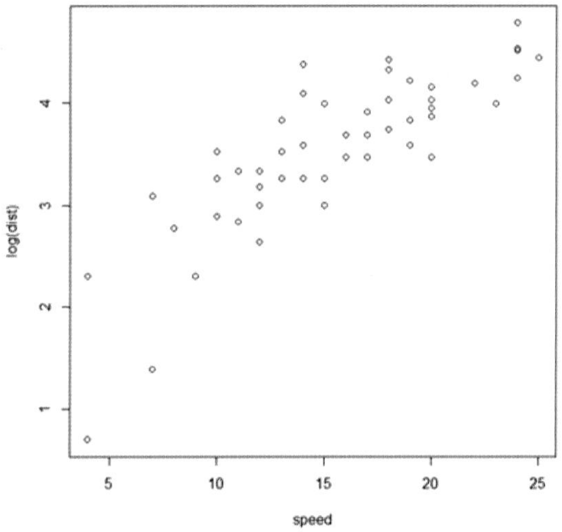


```
> plot(sqrt(dist)~speed, data=cars)
```

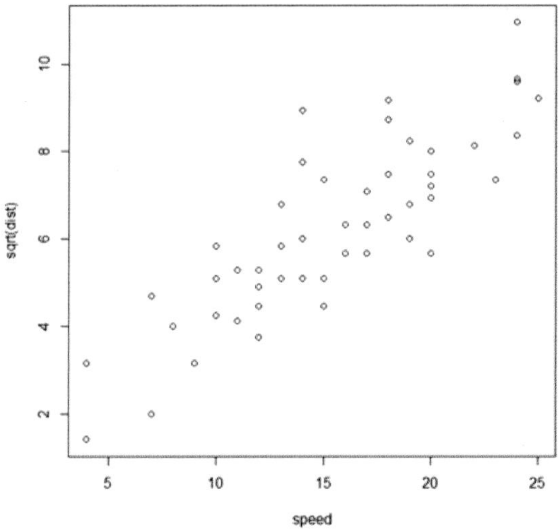

TIP 종속변수의 변환

정규성 가정을 위반할 경우 종속변수를 변환하는 것이 일반적이다. 패키지 car의 powerTransform( ) 기능을 사용하여 종속변수를 변환한 다음 분석 결과를 보면 dist0.5 하는 것(제곱근으로 변환)이 적절하게 보인다. 즉, 람다(lambda)=0(로그 변환) 및 람다(lambda)=1(변환하지 않음)의 가설이 각각 기각됨($p<0.001$, $p=0.004$)으로써 제곱근 변환을 강하게 뒷받침하고 있다.

```
> library(car)
> summary(powerTransform(cars$dist))
```

```
> library(car)
필요한 패키지를 로딩중입니다: carData
> summary(powerTransform(cars$dist))
bcPower Transformation to Normality
          Est Power Rounded Pwr Wald Lwr Bnd Wald Upr Bnd
cars$dist    0.4951         0.5       0.1816       0.8085

Likelihood ratio test that transformation parameter is equal to 0
 (log transformation)
                         LRT df     pval
LR test, lambda = (0) 11.671  1 0.000635

Likelihood ratio test that no transformation is needed
                         LRT df     pval
LR test, lambda = (1) 8.2987  1 0.00397
> |
```

람다	−2	−1	−0.5	0	0.5	1	2
변환	$1/Y^2$	$1/Y$	$1/\sqrt{Y}$	$\log(Y)$	$\sqrt{Y}$	None	Y^2

출처: Kabacoff (2015), p. 199.

앞의 결과를 바탕으로 해서 종속변수를 제곱근으로 변환한 후 모형분석을 시행하면 다음과 같은 결과를 얻게 된다. 즉, 원 모형에 비해 R^2가 0.651에서 0.709로 증가하였음을 알 수 있다. 그리고 산점도와 회귀선도 변환하기 전보다 더 적합함을 알 수 있다.

```
> out2 <- lm(sqrt(dist) ~ speed, data=cars)
> summary(out2)
```

```
> out2 <- lm(sqrt(dist) ~ speed, data=cars)
> summary(out2)

Call:
lm(formula = sqrt(dist) ~ speed, data = cars)

Residuals:
    Min      1Q  Median      3Q     Max 
-2.0684 -0.6983 -0.1799  0.5909  3.1534 

Coefficients:
            Estimate Std. Error t value Pr(>|t|)    
(Intercept)  1.27705    0.48444   2.636   0.0113 *  
speed        0.32241    0.02978  10.825 1.77e-14 ***
---
Signif. codes:  0 '***' 0.001 '**' 0.01 '*' 0.05 '.' 0.1 ' ' 1

Residual standard error: 1.102 on 48 degrees of freedom
Multiple R-squared:  0.7094,    Adjusted R-squared:  0.7034 
F-statistic: 117.2 on 1 and 48 DF,  p-value: 1.773e-14
```

```
> plot(sqrt(dist)~speed, data=cars, col="blue")
> abline(out2, col="red")
```

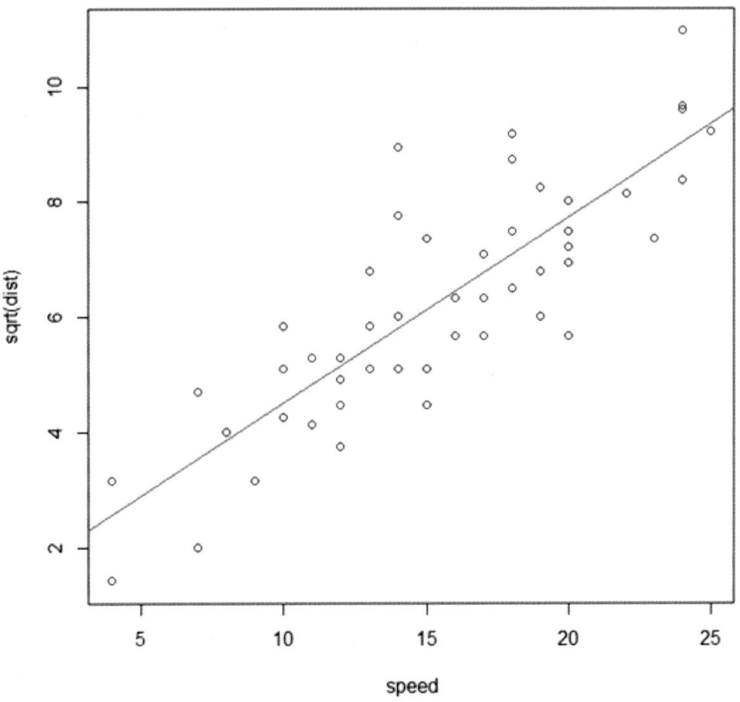

이제 두 번째 모형으로 다시 회귀진단을 실시하면 다음 그림에서 보는 것처럼 plot(out2)는 plot(out)과 큰 차이가 없지만 조금 더 정규분포에 가까워 보임을 알 수 있다.

```
> par(mfrow=c(2,2))
> plot(out2)
```

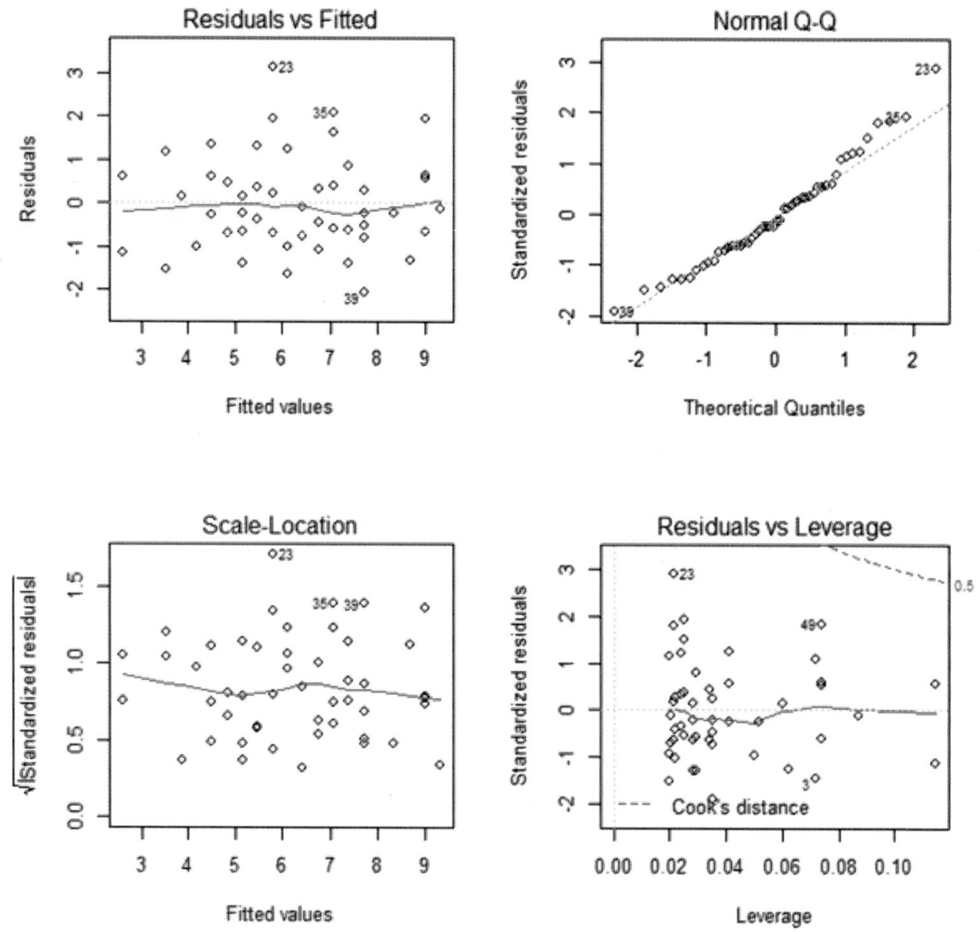

13.3.2.1 정규성(Normality)

앞서 설명한대로 정규 Q-Q 플롯은 정규분포하에서 기대되는 값에 대해 표준화된 잔차의 확률 플롯이다. 이 정규분포 가정을 충족하게 된다면 이 플롯의 데이터(점)들은 모두 45도 점선 위에 위치해야 한다. 여기서는 정규분포의 가정을 크게 위반한 것으로 보이지 않는다.

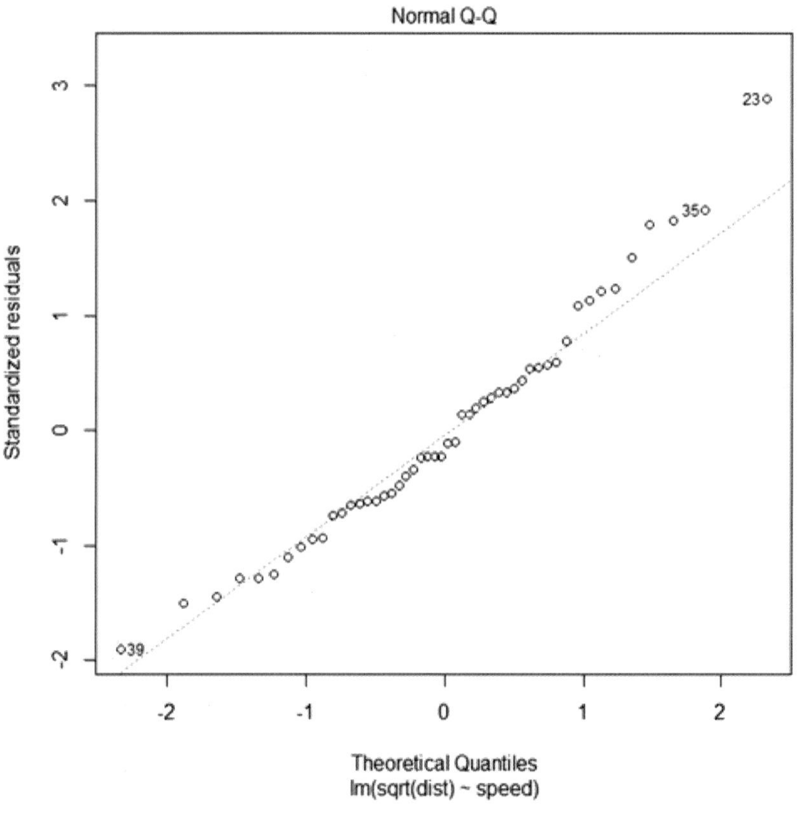

정규성을 좀 더 세밀하게 검정하기 위해 다음 Q-Q Normal Plot을 살펴보면 잔차는 비교적 정규분포를 따른다고 볼 수 있다.

```
> qqnorm(resid(out2))
> qqline(resid(out2))
```

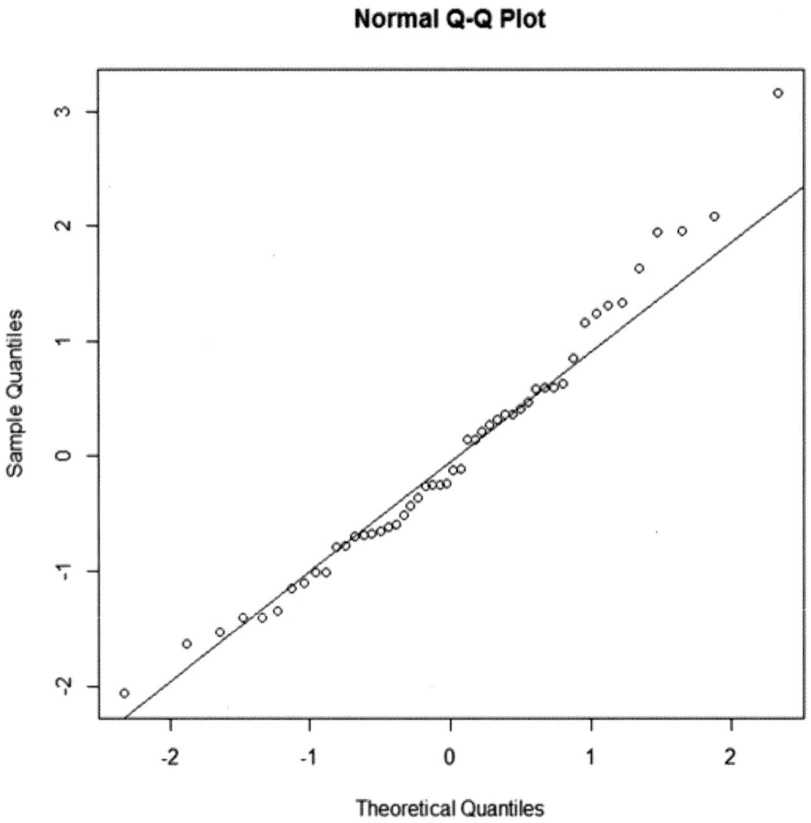

이어서 다음과 같이 정규분포 검정을 해 보면 종속변수를 제곱근으로 변환하였을 경우에는 잔차는 정규분포를 따른다고 하겠다(p=0.314).

> shapiro.test(resid(out2))

```
> shapiro.test(resid(out2))

        Shapiro-Wilk normality test

data:  resid(out2)
W = 0.97332, p-value = 0.3143

> |
```

13.3.2.2 독립성(Independence)

본 분석의 종속변수인 자동차의 정지거리(stopping distance)가 또 다른 자동차의 정지거리에 영향을 준다는 구체적인 이유가 없다면 데이터는 독립적이라고 볼 수 있다.

13.3.2.3 선형관계(Linearity)

종속변수가 독립변수와 선형관계라면 잔차와 예측치 간에는 어떤 체계적인 관계가 없어야 한다. 즉, 모형은 데이터의 모든 체계적인 분산을 포괄할 수 있어야 하며 남아있는 것은 다만 랜덤분산이어야 하는 것이다. 다음 플롯에서는 별다른 체계적인 관계가 보이지 않는다.

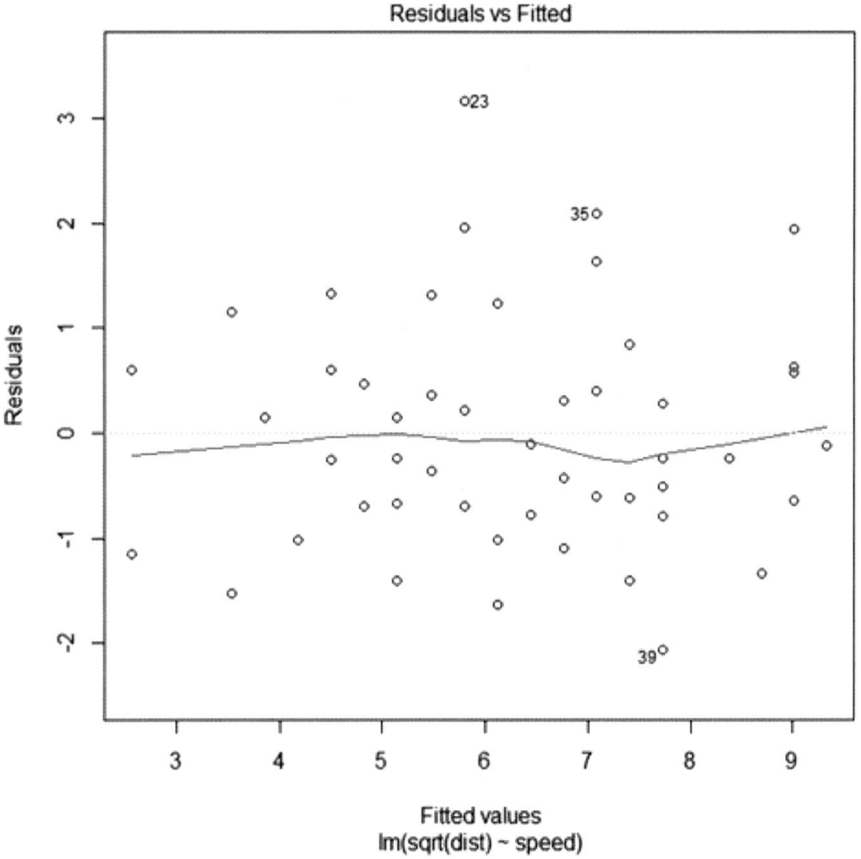

13.3.2.4 등분산성(Homoscedasticity)

등분산성(constant variance)을 충족하려면, 다음 그래프에서 데이터의 값들은 수평선을 중심으로 (어떤 특정한 모형이 없는) 랜덤 형태로 나타나야 한다. 이 가정은 충족된 것을 보인다.

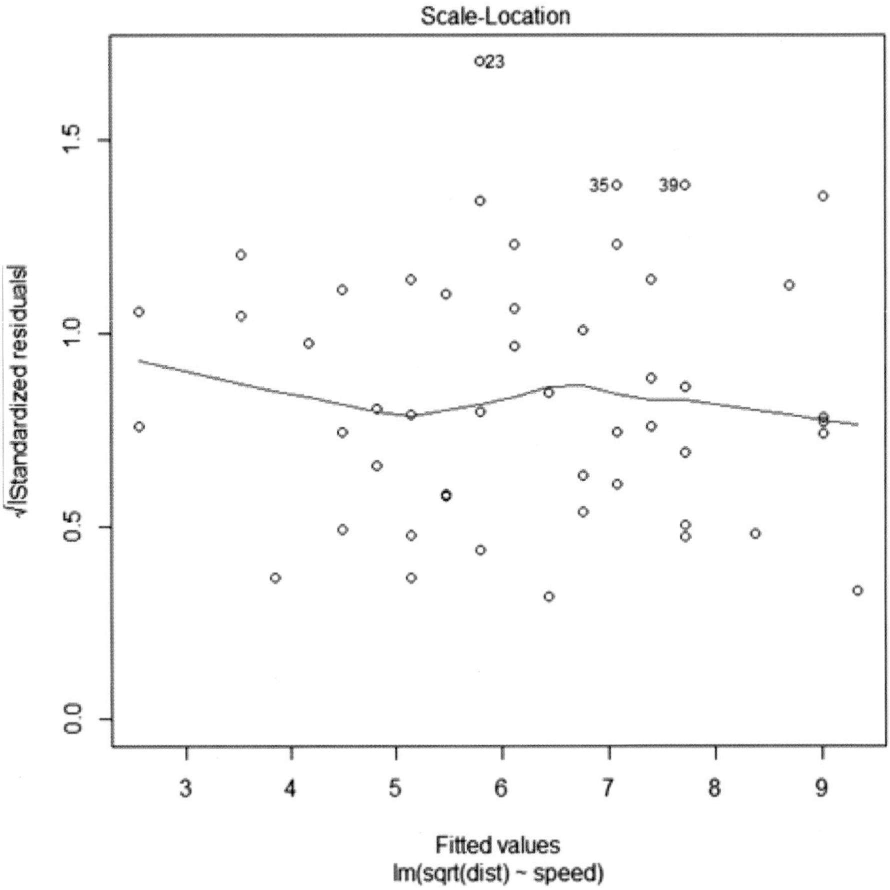

마지막으로 다음 그림에서 잔차 및 레버리지 그래프, 그리고 영향력 있는 관찰값들을 살펴보면, 이상치로 보이는 23번 케이스 외에는 특이사항이 없다고 하겠다.

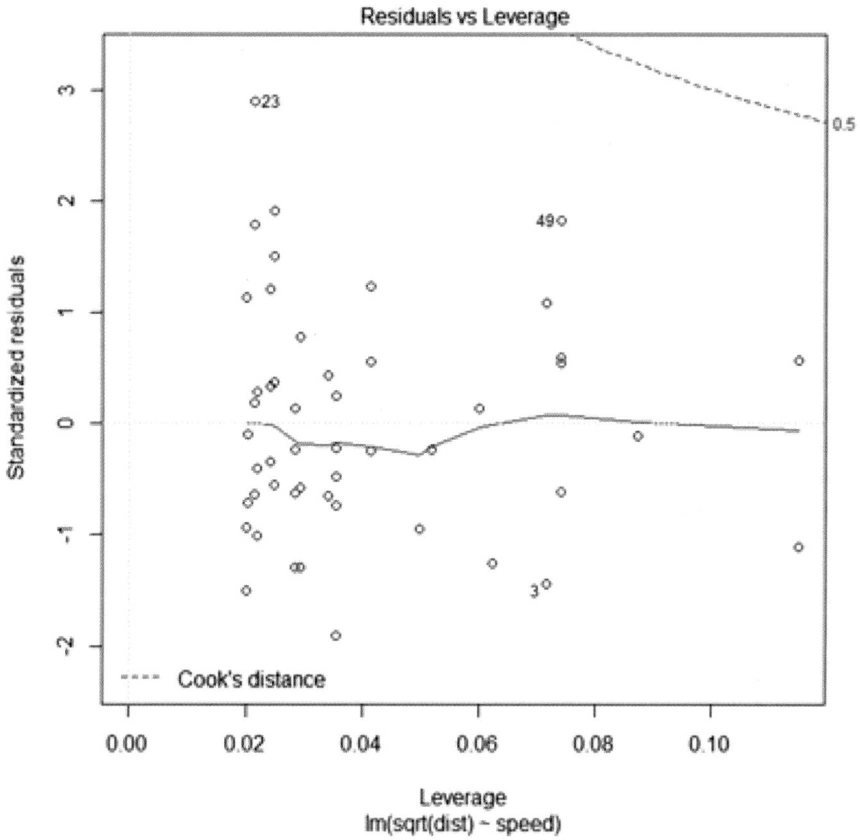

13.3.2.5 선형 모형의 가정에 대한 종합적 검정

앞선 분석에서와 마찬가지로 package 'gvlma'를 활용하여 선형모형의 가정에 대한 전반적인 검정을 실시하여 얻은 결과는 다음과 같다.

```
> library(gvlma)
> gvmodel <- gvlma(out2)
> summary(gvmodel)
```

```
ASSESSMENT OF THE LINEAR MODEL ASSUMPTIONS
USING THE GLOBAL TEST ON 4 DEGREES-OF-FREEDOM:
Level of Significance =  0.05

Call:
 gvlma(x = out2)

                    Value p-value                Decision
Global Stat        3.03592 0.55183 Assumptions acceptable.
Skewness           2.81284 0.09351 Assumptions acceptable.
Kurtosis           0.04915 0.82455 Assumptions acceptable.
Link Function      0.09269 0.76078 Assumptions acceptable.
Heteroscedasticity 0.08124 0.77563 Assumptions acceptable.
> |
```

선형모형의 가정에 대한 단순화된 종합 검정 결과를 제시하는 gvlma 기능을 활용하여 분석한 결과, 전반적으로(Global Stat) OLS 회귀모형의 통계적 가정을 충족하고 있음을 알 수 있다($p=0.552$). 그리고 왜도($p=0.094$) 및 등분산성($p=0.776$)에서도 가정이 충족되었음을 확인할 수 있다.

14 다중회귀분석

독립변수가 1개인 단순회귀분석에 비해 다중회귀분석(multiple regression)은 독립변수가 2개 이상인 경우의 회귀분석을 의미한다. 어떤 사회현상이나 관계를 설명하거나 예측하고자 하는 경우에는 대체로 독립변수를 2개 이상 포함하는 것이 일반적이다. 하지만 모형에 포함된 독립변수들 간의 상관관계가 높을 경우 중복된 정보를 모형에 포함하게 됨에 따라 변수의 낭비를 초래할 뿐만 아니라 다중공선성(multicollinearity)의 문제를 야기할 수 있다.

TIP

- 각 독립변수는 종속변수와 상관관계가 높아야 한다(상관관계분석).
- 선택된 독립변수들 간에는 상관관계가 낮아야 한다(다중공선성 해결).
- 모형은 간명성의 원칙(parsimonious model)을 따른다. 즉, 가능한 적은 독립변수의 수로 모형을 설정한다.

출처: 안재형(2011), p. 109.

14.1 다중회귀분석(multiple linear regression)

여기서 사용할 데이터는 state.x77으로 미국 50개 주의 인구, 소득, 문맹률 등에 대한 데이터이며 다음은 데이터에 대한 간략한 설명이다.

state.x77:

matrix with 50 rows and 8 columns giving the following statistics in the respective columns.

Population:

population estimate as of July 1, 1975

Income:

per capita income (1974)

Illiteracy:

illiteracy (1970, percent of population)

Life Exp:

life expectancy in years (1969–71)

Murder:

murder and non-negligent manslaughter rate per 100,000 population (1976)

출처: http://127.0.0.1:10931/library/datasets/html/state.html

Income: 인구 1인당 소득
Illiteracy: 문맹률(인구의 퍼센트)
Murder: 인구 100,000명당 살인(치사)율
Frost: 온도가 영하로 내려가는 연간 평균일 수(days)

우선 state.x77 데이터 중에서 5개의 변수만 선정한 데이터프레임을 만든다.

```
> head(state.x77)
> states <- data.frame(state.x77[, c("Murder", "Population", "Illiteracy", "Income",
```

"Frost")])

> head(states)

> cor(states) #상관분석

```
> # Multiple linear regression
> head(state.x77)
           Population Income Illiteracy Life Exp Murder HS Grad Frost   Area
Alabama          3615   3624        2.1    69.05   15.1    41.3    20  50708
Alaska            365   6315        1.5    69.31   11.3    66.7   152 566432
Arizona          2212   4530        1.8    70.55    7.8    58.1    15 113417
Arkansas         2110   3378        1.9    70.66   10.1    39.9    65  51945
California      21198   5114        1.1    71.71   10.3    62.6    20 156361
Colorado         2541   4884        0.7    72.06    6.8    63.9   166 103766
> states <- as.data.frame(state.x77[, c("Murder", "Population", "Illiteracy", "Income", "Frost")])
> head(states)
           Murder Population Illiteracy Income Frost
Alabama      15.1       3615        2.1   3624    20
Alaska       11.3        365        1.5   6315   152
Arizona       7.8       2212        1.8   4530    15
Arkansas     10.1       2110        1.9   3378    65
California   10.3      21198        1.1   5114    20
Colorado      6.8       2541        0.7   4884   166
> cor(states)
               Murder Population Illiteracy     Income      Frost
Murder      1.00000    0.34364    0.70298 -0.23008 -0.53888
Population  0.34364    1.00000    0.10762  0.20823 -0.33215
Illiteracy  0.70298    0.10762    1.00000 -0.43708 -0.67195
Income     -0.23008    0.20823   -0.43708  1.00000  0.22628
Frost      -0.53888   -0.33215   -0.67195  0.22628  1.00000
```

이어서 str( ) 및 class( ) 기능을 활용하여 데이터 구조를 살펴보면 states는 데이터 프레임으로 5개 변수 및 50 케이스로 구성되었음을 알 수 있다.

> str(states)

> class(states)

```
> str(states)
'data.frame':	50 obs. of  5 variables:
 $ Murder    : num  15.1 11.3 7.8 10.1 10.3 6.8 3.1 6.2 10.7 13.9 ...
 $ Population: num  3615 365 2212 2110 21198 ...
 $ Illiteracy: num  2.1 1.5 1.8 1.9 1.1 0.7 1.1 0.9 1.3 2 ...
 $ Income    : num  3624 6315 4530 3378 5114 ...
 $ Frost     : num  20 152 15 65 20 166 139 103 11 60 ...
> class(states)
[1] "data.frame"
> |
```

다중회귀분석을 시행하기에 앞서 각 변수 간의 관계를 검토하기 위해 다음과 같이 psych 패키지를 이용하여 변수 간 상관분석을 실시하면 다음과 같다.

```
> library(psych)
> lowerCor(states, use="pairwise")
> corr.test(states, use="pairwise")
```

```
> lowerCor(states, use="pairwise")
           Murdr Ppltn Illtr Incom Frost
Murder      1.00
Population  0.34  1.00
Illiteracy  0.70  0.11  1.00
Income     -0.23  0.21 -0.44  1.00
Frost      -0.54 -0.33 -0.67  0.23  1.00
> corr.test(states, use="pairwise")
Call:corr.test(x = states, use = "pairwise")
Correlation matrix
           Murder Population Illiteracy Income Frost
Murder       1.00       0.34       0.70  -0.23 -0.54
Population   0.34       1.00       0.11   0.21 -0.33
Illiteracy   0.70       0.11       1.00  -0.44 -0.67
Income      -0.23       0.21      -0.44   1.00  0.23
Frost       -0.54      -0.33      -0.67   0.23  1.00
Sample Size
[1] 50
Probability values (Entries above the diagonal are adjusted for multiple tests.)
           Murder Population Illiteracy Income Frost
Murder       0.00       0.09       0.00   0.43  0.00
Population   0.01       0.00       0.46   0.43  0.09
Illiteracy   0.00       0.46       0.00   0.01  0.00
Income       0.11       0.15       0.00   0.00  0.43
Frost        0.00       0.02       0.00   0.11  0.00
```

이어서 상관분석 결과를 그림으로 나타내면 다음과 같다.

```
> corPlot(states, numbers=T, stars=T, upper=F, diag=F)
```

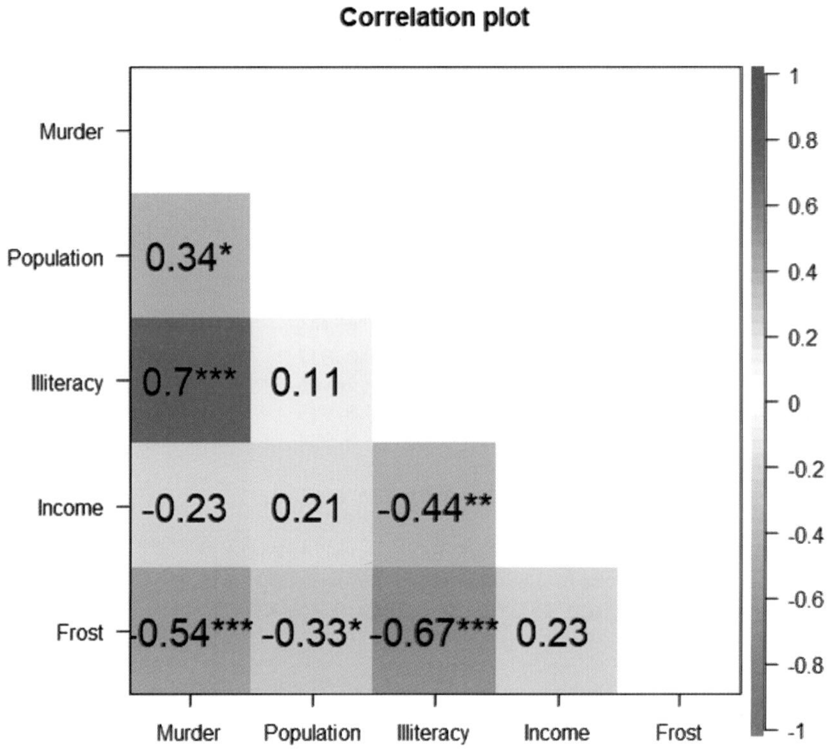

이제 Murder(살인율)를 종속변수로 하고 나머지 변수들을 독립변수로 투입하여 회귀분석을 실행해 보자. 다음 분석 결과를 보면 회귀모형은 전반적으로 종속변수를 설명하는 데 유의한 회귀모형(F=14.7, $p<0.001$)이며 종속변수 분산의 56.7%를 설명하고 있다($R^2=0.567$). 그리고 4개의 독립변수 중에서 Population과 Illiteracy는 통계적으로 유의하며, 나머지 변수들을 통제한 상태에서 인구가 많을수록 살인율은 증가하며, 마찬가지로 문맹률이 증가할수록 살인율은 증가하는 것으로 나타났다.

```
> fit <- lm(Murder ~ Population + Illiteracy + Income + Frost, data=states)
> summary(fit)
```

```
> fit <- lm(Murder ~ Population + Illiteracy + Income + Frost, data=states)
> summary(fit)

Call:
lm(formula = Murder ~ Population + Illiteracy + Income + Frost,
    data = states)

Residuals:
   Min     1Q Median     3Q    Max
-4.796 -1.649 -0.081  1.482  7.621

Coefficients:
            Estimate Std. Error t value Pr(>|t|)
(Intercept) 1.23e+00   3.87e+00    0.32    0.751
Population  2.24e-04   9.05e-05    2.47    0.017 *
Illiteracy  4.14e+00   8.74e-01    4.74  2.2e-05 ***
Income      6.44e-05   6.84e-04    0.09    0.925
Frost       5.81e-04   1.01e-02    0.06    0.954
---
Signif. codes:  0 '***' 0.001 '**' 0.01 '*' 0.05 '.' 0.1 ' ' 1

Residual standard error: 2.53 on 45 degrees of freedom
Multiple R-squared:  0.567,     Adjusted R-squared:  0.528
F-statistic: 14.7 on 4 and 45 DF,  p-value: 9.13e-08

> |
```

한편 회귀분석에서 표준화된 회귀계수(standardized regression coefficients)를 제시하고 싶다면 데이터를 먼저 표준화한 다음 회귀분석을 다음과 같이 실시한다. 표준화된 회귀계수는 독립변수의 영향력을 서로 비교할 때 유용하다.

```
> zstates <- data.frame(scale(states)) # states를 모두 표준화
> zfit <- lm(Murder ~ Population + Illiteracy + Income + Frost, data=zstates)
> coef(zfit)
> summary(zfit)
```

```
> zstates=data.frame(scale(states))
> zfit=lm(Murder ~ Population + Illiteracy + Income + Frost, data=zstates)
> coef(zfit)
  (Intercept)    Population    Illiteracy        Income         Frost
-2.054026e-16  2.705095e-01  6.840496e-01  1.072372e-02  8.185407e-03
> summary(zfit)

Call:
lm(formula = Murder ~ Population + Illiteracy + Income + Frost,
    data = zstates)

Residuals:
     Min       1Q   Median       3Q      Max
-1.29918 -0.44682 -0.02197  0.40132  2.06446

Coefficients:
              Estimate Std. Error t value Pr(>|t|)
(Intercept) -2.054e-16  9.711e-02   0.000   1.0000
Population   2.705e-01  1.095e-01   2.471   0.0173 *
Illiteracy   6.840e-01  1.444e-01   4.738 2.19e-05 ***
Income       1.072e-02  1.138e-01   0.094   0.9253
Frost        8.185e-03  1.416e-01   0.058   0.9541
---
Signif. codes:  0 '***' 0.001 '**' 0.01 '*' 0.05 '.' 0.1 ' ' 1

Residual standard error: 0.6867 on 45 degrees of freedom
Multiple R-squared:  0.567,     Adjusted R-squared:  0.5285
F-statistic: 14.73 on 4 and 45 DF,  p-value: 9.133e-08
```

위의 결과를 보면 통계적으로 유의한 두 독립변수의 표준화된 회귀계수를 비교하면, 즉 Population(0.27)과 Illiteracy(0.68)를 비교해 보면 Illiteracy의 영향력이 더 큰 것으로 나타났음을 알 수 있다.

14.2 회귀모형의 진단(regression diagnostics)

앞 장에서 설명한대로 회귀모형의 분석 결과로 제시되는 통계치는 그 회귀분석 모형이 적절한지에 대해서는 알려주지 않기 때문에 회귀모형(계수)으로부터의 올바른 추론을 하려면 회귀모형이 어느 정도 통계적 가정을 충족하고 있느냐에 달려있다. 왜냐하면 데이터의 부적절성이나 독립변수와 종속변수 간의 잘못된 관계의 설정은 결과적으로 적합하지 못한 모형(not a proper model)을 만들기 때문이다.

```
> fit <- lm(Murder ~ Population + Illiteracy + Income + Frost, data=states)
> op <- par(mfrow=c(2,2)) # 그림을 4등분하기
> plot(fit)
> par(op) # 그림을 원래 형태로
```

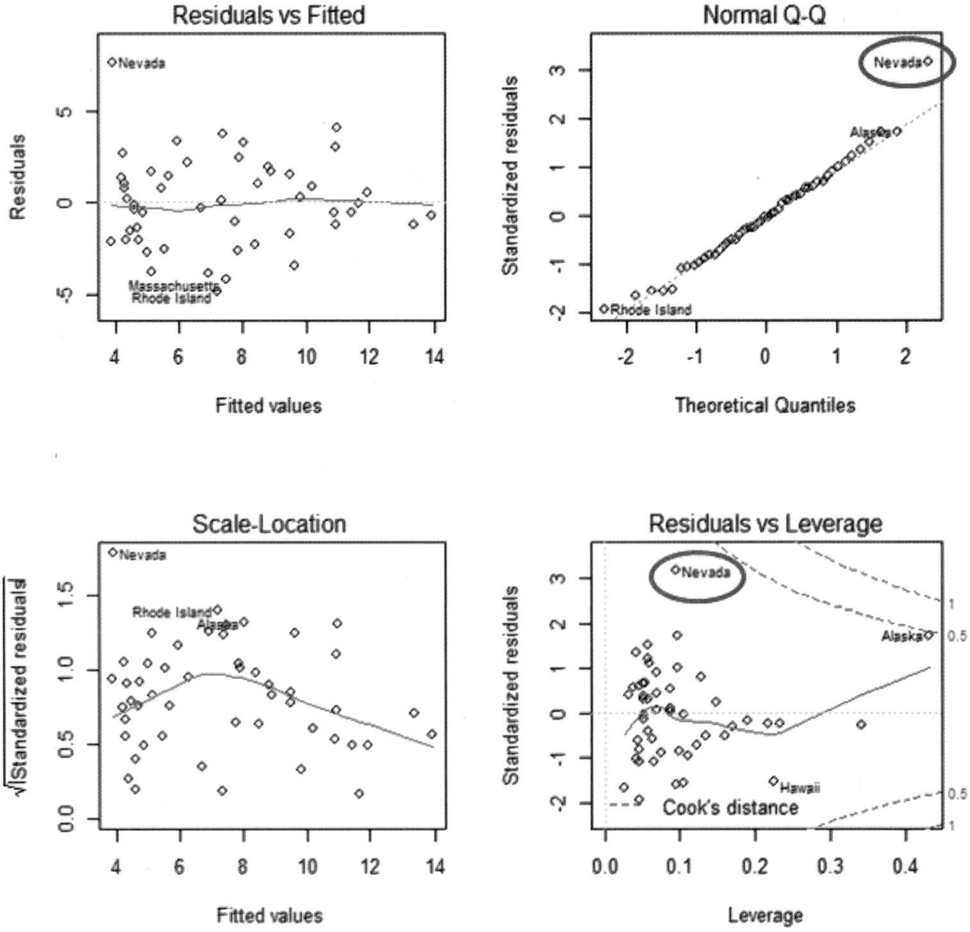

위 결과에서 이상치(outlier)로 보이는 Nevada의 경우를 제외하고는 모형의 가정(정규성, 선형관계, 등분산성)은 대체로 충족된 것으로 보인다.

한편, 정규성에 대한 보다 엄밀한 검정을 다음과 같이 qqPlot을 통해 확인할 수 있다. 다음 플롯은 이상치를 보이는 케이스에 대한 확인과 아울러 simulate=TRUE를 통해 부트스트랩을 통한 95% 신뢰구간을 제시한 결과이다(Kabacoff, 2015, p. 188).

```
> library(car)
> fit <- lm(Murder ~ Population + Illiteracy + Income + Frost, data=states)
> qqPlot(fit, labels=row.names(states), simulate=T, main="Q-Q Plot")
```

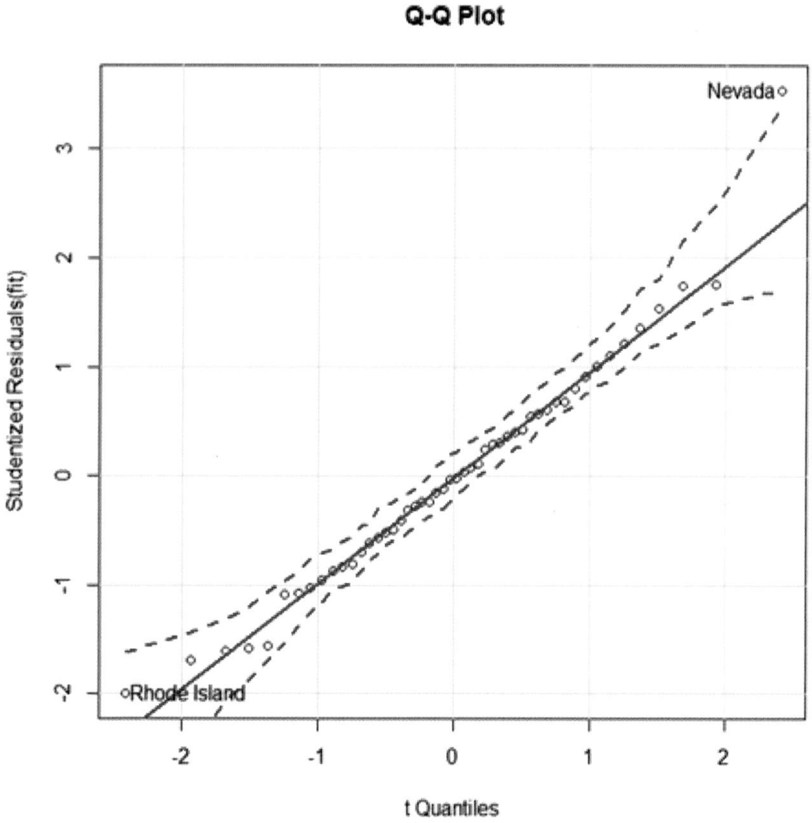

위 플롯에서 이상치로 의심되는 Nevada의 예측치와 잔차를 다음과 같이 살펴보니 관측치와 예측치의 차이인 잔차가 7.62로 크게 나타났다.

> states["Nevada",]
> fitted(fit)["Nevada"] # 예측치
> residuals(fit)["Nevada"] # 잔차
> rstudent(fit)["Nevada"] # 레버리지를 고려한 표준화된 잔차(studentized residuals)

```
>
> states["Nevada", ]
        Murder Population Illiteracy Income Frost
Nevada   11.5        590        0.5   5149   188
> fitted(fit)["Nevada"]
  Nevada
3.878958
> residuals(fit)["Nevada"]
  Nevada
7.621042
> rstudent(fit)["Nevada"]
  Nevada
3.542929
> |
```

14.2.1 이상치(Outliers)

이상치는 모형에 의해 잘 예측되지 않는 관측치를 말하며 일반적으로 잔차($Y_i - \widehat{Y_i}$)가 특이하게 큰 경우를 말한다. 정적 잔차의 경우 모형이 종속변수를 과소추정하고 있음을 그리고 부적 잔차의 경우 모형이 과대추정을 하고 있음을 보여 준다. 이상치를 검정하는 outlierTest( ) 기능은 가장 큰 잔차(절대값)에 대한 Bonferroni 수정 유의확률 값을 보여 준다(Kabacoff, 2015, p. 194).

```
> library(car)
> outlierTest(fit)
```

```
> # Assesing outliers
> library(car)
경고메시지(들):
패키지 'car'는 R 버전 3.3.3에서 작성되었습니다
> outlierTest(fit)
       rstudent unadjusted p-value Bonferonni p
Nevada 3.542929         0.00095088     0.047544
> |
```

위 결과를 보면 Nevada가 이상치(p=0.048)로 발견되었으며, 이 분석방법은 가장 큰 잔차를 이상치로 검정하고 있다. 만약 유의하지 않다면 데이터에 이상치가 없는 것으로 볼 수 있으며, 만약 유의하다면 이 이상치를 제외하고 다시 분석하여 다른 이상치가 있는지 검토하는 것이 필요하다.

그러므로 이상치 Nevada를 제외하고 다시 분석해 보면 다음과 같은 결과를 얻을 수 있다.

```
> fita <- lm(Murder ~ Population + Illiteracy + Income + Frost,
  data=states[-28, ]) # 28번째 케이스인 Nevada 제외
> summary(fita)
> outlierTest(fita)
```

```
> fita <- lm(Murder ~ Population + Illiteracy + Income + Frost, data=states[-28,])
> summary(fita)

Call:
lm(formula = Murder ~ Population + Illiteracy + Income + Frost,
    data = states[-28, ])

Residuals:
    Min      1Q  Median      3Q     Max
-4.3849 -1.6753 -0.1691  1.5937  4.4115

Coefficients:
              Estimate Std. Error t value Pr(>|t|)
(Intercept)  3.037e+00  3.486e+00   0.871  0.38838
Population   2.481e-04  8.104e-05   3.061  0.00375 **
Illiteracy   4.020e+00  7.807e-01   5.150 5.87e-06 ***
Income      -2.599e-04  6.167e-04  -0.421  0.67546
Frost       -4.133e-03  9.066e-03  -0.456  0.65071
---
Signif. codes:  0 '***' 0.001 '**' 0.01 '*' 0.05 '.' 0.1 ' ' 1

Residual standard error: 2.261 on 44 degrees of freedom
Multiple R-squared:  0.6541,    Adjusted R-squared:  0.6226
F-statistic:  20.8 on 4 and 44 DF,  p-value: 1.108e-09

> outlierTest(fita)

No Studentized residuals with Bonferonni p < 0.05
Largest |rstudent|:
       rstudent unadjusted p-value Bonferonni p
Alaska 2.840868          0.0068493      0.33562
```

위 결과에서 보듯이 Nevada를 제외하고 이상치 검정을 한 결과 더 이상 이상치가 없음을 알 수 있다. 그리고 회귀분석 모형에서는 원 모형에 비해 R^2가 0.567에서 0.654로 증가하였음을 알 수 있다.

14.2.2 선형 모형의 가정에 대한 종합적 검정

이제 gvlma( ) 기능을 이용하여 선형 모형의 가정에 대한 종합적인 검정을 실시해 보자.

```
> library(gvlma)
> gvmodel2 <- gvlma(fita)
> summary(gvmodel2)
```

```
ASSESSMENT OF THE LINEAR MODEL ASSUMPTIONS
USING THE GLOBAL TEST ON 4 DEGREES-OF-FREEDOM:
Level of Significance =  0.05

Call:
 gvlma(x = fita)

                    Value p-value                Decision
Global Stat        3.1773  0.5286 Assumptions acceptable.
Skewness           0.1170  0.7323 Assumptions acceptable.
Kurtosis           1.0122  0.3144 Assumptions acceptable.
Link Function      0.2604  0.6098 Assumptions acceptable.
Heteroscedasticity 1.7878  0.1812 Assumptions acceptable.
>
```

검정 결과(Global Stat)를 보면 분석모형이 전반적으로 OLS 회귀모형의 통계적 가정을 충족하고 있음을 알 수 있다($p=0.529$). 만약 이 가정이 충족되지 않는다면(예를 들어, $p<0.05$), 어떤 가정이 위배되었는지 앞서 제시한 방법을 활용해 데이터를 다시 검정해야 할 것이다.

14.3 다중공선성(multicollinearity)

회귀분석의 통계적 가정과 직접 관련된 것은 아니지만 다중회귀분석 결과를 해석할 때 유의해야 할 내용이 바로 다중공선성이다. 예를 들어, 아동의 어휘력에 대한 연구에서 독립변수로 신발크기와 나이를 포함하고 있다고 할 때 이 모형의 전반적인 설명력을 말해 주는 F-test의 결과는 $p<0.001$로 유의하게 나왔지만 신발크기와 나이의 개별 회귀계수는 유의하지 않음을 발견할 수 있다(즉, 어떤 독립변수도 종속변수와 연관되지 않게 나온다).

문제는 신발크기와 나이는 거의 완벽하게 상관관계를 이루고 있다는 것이다. 각 회귀계수는 다른 모든 독립변수를 통제한(동일하게 둔) 상태에서 한 독립변수가 종속변수에 미치는 영향력을 측정하는 것이다. 즉, 나이를 통제한 상태에서 어휘력과 신발크기의 관계를 본 것이다. 이 문제가 바로 다중공선성이며, 이로 인해 회귀계수의 신뢰구간이 커져서 각 회귀계수의 올바른 해석을 어렵게 만든다(Kabacoff, 2015, p. 193).

이제 car 패키지 vif( ) 기능을 이용하여 모형의 다중공선성(multicollinearity)을 검정해 보자.

```
> library(car)
> fit <- lm(Murder ~ Population + Illiteracy + Income + Frost, data=states)
> vif(fit)
> sqrt(vif(fit))
```

```
> library(car)
> vif(fit)
Population Illiteracy     Income      Frost
  1.245282   2.165848   1.345822   2.082547
> sqrt(vif(fit)) > 2 # Problem?
Population Illiteracy     Income      Frost
     FALSE      FALSE      FALSE      FALSE
> sqrt(vif(fit))
Population Illiteracy     Income      Frost
  1.115922   1.471682   1.160096   1.443103
> |
```

다중공선성을 나타내는 통계치가 바로 분산팽창요인(variance inflation factor, VIF)이다. 각 독립변수의 VIF의 제곱근은 각 변수의 회귀계수의 신뢰구간이 서로 상관이 없는 독립변수들로 구성된 모형에 비해서 팽창/확대(expanded)되는 정도를 나타낸다. 일반적으로 VIF의 제곱근의 값이 2보다 크게 되면($\sqrt{VIF} > 2$) 다중공선성의 문제가 있음을 나타낸다(Kabacoff, 2015, p. 194). 따라서 앞의 결과를 보면 독립변수들의 다중공선성 문제는 없음을 알 수 있다.

예제 2 **다중공선성 검정**

이번에는 mtcars 데이터를 이용하여 다중공선성 문제를 다루어 보자.

```
> head(mtcars)
> mtcars2 <- data.frame(mtcars[, c(1,3,4,6)])  # 4개의 변수만 선택
> corr.test(mtcars2, use="complete")  # 상관분석
```

```
> head(mtcars)
                   mpg cyl disp  hp drat    wt  qsec vs am gear carb
Mazda RX4         21.0   6  160 110 3.90 2.620 16.46  0  1    4    4
Mazda RX4 Wag     21.0   6  160 110 3.90 2.875 17.02  0  1    4    4
Datsun 710        22.8   4  108  93 3.85 2.320 18.61  1  1    4    1
Hornet 4 Drive    21.4   6  258 110 3.08 3.215 19.44  1  0    3    1
Hornet Sportabout 18.7   8  360 175 3.15 3.440 17.02  0  0    3    2
Valiant           18.1   6  225 105 2.76 3.460 20.22  1  0    3    1
> mtcars2=data.frame(mtcars[, c(1,3,4,6)])
> corr.test(mtcars2, use="complete")
Call:corr.test(x = mtcars2, use = "complete")
Correlation matrix
       mpg  disp    hp    wt
mpg   1.00 -0.85 -0.78 -0.87
disp -0.85  1.00  0.79  0.89
hp   -0.78  0.79  1.00  0.66
wt   -0.87  0.89  0.66  1.00
Sample Size
[1] 32
Probability values (Entries above the diagonal are adjusted for multiple tests.)
     mpg disp hp wt
mpg    0    0  0  0
disp   0    0  0  0
hp     0    0  0  0
wt     0    0  0  0
```

다음 검정 결과 여기서는 disp(엔진크기)와 wt(무게)의 VIF 제곱근이 모두 2.0을 초과함을 알 수 있다. 여기서 다중공선성 문제를 해결하는 가장 간단한 방법은 다중공선성을 보이는 변수를 제거하는 것이다. 따라서 여기서는 VIF가 가장 큰 disp을 제거하고 분석해 보자.

```
> fit <– lm(mpg ~ disp + hp + wt, data=mtcars)
> summary(fit)
> library(car)
> vif(fit)
> sqrt(vif(fit))
```

```
> fit=lm(mpg ~ disp + hp + wt, data=mtcars)
> summary(fit)

Call:
lm(formula = mpg ~ disp + hp + wt, data = mtcars)

Residuals:
   Min     1Q Median     3Q    Max
-3.891 -1.640 -0.172  1.061  5.861

Coefficients:
             Estimate Std. Error t value Pr(>|t|)
(Intercept) 37.105505   2.110815  17.579  < 2e-16 ***
disp        -0.000937   0.010350  -0.091  0.92851
hp          -0.031157   0.011436  -2.724  0.01097 *
wt          -3.800891   1.066191  -3.565  0.00133 **
---
Signif. codes:  0 '***' 0.001 '**' 0.01 '*' 0.05 '.' 0.1 ' ' 1

Residual standard error: 2.639 on 28 degrees of freedom
Multiple R-squared:  0.8268,    Adjusted R-squared:  0.8083
F-statistic: 44.57 on 3 and 28 DF,  p-value: 8.65e-11

> library(car)
> vif(fit)
    disp       hp       wt
7.324517 2.736633 4.844618
> sqrt(vif(fit)) > 2 # Problem?
 disp    hp    wt
 TRUE FALSE  TRUE
> sqrt(vif(fit))
    disp       hp       wt
2.706385 1.654277 2.201049
```

다음 결과를 보면 disp를 제외한 나머지 독립변수들로만 구성된 회귀식의 경우 hp(마력)와 wt(무게)의 다중공선성 문제는 없음을 알 수 있다.

```
> fit <– lm(mpg ~ hp + wt, data=mtcars)
> summary(fit)
> vif(fit)
> sqrt(vif(fit))
```

```
> fit=lm(mpg ~ hp + wt, data=mtcars)
> summary(fit)

Call:
lm(formula = mpg ~ hp + wt, data = mtcars)

Residuals:
   Min     1Q Median     3Q    Max
-3.941 -1.600 -0.182  1.050  5.854

Coefficients:
            Estimate Std. Error t value Pr(>|t|)
(Intercept) 37.22727    1.59879  23.285  < 2e-16 ***
hp          -0.03177    0.00903  -3.519  0.00145 **
wt          -3.87783    0.63273  -6.129 1.12e-06 ***
---
Signif. codes:  0 ‘***’ 0.001 ‘**’ 0.01 ‘*’ 0.05 ‘.’ 0.1 ‘ ’ 1

Residual standard error: 2.593 on 29 degrees of freedom
Multiple R-squared:  0.8268,    Adjusted R-squared:  0.8148
F-statistic: 69.21 on 2 and 29 DF,  p-value: 9.109e-12

> vif(fit)
      hp       wt
1.766625 1.766625
> sqrt(vif(fit))
      hp       wt
1.329144 1.329144
```

14.4 모형비교(model comparison)

앞서 본 4개의 독립변수로 구성된 원 모형(fit)에서 통계적으로 유의하지 않은(p-value가 큰) Income, Frost를 제외하고 다시 모형을 분석하면 다음의 결과를 얻게 된다. R^2=0.5668로 원 모형(R^2=0.567)과 거의 동일하게 나왔음을 알 수 있다.

```
> fit2 <- lm(Murder ~ Population + Illiteracy, data=states)
> summary(fit2)
```

```
> fit2 <- lm(Murder ~ Population + Illiteracy, data=states)
> summary(fit2)

Call:
lm(formula = Murder ~ Population + Illiteracy, data = states)

Residuals:
    Min      1Q  Median      3Q     Max 
-4.7652 -1.6561 -0.0898  1.4570  7.6758 

Coefficients:
             Estimate Std. Error t value Pr(>|t|)    
(Intercept) 1.652e+00  8.101e-01   2.039  0.04713 *  
Population  2.242e-04  7.984e-05   2.808  0.00724 ** 
Illiteracy  4.081e+00  5.848e-01   6.978 8.83e-09 ***
---
Signif. codes:  0 '***' 0.001 '**' 0.01 '*' 0.05 '.' 0.1 ' ' 1

Residual standard error: 2.481 on 47 degrees of freedom
Multiple R-squared:  0.5668,	Adjusted R-squared:  0.5484 
F-statistic: 30.75 on 2 and 47 DF,  p-value: 2.893e-09
```

이제 두 모형(fit2, fit)을 비교하는데, 여기서는 anova의 F-test를 이용해 보자.

```
> anova(fit2, fit) # anova(작은 모형, 큰 모형)
> AIC(fit2, fit)
```

```
> anova(fit2, fit)
Analysis of Variance Table

Model 1: Murder ~ Population + Illiteracy
Model 2: Murder ~ Population + Illiteracy + Income + Frost
  Res.Df    RSS Df Sum of Sq      F Pr(>F)
1     47 289.25
2     45 289.17  2  0.078505 0.0061 0.9939
> AIC(fit2, fit)
     df      AIC
fit2  4 237.6565
fit   6 241.6429
> |
```

두 모형의 RSS(Residual Sum of Squares)의 차이를 검정하는 F검정 결과(F=0.006, p-value=0.994) 모형1과 모형2가 차이가 없는 것으로 나타났다. 즉, 제거된 두 변수 Income, Frost가 미치는 모형에 대한 기여도가 없다고 하겠다. 여기서 유의할 점은 작은 모형부터 차례로 투입한다는 점이다. 그리고 모형에 대한 비교로 사용되는 지수인 AIC로 비교하여도 작은 모형(fit2)의 AIC가 더 작은 것으로 나타난다.

TIP

AIC는 anova F-test와 달리 내재된 모형(nested models)이 아닌 경우에도 사용 가능하며, 최대우도법(ML)으로 추정한 우도함수(LL)에 모수의 수(number of parameters)를 반영한 수치를 의미하며, AIC가 작을수록 좋은 모형이라고 할 수 있다.

지금까지 분석한 두 모형을 비교하면 다음 〈표 14-1〉과 같다.

〈표 14-1〉 회귀모형의 비교

	독립변수 수	R^2	Adjusted-R^2	AIC
Model 2 (fit)	4	0.5670	0.5285	241.64
Model 1 (fit2)	2	0.5668	0.5484	237.66

모형비교에서 R^2는 독립변수의 수가 많을수록 무조건 커지기 때문에 독립변수의 수를 고려한 모형의 설명력을 나타내는 adjusted-R^2를 활용하게 된다. adjusted-R^2 기준으로 할 때 Model 1(fit2)이 선택될 수 있으며, 모형의 간명성과 AIC를 고려할 때도 Model 1(fit2)을 선택해야 함이 더욱 분명해 보인다.

14.5 최선의 모형 선택(selecting the “best” model)

회귀분석에서 최선의 모형(best model)을 위한 모형 선택에는 forward selection(가장 유의한 변수부터 덜 유의한 변수 순으로 하나씩 추가), backward selection(모든 변수를 넣고 가장 기여도가 낮은 변수부터 하나씩 제거), 이 두 가지 방법을 조합한 stepwise selection이 있다. 변수가 너무 많지 않을 경우 backward selection을 권장한다(Kabacoff, 2015, p. 203). 따라서 다음과 같이 backward selection을 통해 최선의 모형을 분석해 보면, Population과 Illiteracy를 포함한 모형의 AIC가 가장 작은 93.76으로 나타나 가장 적합한 모형임을 알 수 있다.

> library(MASS)

> fit <– lm(Murder ~ Population + Illiteracy + Income + Frost, data=states)

> stepAIC(fit, direction="backward")

```
> library(MASS)
> fit <- lm(Murder ~ Population + Illiteracy + Income + Frost, data=states)
> stepAIC(fit, direction="backward")
Start:  AIC=97.75
Murder ~ Population + Illiteracy + Income + Frost

             Df Sum of Sq    RSS     AIC
- Frost       1     0.021 289.19  95.753
- Income      1     0.057 289.22  95.759
<none>                    289.17  97.749
- Population  1    39.238 328.41 102.111
- Illiteracy  1   144.264 433.43 115.986

Step:  AIC=95.75
Murder ~ Population + Illiteracy + Income

             Df Sum of Sq    RSS     AIC
- Income      1     0.057 289.25  93.763
<none>                    289.19  95.753
- Population  1    43.658 332.85 100.783
- Illiteracy  1   236.196 525.38 123.605

Step:  AIC=93.76
Murder ~ Population + Illiteracy

             Df Sum of Sq    RSS     AIC
<none>                    289.25  93.763
- Population  1    48.517 337.76  99.516
- Illiteracy  1   299.646 588.89 127.311

Call:
lm(formula = Murder ~ Population + Illiteracy, data = states)

Coefficients:
(Intercept)   Population   Illiteracy
  1.6515497    0.0002242    4.0807366
```

15 매개효과 및 조절효과

15.1 매개효과(mediation)

회귀분석에서 매개변수는 독립변수와 종속변수 사이에 위치하며, 매개변수를 거쳐 종속변수에 영향을 주기 때문에 이를 간접효과라고도 한다. 이제 다문화가정 아동의 학교적응 데이터(mfchildren.csv)를 활용하여 매개효과 분석을 실시해 보자. 여기서 독립변수는 부모태도, 종속변수는 학교적응, 그리고 매개변수는 자아존중감으로 설정하며, psych 패키지의 mediate( )기능을 활용한다.

성별	부모태도	사회적지지	자아존중감	학교적응
1	2.90	3.50	3.80	3.08
1	3.60	3.30	4.30	3.08
1	3.50	2.30	3.80	3.42
0	3.40	3.50	3.50	3.58
0	3.30	2.30	3.40	1.83
0	3.00	3.30	3.00	3.25
0	3.20	3.80	3.40	4.00
1	4.00	4.60	4.80	4.58
0	3.30	3.10	4.00	3.42
1	4.00	3.30	3.90	2.50
1	4.50	4.70	4.20	4.50
0	3.70	3.90	4.20	3.92
1	3.40	3.40	3.80	4.25

```
> mfchildren <- read.csv("D:/R/mfchildren.csv")
> library(psych)
> out1 <- mediate(학교적응 ~ 부모태도 + (자아존중감), data=mfchildren)
```

분석 결과 [그림 15-1]의 결과에서 보듯이 부모태도가 학교적응에 미치는 직접효과는 0.33($p < 0.001$)이고, 간접효과는 a(0.48) × b(0.42) = 0.2로 나타나 총 효과는 0.54이다. 이때 간접효과(ab)는 통계적으로 유의하여(95%CI: 0.10, 0.34) 부분매개효과가 있는 것으로 나타났다.

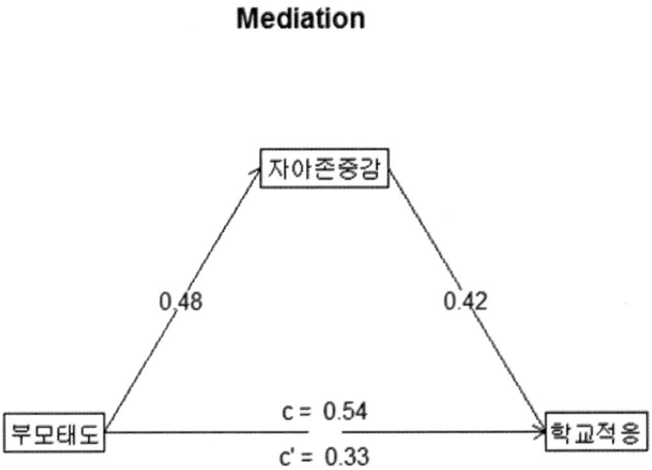

[그림 15-1] 매개모형의 분석 결과

```
> summary(out1)
```

```
> out1 <- mediate(학교적응 ~ 부모태도 + (자아존중감), data=mfchildren)
> summary(out1)
Call: mediate(y = 학교적응 ~ 부모태도 + (자아존중감), data = mfchildren)

Direct effect estimates (traditional regression)    (c')
           학교적응   se    t  df     Prob
Intercept      0.78 0.36 2.15 155 3.30e-02
부모태도       0.33 0.10 3.48 155 6.45e-04
자아존중감     0.42 0.08 5.34 155 3.27e-07

R = 0.55 R2 = 0.3   F = 32.95 on 2 and 155 DF   p-value:  1.19e-12

 Total effect estimates (c)
           학교적응   se    t  df     Prob
Intercept      1.56 0.36 4.36 156 2.32e-05
부모태도       0.54 0.10 5.64 156 7.84e-08

 'a'  effect estimates
           자아존중감   se    t  df     Prob
Intercept        1.86 0.34 5.56 156 1.13e-07
부모태도         0.48 0.09 5.42 156 2.18e-07

 'b'  effect estimates
           학교적응   se    t  df  Prob
자아존중감     0.42 0.08 5.36 156 3e-07

 'ab'  effect estimates (through mediators)
          학교적응 boot   sd lower upper
부모태도       0.2  0.2 0.06   0.1  0.34
```

다중매개효과

이번에는 매개변수를 2개로 설정하여 다중매개효과를 분석해 보자. 앞서 본 모형에서 사회적 지지를 매개변수로 추가한다.

```
> out2 <- mediate(학교적응 ~ 부모태도 + (자아존중감) + (사회적지지),
  data=mfchildren,  n.iter=50, main="Multiple mediation")
> summary(out2)
```

다음 분석 결과를 보면 다중매개분석의 그림이 제시되고 이어서 분석 결과를 확인할 수 있다. 전체 효과는 0.54($p<0.001$)로 통계적으로 유의하며, 간접효과 역시 자아존중감의 경우 0.09(95%CI: 0.04, 0.17), 사회적지지의 경우 0.34(95%CI: 0.23, 0.45)로 모두 통계적으로 유의하게 나타났다.

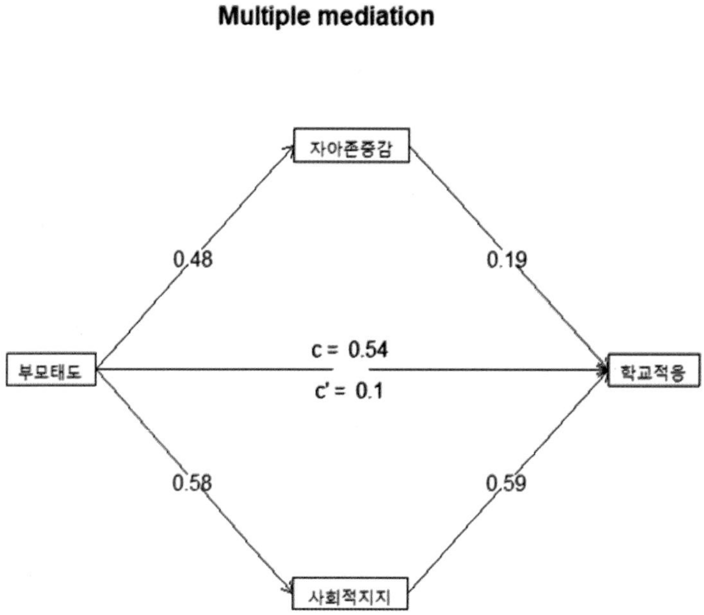


```
Call: mediate(y = 학교적응 ~ 부모태도 + (자아존중감) + (사회적지지),
    data = mfchildren, n.iter = 50, main = "Multiple mediation")

 Total effect estimates (c)
         학교적응  se    t  df     Prob
부모태도     0.54 0.1 5.64 156 7.84e-08

Direct effect estimates     (c')
           학교적응   se    t  df     Prob
부모태도      0.10 0.08 1.28 154 2.04e-01
자아존중감    0.19 0.07 2.86 154 4.87e-03
사회적지지    0.59 0.06 9.35 154 9.95e-17

R = 0.74 R2 = 0.55   F = 63.32 on 3 and 154 DF   p-value:  9.95e-27

 'a'  effect estimates
           부모태도   se    t  df     Prob
자아존중감    0.48 0.09 5.42 156 2.18e-07
사회적지지    0.58 0.10 6.03 156 1.12e-08

 'b'  effect estimates
           학교적응   se    t  df     Prob
자아존중감    0.19 0.07 2.86 154 4.87e-03
사회적지지    0.59 0.06 9.35 154 9.95e-17

 'ab'  effect estimates
         학교적응 boot   sd lower upper
부모태도     0.43 0.44 0.07  0.29  0.57

 'ab' effects estimates for each mediator
         자아존중감 boot   sd lower upper
부모태도       0.09  0.1 0.04  0.04  0.17
         사회적지지 boot   sd lower upper
부모태도       0.34 0.34 0.06  0.23  0.45
> |
```

조절된 매개효과(moderated mediation)

이번에는 자아존중감을 매개변수로 그리고 부모태도와 사회적지지를 조절변수로 활용하여 조절된 매개효과를 다음과 같은 명령어로 분석해 보자.

```
> out3 <- mediate(학교적응 ~ 부모태도*사회적지지 + (자아존중감),
  data=mfchildren, n.iter=50)
> summary(out3)
```

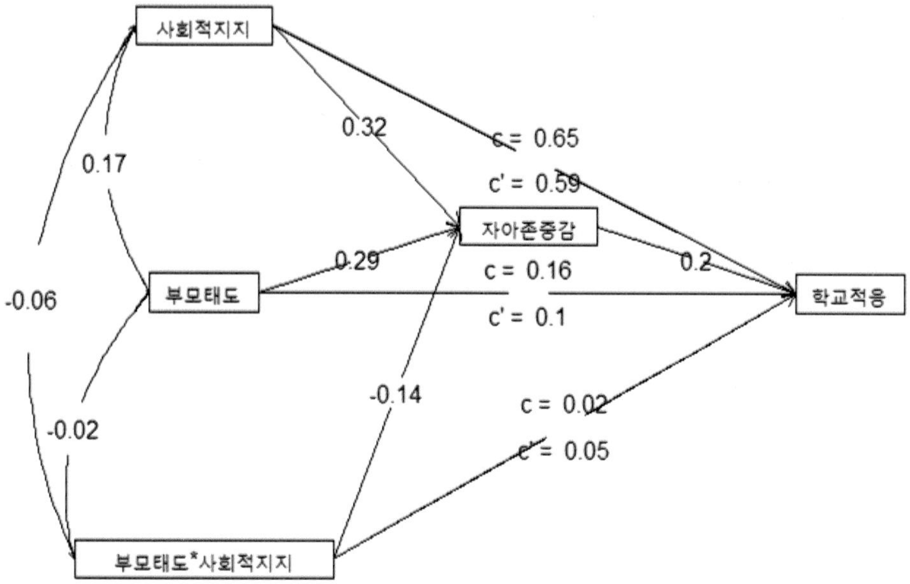

다음 분석 결과를 살펴보면 부모태도*사회적지지의 조절변수는 전체효과(p=0.81)로도 간접효과(95% CI: −0.10, 0.01)로도 통계적으로 유의하지 않은 것으로 나타났다. 하지만 부모태도와 사회적지지 각각의 변수는 전체효과뿐만 아니라 간접효과에서도 모두 유의하게 나타났다. 따라서 조절효과만 유의하지 않은 것을 알 수 있다.

```
Call: mediate(y = 학교적응 ~ 부모태도 * 사회적지지 + (자아존중감),
    data = mfchildren, n.iter = 50)

Direct effect estimates (traditional regression)    (c')
                     학교적응    se      t  df      Prob
Intercept              -0.01 0.04 -0.20 153 8.38e-01
부모태도                 0.10 0.08  1.26 153 2.09e-01
사회적지지               0.59 0.06  9.33 153 1.12e-16
부모태도*사회적지지      0.05 0.09  0.56 153 5.77e-01
자아존중감               0.20 0.07  2.89 153 4.36e-03

R = 0.74 R2 = 0.55   F = 47.36 on 4 and 153 DF   p-value:  7.41e-26

 Total effect estimates (c)
                     학교적응    se      t  df      Prob
Intercept               0.00 0.04 -0.09 154 9.31e-01
부모태도                 0.16 0.08  1.99 154 4.89e-02
사회적지지               0.65 0.06 10.75 154 1.87e-20
부모태도*사회적지지      0.02 0.09  0.24 154 8.12e-01

 'a'  effect estimates
                     자아존중감   se      t  df      Prob
Intercept                0.02 0.05  0.50 154 6.19e-01
부모태도                  0.29 0.09  3.13 154 2.10e-03
사회적지지                0.32 0.07  4.55 154 1.08e-05
부모태도*사회적지지      -0.14 0.10 -1.37 154 1.74e-01

 'b'  effect estimates
            학교적응   se   t  df    Prob
자아존중감       0.2 0.07 2.9 154 0.00423

 'ab'  effect estimates (through mediators)
                      학교적응  boot   sd lower upper
부모태도                  0.06  0.06 0.03  0.01  0.12
사회적지지                0.06  0.06 0.03  0.02  0.11
부모태도*사회적지지      -0.03 -0.03 0.03 -0.10  0.01
```

15.2 조절효과(moderation)

조절변수는 독립변수와 종속변수의 관계에 영향을 미치는 변수로 조절변수가 통계적으로 유의하다면 독립변수가 종속변수에 미치는 효과가 조절변수에 따라 달라진다. 여기서는 자동차 연비에 대한 데이터인 mtcars 데이터를 이용하여 조절효과를 분석해 보자. 이때 종속변수는 연비(mpg), 독립변수는 마력(hp)과 무게(wt)이며 조절변수는 hp:wt로 설정한다.

```
> head(mtcars)
```

```
> head(mtcars)
                   mpg cyl disp  hp drat    wt  qsec vs am gear carb
Mazda RX4         21.0   6  160 110 3.90 2.620 16.46  0  1    4    4
Mazda RX4 Wag     21.0   6  160 110 3.90 2.875 17.02  0  1    4    4
Datsun 710        22.8   4  108  93 3.85 2.320 18.61  1  1    4    1
Hornet 4 Drive    21.4   6  258 110 3.08 3.215 19.44  1  0    3    1
Hornet Sportabout 18.7   8  360 175 3.15 3.440 17.02  0  0    3    2
Valiant           18.1   6  225 105 2.76 3.460 20.22  1  0    3    1
```

```
> fit <- lm(mpg ~ hp + wt + hp:wt, data=mtcars)
> summary(fit)
> mean(mtcars$wt) # wt의 평균
```

다음 분석 결과를 보면 두 독립변수 hp의 회귀계수($p < 0.001$)와 wt의 회귀계수($p < 0.001$)는 모두 유의한 것으로 나타났으며, 계수는 모두 음의 수(−0.12, −8.21)이다. 즉, 자동차의 마력(hp)과 무게(wt)가 클수록 연비(mpg)는 모두 낮아지는 것으로 나타났다. 하지만 상호작용항(hp:wt)의 회귀계수가 양의 수(0.027)인 것은 hp의 기울기가 wt에 따라 완화된다는 것을 의미한다. 한편 wt의 평균이 3.22이므로 평균을 중심으로 표준편차 한 단위(sd=0.98) 차이를 각각 제시하여 effects 패키지를 이용하여 그림으로 나타내면 [그림 15−2]와 같다.

```
> library(effects)
> plot(effect("hp:wt", fit, , list(wt=c(2.2, 3.2, 4.2))), multiline=T)
```

```
> fit <- lm(mpg ~ hp + wt + hp:wt, data=mtcars)
> summary(fit)

Call:
lm(formula = mpg ~ hp + wt + hp:wt, data = mtcars)

Residuals:
   Min     1Q Median     3Q    Max 
-3.063 -1.649 -0.736  1.421  4.551 

Coefficients:
            Estimate Std. Error t value Pr(>|t|)    
(Intercept) 49.80842    3.60516   13.82  5.0e-14 ***
hp          -0.12010    0.02470   -4.86  4.0e-05 ***
wt          -8.21662    1.26971   -6.47  5.2e-07 ***
hp:wt        0.02785    0.00742    3.75  0.00081 ***
---
Signif. codes:  0 ‘***’ 0.001 ‘**’ 0.01 ‘*’ 0.05 ‘.’ 0.1 ‘ ’ 1

Residual standard error: 2.15 on 28 degrees of freedom
Multiple R-squared:  0.885,	Adjusted R-squared:  0.872 
F-statistic: 71.7 on 3 and 28 DF,  p-value: 2.98e-13

> mean(mtcars$wt)
[1] 3.2172
```

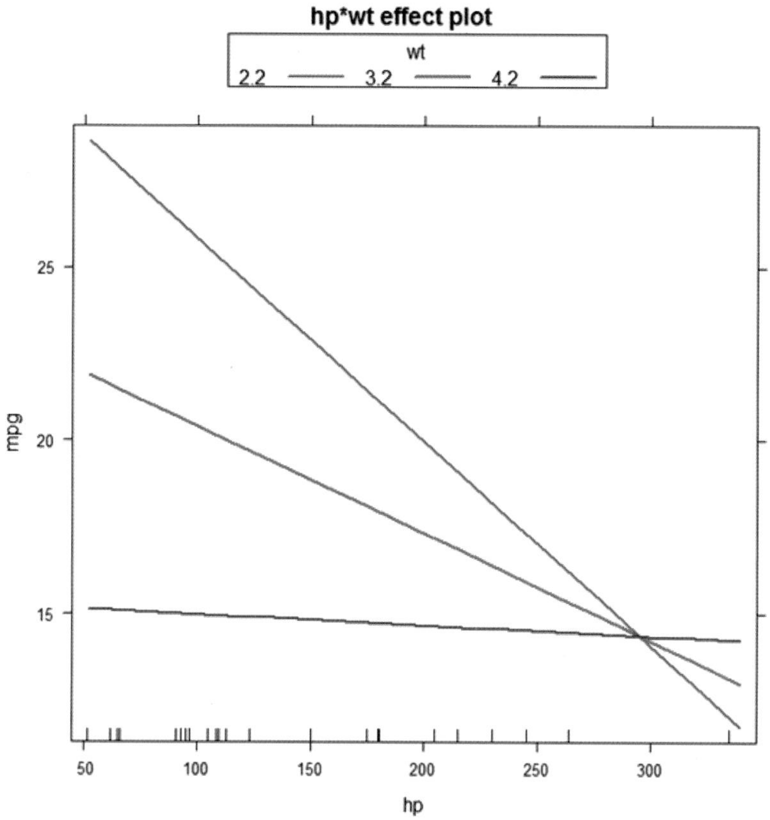

[그림 15-2] 자동차 마력과 무게의 상호작용효과

[그림 15-2]에서 보듯이 wt의 평균은 3.2로 나타났으며, wt가 평균 이하일 경우(-1 표준편차) hp가 커짐에 따라 mpg가 급격하게 줄어든다. 하지만 wt가 평균보다 큰 경우에는(+1 표준편차) hp와 mpg의 기울기는 완만해짐을 알 수 있다. 즉, hp에 따른 mpg의 기울기는 wt에 따라 달라짐을 알 수 있다. 따라서 hp:wt의 조절효과가 유의함을 알 수 있다.

mpg(wt=2.2) = 49.81−0.12*hp − 8.22*(2.2) + 0.03*hp*(2.2) = 31.41 − 0.06hp
mpg(wt=3.2) = 49.81−0.12*hp − 8.22*(3.2) + 0.03*hp*(3.2) = 23.37 − 0.03hp
mpg(wt=4.2) = 49.81−0.12*hp − 8.22*(4.2) + 0.03*hp*(4.2) = 15.33 − 0.003hp

위 회귀식을 보면 wt=2.2일 때 기울기가 가장 가파르며(−0.06), wt=4.2일 때 가장 완만함을(−0.003) 알 수 있다.

한편, 회귀식에 포함된 독립변수 hp와 wt 간에 다중공선성 문제가 있는지 확인해 보자. vif( )기능을 활용한 다음 분석 결과를 보면 각 변수의 VIF 제곱근이 모두 2.0보다 작으므로 다중공선성 문제는 없는 것으로 나타났다.

```
> fit <- lm(mpg ~ hp + wt, data=mtcars)
> summary(fit)

Call:
lm(formula = mpg ~ hp + wt, data = mtcars)

Residuals:
   Min     1Q Median     3Q    Max 
-3.941 -1.600 -0.182  1.050  5.854 

Coefficients:
            Estimate Std. Error t value Pr(>|t|)    
(Intercept) 37.22727    1.59879  23.285  < 2e-16 ***
hp          -0.03177    0.00903  -3.519  0.00145 ** 
wt          -3.87783    0.63273  -6.129 1.12e-06 ***
---
Signif. codes:  0 ‘***’ 0.001 ‘**’ 0.01 ‘*’ 0.05 ‘.’ 0.1 ‘ ’ 1

Residual standard error: 2.593 on 29 degrees of freedom
Multiple R-squared:  0.8268,    Adjusted R-squared:  0.8148 
F-statistic: 69.21 on 2 and 29 DF,  p-value: 9.109e-12

> library(car)
> vif(fit)
      hp       wt 
1.766625 1.766625 
> sqrt(vif(fit))
      hp       wt 
1.329144 1.329144 
```

일반적으로 VIF의 제곱근 값이 2보다 크게 되면($\sqrt{VIF} > 2$) 다중공선성의 문제가 있음을 알 수 있다.

한편, 다중공선성은 일반적으로 두 변수의 상관관계가 0.85 이상일 경우 발생한다고 할 수 있다(김태근, 2006). 따라서 두 변수의 상관계수는 0.65로 나타나 다중공선성 문제는 없음을 알 수 있다.

```
> cor.test(hp, wt)

        Pearson's product-moment correlation

data:  hp and wt
t = 4.7957, df = 30, p-value = 4.146e-05
alternative hypothesis: true correlation is not equal to 0
95 percent confidence interval:
 0.4025113 0.8192573
sample estimates:
      cor
0.6587479
```

15.2.1 표준화(scaling)

표준화는 각 변수의 고유값을 표준화한 값(standard units)으로 전환한 것으로서 그 계산은 (관찰치−평균)/표준편차로 이루어진다. R에서는 scale( ) 기능을 이용하여 표준화 및 중심화를 실행한다. scale( ) 기능에는 먼저 표준화할 변수를 선정하고 이어서 관측치에서 평균을 빼주는 중심화(centering) 그리고 이를 표준편차로 나누어 주는 표준화(scaling)를 수행한다. 보통 상호작용항이 있는 회귀분석(regression with interactions)에서는 중심화 또는 표준화를 모두 수행하는 것이 필요하다. 예를 들어, 다음과 같은 명령문으로 중심화와 표준화를 모두 실행할 수 있다.

```
> head(mtcars)
> zmtcars <- scale(mtcars)
> zmtcars <- data.frame(zmtcars)
> zmtcars
```

```
> head(mtcars)
                   mpg cyl disp  hp drat    wt  qsec vs am gear carb
Mazda RX4         21.0   6  160 110 3.90 2.620 16.46  0  1    4    4
Mazda RX4 Wag     21.0   6  160 110 3.90 2.875 17.02  0  1    4    4
Datsun 710        22.8   4  108  93 3.85 2.320 18.61  1  1    4    1
Hornet 4 Drive    21.4   6  258 110 3.08 3.215 19.44  1  0    3    1
Hornet Sportabout 18.7   8  360 175 3.15 3.440 17.02  0  0    3    2
Valiant           18.1   6  225 105 2.76 3.460 20.22  1  0    3    1
> zmtcars <- scale(mtcars)
> zmtcars
                           mpg        cyl        disp          hp        drat           wt
Mazda RX4           0.15088482 -0.1049878 -0.57061982 -0.53509284  0.56751369 -0.610399567
Mazda RX4 Wag       0.15088482 -0.1049878 -0.57061982 -0.53509284  0.56751369 -0.349785269
Datsun 710          0.44954345 -1.2248578 -0.99018209 -0.78304046  0.47399959 -0.917004624
Hornet 4 Drive      0.21725341 -0.1049878  0.22009369 -0.53509284 -0.96611753 -0.002299538
Hornet Sportabout  -0.23073453  1.0148821  1.04308123  0.41294217 -0.83519779  0.227654255
Valiant            -0.33028740 -0.1049878 -0.04616698 -0.60801861 -1.56460776  0.248094592
Duster 360         -0.96078893  1.0148821  1.04308123  1.43390296 -0.72298087  0.360516446
Merc 240D           0.71501778 -1.2248578 -0.67793094 -1.23518023  0.17475447 -0.027849959
Merc 230            0.44954345 -1.2248578 -0.72553512 -0.75387015  0.60491932 -0.068730634
Merc 280           -0.14777380 -0.1049878 -0.50929918 -0.34548584  0.60491932  0.227654255
Merc 280C          -0.38006384 -0.1049878 -0.50929918 -0.34548584  0.60491932  0.227654255
Merc 450SE         -0.61235388  1.0148821  0.36371309  0.48586794 -0.98482035  0.871524874
Merc 450SL         -0.46302456  1.0148821  0.36371309  0.48586794 -0.98482035  0.524039143
Merc 450SLC        -0.81145962  1.0148821  0.36371309  0.48586794 -0.98482035  0.575139986
Cadillac Fleetwood -1.60788262  1.0148821  1.94675381  0.85049680 -1.24665983  2.077504765
```

```
attr(,"scaled:center")
       mpg        cyl       disp         hp       drat         wt       qsec         vs          a
 20.090625   6.187500 230.721875 146.687500   3.596563   3.217250  17.848750   0.437500    0.40625
      gear       carb
  3.687500   2.812500
attr(,"scaled:scale")
        mpg         cyl        disp          hp        drat          wt        qsec          vs
  6.0269481   1.7859216 123.9386938  68.5628685   0.5346787   0.9784574   1.7869432   0.5040161
       gear        carb
  0.7378041   1.6152000
```

위 분석 결과를 살펴보면 wt의 경우 먼저 평균 3.217로 중심화한 다음 표준편차인 0.978로 나누어 주게 되면 표준화된 결과를 얻을 수 있게 됨을 알 수 있다. 첫 케이스인 Mazda RX4의 경우 원래 wt 값이 2.62이므로 2.62−3.217=−0.597이고 이를 다시 표준편차인 0.9784로 나누어 주게 되면, 즉 −0.597/0.9784=−0.610이 표준화 값임을 확인할 수 있다.

```
> mean(zmtcars$wt)
> with(zmtcars, sapply(zmtcars, mean))
> mean(mtcars$wt)
```

```
> mean(zmtcars$wt)
[1] 4.681043e-17
> with(zmtcars, sapply(zmtcars, mean))
          mpg           cyl          disp            hp          drat            wt
 7.112366e-17 -1.474515e-17 -9.084937e-17  1.040834e-17 -2.918672e-16  4.681043e-17
           vs            am          gear          carb
 6.938894e-18  4.510281e-17 -3.469447e-18  3.165870e-17
> mean(mtcars$wt)
[1] 3.21725
```

위 결과에서 보듯이 표준화된 wt의 평균은 0에 가깝다. 이제 표준화된 데이터(zmtcars)로 회귀분석을 실시하면 다음과 같은 결과를 얻게 된다.

```
> fit2 <– lm(mpg ~ hp + wt + hp:wt, data=zmtcars)
> summary(fit2)
```

```
> zmtcars <- data.frame(zmtcars)
> fit2 <- lm(mpg ~ hp + wt + hp:wt, data=zmtcars)
> summary(fit2)

Call:
lm(formula = mpg ~ hp + wt + hp:wt, data = zmtcars)

Residuals:
    Min      1Q  Median      3Q     Max 
-0.5082 -0.2736 -0.1222  0.2358  0.7552 

Coefficients:
            Estimate Std. Error t value Pr(>|t|)    
(Intercept) -0.19782    0.08225  -2.405 0.023022 *  
hp          -0.34706    0.08535  -4.066 0.000352 ***
wt          -0.67076    0.08597  -7.802 1.69e-08 ***
hp:wt        0.30998    0.08259   3.753 0.000811 ***
---
Signif. codes:  0 '***' 0.001 '**' 0.01 '*' 0.05 '.' 0.1 ' ' 1

Residual standard error: 0.3572 on 28 degrees of freedom
Multiple R-squared:  0.8848,	Adjusted R-squared:  0.8724 
F-statistic: 71.66 on 3 and 28 DF,  p-value: 2.981e-13
```

앞에서 표준화 이전에서 본 것처럼 상호작용계수(hp:wt)가 양의 수(0.31)인 것은 hp의 기울기가 wt에 따라 완화된다는 것을 의미한다. 즉, wt가 클수록 hp의 기울기가 완만해짐을 알 수 있다.

다음 [그림 15-3]에서 보는 것처럼 wt가 평균 이하일 경우(예: −1) hp가 커짐에 따라 mpg가 급격하게 줄어든다. 하지만 wt가 평균보다 큰 경우에는(예: +1) hp와 mpg의 기울기는 완만해짐을 알 수 있다. 즉, hp에 따른 mpg의 기울기는 wt에 따라 달라짐을 알 수 있다. 따라서 hp:wt의 조절효과가 유의함을 알 수 있다.

```
> library(effects)
> plot(effect("hp:wt", fit2, , list(wt=c(-1, 0, 1))), multiline=T)
```

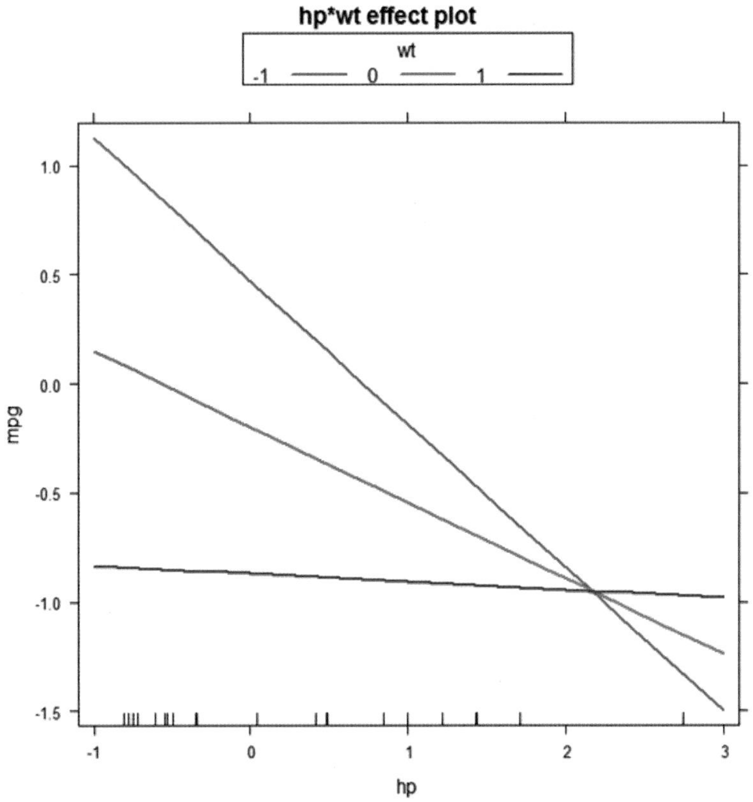

[그림 15-3] 표준화한 이후 조절효과 분석 결과

15.2.2 중심화(centering)

만약 평균 중심화(관찰치-평균)만 하고 싶다면 scale( ) 기능에서 옵션 'scale=F'를 추가하면 된다. 다음 분석 결과는 표준화 이전(mtcars), 표준화(zmtcars), 중심화(zmtcars2)를 수행한 데이터를 통해 평균과 표준편차를 비교할 수 있도록 제시한 것이다.

```
> zmtcars2 <- scale(mtcars, scale=F)
> zmtcars2 <- data.frame(zmtcars2)
> library(psych)
> describe(zmtcars2) # 중심화 데이터
> describe(zmtcars) # 표준화 데이터
> describe(mtcars) # 원 데이터
```

```
> describe(zmtcars2)
     vars  n mean     sd median trimmed    mad     min    max  range  skew kurtosis    se
mpg     1 32    0   6.03  -0.89   -0.39   5.41   -9.69  13.81  23.50  0.61    -0.37  1.07
cyl     2 32    0   1.79  -0.19    0.04   2.97   -2.19   1.81   4.00 -0.17    -1.76  0.32
disp    3 32    0 123.94 -34.42   -8.20 140.48 -159.62 241.28 400.90  0.38    -1.21 21.91
hp      4 32    0  68.56 -23.69   -5.50  77.10  -94.69 188.31 283.00  0.73    -0.14 12.12
drat    5 32    0   0.53   0.10   -0.02   0.70   -0.84   1.33   2.17  0.27    -0.71  0.09
wt      6 32    0   0.98   0.11   -0.06   0.77   -1.70   2.21   3.91  0.42    -0.02  0.17
qsec    7 32    0   1.79  -0.14   -0.02   1.42   -3.35   5.05   8.40  0.37     0.34  0.32
vs      8 32    0   0.50  -0.44   -0.01   0.00   -0.44   0.56   1.00  0.24    -2.00  0.09
am      9 32    0   0.50  -0.41   -0.02   0.00   -0.41   0.59   1.00  0.36    -1.92  0.09
gear   10 32    0   0.74   0.31   -0.07   1.48   -0.69   1.31   2.00  0.53    -1.07  0.13
carb   11 32    0   1.62  -0.81   -0.16   1.48   -1.81   5.19   7.00  1.05     1.26  0.29
> zmtcars <- scale(mtcars)
> describe(zmtcars)
     vars  n mean sd median trimmed  mad   min  max range  skew kurtosis   se
mpg     1 32    0  1  -0.15   -0.07 0.90 -1.61 2.29  3.90  0.61    -0.37 0.18
cyl     2 32    0  1  -0.10    0.02 1.66 -1.22 1.01  2.24 -0.17    -1.76 0.18
disp    3 32    0  1  -0.28   -0.07 1.13 -1.29 1.95  3.23  0.38    -1.21 0.18
hp      4 32    0  1  -0.35   -0.08 1.12 -1.38 2.75  4.13  0.73    -0.14 0.18
drat    5 32    0  1   0.18   -0.03 1.32 -1.56 2.49  4.06  0.27    -0.71 0.18
wt      6 32    0  1   0.11   -0.07 0.78 -1.74 2.26  4.00  0.42    -0.02 0.18
qsec    7 32    0  1  -0.08   -0.01 0.79 -1.87 2.83  4.70  0.37     0.34 0.18
vs      8 32    0  1  -0.87   -0.03 0.00 -0.87 1.12  1.98  0.24    -2.00 0.18
am      9 32    0  1  -0.81   -0.04 0.00 -0.81 1.19  2.00  0.36    -1.92 0.18
gear   10 32    0  1   0.42   -0.10 2.01 -0.93 1.78  2.71  0.53    -1.07 0.18
carb   11 32    0  1  -0.50   -0.10 0.92 -1.12 3.21  4.33  1.05     1.26 0.18
> describe(mtcars)
     vars  n   mean     sd median trimmed    mad   min    max  range  skew kurtosis    se
mpg     1 32  20.09   6.03  19.20   19.70   5.41 10.40  33.90  23.50  0.61    -0.37  1.07
cyl     2 32   6.19   1.79   6.00    6.23   2.97  4.00   8.00   4.00 -0.17    -1.76  0.32
disp    3 32 230.72 123.94 196.30  222.52 140.48 71.10 472.00 400.90  0.38    -1.21 21.91
hp      4 32 146.69  68.56 123.00  141.19  77.10 52.00 335.00 283.00  0.73    -0.14 12.12
drat    5 32   3.60   0.53   3.70    3.58   0.70  2.76   4.93   2.17  0.27    -0.71  0.09
wt      6 32   3.22   0.98   3.33    3.15   0.77  1.51   5.42   3.91  0.42    -0.02  0.17
qsec    7 32  17.85   1.79  17.71   17.83   1.42 14.50  22.90   8.40  0.37     0.34  0.32
vs      8 32   0.44   0.50   0.00    0.42   0.00  0.00   1.00   1.00  0.24    -2.00  0.09
am      9 32   0.41   0.50   0.00    0.38   0.00  0.00   1.00   1.00  0.36    -1.92  0.09
gear   10 32   3.69   0.74   4.00    3.62   1.48  3.00   5.00   2.00  0.53    -1.07  0.13
carb   11 32   2.81   1.62   2.00    2.65   1.48  1.00   8.00   7.00  1.05     1.26  0.29
```

중심화만 한 경우에도 분석 결과는 표준화한 결과와 거의 동일함을 알 수 있다([그림 15-4] 참조).

```
> fit3 <- lm(mpg ~ hp + wt + hp:wt, data=zmtcars2)
> summary(fit3)
```

```
> fit3 <- lm(mpg ~ hp + wt + hp:wt, data=zmtcars2)
> summary(fit3)

Call:
lm(formula = mpg ~ hp + wt + hp:wt, data = zmtcars2)

Residuals:
    Min      1Q  Median      3Q     Max 
-3.0632 -1.6491 -0.7362  1.4211  4.5513 

Coefficients:
             Estimate Std. Error t value Pr(>|t|)    
(Intercept) -1.192225   0.495703  -2.405 0.023022 *  
hp          -0.030508   0.007503  -4.066 0.000352 ***
wt          -4.131649   0.529558  -7.802 1.69e-08 ***
hp:wt        0.027848   0.007420   3.753 0.000811 ***
---
Signif. codes:  0 '***' 0.001 '**' 0.01 '*' 0.05 '.' 0.1 ' ' 1

Residual standard error: 2.153 on 28 degrees of freedom
Multiple R-squared:  0.8848,	Adjusted R-squared:  0.8724 
F-statistic: 71.66 on 3 and 28 DF,  p-value: 2.981e-13
```

```
> library(effects)
> plot(effect("hp:wt", fit3, , list(wt=c(-1, 0, 1))), multiline=T)
```

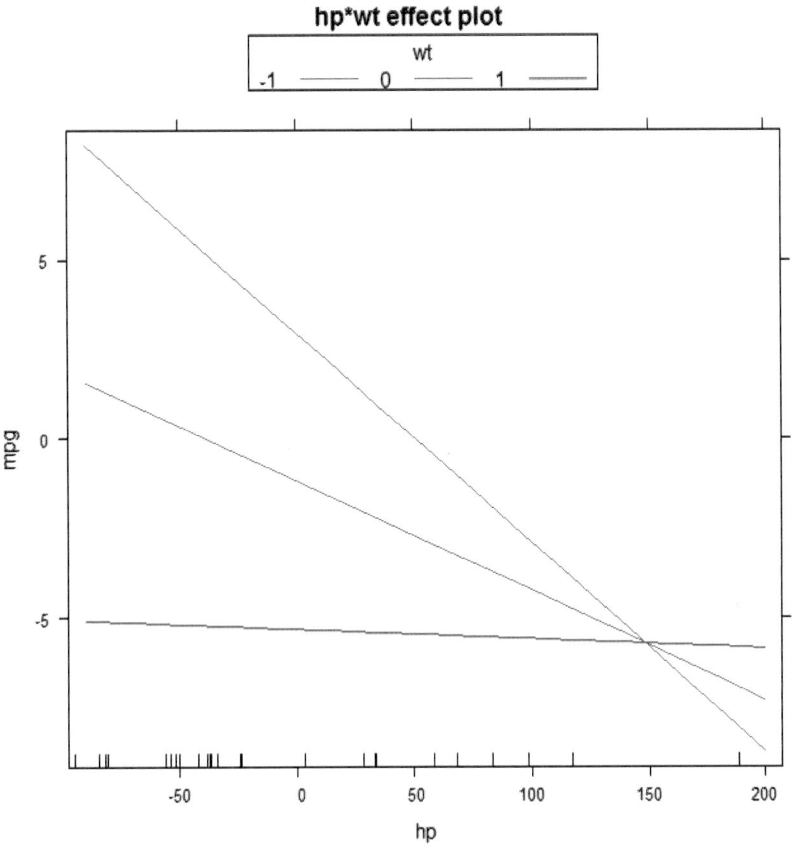

[그림 15-4] 중심화만 한 경우 조절효과분석 결과

15.2.3 median으로 중심화(centering) 및 표준화(scaling)

이번에는 중위수(median)로 중심화 및 표준화를 해 보자.

> head(mtcars)

> summary(mtcars$hp)

> with(mtcars, sort(hp)) # hp 데이터를 정렬

```
> head(mtcars)
                   mpg cyl disp  hp drat    wt  qsec vs am gear carb
Mazda RX4         21.0   6  160 110 3.90 2.620 16.46  0  1    4    4
Mazda RX4 Wag     21.0   6  160 110 3.90 2.875 17.02  0  1    4    4
Datsun 710        22.8   4  108  93 3.85 2.320 18.61  1  1    4    1
Hornet 4 Drive    21.4   6  258 110 3.08 3.215 19.44  1  0    3    1
Hornet Sportabout 18.7   8  360 175 3.15 3.440 17.02  0  0    3    2
Valiant           18.1   6  225 105 2.76 3.460 20.22  1  0    3    1
> fivenum(mtcars$hp)
[1]  52  96 123 180 335
> summary(mtcars$hp)
   Min. 1st Qu.  Median    Mean 3rd Qu.    Max.
   52.0    96.5   123.0   146.7   180.0   335.0
> with(mtcars, mean(hp))
[1] 146.6875
> with(mtcars, hp)
 [1] 110 110  93 110 175 105 245  62  95 123 123 180 180 180 205 215 230  66  52  65  97 150 150
[26]  66  91 113 264 175 335 109
> with(mtcars, sort(hp))
 [1]  52  62  65  66  66  91  93  95  97 105 109 110 110 110 113 123 123 150 150 175 175 175 180
[26] 205 215 230 245 245 264 335
```

이제 다음과 같이 median(=123)으로 중심화한 후 표준화한다.

> x <- with(mtcars, scale(hp, center=123))

> x

다음 분석 결과를 보면 먼저 중위수(123)로 중심화(centered)를 한 후 표준편차(72.6)로 표준화했음(scaled)을 알 수 있다. 예를 들어, 첫 번째 케이스인 경우 hp=110이므로 우선 중위수로 중심화를 하면 110−123=−13이고, 이를 표준편차로 나누어 주면 −13/72.66=−0.1789가 됨을 알 수 있다.

```
> x <- with(mtcars, scale(hp, center=123))
> x
            [,1]
 [1,] -0.1789055
 [2,] -0.1789055
 [3,] -0.4128589
 [4,] -0.1789055
 [5,]  0.7156221
 [6,] -0.2477153
 [7,]  1.6789595
 [8,] -0.8394797
 [9,] -0.3853350
[10,]  0.0000000
[11,]  0.0000000
[12,]  0.7844319
[13,]  0.7844319
[14,]  0.7844319
[15,]  1.1284810
[16,]  1.2661006
[17,]  1.4725300
[18,] -0.7844319
[19,] -0.9770994
[20,] -0.7981939
[21,] -0.3578110
[22,]  0.3715730
[23,]  0.3715730
[24,]  1.6789595
[25,]  0.7156221
[26,] -0.7844319
[27,] -0.4403828
[28,] -0.1376196
[29,]  1.9404368
[30,]  0.7156221
[31,]  2.9175362
[32,]  0.1926675
attr(,"scaled:center")
[1] 123
attr(,"scaled:scale")
[1] 72.66405
```

16 일원분산분석

분산분석(analysis of variance, ANOVA)은 통계학자 Ronald Fisher에 의해 개발된 분석기법으로 두 집단 이상의 평균을 비교할 때 활용하는 분석기법이다. 이 기법은 의학 및 자연과학에서의 실험연구에서 널리 사용되는 분석기법이며 사회과학분야에서도 폭넓게 사용되고 있다. 분산분석은 두 집단의 평균의 차이를 검정하는(분산분석의 특수한 경우에 해당되는) t-검정과는 달리 전체 분산을 구성하는 집단 간 분산과 집단 내 분산의 비교를 통해 구한 통계량으로 집단 간 모평균이 동일한지를 검정한다. 그리고 집단변수가 하나인 경우 일원분산분석, 2개인 경우 이원분산분석, 공변량이 있는 경우 공분산분석 등 다양한 분산분석 기법이 있다.

16.1 일원분산분석(one-way ANOVA)

일원분산분석은 두 집단 평균 차이를 검정하는 t-검정의 확장으로 보통 세 집단 이상 집단의 평균이 동일한지를 검정한다(〈표 16-1〉 참조). 그래서 먼저 세 집단 이상의 집단 평균이 모두 동일하다는 영가설을 기각할 수 있는지 검정하며, 만약 이 영가설을 기각하게 되면 어느 집단 간에 차이가 있는지 집단 간 다중비교(multiple comparisons)를 실시하게 된다.

기본적으로 일원분산분석은 독립변수가 연속형이 아닌 범주형(factor)인 회귀분석이라고 볼 수 있으며, 회귀분석과 마찬가지로 lm( ) 기능을 활용하게 된다. 여기서는 데이터의 정규성과 집단 간 분산의 동일성 가정이 필요하다(안재형, 2011, p. 121).

〈표 16-1〉 일원분산분석의 구조

Treatment		
drugA	drugB	drugC
s1	s6	s11
s2	s7	s12
s3	s8	s13
s4	s9	s14
s5	s10	s15

16.1.1 데이터

데이터는 cholesterol 환자에 대한 치료방법(trt)에 있어서 사전, 사후 콜레스테롤 수치의 변화, 즉 감소효과(response)를 측정한 것이다. 이 변화가 클수록 콜레스테롤 수치가 낮아져서 치료효과가 크다고 하겠다.

분석을 위해 multcomp 패키지에 있는 cholesterol 데이터를 사용하는데, 여기서는 원 데이터를 약간 수정하여 세 가지 치료방법 drugA, drugB, drugC를 비교한다.

```
> library(multcomp)
> cholesterol
> chol <- cholesterol[1:30, ]
> chol$trt <- factor(chol$trt, levels=c("1time", "2times", "4times"),
  labels=c("drugA", "drugB", "drugC"))
> chol
```

> levels(chol$trt)

```
> chol
     trt response
1  drugA   3.8612
2  drugA  10.3868
3  drugA   5.9059
4  drugA   3.0609
5  drugA   7.7204
6  drugA   2.7139
7  drugA   4.9243
8  drugA   2.3039
9  drugA   7.5301
10 drugA   9.4123
11 drugB  10.3993
12 drugB   8.6027
13 drugB  13.6320
14 drugB   3.5054
15 drugB   7.7703
16 drugB   8.6266
17 drugB   9.2274
18 drugB   6.3159
19 drugB  15.8258
20 drugB   8.3443
21 drugC  13.9621
22 drugC  13.9606
23 drugC  13.9176
24 drugC   8.0534
25 drugC  11.0432
26 drugC  12.3692
27 drugC  10.3921
28 drugC   9.0286
29 drugC  12.8416
30 drugC  18.1794
> levels(chol$trt)
[1] "drugA" "drugB" "drugC"
> |
```

일원분산분석에 앞서 우선 tapply( ) 기능을 활용하여 평균을 비교한 결과 다음에서 보는 것처럼 치료방법 drugA, drugB, drugC의 콜레스테롤 감소 효과가 서로 다른 것으로 나타났다. 즉, drugC가 drugA, drugB에 비해 감소 효과가 가장 큰 것으로 나타났으며, boxplot을 통해 확인할 수 있다.

```
> attach(chol)
> tapply(response, trt, mean)

  drugA    drugB    drugC
 5.78197  9.22497  12.37478

> boxplot(response ~ trt, col="light green", data=chol)
```

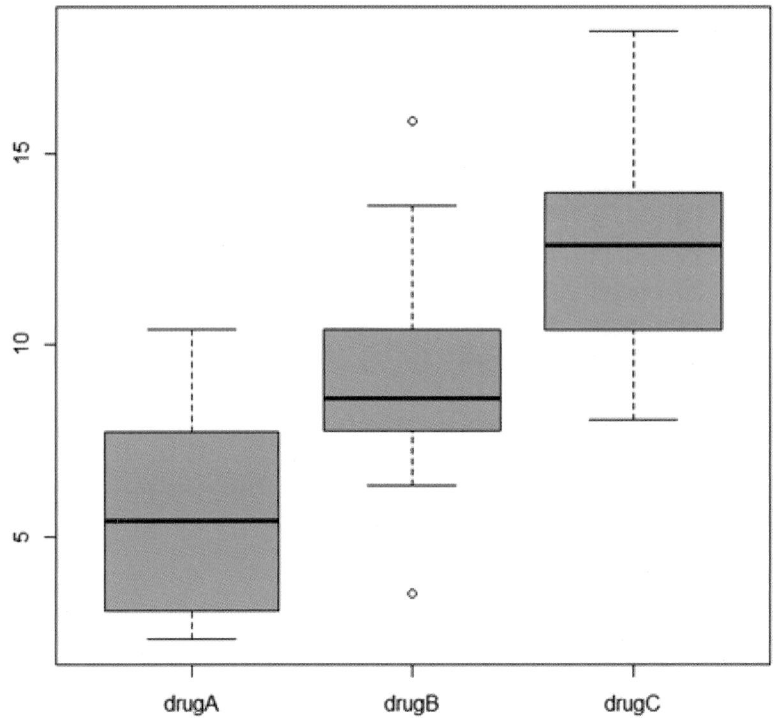

앞의 결과를 다음과 같이 또 다른 그림(평균 및 95% 신뢰구간 비교)으로 제시할 수 있다. 만약 이때 두 집단의 신뢰구간이 겹치지 않으면 두 집단 간의 평균차이는 유의하게 다르다고 할 수 있다(Lipsey & Wilson, 2001).

```
> library(gplots)
> plotmeans(response ~ trt, main="Mean Plot with 95% CI")
```

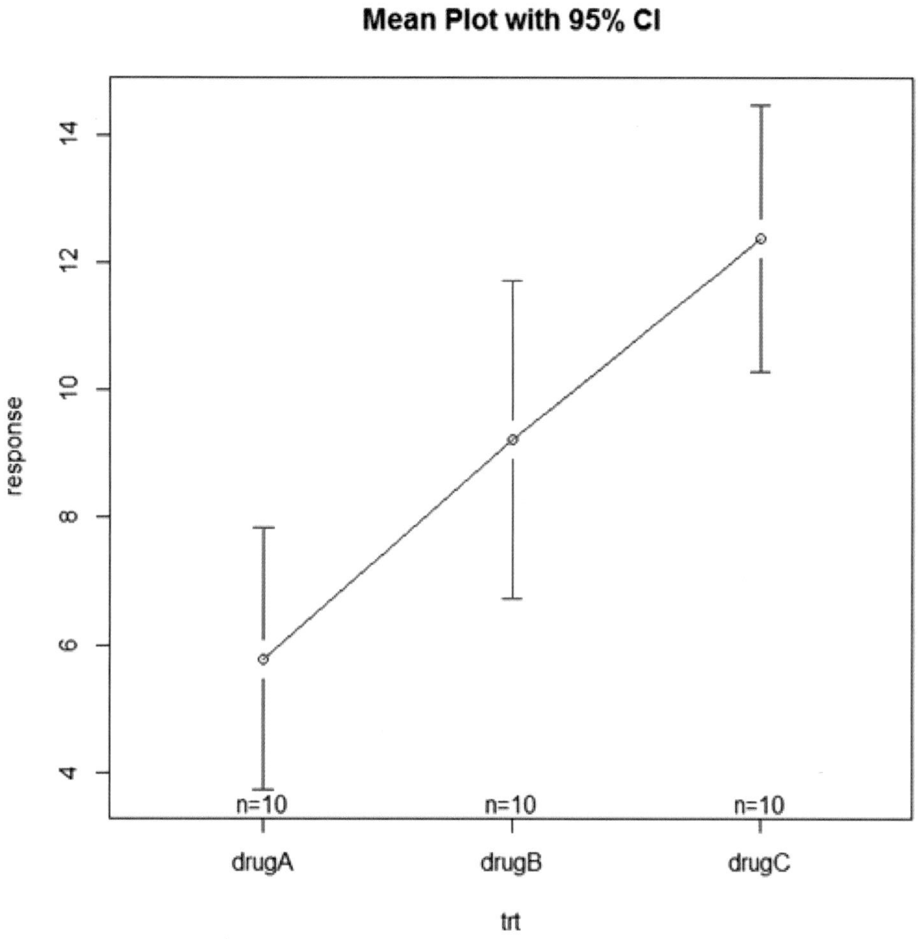

16.1.2 일원분산분석 실행

분석을 위해 회귀분석에서와 같이 lm( ) 기능을 활용하여 분석한 결과, 다음 결과에서 보듯이 F값이 통계적으로 유의하므로($F=11.26$, $p<0.001$) 세 집단의 평균이 동일하다는 영가설을 기각하게 된다. 즉, 세 가지 치료방법 간의 치료효과는 서로 다르다고 하겠다. 구체적으로 drugB는 drugA에 비해 3.44만큼, 그리고 drugC는 drugA에 비해

6.59만큼 콜레스테롤 감소 효과가 더 큰 것으로 나타났다.

```
> out <- lm(response ~ trt, data=chol)
> summary(out)
```

```
> out <- lm(response ~ trt, data=chol)
> summary(out)

Call:
lm(formula = response ~ trt, data = chol)

Residuals:
   Min     1Q Median     3Q    Max 
-5.720 -1.967 -0.302  1.587  6.601 

Coefficients:
            Estimate Std. Error t value Pr(>|t|)    
(Intercept)   5.7820     0.9825   5.885 2.87e-06 ***
trtdrugB      3.4430     1.3895   2.478   0.0198 *  
trtdrugC      6.5928     1.3895   4.745 6.05e-05 ***
---
Signif. codes:  0 '***' 0.001 '**' 0.01 '*' 0.05 '.' 0.1 ' ' 1

Residual standard error: 3.107 on 27 degrees of freedom
Multiple R-squared:  0.4549,	Adjusted R-squared:  0.4145 
F-statistic: 11.26 on 2 and 27 DF,  p-value: 0.0002773
```

그리고 aov( ) 기능을 활용해도 anova(out)에서 제시하는 분산분석표와 동일한 결과를 얻게 됨을 알 수 있다. 즉, F값이 통계적으로 유의하므로($F=11.264$, $p<0.001$) 세 가지 치료방법 간의 치료효과는 서로 다르다고 하겠다.

```
> anova(out)
> fit <- aov(response ~ trt, data=chol)
> summary(fit)
```

```
> anova(out)
Analysis of Variance Table

Response: response
          Df Sum Sq Mean Sq F value    Pr(>F)
trt        2 217.47 108.734  11.264 0.0002773 ***
Residuals 27 260.64   9.653
---
Signif. codes:  0 '***' 0.001 '**' 0.01 '*' 0.05 '.' 0.1 ' ' 1
> fit <- aov(response ~ trt, data=chol)
> summary(fit)
            Df Sum Sq Mean Sq F value   Pr(>F)
trt          2  217.5  108.73   11.26 0.000277 ***
Residuals   27  260.6    9.65
---
Signif. codes:  0 '***' 0.001 '**' 0.01 '*' 0.05 '.' 0.1 ' ' 1
> |
```

F-검정은 세 집단 이상의 평균의 차이의 제곱합인 집단 간 분산과 집단 내 분산을 비교함으로써 집단 간 평균의 차이가 정상적인 표본추출과정에서 발생할 수 있는 오차에 비해 얼마나 큰지 평가한 것이다. 만약 F값이 작으면 관찰된 평균의 차이가 우연히 발생할 수 있다고 보고, 만약 F값이 크다면(통계적으로 유의하면) 집단 간에 유의한 차이가 있다고 본다(안재형, 2011, pp. 123-124).

F-검정을 위한 일원분산분석표와 이에 대한 설명은 다음과 같이 제시될 수 있다.

요인 (source)	제곱합 (SS)	자유도 (df)	평균제곱합 (MS)	검정통계량 (F)
집단 간	SSB	k−1	MSB=SSB/(k−1)	F=MSB/MSW
집단 내	SSW	n−k	MSW=SSW/(n−k)	
전체	SST	n−1		

앞의 anova(out) 분석 결과에서 trt는 집단 간 요인이며, Residuals는 집단 내 요인이 되므로 F값은 MSB/MSW=108.734/9.653=11.264가 된다. 그리고 이 F값은 다음 Ftable을 참조하면 유의확률(p−value)<0.001이 됨을 알 수 있다.

참고로 일원분산분석표의 내용에 대한 보다 구체적인 설명과 공식은 다음과 같다.

$H_0 : \mu_1 = \mu_2 = \cdots \mu_k$를 검정

(총 제곱합) = (집단 간 제곱합) + (집단 내 제곱합)

$SST = SSB + SSW$

$\Sigma(y_{ij} - \overline{y})^2 = \Sigma(\overline{y_j} - \overline{y})^2 + \Sigma(y_{ij} - \overline{y_j})^2$

자유도: $n - 1 = (k-1) + (n-k)$ (k: 집단 수)

$$F = \frac{\text{집단 간 평균분산}}{\text{집단 내 평균분산}} = \frac{Mean\ Squares\ Between}{Mean\ Squares\ Within} = \frac{\Sigma(\overline{y_j} - \overline{y})^2/(k-1)}{\Sigma(y_{ij} - \overline{y_j})^2/(n-k)}$$

y_{ij}: j집단에 있는 i관측치, $\overline{y}$: 전체평균, $\overline{y_j}$: j집단평균

TABLE E

F critical values

Degrees of freedom in the denominator		Degrees of freedom in the numerator								
	p	1	2	3	4	5	6	7	8	9
1	.100	39.86	49.50	53.59	55.83	57.24	58.20	58.91	59.44	59.86
	.050	161.45	199.50	215.71	224.58	230.16	233.99	236.77	238.88	240.54
	.025	647.79	799.50	864.16	899.58	921.85	937.11	948.22	956.66	963.28
	.010	4052.2	4999.5	5403.4	5624.6	5763.6	5859.0	5928.4	5981.1	6022.5
	.001	405284	500000	540379	562500	576405	585937	592873	598144	602284
2	.100	8.53	9.00	9.16	9.24	9.29	9.33	9.35	9.37	9.38
	.050	18.51	19.00	19.16	19.25	19.30	19.33	19.35	19.37	19.38
	.025	38.51	39.00	39.17	39.25	39.30	39.33	39.36	39.37	39.39
	.010	98.50	99.00	99.17	99.25	99.30	99.33	99.36	99.37	99.39
	.001	998.50	999.00	999.17	999.25	999.30	999.33	999.36	999.37	999.39
3	.100	5.54	5.46	5.39	5.34	5.31	5.28	5.27	5.25	5.24
	.050	10.13	9.55	9.28	9.12	9.01	8.94	8.89	8.85	8.81
	.025	17.44	16.04	15.44	15.10	14.88	14.73	14.62	14.54	14.47
	.010	34.12	30.82	29.46	28.71	28.24	27.91	27.67	27.49	27.35
	.001	167.03	148.50	141.11	137.10	134.58	132.85	131.58	130.62	129.86
4	.100	4.54	4.32	4.19	4.11	4.05	4.01	3.98	3.95	3.94
	.050	7.71	6.94	6.59	6.39	6.26	6.16	6.09	6.04	6.00
	.025	12.22	10.65	9.98	9.60	9.36	9.20	9.07	8.98	8.90
	.010	21.20	18.00	16.69	15.98	15.52	15.21	14.98	14.80	14.66
	.001	74.14	61.25	56.18	53.44	51.71	50.53	49.66	49.00	48.47
5	.100	4.06	3.78	3.62	3.52	3.45	3.40	3.37	3.34	3.32
	.050	6.61	5.79	5.41	5.19	5.05	4.95	4.88	4.82	4.77
	.025	10.01	8.43	7.76	7.39	7.15	6.98	6.85	6.76	6.68
	.010	16.26	13.27	12.06	11.39	10.97	10.67	10.46	10.29	10.16
	.001	47.18	37.12	33.20	31.09	29.75	28.83	28.16	27.65	27.24

TIP R에서 F값의 p-value 구하기

```
> # pf(F값, df1, df2, lower.tail=F)
> pf(11.264, 2, 27, lower.tail=F)
```

16.2 다중비교(multiple comparisons)

앞서 살펴본 바와 같이 세 집단 간에 치료효과가 서로 다른 것으로 나타났다면 이제 어느 집단과 어느 집단 간에 통계적으로 유의한 차이가 있는지 분석하는 것이 필요하다. 여기에는 기준집단과의 비교하는 Dunnett 방법과 모든 집단 간 차이를 비교하는 Tukey 방법이 있다.

16.2.1 Dunnett 방법

Dunnett 방법은 기준집단(drugA)과 치료집단(drugB, drugC) 간의 차이를 보여 주는데, 다음 분석 결과에서 보는 것처럼 drugA−drugB는 통계적으로 유의하게 차이가 나며($p=0.036$) drugA−drugC도 통계적으로 유의한 차이를 보여 주고 있다($p<0.001$).

```
> library(multcomp)
> out <- lm(response ~ trt, data=chol)
> dunnett <- glht(out, linfct=mcp(trt="Dunnett"))
> summary(dunnett)
```

```
> dunnett <- glht(out, linfct=mcp(trt="Dunnett"))
> summary(dunnett)

         Simultaneous Tests for General Linear Hypotheses

Multiple Comparisons of Means: Dunnett Contrasts


Fit: lm(formula = response ~ trt, data = chol)

Linear Hypotheses:
                     Estimate Std. Error t value Pr(>|t|)
drugB - drugA == 0    3.443      1.389   2.478 0.036480 *
drugC - drugA == 0    6.593      1.389   4.745 0.000118 ***
---
Signif. codes:  0 '***' 0.001 '**' 0.01 '*' 0.05 '.' 0.1 ' ' 1
(Adjusted p values reported -- single-step method)
```

> par(mar=c(5,8,4,2)) # 그림의 테두리 간격 조정(하단, 왼쪽, 상단, 오른쪽)

> plot(dunnett)

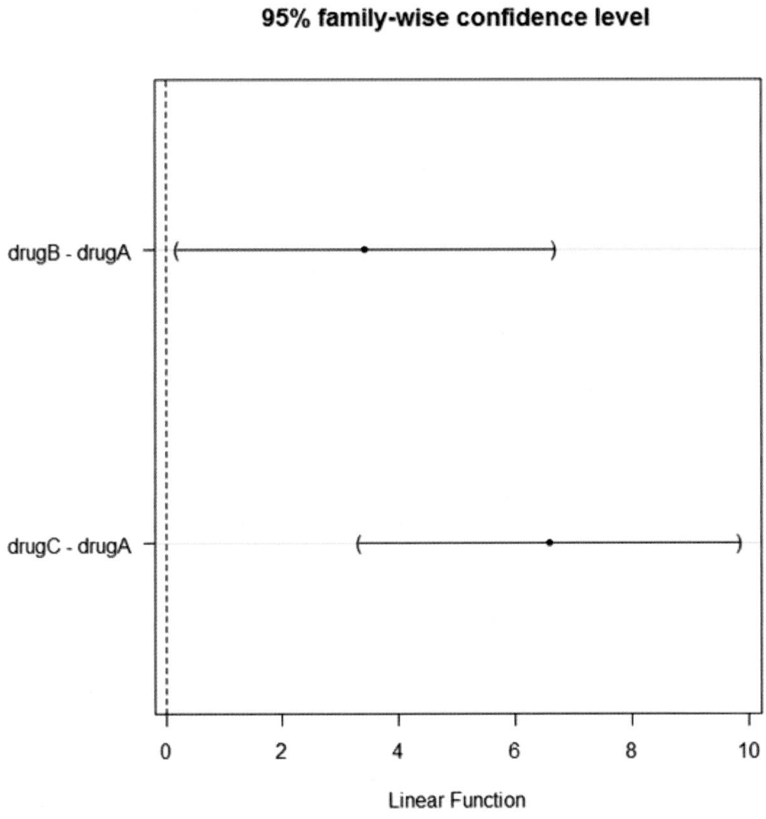

16.2.2 Tukey 방법

한편 Tukey 방법은 모든 집단 간의 차이를 보여 주지만 비교하고 싶은 쌍이 많을수록 p-value는 더 크게 조정된다.[1] 즉, drugA-drugB의 경우 Tukey의 p-value (0.0501)가 Dunnett의 p-value(0.0365)보다 크게 조정되어 있음을 알 수 있다. 따라서 다음 결과에서 보는 것처럼 drugA-drugC는 유의하지만(p< 0.001) drugA-drugB, drugB-drugC는 유의하지 않은 것으로 나타났다. 그러므로 비교하고 싶은 쌍만 미리 정해놓고 비교하는 것이 바람직하다고 하겠다(안재형, 2011, p. 129).

```
> library(multcomp)
> out <- lm(response ~ trt, data=chol)
> tukey <- glht(out, linfct=mcp(trt="Tukey"))
> summary(tukey)
```

```
> tukey <- glht(out, linfct=mcp(trt="Tukey"))
> summary(tukey)

         Simultaneous Tests for General Linear Hypotheses

Multiple Comparisons of Means: Tukey Contrasts


Fit: lm(formula = response ~ trt, data = chol)

Linear Hypotheses:
                     Estimate Std. Error t value Pr(>|t|)
drugB - drugA == 0     3.443      1.389   2.478   0.0501 .
drugC - drugA == 0     6.593      1.389   4.745   <0.001 ***
drugC - drugB == 0     3.150      1.389   2.267   0.0780 .
---
```

1) 다집단분석을 실시할 때 비교하는 집단이 많을수록 실제 집단 간 차이가 유의하지 않음에도 유의하다고 할 가능성이 있기 때문에 p-value를 상향 조정하게 된다. 보다 자세한 것은 Kabacoff, 2015, pp. 495-496을 참조하기 바란다.

```
> par(mar=c(5,8,4,2))
> plot(tukey)
```

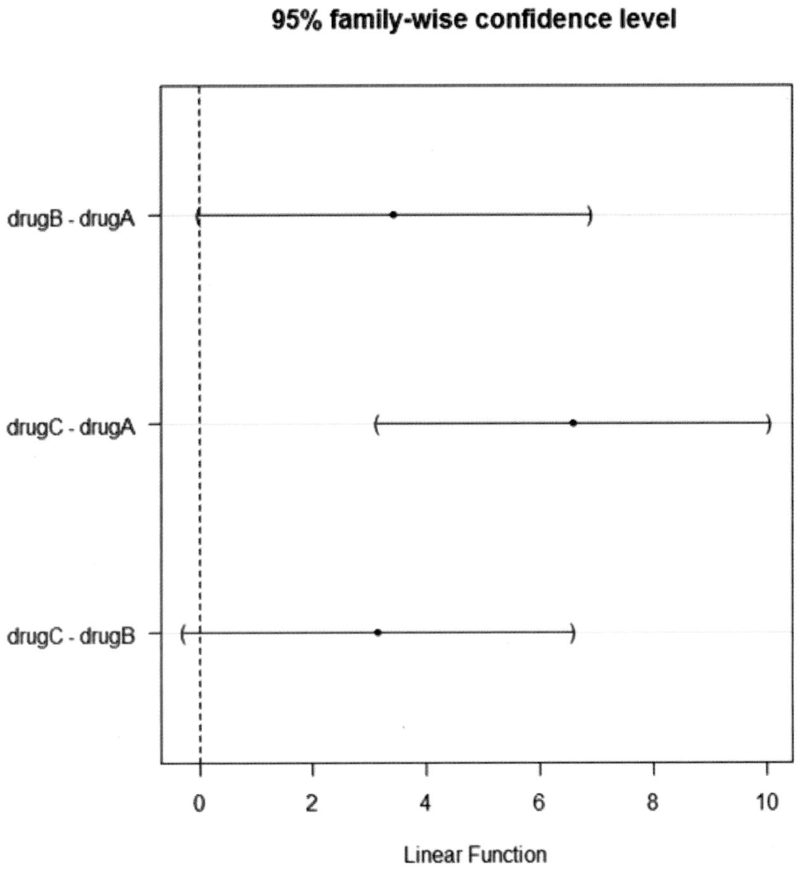

〈표 16-2〉는 집단 간 차이에 대한 분석에서 하나의 대조군과 여러 개의 실험군을 비교할 때 실험군 간의 비교가 관심이 아닐 때 Dunnett 방법을 사용해야 하는 이유를 보여 준다. 이 경우 Tukey 방법을 사용하게 되면 비교하고자 하는(drugB vs. drugA), (drugC vs. drugA)의 p-value가 커져서 유의한 차이가 있다는 결론을 내리기가 어렵다. 따라서 Dunnett 방법을 사용하는 것이 바람직하다고 할 수 있다(안재형, 2011, p. 131).

〈표 16-2〉 Dunnett 방법과 Tukey 방법의 비교(p-value)

	Dunnett	Tukey
drugB-drugA	0.03648	0.0501
drugC-drugA	0.00012	<0.001
drugC-drugB		0.0780

16.3 가정 검정(잔차의 정규성 및 분산의 동일성)

앞서 설명한대로 일원분산분석에서는 잔차의 정규성과 각 집단 간 분산의 동일성이 가정되어야 한다. 정규성 검정 결과 잔차가 정규분포를 보이고 있으며(p=0.710), 분산의 동일성 분석 결과 분산이 세 집단 간에 동일함을 보이고 있다(p=0.819).

```
> # 잔차의 정규성 검정
> shapiro.test(resid(out))
> # 집단 간 분산의 동일성 검정
> bartlett.test(response ~ trt, data=chol)
```

```
> # 잔차의 정규성 검정(test of normality)
> shapiro.test(resid(out))

        Shapiro-Wilk normality test

data:  resid(out)
W = 0.97593, p-value = 0.7101

> # 분산의 동일성 검정(test of homogeneity of variance)
> bartlett.test(response ~ trt, data=chol)

        Bartlett test of homogeneity of variances

data:  response by trt
Bartlett's K-squared = 0.39881, df = 2, p-value = 0.8192
```

회귀진단

회귀분석과 마찬가지로 분산분석에서도 회귀진단을 실시할 수 있으며, 다음과 같이 회귀진단 결과 각 그래프를 보면 정규성, 선형관계, 등분산성에서 특이한 사항이 없음을 알 수 있다.

```
> op <- par(mfrow=c(2,2))
> plot(out)
> par(op)
```

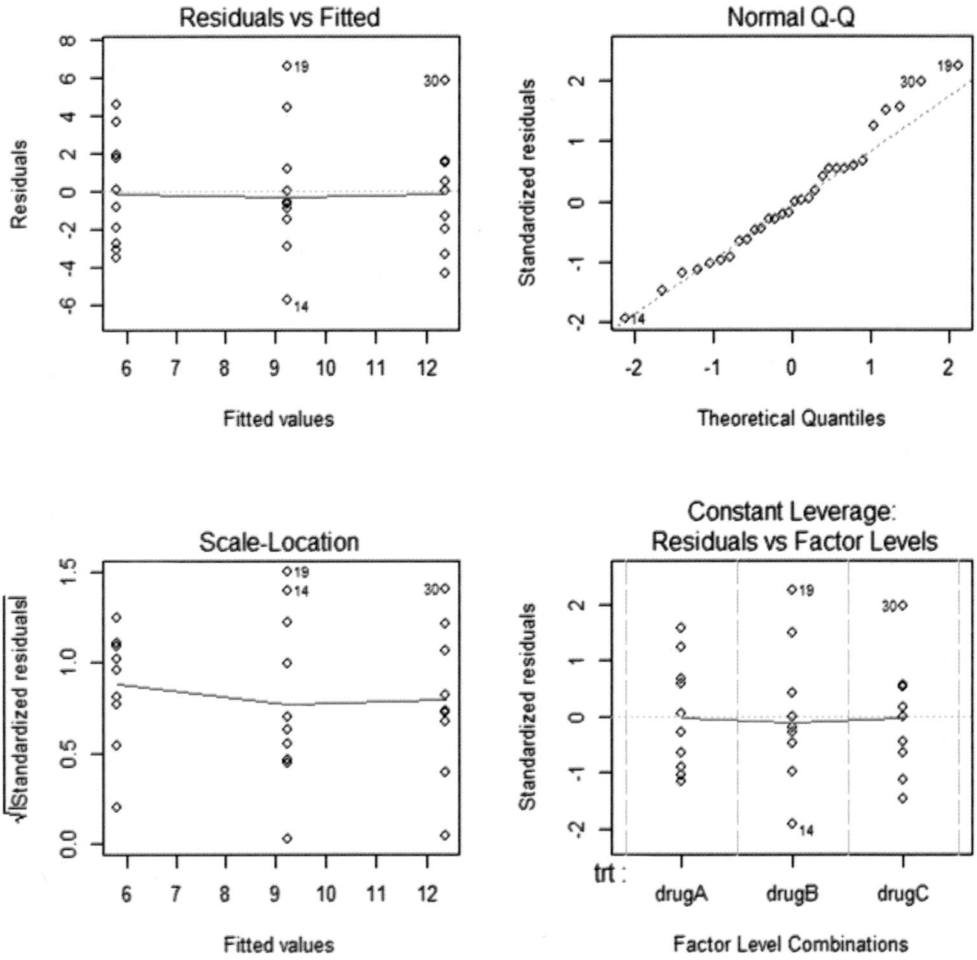

16.4 세 집단 이상의 비모수 검정

여기서 세 집단 이상의 경우 비모수 검정을 실시해 보자. 물론 분산분석의 가정인 정규성 및 분산의 동일성을 충족하지 못하는 경우에 해당된다. 앞서 회귀분석에서 사용했던 state.x77 데이터를 활용하는데 미국의 4개 지역 구분을 설명하는 state.region 변수를 추가하였다.

```
> states <- data.frame(state.region, state.x77)
> head(states)
```

```
> # Comparing more than two groups
> states <- data.frame(state.region, state.x77)
> head(states)
           state.region Population Income Illiteracy Life.Exp Murder HS.Grad
Alabama           South       3615   3624        2.1    69.05   15.1    41.3
Alaska             West        365   6315        1.5    69.31   11.3    66.7
Arizona            West       2212   4530        1.8    70.55    7.8    58.1
Arkansas          South       2110   3378        1.9    70.66   10.1    39.9
California         West      21198   5114        1.1    71.71   10.3    62.6
Colorado           West       2541   4884        0.7    72.06    6.8    63.9
```

지역(state.region)에 따른 문맹률의 차이를 먼저 boxplot으로 확인해 보자. 그리고 이어서 분산분석의 통계적 가정인 정규성과 분산의 동일성 검정을 실시하자. 다음 boxplot을 보면 지역 간 중위수도 서로 다르지만 각 지역의 분포 및 분산이 다르다고 생각할 수 있다.

```
> boxplot(Illiteracy ~ state.region, data=states)
```

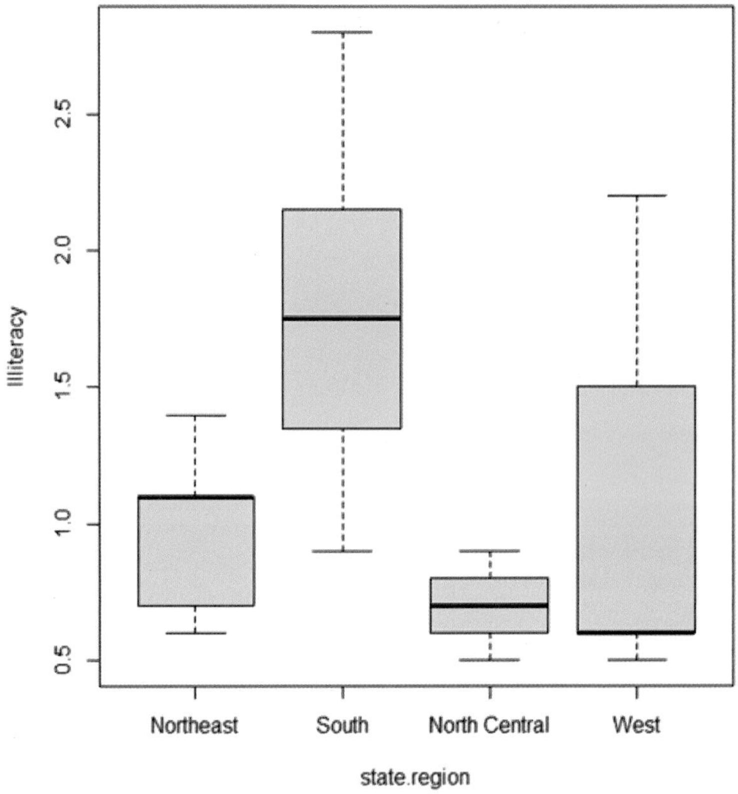


```
# 잔차의 정규성 검정
> out <- lm(Illiteracy ~ state.region, data=states)
> shapiro.test(resid(out))

# 집단 간 분산의 동일성 검정
> bartlett.test(Illiteracy ~ state.region, data=states)
```

다음 분석 결과에서 보듯이 세 집단 이상의 평균차이 검정(ANOVA)에 필요한 잔차의 정규성 검정과 집단 간 분산의 동일성 검정을 실시한 결과 잔차의 정규성은 확보($p=0.141$)가 되었지만 분산의 동일성은 검정되지 못하였다($p<0.001$). 따라서 비모수 검정을 실행하는 것이 바람직하다.

```
> shapiro.test(resid(out))

        Shapiro-Wilk normality test

data:  resid(out)
W = 0.96479, p-value = 0.141

> bartlett.test(Illiteracy ~ state.region, data=states)

        Bartlett test of homogeneity of variances

data:  Illiteracy by state.region
Bartlett's K-squared = 21.55, df = 3, p-value = 8.093e-05

> |
```

Kruskal-Wallis Test

일원분산분석에서 만약 종속변수가 정규분포를 이루지 못하거나 집단 간 분산의 동일성이 확보되지 못할 경우 비모수 검정을 실시하게 된다. 일원분산분석(one-way ANOVA)에 해당되는 비모수 방법으로 Kruskal-Wallis Test가 있으며 이는 Wilcoxon rank-sum test의 확장이다. 이 분석은 데이터 순위에서 구한 집단 간 변동량(between-treat variation)으로 검정통계량을 계산하며, 영가설은 "세 집단의 median이 모두 같다"이다(안재형, 2011, p. 133).

그래서 먼저 전통적인 kruskal.test( )를 실시하였으며 이어서 wmc( ) 기능을 이용하여 지역 간 다중비교를 실시하였다(Kabacoff, 2015).

```
> kruskal.test(Illiteracy ~ state.region, data=states)
```

다음의 Kruskal-Wallis 검정 결과를 보면 네 지역 간 문맹률의 차이는 유의하게 다른 것으로 나타났다(K-W chi-squared=22.672, $p<0.001$).

```
> kruskal.test(Illiteracy ~ state.region, data=states)

        Kruskal-Wallis rank sum test

data:  Illiteracy by state.region
Kruskal-Wallis chi-squared = 22.672, df = 3, p-value = 4.726e-05
```

그리고 지역 간 차이를 다중비교해 보면 South는 West, North Central 및 Northeast와 각각 유의하게 다른 것으로 나타났다. 그리고 다중비교 시 발생할 수 있는 오류(alpha inflation)를 조정하기 위해 p−value를 상향 조정하기 위한(즉, 1종 오류를 줄이기 위한) 방법으로 method="holm" 방법을 활용하였다(Kabacoff, 2015, p. 162).

```
# 비모수 검정의 다중 비교(nonparametric multiple comparisons)
> source("http://www.statmethods.net/RiA/wmc.txt")
> wmc(Illiteracy ~ state.region, data=states, method="holm")
```

```
> source("http://www.statmethods.net/RiA/wmc.txt")
> wmc(Illiteracy ~ state.region, data=states, method="holm")
Descriptive Statistics

           West North Central Northeast    South
n      13.00000      12.00000   9.00000 16.00000
median  0.60000       0.70000   1.10000  1.75000
mad     0.14826       0.14826   0.29652  0.59304

Multiple Comparisons (Wilcoxon Rank Sum Tests)
Probability Adjustment = holm

        Group.1       Group.2    W            p
1          West North Central 88.0 8.665618e-01
2          West     Northeast 46.5 8.665618e-01
3          West         South 39.0 1.788186e-02   *
4 North Central     Northeast 20.5 5.359707e-02   .
5 North Central         South  2.0 8.051509e-05 ***
6     Northeast         South 18.0 1.187644e-02   *
---
Signif. codes:  0 '***' 0.001 '**' 0.01 '*' 0.05 '.' 0.1 ' ' 1
> |
```

17 이원분산분석

17.1 이원분산분석(two-way ANOVA)

이원분산분석은 〈표 17-1〉에서 보는 것처럼 일원분산분석의 확장으로 2개의 집단변수가 있으며, 각 개별 집단변수의 주 효과(main effect)뿐만 아니라 두 집단변수의 상호작용 효과(interaction effect)도 분석할 수 있는 장점이 있다.

〈표 17-1〉 이원분산분석의 구조

성장촉진제	용량		
	0.5mg	1.0mg	2.0mg
	s1	s11	s21
	s2	s12	s22
오렌지주스	s3	s13	s23
	s4	s14	s24
	s5	s15	s25
	s6	s16	s26
	s7	s17	s27
비타민C	s8	s18	s28
	s9	s19	s29
	s10	s20	s30

```
# 데이터
```

ToothGrowth.csv는 실험동물로 많이 사용되는 기니피그(guinea pig)를 대상으로 치아성장촉진제의 효과를 분석한 것으로서 두 집단변수를 포함하고 있는데 첫 번째 변수는 supp(치아성장촉진제) 종류로 오렌지주스(OJ)와 비타민C(VC)가 있고, 두 번째 변수는 성장촉진제의 용량(dose)으로 0.5mg, 1.0mg, 2.0mg 세 종류가 있다. 각 변수가 미치는 주요인 효과가 종속변수에 어떤 영향을 주는지는 물론이고 나아가 supp와 dose의 상호작용효과가 작용하는지 그 부차적(2차적) 효과도 분석할 수 있다.

```
# 데이터에 대한 간단한 설명
> ?ToothGrowth
```

ToothGrowth {datasets}

The Effect of Vitamin C on Tooth Growth in Guinea Pigs

Description

The response is the length of odontoblasts (cells responsible for tooth growth) in 60 guinea pigs. Each animal received one of tl
two delivery methods, (orange juice or ascorbic acid (a form of vitamin C and coded as VC).

Usage

ToothGrowth

Format

A data frame with 60 observations on 3 variables.

[,1] len numeric Tooth length
[,2] supp factor Supplement type (VC or OJ).
[,3] dose numeric Dose in milligrams/day

Source

C. I. Bliss (1952) *The Statistics of Bioassay.* Academic Press.

References

McNeil, D. R. (1977) *Interactive Data Analysis.* New York: Wiley.

출처: http://127.0.0.1:29300/library/datasets/html/ToothGrowth.html

```
> tooth <- ToothGrowth
> head(tooth)
> levels(tooth$supp) # 범주형 변수(factor)의 수준 확인
```

```
> tooth <- read.csv("D:/R/ToothGrowth.csv")
> head(tooth)
   len supp dose
1  4.2   VC  0.5
2 11.5   VC  0.5
3  7.3   VC  0.5
4  5.8   VC  0.5
5  6.4   VC  0.5
6 10.0   VC  0.5
>
> # levels()로 이산형 변수인 supp이 어떤 순서로 정해져 있는지 확인 가능
> levels(tooth$supp)
[1] "OJ" "VC"
```

먼저 tapply( ) 기능을 이용하여 supp 및 dose에서 종속변수 len의 평균, 그리고 각 supp, dose의 조합(2×3)에서 평균을 구한다. 그리고 이를 boxplot을 통해 나타내 보자.

```
> attach(tooth)
> tapply(len, supp, mean)  # tapply(종속변수, 집단변수, 통계량)
> tapply(len, dose, mean)
> tapply(len, list(supp, dose), mean)
> aggregate(len, by=list(supp, dose), mean) # tapply( )와 같은 결과
```

```
> attach(tooth)
> tapply(len, supp, mean)
      OJ       VC
20.66333 16.96333
> tapply(len, dose, mean)
   0.5      1      2
10.605 19.735 26.100
> tapply(len, list(supp,dose), mean)
     0.5     1     2
OJ 13.23 22.70 26.06
VC  7.98 16.77 26.14
> aggregate(len, by=list(supp, dose), mean)
  Group.1 Group.2     x
1      OJ     0.5 13.23
2      VC     0.5  7.98
3      OJ     1.0 22.70
4      VC     1.0 16.77
5      OJ     2.0 26.06
6      VC     2.0 26.14
```

```
> boxplot(len ~ supp + dose, col="lightgreen", data=tooth)
```

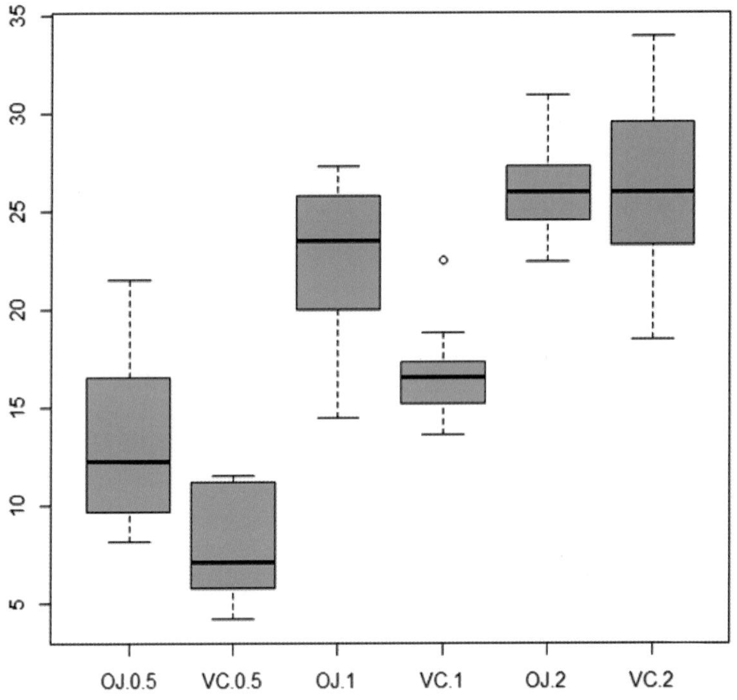

이원분산분석을 실시하기 전 먼저 두 집단변수가 모두 factor 변수인지 확인한다. 분석 결과 dose는 factor 변수가 아니므로 factor 변수로 전환한다.

```
> str(dose)
> tooth$dose <- factor(tooth$dose)
```

```
> dose
 [1] 0.5 0.5 0.5 0.5 0.5 0.5 0.5 0.5 0.5 0.5 1.0 1.0 1.0 1.0 1.0 1.0 1.0
[25] 2.0 2.0 2.0 2.0 2.0 2.0 0.5 0.5 0.5 0.5 0.5 0.5 0.5 0.5 0.5 0.5 1.0
[49] 1.0 1.0 2.0 2.0 2.0 2.0 2.0 2.0 2.0 2.0 2.0 2.0
> str(tooth)
'data.frame':	60 obs. of  3 variables:
 $ len : num  4.2 11.5 7.3 5.8 6.4 10 11.2 11.2 5.2 7 ...
 $ supp: Factor w/ 2 levels "OJ","VC": 2 2 2 2 2 2 2 2 2 2 ...
 $ dose: num  0.5 0.5 0.5 0.5 0.5 0.5 0.5 0.5 0.5 0.5 ...
> tooth$dose <- factor(tooth$dose)
> str(tooth)
'data.frame':	60 obs. of  3 variables:
 $ len : num  4.2 11.5 7.3 5.8 6.4 10 11.2 11.2 5.2 7 ...
 $ supp: Factor w/ 2 levels "OJ","VC": 2 2 2 2 2 2 2 2 2 2 ...
 $ dose: Factor w/ 3 levels "0.5","1","2": 1 1 1 1 1 1 1 1 1 1 ...
>
```

이제 lm( ) 기능을 활용하여 다음과 같이 이원분산분석을 실시한다.

```
> out <– lm(len ~ supp*dose, data=tooth)
> # lm(len ~ supp*dose)는 lm(len~supp+dose+supp*dose)와 동일
> anova(out)
```

```
> out <- lm(len ~ supp*dose, data=tooth)
> anova(out)
Analysis of Variance Table

Response: len
          Df  Sum Sq Mean Sq F value    Pr(>F)    
supp       1  205.35  205.35  15.572 0.0002312 ***
dose       2 2426.43 1213.22  92.000 < 2.2e-16 ***
supp:dose  2  108.32   54.16   4.107 0.0218603 *  
Residuals 54  712.11   13.19                      
---
Signif. codes:  0 ‘***’ 0.001 ‘**’ 0.01 ‘*’ 0.05 ‘.’ 0.1 ‘ ’ 1
```

분석 결과 supp(성장촉진제) 간에 치아 성장에 유의한 차이가 있고($p<0.001$) 또 dose(용량) 간에도 집단 간 유의한 차이가 있음을($p<0.001$) 알 수 있다. 그리고 supp

와 dose의 상호작용도 유의한 것으로 나타났다(p=0.021).

이번에는 상호작용(interaction)이 존재하는지 확인하기 위해 interaction.plot을 만들어 본다. interaction.plot(x축 변수, grouping 변수, 종속변수)에서 두 선이 평행을 유지하게 되면 상호작용이 없고, 서로 만나게 되면 상호작용이 있다. 분석 결과 다음 그림을 보면 supp와 dose간에 상호작용이 있음을 알 수 있다.

```
> interaction.plot(dose, supp, len, col=c("red", "blue"), type="b", pch=c(16,18))
```

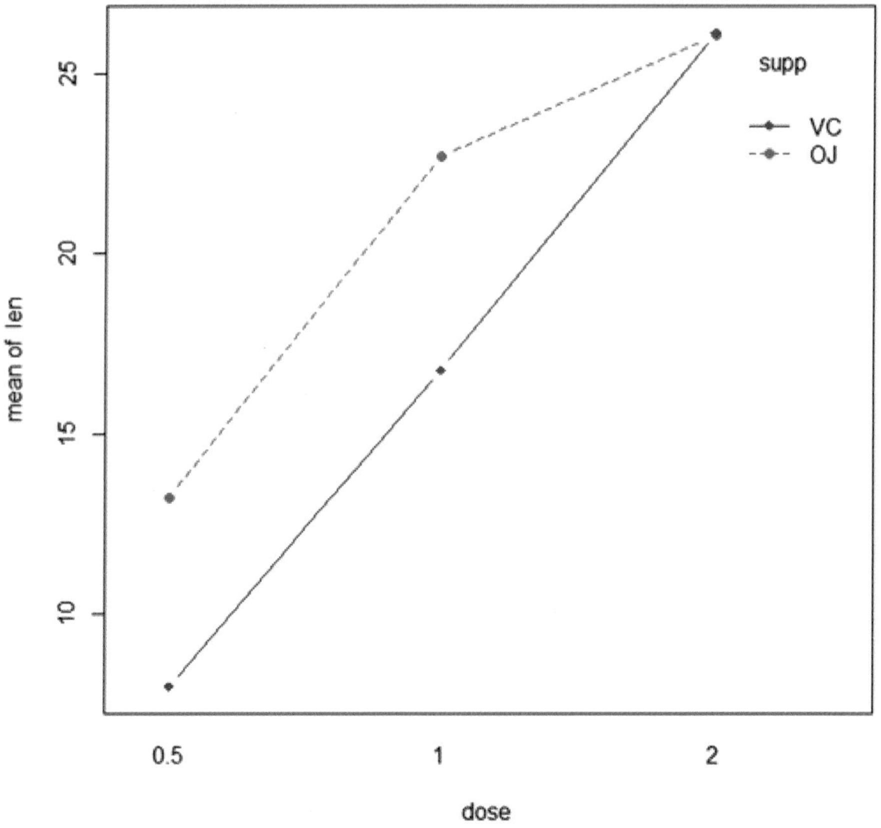

17.2 다중비교(multiple comparisons)

다중비교를 위해 dose별로 집단 간 차이가 있는지 분석해 보자. 먼저 기준집단과 비교하는 Dunnett 방법으로 그리고 모든 집단을 비교하는 Tukey 방법으로 분석해 보자.

17.2.1 Dunnett 방법

다음 분석 결과를 살펴보면 기준집단(0.5mg)과 1.0mg 집단 그리고 기준집단과 2.0mg 집단 모두 유의하게 평균 차이가 있는 것으로 나타났다($p < 0.001$).

```
> library(multcomp)
> out1 <- lm(len ~ dose, data=tooth)
> dunnett <- glht(out1, linfct=mcp(dose="Dunnett"))
> summary(dunnett)
```

```
> out1 <- lm(len ~ dose, data=tooth)
> dunnett <- glht(out1, linfct=mcp(dose="Dunnett"))
> summary(dunnett)

         Simultaneous Tests for General Linear Hypotheses

Multiple Comparisons of Means: Dunnett Contrasts


Fit: lm(formula = len ~ dose, data = tooth)

Linear Hypotheses:
              Estimate Std. Error t value Pr(>|t|)
1 - 0.5 == 0    9.130      1.341   6.806 1.34e-08 ***
2 - 0.5 == 0   15.495      1.341  11.551  < 1e-10 ***
---
Signif. codes:  0 '***' 0.001 '**' 0.01 '*' 0.05 '.' 0.1 ' ' 1
(Adjusted p values reported -- single-step method)
```

17.2.2 Tukey 방법

다음 Tukey 방법으로 다중비교를 한 결과에서 보듯이 모든 집단(0.5mg-1.0mg, 0.5mg-2.0mg, 1.0mg-2.0mg)에서 평균차이가 유의하게 다른 것으로 나타났다. 하지만 다중집단비교의 p-value를 조정하였기 때문에 Dunnett 방법에 비해 각 p-value가 커진 것을 알 수 있다(Kabacoff, 2015, pp. 495-496).

```
> library(multcomp)
> out2 <- lm(len ~ dose, data=tooth)
> tukey <- glht(out2, linfct=mcp(dose="Tukey"))
> summary(tukey)
```

```
> out2 <- lm(len ~ dose, data=tooth)
> tukey <- glht(out2, linfct=mcp(dose="Tukey"))
> summary(tukey)

         Simultaneous Tests for General Linear Hypotheses

Multiple Comparisons of Means: Tukey Contrasts


Fit: lm(formula = len ~ dose, data = tooth)

Linear Hypotheses:
             Estimate Std. Error t value Pr(>|t|)
1 - 0.5 == 0    9.130      1.341   6.806  < 1e-05 ***
2 - 0.5 == 0   15.495      1.341  11.551  < 1e-05 ***
2 - 1 == 0      6.365      1.341   4.745 3.47e-05 ***
---
Signif. codes:  0 '***' 0.001 '**' 0.01 '*' 0.05 '.' 0.1 ' ' 1
(Adjusted p values reported -- single-step method)
```

17.3 잔차의 정규성 검정 및 분산의 동일성 검정

잔차의 정규성 검정 결과 p=0.669로 나타나 정규분포를 보이고 있음을 알 수 있고, 분산의 동일성 검정 결과 supp, dose 별로 실시한 결과 모두 동일한 것으로 나타났다 (p=0.233, p=0.717). 따라서 이원분산분석을 위한 통계적 가정이 모두 충족되었음을 알 수 있다.

```
> shapiro.test(resid(out))
> bartlett.test(len ~ supp, data=tooth)
> bartlett.test(len ~ dose, data=tooth)
```

```
> # 잔차의 정규성 검정(test of normality)
> shapiro.test(resid(out))

        Shapiro-Wilk normality test

data:  resid(out)
W = 0.98499, p-value = 0.6694

> # 분산의 동일성 검정(test of homogeneity of variance)
> bartlett.test(len ~ supp, data=tooth)

        Bartlett test of homogeneity of variances

data:  len by supp
Bartlett's K-squared = 1.4217, df = 1, p-value = 0.2331

> bartlett.test(len ~ dose, data=tooth)

        Bartlett test of homogeneity of variances

data:  len by dose
Bartlett's K-squared = 0.66547, df = 2, p-value = 0.717
```

회귀진단

회귀진단 결과 역시 정규성, 선형관계, 등분산성 가정을 모두 충족하고 있는 것으로 볼 수 있다.

```
> op <- par(mfrow=c(2,2))
> plot(out)
> par(op)
```

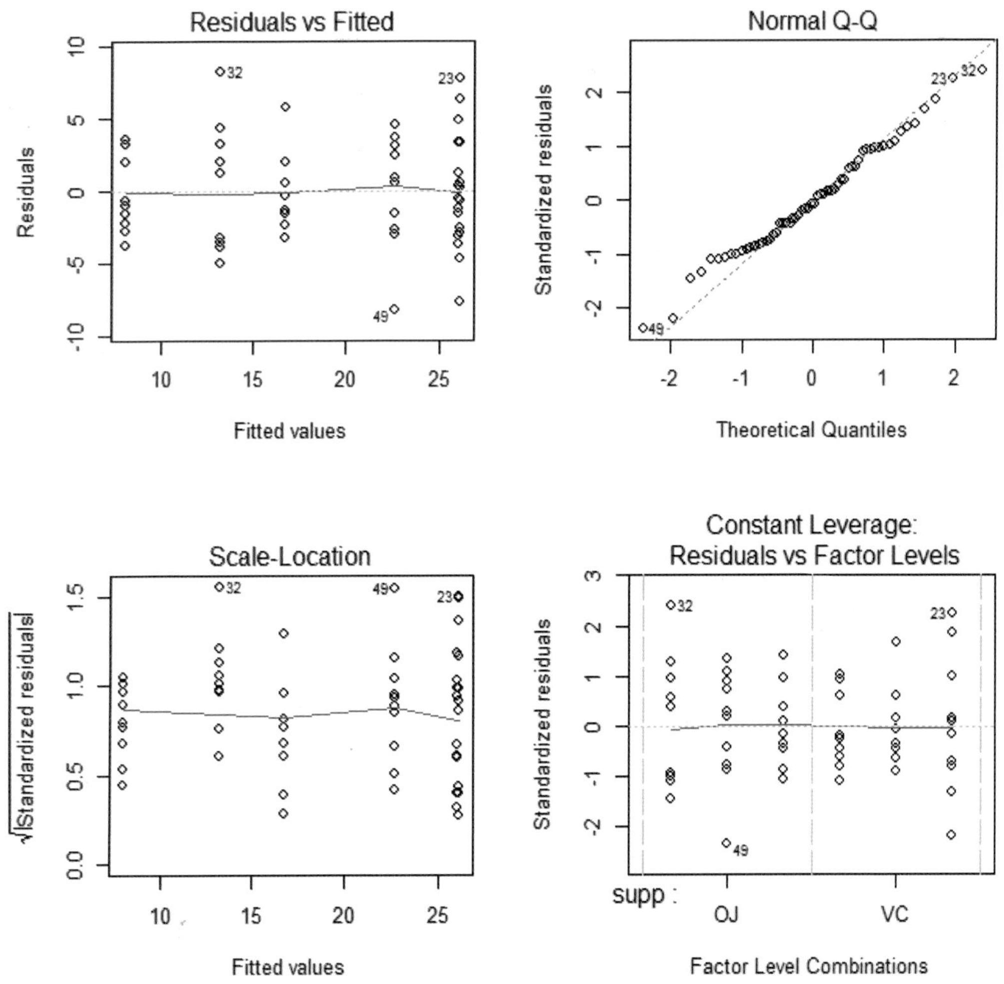

18 공분산분석

18.1 공분산분석(Analysis of Covariance, ANCOVA)

공분산분석은 분산분석에서 연속형 변수를 추가한 분석방법이다. 이 분석의 목적은 각 집단 간 평균의 차이가 통계적으로 유의한지 검정하는 것으로 분산분석과 동일하지만 사전점수 같은 통제가 안 되는 연속형 변수(covariate)를 추가하여 분산분석모형에서 오차를 줄이고 검정력을 높이는 것이 특성이다(안재형, 2011, p. 143).

여기서 사용할 데이터는 외상후스트레스장애(PTSD) 환자에게 세 가지 치료법(control, CBT, EMDR)을 적용한 후 불안감을 조사한 데이터이다(점수가 높을수록 불안감이 낮다).

```
> ptsd <- read.csv("D:/R/PTSD.csv")
> ptsd
```

```
> ptsd <- read.csv("D:/R/PTSD.csv")
> ptsd
    trt pre post
1   CBT  61   60
2   CBT  73   72
3   CBT  66   79
4   CBT  61   74
5   CBT  51   77
6   CBT  70   78
7   CBT  59   77
8   CBT  52   73
9   CBT  76   80
10  CBT  54   66
11 EMDR  57   67
12 EMDR  56   65
13 EMDR  79   85
14 EMDR  83   85
15 EMDR  72   71
16 EMDR  66   65
17 EMDR  60   62
18 EMDR  67   69
19 EMDR  54   61
20 EMDR  67   65
21 Cont  79   77
22 Cont  85   77
23 Cont  52   58
24 Cont  72   76
25 Cont  55   58
26 Cont  58   62
27 Cont  74   72
28 Cont  59   63
29 Cont  59   50
30 Cont  79   69
```

분석에 앞서 우선 치료집단의 기준을 Control 집단으로 코딩 변경(Control, EMDR, CBT 집단으로 순서 변경)을 실시한다.

```
> levels(ptsd$trt)
> ptsd$trt <- factor(ptsd$trt, levels=c("Cont", "EMDR", "CBT"))
> levels(ptsd$trt)
> str(ptsd)
> attach(ptsd)
```

그리고 tapply( )기능을 이용하여 치료집단별 사후평균을 구해서 비교해 보자. 물론 aggregate( ) 기능을 사용해도 동일한 결과를 얻는다.

```
> tapply(post, trt, mean)
> aggregate(post, by=list(trt), mean)
```

```
> levels(ptsd$trt)
[1] "CBT"  "Cont" "EMDR"
> ptsd$trt <- factor(ptsd$trt, levels=c("Cont", "EMDR", "CBT"))
> levels(ptsd$trt)
[1] "Cont" "EMDR" "CBT"
> str(ptsd)
'data.frame':   30 obs. of  3 variables:
 $ trt : Factor w/ 3 levels "Cont","EMDR",..: 3 3 3 3 3 3 3 3 3 3 ...
 $ pre : int  61 73 66 61 51 70 59 52 76 54 ...
 $ post: int  60 72 79 74 77 78 77 73 80 66 ...
> attach(ptsd)
> tapply(post, trt, mean)
Cont EMDR  CBT
66.2 69.5 73.6
> aggregate(post, by=list(trt), mean)
  Group.1    x
1    Cont 66.2
2    EMDR 69.5
3     CBT 73.6
```

이제 연속변수인 사전점수(pre)를 공분산으로 모형에 포함하여 공분산분석을 실행하자. 다음 분석 결과 공분산(covariate)인 사전점수(pre)는 사후점수(post)와 유의한 관계가 있으며, 집단변수인 치료방법(trt)도 사후점수와 유의하게 나타났다. 즉, 치료방법(Cont, EMDR, CBT)에 따라 사후점수가 유의하게 다른 것으로 나타났다.

```
> out <- lm(post ~ pre + trt, data=ptsd)
> anova(out)
```

```
> out <- lm(post ~ pre + trt, data=ptsd)
> anova(out)
Analysis of Variance Table

Response: post
          Df Sum Sq Mean Sq F value    Pr(>F)    
pre        1 786.02  786.02 25.6304 2.849e-05 ***
trt        2 524.00  262.00  8.5433  0.001407 ** 
Residuals 26 797.35   30.67                      
---
Signif. codes:  0 '***' 0.001 '**' 0.01 '*' 0.05 '.' 0.1 ' ' 1
```

그리고 effect( ) 기능을 활용하여 사전점수(pre)를 통제한 각 집단의 조정된 평균(adjusted means)을 구해 보자.

```
> library(effects)
> effect("trt", out)
```

```
> library(effects)
필요한 패키지를 로딩중입니다: carData
lattice theme set by effectsTheme()
See ?effectsTheme for details.
> effect("trt", out)

 trt effect
trt
    Cont     EMDR      CBT 
64.98667 68.95400 75.35932 
```

이는 공분산인 사전점수의 영향을 배제한 후(partialling out), 즉 사전점수를 동일하게 한 후 집단별 사후점수를 제시한 결과이다.

18.2 다중비교(multiple comparisons)

공분산분석 결과 사전점수(pre)를 통제한 상태에서 집단 간(trt) 평균이 유의하게 다른 것으로 나타났기 때문에 이제 어느 집단과 어느 집단이 서로 다른지 비교해 보자.

18.2.1 Dunnett 방법

Dunnett 방법은 하나의 기준집단(Cont)에 나머지 치료집단을 각각 비교하는 것으로 다음 결과 EMDR−Cont는 유의하지 않은 것으로 나타났고($p=0.209$), CBT−Cont는 유의하게 나타났다($p<0.001$).

```
> library(multcomp)
> dunnett <– glht(out, linfct=mcp(trt="Dunnett"))
> summary(dunnett)
```

```
> library(multcomp)
> dunnett <- glht(out, linfct=mcp(trt="Dunnett"))
> summary(dunnett)

         Simultaneous Tests for General Linear Hypotheses

Multiple Comparisons of Means: Dunnett Contrasts


Fit: lm(formula = post ~ pre + trt, data = ptsd)

Linear Hypotheses:
                 Estimate Std. Error t value Pr(>|t|)
EMDR - Cont == 0    3.967      2.479   1.600 0.209056
CBT - Cont == 0    10.373      2.529   4.102 0.000696 ***
---
Signif. codes:  0 ‘***’ 0.001 ‘**’ 0.01 ‘*’ 0.05 ‘.’ 0.1 ‘ ’ 1
(Adjusted p values reported -- single-step method)
```

```
> par(mar=c(5,8,4,2)) # 테두리(마진) 조정(아래쪽, 왼쪽, 위쪽, 오른쪽)
> plot(dunnett)
```

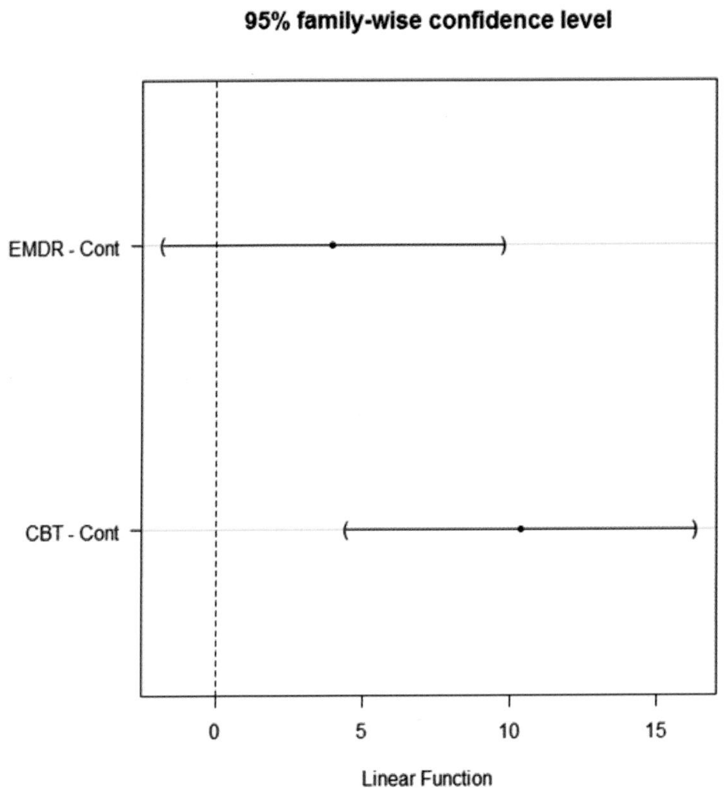

18.2.2 Tukey 방법

Tukey 방법은 비교 가능한 모든 집단을 각각 비교하는 것으로 위 결과 EMDR−Cont는 유의하게 차이가 있는 것으로 나타나지 않았지만(p=0.263) CBT−Cont 및 CBT−EMDR은 각각 유의하게 다른 것으로 나타났다(p=0.001, p=0.043).

```
> library(multcomp)
> tukey <- glht(out, linfct=mcp(trt="Tukey"))
> summary(tukey)
```

```
> tukey <- glht(out, linfct=mcp(trt="Tukey"))
> summary(tukey)

         Simultaneous Tests for General Linear Hypotheses

Multiple Comparisons of Means: Tukey Contrasts


Fit: lm(formula = post ~ pre + trt, data = ptsd)

Linear Hypotheses:
                 Estimate Std. Error t value Pr(>|t|)
EMDR - Cont == 0    3.967      2.479   1.600  0.26345
CBT - Cont == 0    10.373      2.529   4.102  0.00103 **
CBT - EMDR == 0     6.405      2.508   2.554  0.04306 *
---
```

```
> par(mar=c(5,8,4,2))
> plot(tukey)
```

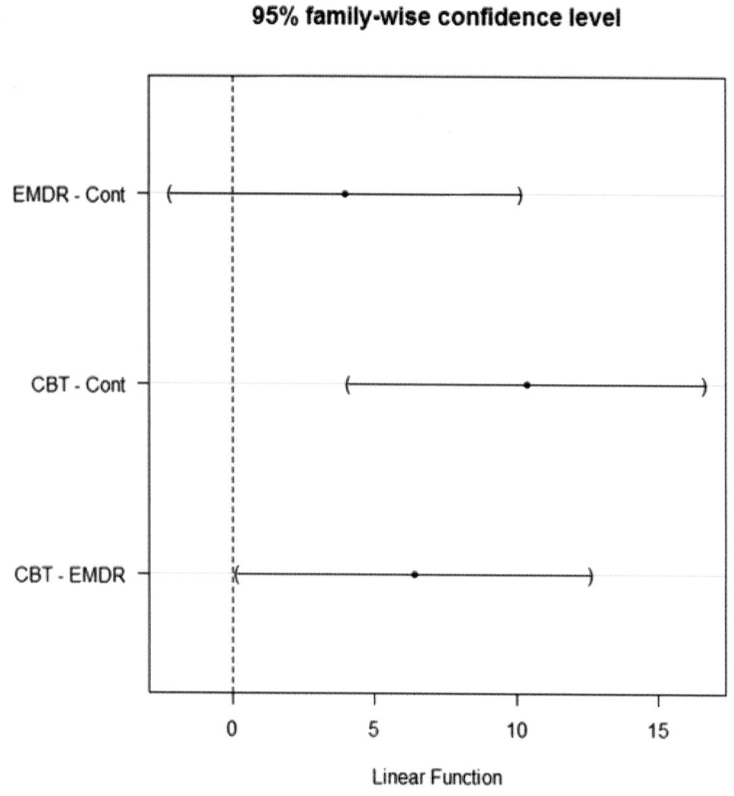

18.3 잔차의 정규성 검정 및 분산의 동일성 검정

다음 분석 결과에서 보듯이 잔차의 정규성 검정 결과 정규분포를 보이고 있으며(p=0.677), 분산의 동일성 검정 결과 치료집단별 분산이 동일한 것으로 나타났다(p=0.495).

```
> # 잔차의 정규성 검정(test of normality)
> shapiro.test(resid(out))

> # 분산의 동일성 검정(test of homogeneity of variance)
> bartlett.test(post ~ trt, data=ptsd)
```

```
> # 잔차의 정규성 검정(test of normality)
> shapiro.test(resid(out))

        Shapiro-Wilk normality test

data:  resid(out)
W = 0.97481, p-value = 0.6772

> # 분산의 동일성 검정(test of homogeneity of variance)
> bartlett.test(post ~ trt, data=ptsd)

        Bartlett test of homogeneity of variances

data:  post by trt
Bartlett's K-squared = 1.4052, df = 2, p-value = 0.4953
```

회귀진단

회귀진단 결과 각 그래프는 정규성, 선형관계, 등분산성에서 특이점이 없는 것으로 나타났다.

```
> op <- par(mfrow=c(2,2))
> plot(out)
> par(op)
```

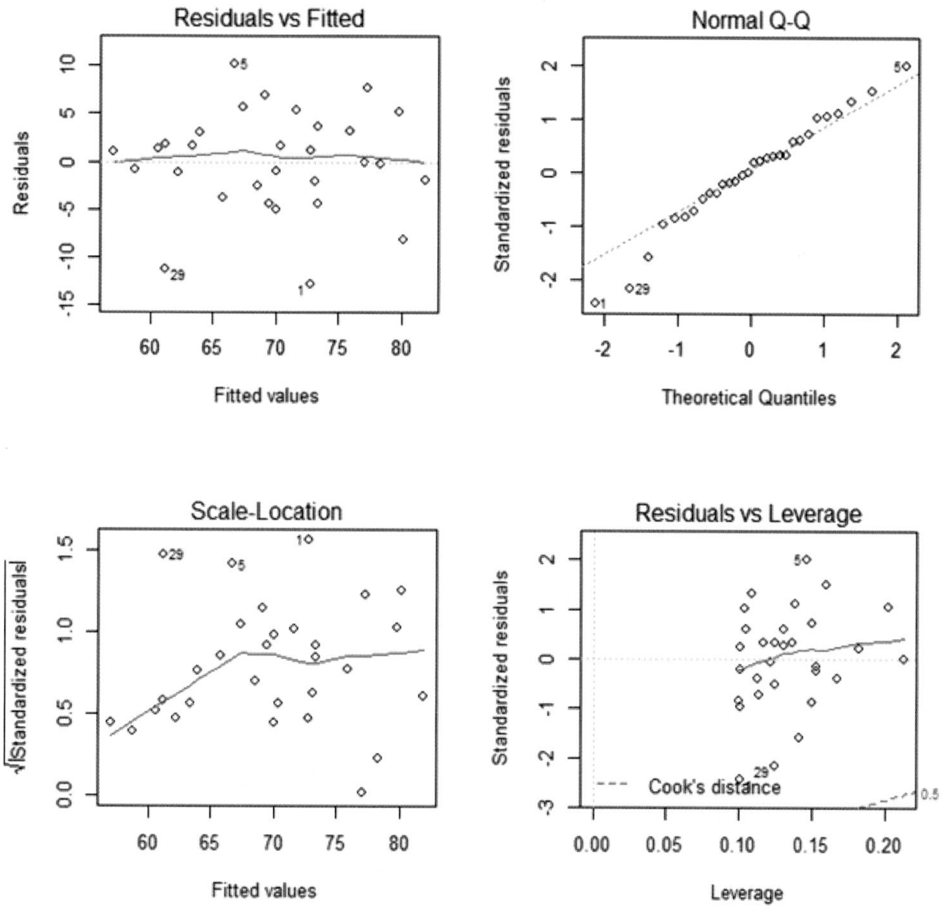

18.4 회귀 기울기의 동일성 검정(testing for homogeneity of regression slopes)

정규성과 분산의 동일성 가정 외에 공분산분석(ANCOVA)은 회귀 기울기의 동일성(homogeneity of regression slopes)을 가정하고 있다(Kabacoff, 2015). 즉, 사전점수로부터 사후점수를 예측하는 회귀 기울기가 각 치료집단별로 동일하다고 가정하고 있다. 이 회귀 기울기의 동일성 검정은 사전점수*치료방법의 상호작용을 공분산분석 모형에 포함시켜 검정한다. 다음 분석 결과를 보면 상호작용(pre:trt)이 유의하지 않은 것으로 나타나(p=0.107) 기울기의 동일성(equality of slopes) 가정이 충족됨을 알 수 있다.

```
> library(multcomp)
> out2 <- lm(post ~ pre*trt, data=ptsd)
> anova(out2)
```

```
> out2 <- lm(post ~ pre*trt, data=ptsd)
> anova(out2)
Analysis of Variance Table

Response: post
          Df Sum Sq Mean Sq F value    Pr(>F)
pre        1 786.02  786.02 28.4842 1.774e-05 ***
trt        2 524.00  262.00  9.4946 0.0009167 ***
pre:trt    2 135.08   67.54  2.4475 0.1078089
Residuals 24 662.27   27.59
---
Signif. codes:  0 '***' 0.001 '**' 0.01 '*' 0.05 '.' 0.1 ' ' 1
```

이제 HH 패키지의 ancova( ) 기능을 활용하여 회귀 기울기의 동일성 검정 결과를 시각적으로 제시해 보자(kabacoff, 2015, p. 225).

```
# 회귀 기울기 분석 결과의 시각화

> library(HH)
> ancova(post ~ pre + trt, data=ptsd)
```

```
> ancova(post ~ pre + trt, data=ptsd)
Analysis of Variance Table

Response: post
          Df Sum Sq Mean Sq F value    Pr(>F)
pre        1 786.02  786.02 25.6304 2.849e-05 ***
trt        2 524.00  262.00  8.5433  0.001407 **
Residuals 26 797.35   30.67
---
Signif. codes:  0 '***' 0.001 '**' 0.01 '*' 0.05 '.' 0.1 ' ' 1
```

분석 결과 치료집단인 세 집단(Cont, EMDR, CBT)의 기울기가 동일함(parallel)을 다음 그림을 통해 확인할 수 있다. 하지만 각 집단의 초기값(절편)은 서로 다름을 알 수 있다.

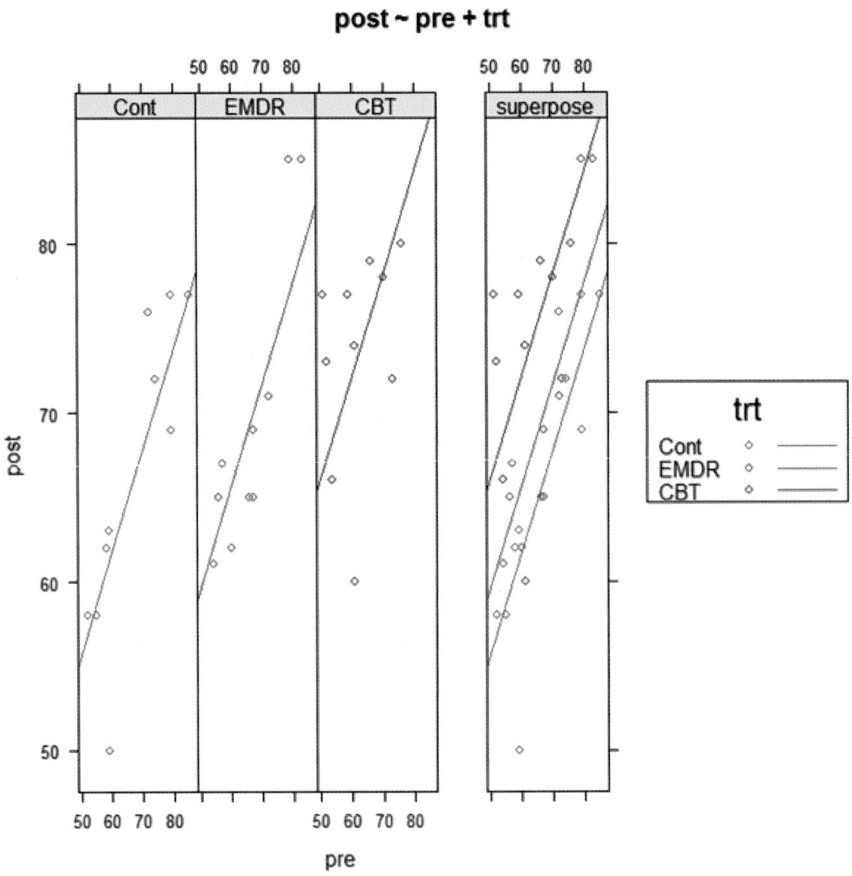

여기서 만약 회귀 기울기의 동일성 가정이 충족되지 않는다면 ancova(post~pre*trt, data=ptsd)를 사용해서 분석하며, 이때 기울기와 초기값은 각 집단별로 모두 다르게 나타난다.

19 반복측정 분산분석

반복측정 분산분석(repeated measures ANOVA)은 측정이 여러 번(3회 이상) 있는 경우로서 각 집단별 반복측정의 결과를 분석하는 것이며, 각 측정결과는 독립적인 것으로 간주한다. 여기에 사용될 데이터는 청소년들의 자아존중감 향상프로그램의 결과로 나타난 두 집단(실험, 통제)의 사전, 사후, 추후검사의 결과를 기록한 데이터(repeated2.csv)이다.

```
> repeated <- read.csv("D:/R/repeated2.csv")
> repeated
```

```
> repeated <- read.csv("D:/R/repeated2.csv")
> repeated
   id group pre post followup
1   1     1  78   79       84
2   2     1  61   60       64
3   3     1  73   72       78
4   4     1  66   79       76
5   5     1  61   74       78
6   6     1  51   77       77
7   7     1  70   78       78
8   8     1  59   77       76
9   9     1  52   73       73
10 10     1  76   80       77
11 11     1  54   66       66
12 12     1  57   67       67
13 13     1  56   65       65
14 14     1  79   85       85
15 15     1  83   85       86
16 16     2  72   71       72
17 17     2  66   65       66
18 18     2  60   62       64
19 19     2  67   69       67
20 20     2  54   61       54
21 21     2  67   65       67
22 22     2  79   77       77
23 23     2  85   77       85
24 24     2  52   58       52
25 25     2  72   76       72
```

반복측정 분산분석을 위해서는 우선 데이터를 종단형으로(melting the data, 또는 transforming the data in long format) 전환하는 것이 필요하다. 이를 위해 reshape2 패키지의 melt( ) 기능을 활용한다.

```
> library(reshape2)
> md <- melt(repeated, id=c("id", "group"))
> md
```

```
> library(reshape2)
> md <- melt(repeated, id=c("id", "group"))
> md
   id group variable value
1   1     1      pre    78
2   2     1      pre    61
3   3     1      pre    73
4   4     1      pre    66
5   5     1      pre    61
6   6     1      pre    51
7   7     1      pre    70
8   8     1      pre    59
9   9     1      pre    52
10 10     1      pre    76
11 11     1      pre    54
12 12     1      pre    57
13 13     1      pre    56
14 14     1      pre    79
15 15     1      pre    83
16 16     2      pre    72
17 17     2      pre    66
18 18     2      pre    60
19 19     2      pre    67
20 20     2      pre    54
```

이때 tidyverse 패키지를 활용해서 다음과 같이 종단형 데이터로 전환할 수도 있다.

```
> library(tidyverse)
> md <- gather(repeated, variable, value, 3:5)
> md
```

이어서 variable, value 변수를 좀 더 이해하기 쉬운 time, score로 변수이름을 바꾼다.

```
> names(md)[3:4] <- c("time", "score")
> md
```

```
> names(md)[3:4]=c("time", "score")
> md
   id group  time score
1   1     1   pre    78
2   2     1   pre    61
3   3     1   pre    73
4   4     1   pre    66
5   5     1   pre    61
6   6     1   pre    51
7   7     1   pre    70
8   8     1   pre    59
9   9     1   pre    52
10 10     1   pre    76
11 11     1   pre    54
12 12     1   pre    57
13 13     1   pre    56
14 14     1   pre    79
15 15     1   pre    83
16 16     2   pre    72
17 17     2   pre    66
18 18     2   pre    60
19 19     2   pre    67
20 20     2   pre    54
21 21     2   pre    67
22 22     2   pre    79
23 23     2   pre    85
```

그리고 집단변수인 group의 변수값을 좀 더 구체적인 변수값으로, 즉 trt(실험집단), cont(통제집단)으로 바꾸어준다(변수값 변경).

```
> md$group[md$group==1] <- "trt"
> md$group[md$group==2] <- "cont"
> md
```

```
> md$group[md$group==1] <- "trt"
> md$group[md$group==2] <- "cont"
> md
   id group   time score
1   1   trt    pre    78
2   2   trt    pre    61
3   3   trt    pre    73
4   4   trt    pre    66
5   5   trt    pre    61
6   6   trt    pre    51
7   7   trt    pre    70
8   8   trt    pre    59
9   9   trt    pre    52
10 10   trt    pre    76
11 11   trt    pre    54
12 12   trt    pre    57
13 13   trt    pre    56
14 14   trt    pre    79
15 15   trt    pre    83
16 16  cont    pre    72
17 17  cont    pre    66
18 18  cont    pre    60
19 19  cont    pre    67
20 20  cont    pre    54
```

이제 마지막 준비 단계로 id 및 group 변수를 factor 변수로 전환한다.

```
> md$group <- factor(md$group)
> str(md)
> md$id <- factor(md$id)
> str(md)
```

```
> md$group <- factor(md$group)
> str(md)
'data.frame':   93 obs. of  4 variables:
 $ id   : int  1 2 3 4 5 6 7 8 9 10 ...
 $ group: Factor w/ 2 levels "cont","trt": 2 2 2 2 2 2 2 2 2 2 ...
 $ time : Factor w/ 3 levels "pre","post","followup": 1 1 1 1 1 1 1 1 1 1 ...
 $ score: int  78 61 73 66 61 51 70 59 52 76 ...
```

```
> md$id <- factor(md$id)
> str(md)
'data.frame':   93 obs. of  4 variables:
 $ id   : Factor w/ 31 levels "1","2","3","4",..: 1 2 3 4 5 6 7 8 9 10 ...
 $ group: Factor w/ 2 levels "cont","trt": 2 2 2 2 2 2 2 2 2 2 ...
 $ time : Factor w/ 3 levels "pre","post","followup": 1 1 1 1 1 1 1 1 1 1 ...
 $ score: int  78 61 73 66 61 51 70 59 52 76 ...
```

이제 반복측정 분산분석을 위해 오차항 Error(id/(time))을 포함하여 다음과 같이 분석을 실시한다. 다음 분석 결과에서 보듯이 측정시점별로 자아존중감 점수는 유의하게 다르며($p<0.001$), 시점 및 집단의 상호작용도 유의한 것으로($p<0.001$) 나타났다. 한편, 집단(group)을 블록변수로 지정하여 시점에 따른 집단 간 차이는 유의수준 0.10을 기준으로 할 때 유의하다고 하겠다($p=0.069$).

```
> fit <- aov(score ~ time*group + Error(id/(time)), data=md)
> summary(fit)
```

```
> fit <- aov(score ~ time*group + Error(id/(time)), data=md)
> summary(fit)
                                    Y ~ B * W + Error(Subject/(W))
Error: id
          Df Sum Sq Mean Sq F value Pr(>F)
group      1    729   728.7   3.578 0.0686 .       includes the "error" term
Residuals 29   5907   203.7                        or random effect
---
Signif. codes:  0 '***' 0.001 '**' 0.01 '*' 0.05 '.' 0.1 ' ' 1

Error: id:time
           Df Sum Sq Mean Sq F value   Pr(>F)
time        2  455.3  227.66   15.54 3.95e-06 ***
time:group  2  517.6  258.78   17.66 1.02e-06 ***
Residuals  58  849.8   14.65
---
Signif. codes:  0 '***' 0.001 '**' 0.01 '*' 0.05 '.' 0.1 ' ' 1
```

다음으로 interaction.plot(x축 변수, 집단변수, y축 변수)을 이용하여 시각화해 보자. 다음 그림에서 보듯이 통제집단에서는 사전, 사후, 추후 간에 차이가 없으나, 실험집단에서는 각 시점별로 차이가 있는 것으로 나타났다.

```
> with(md, interaction.plot(time, group, score, type="b", col=c("red", "blue"),
  pch=c(16,18), main="Interaction Plot for Group and Time"))
```

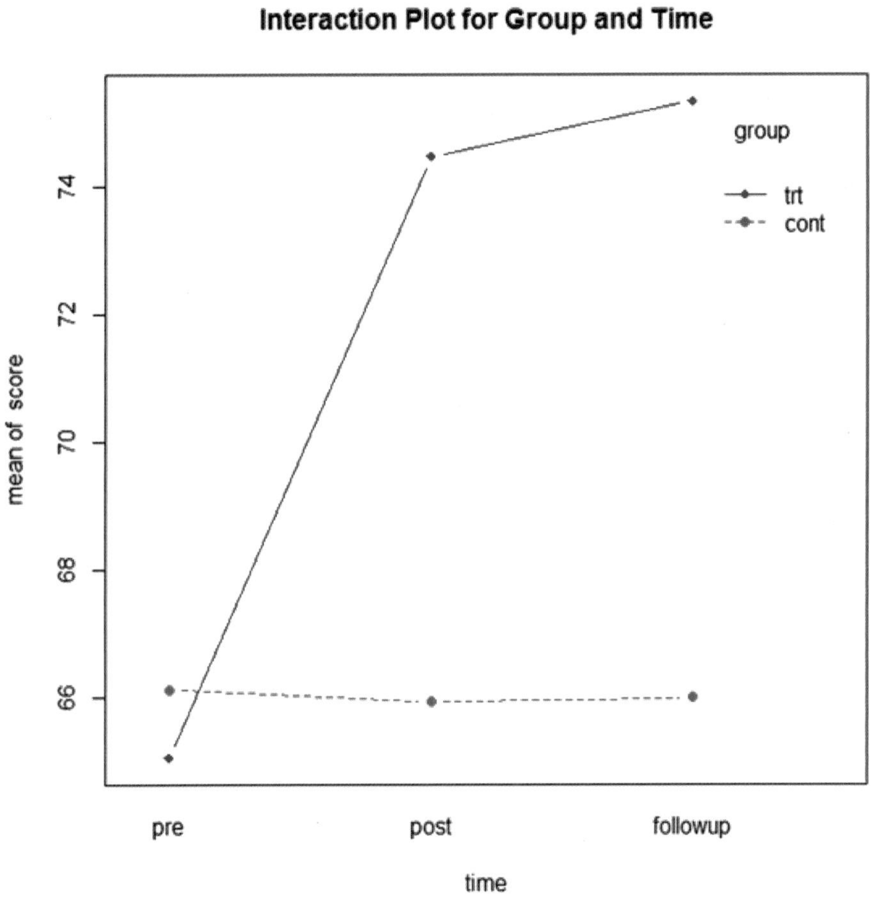

이상의 분석 결과를 표로 제시하면 다음과 같다.

〈표 19-1〉 측정 시점과 집단에 따른 자아존중감의 분산분석 결과

분산 원	제곱합(SS)	자유도(df)	평균제곱(MS)	F
개체 간				
집단	729	1	728.7	3.578*
오차	5907	29	203.7	
개체 내				
시기	455.3	2	227.66	15.54***
시기×집단	517.6	2	258.78	17.66***
오차	849.8	58	14.65	
전체	1822.7	60		

* $p < .10$, *** $p < .001$

20 다변량분산분석

20.1 다변량분산분석(MANOVA)

종속변수가 2개 이상일 경우 다변량분산분석을 활용해 집단 간 차이를 동시에 검정할 수 있다. 여기서 사용할 예제는 MASS 패키지에 있는 UScereal 데이터이며, 이 데이터는 원래 1993 ASA Statistics Graphics Exposition에서 나온 것으로서(http://lib.stat.cmu.edu/datasets/1993.expo/), Venables & Ripley(1999)에서 활용된 것이다(Kabacoff, 2015, p. 232 재인용). 이 데이터는 미국에서 판매하고 있는 시리얼의 단백질, 지방, 탄수화물 등 영양소의 함유량에 대한 것으로서 식품점에서 시리얼을 진열하고 있는 선반(shelf) — 하단(1), 중단(2), 상단(3) — 에 따라 시리얼의 영양소에 차이가 있는지 동시에 분석하는 것이다. 여기서는 선반이 독립변수가 되며 세 가지 수준(1, 2, 3)이 있다. 먼저 데이터를 간단히 살펴보자.

```
> library(MASS)
> head(UScereal)
```

```
> head(UScereal)
                          mfr calories   protein      fat   sodium     fibre    carbo   sugars
100% Bran                   N 212.1212 12.121212 3.030303 393.9394 30.303030 15.15152 18.18182
All-Bran                    K 212.1212 12.121212 3.030303 787.8788 27.272727 21.21212 15.15151
All-Bran with Extra Fiber   K 100.0000  8.000000 0.000000 280.0000 28.000000 16.00000  0.00000
Apple Cinnamon Cheerios     G 146.6667  2.666667 2.666667 240.0000  2.000000 14.00000 13.33333
Apple Jacks                 K 110.0000  2.000000 0.000000 125.0000  1.000000 11.00000 14.00000
Basic 4                     G 173.3333  4.000000 2.666667 280.0000  2.666667 24.00000 10.66667
                          shelf potassium vitamins
100% Bran                     3 848.48485 enriched
All-Bran                      3 969.69697 enriched
All-Bran with Extra Fiber     3 660.00000 enriched
Apple Cinnamon Cheerios       1  93.33333 enriched
Apple Jacks                   2  30.00000 enriched
Basic 4                       3 133.33333 enriched
>
```

우선 선반(shelf) 변수를 그룹변수인 factor 변수로 전환한 후, cbind( ) 기능을 이용하여 분석할 세 종속변수(protein, fat, carbo)를 결합한다. 그리고 나서 aggregate( ) 기능을 이용하여 각 선반별 평균을 cov( ) 및 cor( ) 기능을 활용하여 종속변수 간의 분산, 공분산 및 상관관계를 분석한다.

```
> UScereal$shelf <- factor(UScereal$shelf)
> str(UScereal)
> attach(UScereal)
> y <- cbind(protein, fat, carbo)
> aggregate(y, by=list(shelf), mean)
> cov(y)
> cor(y)
```

```
> UScereal$shelf <- factor(UScereal$shelf)
> str(UScereal)
'data.frame':   65 obs. of  11 variables:
 $ mfr      : Factor w/ 6 levels "G","K","N","P",..: 3 2 2 1 2 1 6 4 5 1 ...
 $ calories : num  212 212 100 147 110 ...
 $ protein  : num  12.12 12.12 8 2.67 2 ...
 $ fat      : num  3.03 3.03 0 2.67 0 ...
 $ sodium   : num  394 788 280 240 125 ...
 $ fibre    : num  30.3 27.3 28 2 1 ...
 $ carbo    : num  15.2 21.2 16 14 11 ...
 $ sugars   : num  18.2 15.2 0 13.3 14 ...
 $ shelf    : Factor w/ 3 levels "1","2","3": 3 3 3 1 2 3 1 3 2 1 ...
 $ potassium: num  848.5 969.7 660 93.3 30 ...
 $ vitamins : Factor w/ 3 levels "100%","enriched",..: 2 2 2 2 2 2 2 2 2 2 ...
```

```
> attach(UScereal)
> y <- cbind(protein, fat, carbo)
> aggregate(y, by=list(shelf), mean)
  Group.1  protein       fat    carbo
1       1 2.933008 0.6621338 19.18243
2       2 2.057698 1.3413488 14.95177
3       3 5.158900 1.9449071 23.56826
> cov(y)
          protein      fat     carbo
protein  6.983432 1.790252 12.243296
fat      1.790252 2.713399  2.550715
carbo   12.243296 2.550715 71.714955
> cor(y)
          protein       fat     carbo
protein 1.0000000 0.4112661 0.5470903
fat     0.4112661 1.0000000 0.1828522
carbo   0.5470903 0.1828522 1.0000000
> 
```

다변량분산분석을 위한 manova( ) 기능은 집단 간 차이에 대한 다변량 검정을 실시하는데, F값이 유의한 경우 종속변수 묶음에 대한 세 집단(선반의 세 종류)의 차이가 유의하게 다름을 의미한다. 여기서는 다변량분산분석의 검정 결과가 유의하기 때문에(p=0.0003) summary.aov( ) 기능을 활용하여 각 종속변수에 대한 단변량 ANOVA 검정 결과를 제시할 수 있다. 다음 결과에서 보듯이 각 영양소(단백질, 지방, 탄수화물)별로 세 집단이 서로 유의하게 차이가 있음을 알 수 있다.

> fit <– manova(y ~ shelf)

> summary(fit)

> summary.aov(fit)

```
> fit <- manova(y ~ shelf)
> summary(fit)
          Df  Pillai approx F num Df den Df    Pr(>F)
shelf      2 0.36392   4.5229      6    122 0.0003569 ***
Residuals 62
---
Signif. codes:  0 '***' 0.001 '**' 0.01 '*' 0.05 '.' 0.1 ' ' 1
> summary.aov(fit)
 Response protein :
            Df Sum Sq Mean Sq F value    Pr(>F)
shelf        2 120.84  60.422  11.488 5.701e-05 ***
Residuals   62 326.10   5.260
---
Signif. codes:  0 '***' 0.001 '**' 0.01 '*' 0.05 '.' 0.1 ' ' 1

 Response fat :
            Df Sum Sq Mean Sq F value  Pr(>F)
shelf        2  18.44  9.2199  3.6828 0.03081 *
Residuals   62 155.22  2.5035
---
Signif. codes:  0 '***' 0.001 '**' 0.01 '*' 0.05 '.' 0.1 ' ' 1

 Response carbo :
            Df Sum Sq Mean Sq F value   Pr(>F)
shelf        2  839.9  419.96  6.9437 0.001901 **
Residuals   62 3749.8   60.48
---
Signif. codes:  0 '***' 0.001 '**' 0.01 '*' 0.05 '.' 0.1 ' ' 1

> |
```

20.2 다중비교(Multiple Comparisons)

이제 각 종속변수(영양소)별로 어느 선반과 어느 선반 사이에 차이가 있는지 다중비교를 수행할 수 있다. 여기서는 fat의 경우를 다중비교해 보자. 다음 분석 결과에서 보는 것처럼 선반(3)과 선반(1)의 차이가 유의하게 다름을 알 수 있다.

```
> library(multcomp)
> out1 <- lm(fat ~ shelf)
> anova(out1)
> tukey <- glht(out1, linfct=mcp(shelf="Tukey"))
> summary(tukey)
```

```
> out1 <- lm(fat ~ shelf)
> anova(out1)
Analysis of Variance Table

Response: fat
          Df Sum Sq Mean Sq F value  Pr(>F)
shelf      2  18.44  9.2199  3.6828 0.03081 *
Residuals 62 155.22  2.5035
---
Signif. codes:  0 '***' 0.001 '**' 0.01 '*' 0.05 '.' 0.1 ' ' 1
> tukey <- glht(out1, linfct=mcp(shelf="Tukey"))
> summary(tukey)

         Simultaneous Tests for General Linear Hypotheses

Multiple Comparisons of Means: Tukey Contrasts


Fit: lm(formula = fat ~ shelf)

Linear Hypotheses:
           Estimate Std. Error t value Pr(>|t|)
2 - 1 == 0   0.6792     0.5274   1.288   0.4065
3 - 1 == 0   1.2828     0.4748   2.702   0.0236 *
3 - 2 == 0   0.6036     0.4748   1.271   0.4157
---
Signif. codes:  0 '***' 0.001 '**' 0.01 '*' 0.05 '.' 0.1 ' ' 1
(Adjusted p values reported -- single-step method)
```

```
> plot(tukey)
```

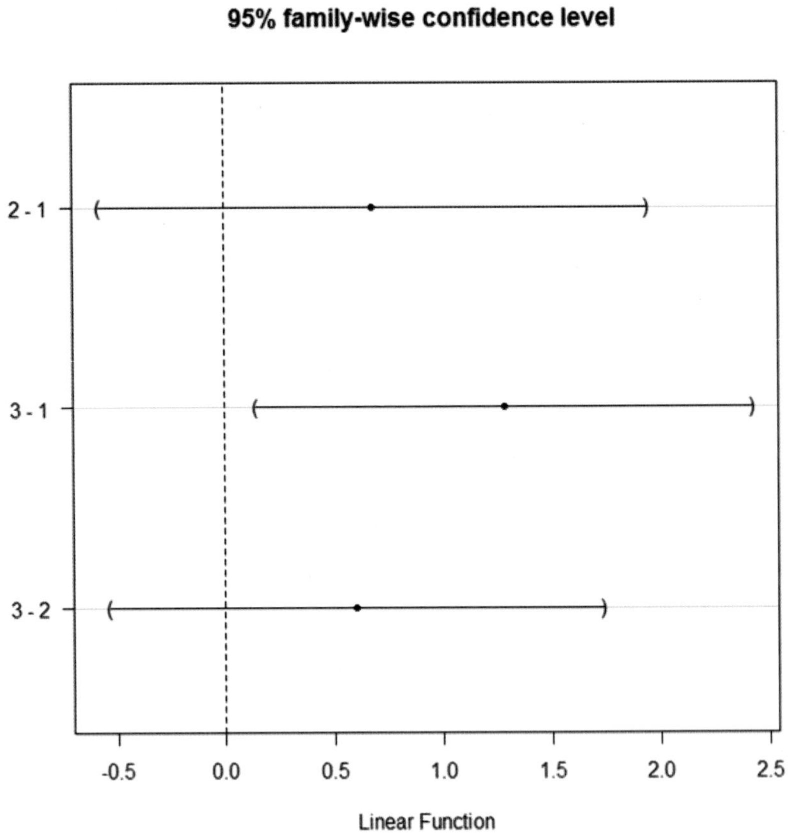
95% family-wise confidence level
2 - 1
3 - 1
3 - 2
-0.5
0.0
0.5
1.0
1.5
2.0
2.5
Linear Function

20.3 검정 가정에 대한 평가(assessing test assumptions)

다변량분산분석의 두 가지 가정은 다변량정규성(multivariate normality) 및 분산-공분산 매트릭스의 동일성(homogeneity of variance-covariance matrices)이다. 첫 번째 가정은 종속변수들의 벡터가 함께(jointly) 다변량 정규분포를 따른다는 것이다. Q-Q 플롯을 이용해서 이 가정을 평가할 수 있다.

```
> # testing multivariate normality1)
> center <- colMeans(y)
> n <- nrow(y)
> p <- ncol(y)
> cov <- cov(y)
> d <- mahalanobis(y, center, cov)
> coord <- qqplot(qchisq(ppoints(n),df=p), d,
   main="Q-Q Plot Assessing Multivariate Normality",
   ylab="Mahalanobis D2")
> abline(a=0, b=1)
> identify(coord$x, coord$y, labels=row.names(UScereal))
> # 마우스를 데이터 포인트에 두고 클릭한다
```

1) 여기 나오는 명령어는 Kabacoff(2015, p. 234)에 있는 명령어를 인용한 것임을 밝힌다.

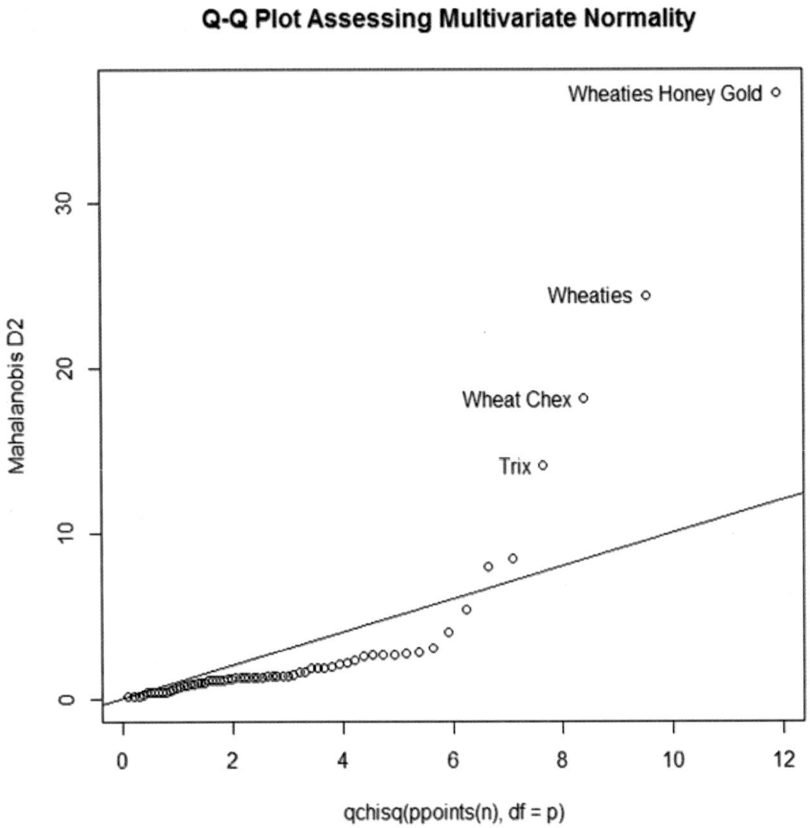

만약, 데이터가 다변량 정규분포를 따른다면 데이터는 선 위에 위치하게 된다(points fall on the line). 하지만 여기서는 데이터들이 다변량 정규분포를 따르지 않는 것으로 보인다. 특히 Wheaties Honey Gold, Wheaties, Wheat Chex, Trix가 그 원인으로 보이므로 이 네 데이터를 빼고 다시 분석해 보는 것이 필요하다.

분산-공분산 매트릭스의 동일성(homogeneity of variance-covariance matrices assumption) 가정은 각 집단의 공분산 매트릭스가 동일함을 요구하고 있다. 이 가정은 보통 Box's M 검정으로 평가되는데 이 검정은 정규분포의 위반에 매우 민감하기 때문에 대부분의 경우 기각된다(Kabacoff, 2015).

참고로 다음 분석 결과는 jamovi를 이용하여 분석한 Box's M 검정 결과이며, 분산-공분산 매트릭스의 동일성 가정이 기각되었음을($\chi^2 = 55.99$, $p < 0.001$) 알 수 있다(황성동, 2019, p. 269).

Box's Homogeneity of Covariance Matrices Test

χ^2	df	p
55.99	12	< .001

마지막으로 aq.plot( ) 기능을 활용하여 다변량 이상치 검정(test for multivariate outliers)을 실시할 수 있다. 다음 그림에서 보는 것처럼 1, 2, 31, 32 등의 케이스들이 이상치로 나타남을 알 수 있다.

```
> library(mvoutlier)
> outliers <- aq.plot(y)
> outliers
```

```
> outliers <- aq.plot(y)
Projection to the first and second robust principal components.
Proportion of total variation (explained variance): 0.8934887
> outliers
$`outliers`
 [1]  TRUE  TRUE  TRUE FALSE FALSE FALSE FALSE FALSE FALSE FALSE  TRUE FALSE FALSE FALSE FALSE FALSE FALSE
[18]  TRUE FALSE FALSE FALSE FALSE FALSE FALSE FALSE FALSE FALSE FALSE FALSE FALSE  TRUE  TRUE FALSE FALSE
[35] FALSE FALSE FALSE FALSE FALSE FALSE FALSE FALSE FALSE  TRUE FALSE FALSE FALSE  TRUE FALSE FALSE FALSE
[52] FALSE FALSE FALSE FALSE FALSE  TRUE FALSE FALSE FALSE FALSE FALSE FALSE FALSE FALSE
```

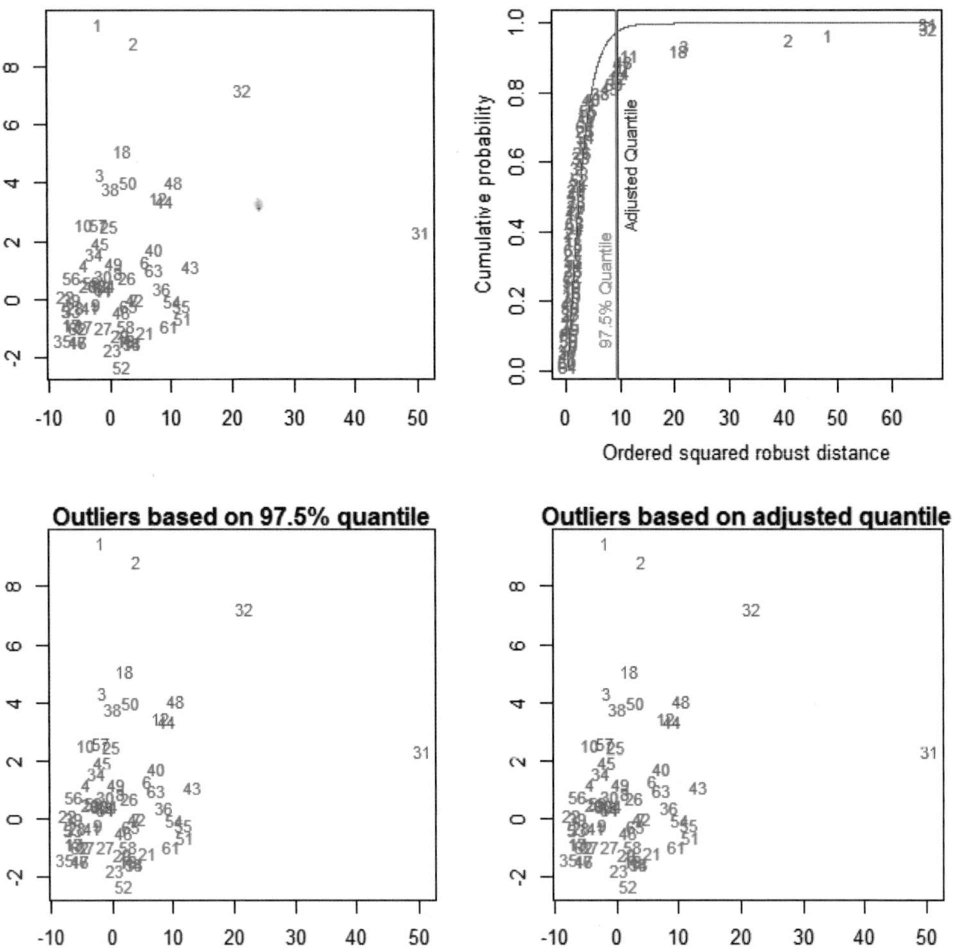

20.4 로버스트 다변량분산분석(robust MANOVA)

다변량 정규성이나 분산-공분산 매트릭스의 동일성이 검정될 수 없다면 또는 다변량 이상치가 마음에 걸린다면 로버스트 다변량분산분석(robust MANOVA)을 사용할 수 있다. 다변량분산분석의 로버스트 버전은 "rrcov" 패키지의 Wilks.test( ) 기능을 활용할 수 있다(Kabacoff, 2015, pp. 235-236).

다음 분석 결과를 살펴보면, 이상치나 MANOVA의 가정 위반에도 다변량분산분석 방법으로 활용할 수 있는 로버스트 다변량분산분석을 실시해도 앞선 결과와 마찬가지로 선반의 위치(종류)에 따라 시리얼의 영양소가 서로 다르게 나타남을 알 수 있다(p= 0.0016).

```
> library(rrcov)
> Wilks.test(y, shelf, method="mcd") # 분석 시간이 약 1분 정도 소요
```

```
> library(rrcov)
필요한 패키지를 로딩중입니다: robustbase

다음의 패키지를 부착합니다: 'robustbase'

The following object is masked from 'package:survival':

    heart

Scalable Robust Estimators with High Breakdown Point (version 1.4-3)

> Wilks.test(y, shelf, method="mcd")

        Robust One-way MANOVA (Bartlett Chi2)

data:  x
Wilks' Lambda = 0.5664, Chi2-Value = 18.4870, DF = 4.5238, p-value = 0.0016
sample estimates:
   protein       fat    carbo
1 2.752596 0.7010828 19.36963
2 1.827553 1.2446591 14.77773
3 3.739762 1.5113996 21.62373
```

21 로지스틱 회귀분석

일반화 선형모형(generalized linear models)

일반적인 선형회귀분석과 ANOVA에서는 종속변수가 정규분포를 이루고 있음을 가정하고 있다. 즉, 회귀분석과 ANOVA에서는 일련의 연속형 및 범주형 독립변수로부터 정규분포를 이루고 있는 종속변수를 예측할 수 있는 선형모형을 구하려고 했다. 그러나 종속변수가 정규분포를 이루고 있다는 것(또는 연속형 변수라는 것)을 가정할 수 없는 경우가 많다. 예를 들어, 종속변수가 범주형인 경우, 즉 이항변수(예: 예/아니요, 성공/실패 등)이거나 순서형 및 다항범주형변수(예: 미비한/좋은/탁월한, 보수/진보/중도)는 분명 정규분포를 이룰 수 없다.

또 종속변수가 특정한 기간 내에 발생하는 카운트형(count)인 경우(예를 들어, 한 달 동안 이루어진 자원봉사활동 건 수, 일주일 동안 교통사고 발생 건 수, 한 주 동안에 마시는 맥주의 양, 즉 한 병, 두 병 등), 이러한 변수는 제한된 값을 보이며 결코 부정적인 값이 될 수 없다. 게다가 이러한 경우 정규분포에서는 볼 수 없는 현상으로서 평균과 분산이 종종 연계되어 있다(Kabacoff, 2015, p. 301).

따라서 정규분포를 이루지 못하는 종속변수를 포함하여 선형모형을 확장하고자 하는 분석방법이 바로 일반화 선형모형(generalized linear models)이다. 이 일반화 선형

모형에는 glm( ) 기능을 활용하며, 종속변수가 범주형 변수인 경우 로지스틱 회귀분석을 종속변수가 카운트변수인 경우 포아송 회귀분석을 활용한다. 그리고 일반화 선형모형에서는 모수의 추정(parameter estimates)에 최소제곱법(least squares) 대신 최대우도법(maximum likelihood)을 사용한다. 구체적으로 일반적인 선형모형에서 다룰 수 없는 다음의 두 가지 연구 질문을 제기해 보자.

- 어떤 개인적, 인구학적, 관계적 변수가 불성실한 혼인관계(marital infidelity)를 예측할 수 있는가? 이 경우 종속변수는 이항변수, 즉 혼외관계(affair) 유무이다.
- 만약 혼외관계가 있었다면 지난 1년 동안 얼마나 많은 관계(number of affairs)가 발생하였는가?

첫 번째 질문은 로지스틱 회귀분석(family=binomial)을 적용하며 두 번째 질문에는 포아송 회귀분석(family=poisson)을 활용하게 된다(Kabacoff, 2015, p. 302).

TIP

참고로 일반선형모형(standard or general linear model)은 일반화 선형모형(generalized linear model)의 특별한 경우라고 할 수 있으며, 이때 링크 기능은 glm(family=gaussian)이며, 종속변수의 분포는 정규(Gaussian) 분포를 따른다(Kabacoff, 2015, p. 304).

21.1 로지스틱 회귀분석(logistic regression)

로지스틱 회귀분석은 종속변수가(0, 1) (효과 없음, 효과 있음) 등과 같이 binary(이항변수)이고 승산(odds)을 log－전환한 로짓함수를 종속변수로 하여 모형화한다.

p: 어떤 결과(outcome)가 일어날 확률

$1-p$: 어떤 결과가 일어나지 않을 확률

$\frac{p}{1-p}$ = 승산(odds) (어떤 결과가 일어나지 않을 확률에 비해 일어날 확률)

이 승산에 로그를 취하면 $\log\left(\frac{p}{1-p}\right)$이 되고 이를 로짓(logit) 또는 log odds라 부르며 이는 $(-\infty, +\infty)$ 범위의 값이 된다. 따라서 종속변수의 기대값은 $(-\infty, +\infty)$로 무한대의 범위를 가진다. 이를 확률값으로 변환하기 위해서는 로짓링크함수의 역함수를 사용하여 다시 (0, 1) 사이의 확률값으로 되돌린다(그림 참조). 이때 로짓링크함수의 역함수를 로지스틱함수라 부르며 이를 수식으로 표현하면 다음과 같다(권재명, 2017, p. 160).

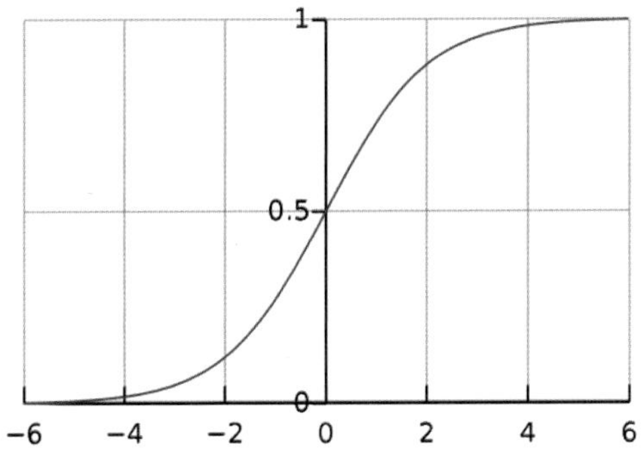

$$\log\left(\frac{p}{1-p}\right) = \beta_0 + \beta_1 x$$

$$\frac{p}{1-p} = e^{\beta_0 + \beta_1 x}$$

$$p = \frac{e^{\beta_0 + \beta_1 x}}{1 + e^{\beta_0 + \beta_1 x}}$$

즉, P(Y=1)는 로짓링크함수의 역함수인 logistic−함수 $f(X) = \frac{e^X}{1+e^X}$ 로 표현되므로 이를 로지스틱 회귀분석(logistic regression)으로 부르며, 또는 로짓링크(logit−link)를 가지는 일반화 선형모형(generalized linear models, GLM)이라고도 한다(안재형, 2011, p. 174).

로지스틱 회귀분석은 일련의 연속변수 및 범주형 예측변수들로부터 이항 결과변수를 예측할 때 유용한 분석이다. 여기서는 AER 패키지에 포함된 결혼불성실성에 대한 데이터(Affairs)를 분석해 보자. 이 결혼불성실성에 대한 데이터는 1969년 Psychology Today가 수행한 설문조사에 기초하고 있으며, 이 데이터는 601명의 응답자로부터 수집된 9개 변수를 포함하고 있다. 구체적인 변수로는 지난 한 해 동안 얼마나 자주 혼외관계를 가졌는지 그리고 이들의 성별, 나이, 결혼 기간, 자녀 여부, 종교적 충실성(5점 척도; 1점 반종교적~5점 매우 종교적), 교육 정도, 직업(Hollingshead의 7범주 분류), 그리고 결혼생활에 대한 만족도(5점 척도; 1 매우 불행~5 매우 행복)이다(Kabacoff, 2015, p. 306).

Affairs {AER}

Fair's Extramarital Affairs Data

Description

Infidelity data, known as Fair's Affairs. Cross-section data from a survey conducted by Psychology Today in 1969.

Usage

```
data("Affairs")
```

Format

A data frame containing 601 observations on 9 variables.

affairs

numeric. How often engaged in extramarital sexual intercourse during the past year?

gender

factor indicating gender.

age

numeric variable coding age in years: 17.5 = under 20, 22 = 20–24, 27 = 25–29, 32 = 30–34, 37 = 35–39, 42 = 40

yearsmarried

numeric variable coding number of years married: 0.125 = 3 months or less, 0.417 = 4–6 months, 0.75 = 6 mont
12 or more years.

children

factor. Are there children in the marriage?

religiousness

numeric variable coding religiousness: 1 = anti, 2 = not at all, 3 = slightly, 4 = somewhat, 5 = very.

출처: http://127.0.0.1:31963/library/AER/html/Affairs.html

AER 패키지에 있는 데이터(Affairs)를 불러오면 다음과 같다.

```
> install.packages("AER")
> library(AER)
> data(Affairs)
> summary(Affairs)
```

```
> library(AER)
> data(Affairs)
> head(Affairs)
   affairs gender age yearsmarried children religiousness education occupation rating
4        0   male  37        10.00       no             3        18          7      4
5        0 female  27         4.00       no             4        14          6      4
11       0 female  32        15.00      yes             1        12          1      4
16       0   male  57        15.00      yes             5        18          6      5
23       0   male  22         0.75       no             2        17          6      3
29       0 female  32         1.50       no             2        17          5      5
> summary(Affairs)
    affairs            gender         age         yearsmarried    children  religiousness  
 Min.   : 0.000   female:315   Min.   :17.50   Min.   : 0.125   no :171   Min.   :1.000  
 1st Qu.: 0.000   male  :286   1st Qu.:27.00   1st Qu.: 4.000   yes:430   1st Qu.:2.000  
 Median : 0.000                Median :32.00   Median : 7.000             Median :3.000  
 Mean   : 1.456                Mean   :32.49   Mean   : 8.178             Mean   :3.116  
 3rd Qu.: 0.000                3rd Qu.:37.00   3rd Qu.:15.000             3rd Qu.:4.000  
 Max.   :12.000                Max.   :57.00   Max.   :15.000             Max.   :5.000  
   education       occupation        rating     
 Min.   : 9.00   Min.   :1.000   Min.   :1.000  
 1st Qu.:14.00   1st Qu.:3.000   1st Qu.:3.000  
 Median :16.00   Median :5.000   Median :4.000  
 Mean   :16.17   Mean   :4.195   Mean   :3.932  
 3rd Qu.:18.00   3rd Qu.:6.000   3rd Qu.:5.000  
 Max.   :20.00   Max.   :7.000   Max.   :5.000  
```

먼저 혼외관계 건수(affairs)로부터 혼외관계(affair) 유무를 나타내는 dummy 변수 affair를 만들어 보자.

```
> table(Affairs$affairs)
> Affairs$affair[Affairs$affairs > 0] <- 1
> Affairs$affair[Affairs$affairs == 0] <- 0
> table(Affairs$affair)
> str(Affairs)
```

```
> table(Affairs$affairs)

  0   1   2   3   7  12 
451  34  17  19  42  38 
> Affairs$affair[Affairs$affairs > 0] <- 1
> Affairs$affair[Affairs$affairs == 0] <- 0
> table(Affairs$affair)

  0   1 
451 150 
> str(Affairs)
'data.frame':	601 obs. of  10 variables:
 $ affairs      : num  0 0 0 0 0 0 0 0 0 0 ...
 $ gender       : Factor w/ 2 levels "female","male": 2 1 1 2 2 1 1 2 1 2 ...
 $ age          : num  37 27 32 57 22 32 22 57 32 22 ...
 $ yearsmarried : num  10 4 15 15 0.75 1.5 0.75 15 15 1.5 ...
 $ children     : Factor w/ 2 levels "no","yes": 1 1 2 2 1 1 1 2 2 1 ...
 $ religiousness: int  3 4 1 5 2 2 2 2 4 4 ...
 $ education    : num  18 14 12 18 17 17 12 14 16 14 ...
 $ occupation   : int  7 6 1 6 6 5 1 4 1 4 ...
 $ rating       : int  4 4 4 5 3 5 3 4 2 5 ...
 $ affair       : num  0 0 0 0 0 0 0 0 0 0 ...
```

> plot(table(Affairs$affairs))

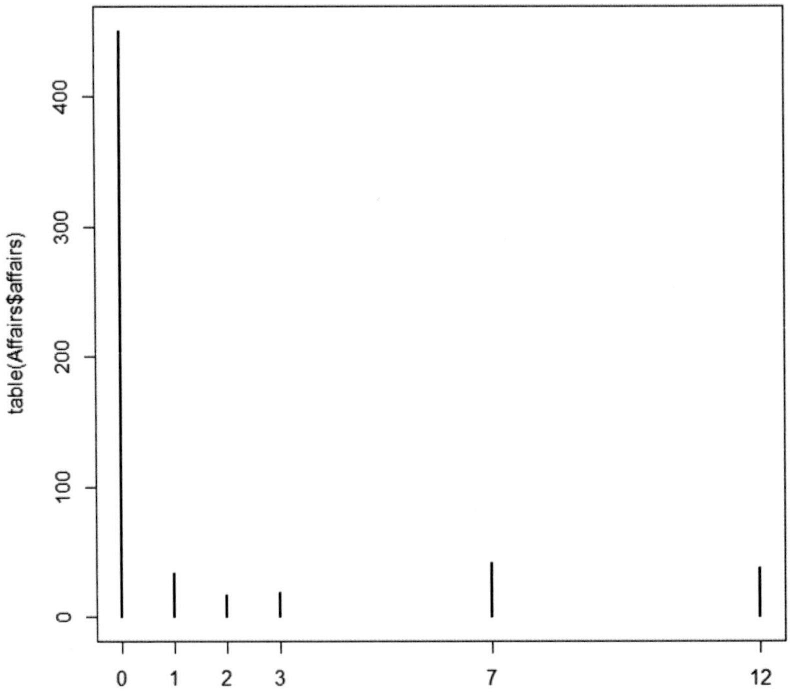

```
> plot(table(Affairs$affair))
```

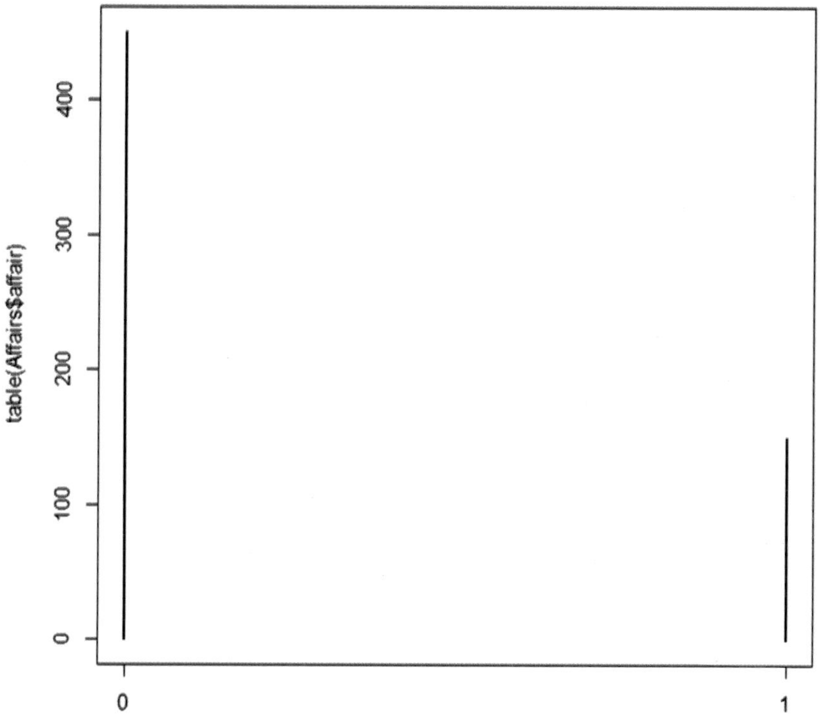

로지스틱 회귀분석을 위해 glm(family=binomial) 기능을 활용하여 먼저 모든 독립변수들을 모형(full model)에 투입해 보자.

다음 분석 결과에서 보듯이 변수 중에서 연령(age), 결혼기간(yearsmarried), 종교성(religiousness), 결혼만족도(rating)만 유의한 것으로 나타났다.

```
> full <- glm(affair ~ gender + age + yearsmarried + children + religiousness
  + education + occupation + rating, family=binomial, data=Affairs)
> summary(full)
```

```
Call:
glm(formula = affair ~ gender + age + yearsmarried + children +
    religiousness + education + occupation + rating, family = binomial,
    data = Affairs)

Deviance Residuals:
    Min       1Q   Median       3Q      Max
-1.5713  -0.7499  -0.5690  -0.2539   2.5191

Coefficients:
              Estimate Std. Error z value Pr(>|z|)
(Intercept)    1.37726    0.88776   1.551 0.120807
gendermale     0.28029    0.23909   1.172 0.241083
age           -0.04426    0.01825  -2.425 0.015301 *
yearsmarried   0.09477    0.03221   2.942 0.003262 **
childrenyes    0.39767    0.29151   1.364 0.172508
religiousness -0.32472    0.08975  -3.618 0.000297 ***
education      0.02105    0.05051   0.417 0.676851
occupation     0.03092    0.07178   0.431 0.666630
rating        -0.46845    0.09091  -5.153 2.56e-07 ***
---
Signif. codes:  0 '***' 0.001 '**' 0.01 '*' 0.05 '.' 0.1 ' ' 1

(Dispersion parameter for binomial family taken to be 1)

    Null deviance: 675.38  on 600  degrees of freedom
Residual deviance: 609.51  on 592  degrees of freedom
AIC: 627.51

Number of Fisher Scoring iterations: 4
```

이번에는 앞서 분석한 결과에서 종속변수와 유의한 관계가 있는 변수만 골라서 모형(reduced model)에 투입해 보자.

다음 분석 결과에서 보듯이 결혼기간이 늘어날수록 혼외관계를 가질 승산이 높아지지만, 연령, 종교적 충실성, 결혼만족도가 높아질수록 혼외관계 승산이 낮아짐을 알 수 있다.

```
> reduced <- glm(affair ~ age + yearsmarried + religiousness + rating,
  family=binomial, data=Affairs)
```

> summary(reduced)

```
Call:
glm(formula = affair ~ age + yearsmarried + religiousness + rating,
    family = binomial, data = Affairs)

Deviance Residuals:
    Min       1Q   Median       3Q      Max
-1.6278  -0.7550  -0.5701  -0.2624   2.3998
```

```
Coefficients:
              Estimate Std. Error z value Pr(>|z|)
(Intercept)    1.93083    0.61032   3.164 0.001558 **
age           -0.03527    0.01736  -2.032 0.042127 *
yearsmarried   0.10062    0.02921   3.445 0.000571 ***
religiousness -0.32902    0.08945  -3.678 0.000235 ***
rating        -0.46136    0.08884  -5.193 2.06e-07 ***
---
Signif. codes:  0 '***' 0.001 '**' 0.01 '*' 0.05 '.' 0.1 ' ' 1

(Dispersion parameter for binomial family taken to be 1)

    Null deviance: 675.38  on 600  degrees of freedom
Residual deviance: 615.36  on 596  degrees of freedom
AIC: 625.36
```

일반화 선형모형(GLM)은 모수 추정에 있어 선형모형(lineal models)의 최소제곱합(least squares)과 같은 어떤 공식이 있는 것이 아니라 최대우도법(maximum likelihood)을 기초로 추정하며, deviance는 선형회귀모형에서 잔차의 제곱합(sum of squares)을 일반화한 우도함수(likelihood function)로 나타낸 것이다.

Null deviance는 모형 설정 이전의 제곱합, Residual deviance는 모형 설정 이후 제곱합을 의미한다. 따라서 이 양자 간의 차이가 클수록 영가설(모형이 유의하지 않다)을 기각할 가능성이 높아지며 이 차이는 카이제곱분포를 따른다. 앞의 결과에서 두 deviance의 차이는 675.38 − 615.36 = 60.02다. 이 차이는 카이제곱분포를 따르므로 자유도(df)가 4인 카이제곱분포에서 이 값은 아주 나오기 어려운 값이다. 즉, 1-pchisq(60.02, 4)=2.87e−12는 0에 가까운 값이다. 따라서 모형적합에 대한 p값은 실질적으로 0이므로 영가설(이 모형의 설명력=0)을 기각하게 되므로 이 모형은 데이터를 의미 있게 설명한다고 하겠다(권재명, 2017, p. 164).

참고로 Stata 분석을 통해 deviance 차이를 구해보자. 다음은 Stata로 로지스틱회귀분석을 수행한 결과이다. 여기서 Null 모형 (Iteration 0) 로그 우도값과 Target 모형 (Iteration 4) 로그 우도값의 차이를 통해 −2ln(L)을 다음과 같이 구할 수 있다.

$$-2\ln(L) = -2*(-337.68849 + 307.67892) = -2*(-30.01) = 60.02$$

```
. logit affair age yearsmarried religiousness rating

Iteration 0:   log likelihood = -337.68849
Iteration 1:   log likelihood = -308.54922
Iteration 2:   log likelihood = -307.68066
Iteration 3:   log likelihood = -307.67892
Iteration 4:   log likelihood = -307.67892

Logistic regression                         Number of obs     =        601
                                            LR chi2(4)        =      60.02
                                            Prob > chi2       =     0.0000
Log likelihood = -307.67892                 Pseudo R2         =     0.0889

------------------------------------------------------------------------------
       affair |      Coef.   Std. Err.      z    P>|z|     [95% Conf. Interval]
--------------+---------------------------------------------------------------
          age |  -.0352711   .0173556    -2.03   0.042    -.0692875   -.0012547
 yearsmarried |   .1006227   .0292101     3.44   0.001     .0433719    .1578736
religiousness |  -.3290239   .0894507    -3.68   0.000    -.5043439   -.1537038
       rating |  -.4613614   .0888352    -5.19   0.000    -.6354752   -.2872477
        _cons |    1.93083   .6103178     3.16   0.002     .7346292    3.127031
------------------------------------------------------------------------------
```

한편 AIC(Akaike Information Criterion)는 최대우도(LL)에 모수의 수(number of parameters, k)를 반영한 수치, 즉 AIC=2k−2ln(L)로 AIC 수치가 작은 모형일수록 좋은 모형이라고 할 수 있다. 즉, 모형의 설명력에 간명성을 반영한 것으로 볼 수 있으며, 모형의 설명력이 높을수록 LL은 커지며, −2ln(L)은 작아지고, −2ln(L)이 동일할 때 k가 작을수록 AIC는 작아진다(권재명, 2017, p. 164). 이제 AIC 및 anova 검정을 기준으로 두 모형(full, reduced)을 비교해 보자.

```
> AIC(reduced, full)
> anova(reduced, full, test="Chisq")
```

```
> # compare models
> AIC(reduced, full)
        df      AIC
reduced  5 625.3578
full     9 627.5104
> anova(reduced, full, test="Chisq")
Analysis of Deviance Table

Model 1: affair ~ age + yearsmarried + religiousness + rating
Model 2: affair ~ gender + age + yearsmarried + children + religiousness +
    education + occupation + rating
  Resid. Df Resid. Dev Df Deviance Pr(>Chi)
1       596     615.36
2       592     609.51  4   5.8474   0.2108
```

분석 결과에서 보듯이 두 모형을 비교해 보면 reduced 모형의 AIC가 625.4로 full 모형의 AIC 627.5보다 작으므로 더 좋은 모형이라고 할 수 있다. 왜냐하면 적은 수의 모수로 모형을 추정할 수 있기 때문이다. 그리고 anova 분석을 통해서 보더라도 reduced 모형의 residual deviance가 full 모형의 residual deviance 보다 조금 크게 나왔지만(615.36 vs. 609.51) 자유도를 고려할 때(df=4) 카이제곱값이 통계적으로 유의하지 않기 때문에(p=0.211) 자유도가 더 큰(596) reduced 모형이 더 적합하다고 하겠다.

이제 reduced 모형의 회귀계수를 살펴보자.

```
> coef(reduced)  # 로그 승산 회귀계수(logOR)
> exp(coef(reduced))  # 일반 승산 회귀계수(OR)
```

```
> # interpret coefficients
> coef(reduced)
 (Intercept)           age  yearsmarried religiousness        rating
  1.93083017   -0.03527112    0.10062274   -0.32902386   -0.46136144
> exp(coef(reduced))
 (Intercept)           age  yearsmarried religiousness        rating
   6.8952321     0.9653437     1.1058594     0.7196258     0.6304248
> |
```

회귀계수를 OR(odds ratio)로 전환한 앞의 결과를 보면 혼외관계의 승산(odds)은 결혼기간이 1년 증가할수록 1.106배 증가, 즉 10.6% 증가한다(연령, 종교적 충실성, 결혼만족도를 통제한 상태에서). 반대로 연령이 1세 증가할수록 혼외관계의 승산은 0.965배 증가, 즉 3.5% 감소한다. 또는 연령이 1세 증가할수록 혼외관계를 갖지 않을 승산은 1.036배(1/0.965) 증가한다. 그리고 결혼만족도가 한 단위 증가하면 혼외관계 승산은 37% 감소하는 것으로 나타났다. 요약하면 혼외관계의 승산은 다른 모든 변수를 통제한 상태에서 결혼기간이 증가할수록 증가하며 연령, 종교적 충실성 그리고 결혼만족도가 증가할수록 감소한다.

이항 로지스틱 회귀분석에서는 예측변수가 n 단위 변화할수록 반응변수의 승산은 $\exp(\beta_j)^n$이 된다. 즉, 결혼기간이 1년 증가할수록 혼외관계 승산은 1.106배 증가하므로, 만약 10년이 증가하게 되면 그 승산은 1.106^{10} 또는 2.74배 증가하게 된다. 이때 물론 다른 모든 예측변수는 통제한 상태이다.

참고로 moonBook 패키지를 활용하여 승산비(odds ratios)를 나타내는 그림을 만들어 보자(문건웅, 2015).

```
> library(moonBook)
> extractOR(reduced)
```

```
> library(moonBook)
> extractOR(reduced)
                OR  lcl   ucl      p
(Intercept)   6.90 2.13 23.35 0.0016
age           0.97 0.93  1.00 0.0421
yearsmarried  1.11 1.04  1.17 0.0006
religiousness 0.72 0.60  0.86 0.0002
rating        0.63 0.53  0.75 0.0000
```

```
> ORplot(reduced, type=2, show.OR=F, show.CI=T, main="Result of Logistic Regression")
```

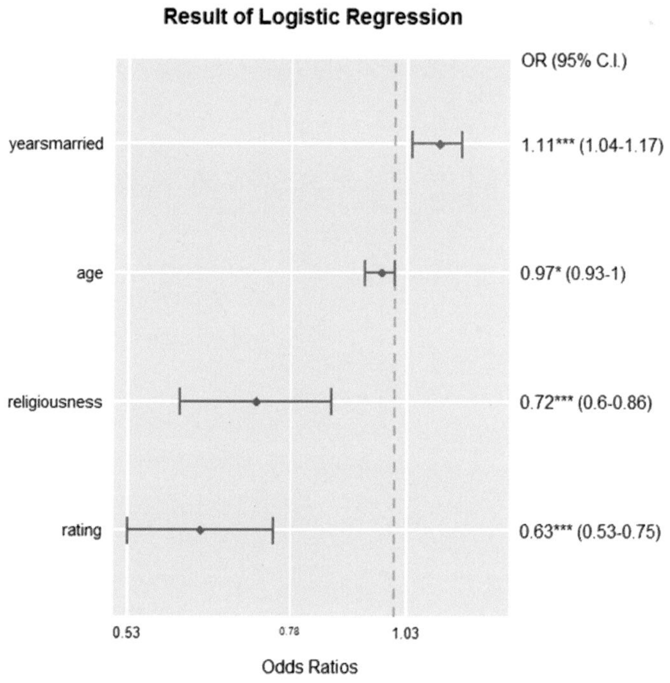

21.2 과산포(overdispersion)

이항분포의 경우 데이터의 기대분산(expected variance)은 n이 케이스 수, π가 Y=1 집단에 속할 확률이라고 할 때 $\sigma^2 = n^* \pi(1-\pi)$이다. 과산포(overdispersion)는 종속변수의 관찰된 분산(observed variance)이 이항분포로부터 기대할 수 있는 기대분산보다 클 때 발생하게 되며, 이러한 과산포는 표준오차를 왜곡시켜서 통계적 유의성 검정에 오류를 발생하게 한다. 즉, 과산포가 모형에 있음에도 이를 조정하지 않으면 표준오차와 신뢰구간이 지나치게 작게 추정되어 실제 유의하지 않음에도 유의하다는 결론에 도달하게 된다. 따라서 과산포가 있을 경우 glm 기능을 활용하여 로지스틱 회귀분석을 할 수 있지만 이 경우 이항분포(binomial distribution) 대신 유사이항분포(quasibinomial distribution)를 사용해야 한다(Kabacoff, 2015, p. 310).

과산포를 확인하는 방법은 이항모형으로부터 잔차(residual deviance)와 잔차의 자유도(residual degrees of freedom)를 비교하는 것이며 그 비율은 다음에서 보는 φ(화이)가 1보다 상당히 클 때(예: 1.5 이상) 과산포의 근거가 있다고 하겠다(Kabacoff, 2015, p. 311). 다음 분석 결과를 보면 과산포는 1.032로 나타나 1에 근접하고 있어 과산포의 문제는 없다고 할 수 있다.

```
Coefficients:
              Estimate Std. Error z value Pr(>|z|)
(Intercept)    1.93083    0.61032   3.164 0.001558 **
age           -0.03527    0.01736  -2.032 0.042127 *
yearsmarried   0.10062    0.02921   3.445 0.000571 ***
religiousness -0.32902    0.08945  -3.678 0.000235 ***
rating        -0.46136    0.08884  -5.193 2.06e-07 ***
---
Signif. codes:  0 '***' 0.001 '**' 0.01 '*' 0.05 '.' 0.1 ' ' 1

(Dispersion parameter for binomial family taken to be 1)

    Null deviance: 675.38  on 600  degrees of freedom
Residual deviance: 615.36  on 596  degrees of freedom
AIC: 625.36
```

$$\varphi = \frac{Residual\ deviance}{Residual\ df} = \frac{615.36}{596} = 1.032$$

그리고 과산포를 다음과 같이 R에서 직접 구할 수 있다.

> deviance(reduced)/df.residual(reduced)

```
> # Checking overdispersion
> deviance(reduced)/df.residual(reduced)
[1] 1.03248
> |
```

예제 2 신생아의 저체중 유무에 대한 로지스틱 회귀분석

이 데이터(birthwt)는 MASS 패키지에 있는 데이터로 산모의 특성과 저체중 신생아 출산 여부(low)에 대한 데이터이다.

birthwt {MASS}

Risk Factors Associated with Low Infant Birth Weight

Description

The birthwt data frame has 189 rows and 10 columns. The data were collected at Baystate Medical Center, Springfield, Mass during 1986.

Usage

birthwt

Format

This data frame contains the following columns:

low

indicator of birth weight less than 2.5 kg.

age

mother's age in years.

lwt

mother's weight in pounds at last menstrual period.

race

mother's race (1 = white, 2 = black, 3 = other).

smoke

smoking status during pregnancy.

ptl

number of previous premature labours.

ht

출처: http://127.0.0.1:28992/library/MASS/html/birthwt.html

신생아의 저체중 유무는 low (0, 1)로 코딩되었으며, 신생아의 출산 체중이 2.5kg 이하인 경우 low=1, 그렇지 않으면 low=0이다.

lwt: 산모의 체중(mother's weight in pound)
smoke: 산모의 흡연유무(mother's smoke)
race: 산모의 인종: 백인(1), 흑인(2), 기타(3)
ht: 산모의 고혈압(hypertension)
ui: 산모의 비뇨기문제(uterine irritability)

이제 데이터를 불러온 다음 로지스틱 회귀분석을 실시하면 다음과 같다.

> library(MASS)

> head(birthwt)

```
> library(MASS)
> head(birthwt)
   low age lwt race smoke ptl ht ui ftv  bwt
85   0  19 182    2     0   0  0  1   0 2523
86   0  33 155    3     0   0  0  0   3 2551
87   0  20 105    1     1   0  0  0   1 2557
88   0  21 108    1     1   0  0  1   2 2594
89   0  18 107    1     1   0  0  1   0 2600
91   0  21 124    3     0   0  0  0   0 2622
```

> out <– glm(low ~ lwt + factor(race) + smoke + ht + ui, family=binomial, data=birthwt) # race를 factor 변수로 전환

> summary(out)

```
Call:
glm(formula = low ~ lwt + factor(race) + smoke + ht + ui, family = binomial,
    data = birthwt)

Deviance Residuals:
    Min       1Q   Median       3Q      Max
-1.7396  -0.8322  -0.5359   0.9873   2.1692

Coefficients:
               Estimate Std. Error z value Pr(>|z|)
(Intercept)    0.056276   0.937853   0.060  0.95215
lwt           -0.016732   0.006803  -2.459  0.01392 *
factor(race)2  1.324562   0.521464   2.540  0.01108 *
factor(race)3  0.926197   0.430386   2.152  0.03140 *
smoke          1.035831   0.392558   2.639  0.00832 **
ht             1.871416   0.690902   2.709  0.00676 **
ui             0.904974   0.447553   2.022  0.04317 *
---
Signif. codes:  0 '***' 0.001 '**' 0.01 '*' 0.05 '.' 0.1 ' ' 1

(Dispersion parameter for binomial family taken to be 1)

    Null deviance: 234.67  on 188  degrees of freedom
Residual deviance: 204.22  on 182  degrees of freedom
AIC: 218.22

Number of Fisher Scoring iterations: 4
```

> exp(coef(out))

```
> exp(coef(out))
 (Intercept)         lwt factor(race)2 factor(race)3         smoke            ht            ui
   1.0578897   0.9834068     3.7605373     2.5248886     2.8174471     6.4974921     2.4718677
> |
```

위 분석 결과를 보면, 회귀계수 2.817*smoke는 산모가 흡연을 하게 되면 신생아의 저체중(low) 승산(odds)은 비흡연 산모에 비해 2.817배 높음(higher than)을 알 수 있다. 그리고 산모가 흑인(race=2)인 경우 백인에 비해 신생아의 저체중 승산은 3.760배 높은 것으로 나타났다. 물론 다른 모든 독립변수를 통제한 상태에서 그렇다.

그리고 과산포(overdispersion)를 확인하는 방법은 앞서 살펴본 것처럼 이항모형으로부터 잔차(residual deviance)와 잔차의 자유도(residual degrees of freedom)를 비교하는 것이며 그 비율은 다음에서 보는 φ(화이)가 1보다 상당히 클 때 과산포의 근거가 있다고 하겠다(Kabacoff, 2015, p. 311). 다음 분석 결과를 보면 1.122로 나타나 1에 근접하고 있어 과산포의 근거는 없다고 할 수 있다.

```
Coefficients:
                Estimate Std. Error z value Pr(>|z|)
(Intercept)     0.056276   0.937853   0.060  0.95215
lwt            -0.016732   0.006803  -2.459  0.01392 *
factor(race)2   1.324562   0.521464   2.540  0.01108 *
factor(race)3   0.926197   0.430386   2.152  0.03140 *
smoke           1.035831   0.392558   2.639  0.00832 **
ht              1.871416   0.690902   2.709  0.00676 **
ui              0.904974   0.447553   2.022  0.04317 *
---
Signif. codes:  0 '***' 0.001 '**' 0.01 '*' 0.05 '.' 0.1 ' ' 1

(Dispersion parameter for binomial family taken to be 1)

    Null deviance: 234.67  on 188  degrees of freedom
Residual deviance: 204.22  on 182  degrees of freedom
AIC: 218.22
```

$$\varphi = \frac{Residual\ deviance}{Residual\ df} = \frac{204.22}{182} = 1.122$$

> deviance(out)/df.residual(out)

```
> # checking overdispersion
> deviance(out)/df.residual(out)
[1] 1.122069
```

22 포아송 회귀분석

포아송 회귀분석(Poisson regression)은 종속변수가 어떤 주어진 시간대에 발생한 이벤트 수(count) 또는 비율(rate)을 의미한다. 즉, 그 발생이 낮은 비율이나 낮은 빈도가 종속변수인 경우(예: 인구 100,000명당 비율이나 빈도로 제시되는 자살률, 사망률 등)에 선형관계로 모형화하는 회귀분석을 의미한다. 이때 종속변수는 포아송 분포(Poisson distribution)를 따른다(안재형, 2011, p. 195).

빈도의 모형화: $\log(\mu) = \beta_0 + \beta_1 X_1 + \cdots + \beta_k X_k$

비율의 모형화: $\log(\frac{\mu}{N}) = \beta_0 + \beta_1 X_1 + \cdots + \beta_k X_k$

위 식에서 보는 것처럼 μ가 log-함수를 매개로 X_i들의 선형관계로 표현되므로 포아송 회귀분석은 로그링크(log-link)가 있는 일반화 선형모형(generalized linear models)이라고 하며, 이때 분석은 glm(family=poisson) 기능을 활용한다.

TIP

log-linear 모형은 Poisson regression의 특수한 형태로 보통 table을 모형화할 때 사용하며, 이 경우 종속변수를 구체적으로 지정하지 않고 변수들 간의 연관성을 검정하고자 할 때 주로 사용한다. 이에 반해 Poisson regression 모형은 종속변수가 정해져 있으며 설명변수가 종속변수에 어떤 영향을 미치는가를 검정하고자 할 때 활용한다(안재형, 2011, p. 201).

22.1 포아송 회귀분석(Poisson regression)

포아송 회귀분석은 일련의 연속변수 및 범주형 예측변수로부터 빈도(count) 값을 가진 결과변수를 예측할 때 활용하는 분석이다. 포아송 회귀분석을 위한 데이터로는 분석의 연속성을 위해 앞서 살펴본 로지스틱 회귀분석(logistic regression)에서 사용했던 Affairs 데이터를 활용하고자 한다. 이 데이터를 통해 구체적으로 혼외관계 발생 건수(number of affairs)를 설명할 수 있는 회귀식을 만들 수 있다. 앞서 설명한대로 포아송 회귀분석에서는 회귀식에서 glm (family=poisson) 기능을 활용한다.

먼저 Affairs 데이터에서 5개의 변수(affairs, age, yearsmarried, religiousness, rating)만으로 데이터를 재구성한다.

```
> library(AER)
> data(Affairs)
> head(Affairs)
> Affairs2 <- data.frame(Affairs[, c(1,3,4,6,9)])
> head(Affairs2)
> summary(Affairs2)
```

```
> library(AER)
> data(Affairs)
> head(Affairs)
   affairs gender age yearsmarried children religiousness education occupation rating
4        0   male  37        10.00       no             3        18          7      4
5        0 female  27         4.00       no             4        14          6      4
11       0 female  32        15.00      yes             1        12          1      4
16       0   male  57        15.00      yes             5        18          6      5
23       0   male  22         0.75       no             2        17          6      3
29       0 female  32         1.50       no             2        17          5      5
> Affairs2 <- data.frame(Affairs[, c(1,3,4,6,9)])
> head(Affairs2)
   affairs age yearsmarried religiousness rating
4        0  37        10.00             3      4
5        0  27         4.00             4      4
11       0  32        15.00             1      4
16       0  57        15.00             5      5
23       0  22         0.75             2      3
29       0  32         1.50             2      5
> summary(Affairs2)
    affairs            age         yearsmarried    religiousness       rating
 Min.   : 0.000   Min.   :17.50   Min.   : 0.125   Min.   :1.000   Min.   :1.000
 1st Qu.: 0.000   1st Qu.:27.00   1st Qu.: 4.000   1st Qu.:2.000   1st Qu.:3.000
 Median : 0.000   Median :32.00   Median : 7.000   Median :3.000   Median :4.000
 Mean   : 1.456   Mean   :32.49   Mean   : 8.178   Mean   :3.116   Mean   :3.932
 3rd Qu.: 0.000   3rd Qu.:37.00   3rd Qu.:15.000   3rd Qu.:4.000   3rd Qu.:5.000
 Max.   :12.000   Max.   :57.00   Max.   :15.000   Max.   :5.000   Max.   :5.000
> |
```

여기서 종속변수인 혼외관계 건수(affairs)를 그림으로 살펴보자.

> plot(table(Affairs2$affairs))

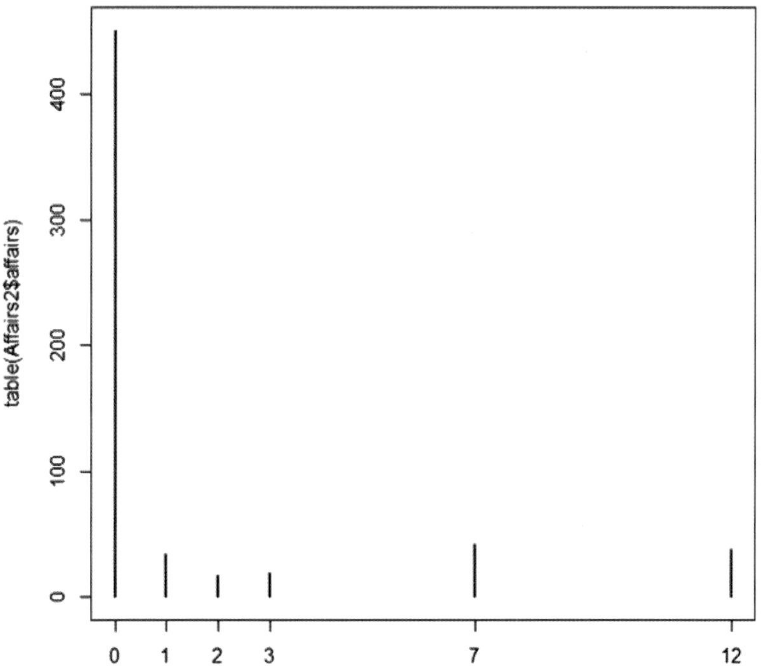

이제 glm(family=poisson) 기능을 이용하여 포아송 회귀분석을 다음과 같이 실행한다.

```
> fit <- glm(affairs ~ age + yearsmarried + religiousness + rating,
  family=poisson, data=Affairs2)
> summary(fit)
```

```
Call:
glm(formula = affairs ~ age + yearsmarried + religiousness +
    rating, family = poisson, data = Affairs2)

Deviance Residuals:
    Min       1Q   Median       3Q      Max
-4.4113  -1.5733  -1.1510  -0.7025   8.2652

Coefficients:
              Estimate Std. Error z value Pr(>|z|)
(Intercept)   2.748394   0.188189  14.604  < 2e-16 ***
age          -0.027057   0.005686  -4.759 1.95e-06 ***
yearsmarried  0.110078   0.009812  11.219  < 2e-16 ***
religiousness -0.360786  0.030869 -11.688  < 2e-16 ***
rating       -0.401699   0.027285 -14.722  < 2e-16 ***
---
Signif. codes:  0 '***' 0.001 '**' 0.01 '*' 0.05 '.' 0.1 ' ' 1

(Dispersion parameter for poisson family taken to be 1)

    Null deviance: 2925.5  on 600  degrees of freedom
Residual deviance: 2377.5  on 596  degrees of freedom
AIC: 2881.5

Number of Fisher Scoring iterations: 7
```

여기서 회귀계수는 종속변수의 로그값이므로 해석을 용이하게 하도록 원래 종속변수 단위로 전환한다.

```
> coef(fit)
> exp(coef(fit))
```

```
> coef(fit)
  (Intercept)           age  yearsmarried religiousness        rating
   2.74839370   -0.02705665    0.11007838   -0.36078639   -0.40169883
> exp(coef(fit))
  (Intercept)           age  yearsmarried religiousness        rating
   15.6175253     0.9733061     1.1163656     0.6971279     0.6691823
```

위 분석 결과에서 보는 바와 같이 결혼기간이 1년 증가하면 기대되는 혼외관계 발생 건수(expected number of affairs)가 1.12배 증가(multiply)한다. 물론 다른 모든 변수는 동일하게 통제한 상태에서다. 이는 결혼기간이 증가할수록 혼외관계 발생 건수도 높아짐을 의미한다. 그리고 rating(결혼만족도)가 한 단위 증가하면 혼외관계 기대발생 건수는 0.67배 증가하는 것으로 나타난다. 즉, 연령, 결혼기간, 종교적 충실성을 동일하게 통제한 상태에서 결혼만족도가 한 단위 증가하면 혼외관계 발생 기대 건수, 즉 평균 혼외관계 발생 건수는 33% 감소함을 알 수 있다(Long & Freese, 2014).

로지스틱 회귀분석에서와 마찬가지로 포아송 모형에서도 탈로그 계수(exponentiated parameters)는 종속변수에 더하는 효과(additive effect)가 아니라 곱하는 효과(multiplicative effect)가 있음을 기억하는 것이 중요하다. 또한 로지스틱 회귀분석에서와 같이 모형의 과산포(overdispersion)를 검정해야 한다(Kabacoff, 2015).

22.2 과산포(overdispersion)

과산포는 종속변수의 관찰된 분산이 기대 분산에 비해 커지는 경우에 발생하는데 과산포가 모형에 존재함에도 이를 조정하지 않으면 표준오차와 신뢰구간이 지나치게 작게 추정되어 실제 유의하지 않음에도 유의하다는 결론에 도달하게 된다.

```
> deviance(fit)/df.residual(fit)
```

```
> deviance(fit)/df.residual(fit)
[1] 3.989163
```

$$\varphi = \frac{Residual\ deviance}{Residual\ df} = \frac{2377.5}{596} = 3.9891$$

과산포에 대한 분석 결과 φ=1보다 매우 큰 3.9891이 나왔으므로 과산포가 존재함을 알 수 있다. 따라서 과산포 문제를 극복하려면 family="poisson"을 family="quasipoisson"으로 바꾸어 분석해야 한다.

한편, 과산포를 검정하는 또 하나의 방법으로 다음과 같이 qcc 패키지를 활용할 수도 있다. 그 결과 관찰분산/기대분산=7.47($p<0.001$)로 나타나 영가설(No overdispersion)을 기각하게 되어 과산포가 존재함을 알 수 있다.

```
> library(qcc)
> qcc.overdispersion.test(Affairs$affairs, type="poisson")
```

```
> library(qcc)
  __ _ ___ ___
 / _ |/ __/ __|  Quality Control Charts and
| (_| | (_| (__  Statistical Process Control
 \__ |\___\___|
    |_|          version 2.7
Type 'citation("qcc")' for citing this R package in publications.
경고메시지(들):
패키지 'qcc'는 R 버전 3.4.4에서 작성되었습니다
> qcc.overdispersion.test(Affairs2$affairs, type="poisson")

Overdispersion test Obs.Var/Theor.Var Statistic p-value
       poisson data          7.474244  4484.546       0
```

이제 과산포 문제를 해결하기 위해 family=poisson를 family=quasipoisson으로 대체하고 분석을 해 보자. 다음 분석 결과를 보면 원래 모형에 비해 회귀계수는 동일하지만 p-value가 다름을 알 수 있다.

```
> fit.od <- glm(affairs ~ age + yearsmarried + religiousness + rating,
  family=quasipoisson, data=Affairs2)
> summary(fit.od)
> exp(coef(fit.od))
```

```
Coefficients:
              Estimate Std. Error t value Pr(>|t|)
(Intercept)    2.74839    0.49326   5.572 3.82e-08 ***
age           -0.02706    0.01490  -1.816   0.0699 .
yearsmarried   0.11008    0.02572   4.280 2.18e-05 ***
religiousness -0.36079    0.08091  -4.459 9.84e-06 ***
rating        -0.40170    0.07152  -5.617 2.98e-08 ***
---
Signif. codes:  0 '***' 0.001 '**' 0.01 '*' 0.05 '.' 0.1 ' ' 1

(Dispersion parameter for quasipoisson family taken to be 6.869983)

    Null deviance: 2925.5  on 600  degrees of freedom
Residual deviance: 2377.5  on 596  degrees of freedom
AIC: NA

Number of Fisher Scoring iterations: 7

> coef(fit.od)
  (Intercept)           age  yearsmarried religiousness        rating
   2.74839370   -0.02705665    0.11007838   -0.36078639   -0.40169883
> exp(coef(fit.od))
  (Intercept)           age  yearsmarried religiousness        rating
   15.6175253     0.9733061     1.1163656     0.6971279     0.6691823
> |
```

```
Coefficients:
               Estimate Std. Error z value Pr(>|z|)
(Intercept)    2.748394   0.188189  14.604  < 2e-16 ***
age           -0.027057   0.005686  -4.759 1.95e-06 ***
yearsmarried   0.110078   0.009812  11.219  < 2e-16 ***
religiousness -0.360786   0.030869 -11.688  < 2e-16 ***
rating        -0.401699   0.027285 -14.722  < 2e-16 ***
---
Signif. codes:  0 '***' 0.001 '**' 0.01 '*' 0.05 '.' 0.1 ' ' 1

(Dispersion parameter for poisson family taken to be 1)

    Null deviance: 2925.5  on 600  degrees of freedom
Residual deviance: 2377.5  on 596  degrees of freedom
AIC: 2881.5

Number of Fisher Scoring iterations: 7
```

[그림 22-1] fit 모형의 분석 결과

```
Coefficients:
              Estimate Std. Error t value Pr(>|t|)
(Intercept)    2.74839    0.49326   5.572 3.82e-08 ***
age           -0.02706    0.01490  -1.816   0.0699 .
yearsmarried   0.11008    0.02572   4.280 2.18e-05 ***
religiousness -0.36079    0.08091  -4.459 9.84e-06 ***
rating        -0.40170    0.07152  -5.617 2.98e-08 ***
---
Signif. codes:  0 '***' 0.001 '**' 0.01 '*' 0.05 '.' 0.1 ' ' 1

(Dispersion parameter for quasipoisson family taken to be 6.869983)

    Null deviance: 2925.5  on 600  degrees of freedom
Residual deviance: 2377.5  on 596  degrees of freedom
AIC: NA

Number of Fisher Scoring iterations: 7
```

[그림 22-2] fit.od 모형의 분석 결과

[그림 22-1]과 [그림 22-2]를 비교하면 Quasi-Poisson 방법으로 추정된 회귀계수는 Poisson 방법에서와 동일하지만 표준오차(standard error)가 커져 있음을 알 수 있다. 이 경우 커진 표준오차는 age의 p값을 0.05보다 크게 만들었음을 알 수 있다. 즉, 과산포를 조정한 상태에서 연령은 더 이상 유의하지 않은 것으로 나타났다(p=0.069).

22.3 ZERO-INFLATED 포아송 회귀분석

포아송 모델에서는 예측된 건수보다 수집된 데이터에서 확인되는 제로 이벤트 발생 건수가 더 많을 수 있다. 즉, 표본에서 분석하고자 하는 이벤트(결과변수)가 결코 발생하지 않는 경우가 많다. 예를 들어, Affairs 데이터에서 결과 변수인 affairs는 조사대상자 중에서 지난 해 경험한 혼외관계 경험 건수를 나타내는 데이터이다. 그런데 조사대상자 중에는 혼외관계를 결코 갖지 않는 배우자에게 매우 충실한 사람들이 있다. 이런 경우를 구조적 제로 이벤트(structural zeros)라고 부른다. 이러한 제로 이벤트가 인플레된(inflated) 포아송 모형에서는 pscl 패키지에 있는 기능을 활용해 보다 엄격하게 분석할 수 있다(Jackman, 2017).

```
> library(AER)
> data(Affairs)
> head(Affairs)
> summary(Affairs)
> table(Affairs$affairs)
```

```
> data(Affairs)
> head(Affairs)
   affairs gender age yearsmarried children religiousness education occupation rating
4        0   male  37        10.00       no             3        18          7      4
5        0 female  27         4.00       no             4        14          6      4
11       0 female  32        15.00      yes             1        12          1      4
16       0   male  57        15.00      yes             5        18          6      5
23       0   male  22         0.75       no             2        17          6      3
29       0 female  32         1.50       no             2        17          5      5
> summary(Affairs)
    affairs          gender         age         yearsmarried    children  religiousness
 Min.   : 0.000   female:315   Min.   :17.50   Min.   : 0.125   no :171   Min.   :1.000
 1st Qu.: 0.000   male  :286   1st Qu.:27.00   1st Qu.: 4.000   yes:430   1st Qu.:2.000
 Median : 0.000                Median :32.00   Median : 7.000             Median :3.000
 Mean   : 1.456                Mean   :32.49   Mean   : 8.178             Mean   :3.116
 3rd Qu.: 0.000                3rd Qu.:37.00   3rd Qu.:15.000             3rd Qu.:4.000
 Max.   :12.000                Max.   :57.00   Max.   :15.000             Max.   :5.000
   education       occupation        rating
 Min.   : 9.00   Min.   :1.000   Min.   :1.000
 1st Qu.:14.00   1st Qu.:3.000   1st Qu.:3.000
 Median :16.00   Median :5.000   Median :4.000
 Mean   :16.17   Mean   :4.195   Mean   :3.932
 3rd Qu.:18.00   3rd Qu.:6.000   3rd Qu.:5.000
 Max.   :20.00   Max.   :7.000   Max.   :5.000
> table(Affairs$affairs)

  0   1   2   3   7  12
451  34  17  19  42  38
```

먼저 affairs에 대한 빈도 플롯을 만들어 보자. 다음 결과에서 보는 것처럼 혼외관계가 결코 발생하지 않는(제로) 경우가 매우 많음(601명 중 451명)을 알 수 있다.

```
> plot(table(Affairs$affairs), xlab="Number of extramarital affairs",
  ylab="Frequency")
```

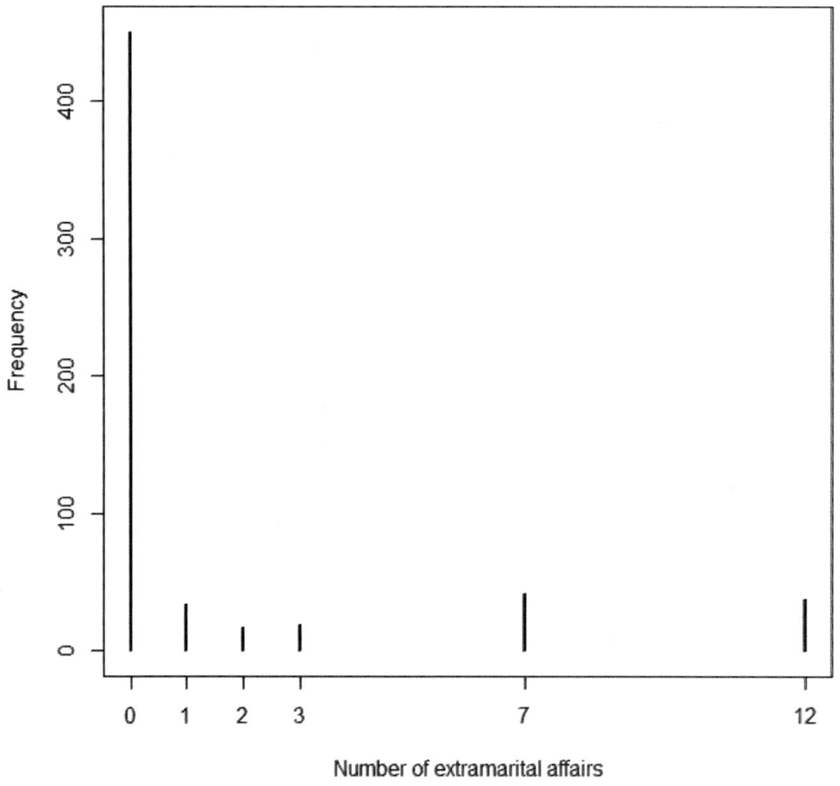

이렇게 제로 이벤트가 많은 경우, 즉 zero inflation을 해결하는 방법으로 hurdle NB regression 모형과 zero inflated NB regression 모형이 있는데 차례로 분석해 보자. 여기서는 포아송 분포(poisson) 대신 음이항분포(negative binomial)를 사용한다(Jackman, 2017).

허들 모형(hurdle NB regression to deal with zero inflation)

```
> library(pscl)
> fit.hurdle <- hurdle(affairs ~ age + yearsmarried + religiousness + rating,
  data=Affairs, dist="negbin")
> summary(fit.hurdle)
> exp(coef(fit.hurdle))
```

```
Call:
hurdle(formula = affairs ~ age + yearsmarried + religiousness + rating, data = Affairs,
    dist = "negbin")

Pearson residuals:
    Min      1Q  Median      3Q     Max
-0.8874 -0.4256 -0.3219 -0.2184 10.8266

Count model coefficients (truncated negbin with log link):
              Estimate Std. Error z value Pr(>|z|)
(Intercept)   2.079194   0.417452   4.981 6.34e-07 ***
age           0.001471   0.013699   0.107   0.9145
yearsmarried  0.045859   0.024012   1.910   0.0562 .
religiousness -0.177129  0.071023  -2.494   0.0126 *
rating        -0.134021  0.065927  -2.033   0.0421 *
Log(theta)    0.441007   0.251842   1.751   0.0799 .
Zero hurdle model coefficients (binomial with logit link):
             Estimate Std. Error z value Pr(>|z|)
(Intercept)   1.93083    0.61028   3.164 0.001557 **
age          -0.03527    0.01736  -2.032 0.042128 *
yearsmarried  0.10062    0.02921   3.445 0.000571 ***
religiousness -0.32902   0.08945  -3.678 0.000235 ***
rating       -0.46136    0.08883  -5.194 2.06e-07 ***
---
Signif. codes:  0 '***' 0.001 '**' 0.01 '*' 0.05 '.' 0.1 ' ' 1

Theta: count = 1.5543
Number of iterations in BFGS optimization: 15
Log-likelihood: -699.5 on 11 Df
> exp(coef(fit.hurdle))
  count_(Intercept)          count_age  count_yearsmarried count_religiousness         count_rating
          7.9980209          1.0014722           1.0469263           0.8376720            0.8745714
   zero_(Intercept)           zero_age   zero_yearsmarried  zero_religiousness          zero_rating
          6.8952321          0.9653437           1.1058594           0.7196258            0.6304248
```

제로 인플레이션 모형(Zero inflated NB regression)

```
> fit.zinf <- zeroinfl(affairs ~ age + yearsmarried + religiousness + rating,
  data=Affairs, dist="negbin")
> summary(fit.zinf)
> exp(coef(fit.zinf))
```

```
Call:
zeroinfl(formula = affairs ~ age + yearsmarried + religiousness + rating, data = Affairs,
    dist = "negbin")

Pearson residuals:
    Min      1Q  Median      3Q     Max
-0.8764 -0.4253 -0.3227 -0.2133 10.9317

Count model coefficients (negbin with log link):
               Estimate Std. Error z value Pr(>|z|)
(Intercept)    2.070708   0.416152   4.976  6.5e-07 ***
age            0.001347   0.013786   0.098   0.9222
yearsmarried   0.046032   0.024340   1.891   0.0586 .
religiousness -0.171920   0.070077  -2.453   0.0142 *
rating        -0.134791   0.066225  -2.035   0.0418 *
Log(theta)     0.445297   0.250764   1.776   0.0758 .

Zero-inflation model coefficients (binomial with logit link):
              Estimate Std. Error z value Pr(>|z|)
(Intercept)   -2.14308    0.66462  -3.225  0.00126 **
age            0.03704    0.01851   2.001  0.04539 *
yearsmarried  -0.09488    0.03157  -3.005  0.00265 **
religiousness  0.30798    0.09547   3.226  0.00126 **
rating         0.45490    0.09624   4.727 2.28e-06 ***
---
Signif. codes:  0 '***' 0.001 '**' 0.01 '*' 0.05 '.' 0.1 ' ' 1

Theta = 1.561
Number of iterations in BFGS optimization: 19
Log-likelihood: -699.6 on 11 Df
> exp(coef(fit.zinf))
  count_(Intercept)           count_age  count_yearsmarried count_religiousness        count_rating
          7.9304362           1.0013474           1.0471076           0.8420468           0.8738989
   zero_(Intercept)            zero_age   zero_yearsmarried  zero_religiousness         zero_rating
          0.1172925           1.0377332           0.9094787           1.3606699           1.5760128
```

앞의 분석 결과에서 보듯이 제로 인플레이션 모형(zero inflated models)은 과도한 제로(excess zeros)를 모형에 반영하고자 한다. 즉, 데이터에는 두 가지 유형의 제로가 있는데 이는 진짜 제로("true zeros")와 과도한 제로("excess zeros")이다. 제로 인플레이션 모형은 두 가지 모형을 동시에 제시하는데 한 가지는 과도한 제로를 고려하지 않은 카운트 모형(count model)이고 다른 한 가지는 과도한 제로를 반영한 제로 인플레이션 모형(zero hurdle model or zero inflation model)이다(Jackman, 2017).

```
Zero hurdle model coefficients (binomial with logit link):
              Estimate Std. Error z value Pr(>|z|)
(Intercept)    1.93083    0.61028   3.164 0.001557 **
age           -0.03527    0.01736  -2.032 0.042128 *
yearsmarried   0.10062    0.02921   3.445 0.000571 ***
religiousness -0.32902    0.08945  -3.678 0.000235 ***
rating        -0.46136    0.08883  -5.194 2.06e-07 ***
---
Signif. codes:  0 '***' 0.001 '**' 0.01 '*' 0.05 '.' 0.1 ' ' 1

Theta: count = 1.5543
Number of iterations in BFGS optimization: 15
Log-likelihood: -699.5 on 11 Df
> exp(coef(fit.hurdle))
  count_(Intercept)            count_age  count_yearsmarried count_religiousness        count_rating
          7.9980209            1.0014722           1.0469263           0.8376720           0.8745714
   zero_(Intercept)             zero_age   zero_yearsmarried  zero_religiousness         zero_rating
          6.8952321            0.9653437           1.1058594           0.7196258           0.6304248
```

허들 모형(hurdle model)에서 제로허들 계수는 이벤트 발생 (positive count) 확률을 나타내는 반면에 ZINB 모형에서 제로팽창 계수는 이벤트 0 (zero count)이 발생할 확률을 나타낸다.

```
Zero-inflation model coefficients (binomial with logit link):
              Estimate Std. Error z value Pr(>|z|)
(Intercept)   -2.14308    0.66462  -3.225  0.00126 **
age            0.03704    0.01851   2.001  0.04539 *
yearsmarried  -0.09488    0.03157  -3.005  0.00265 **
religiousness  0.30798    0.09547   3.226  0.00126 **
rating         0.45490    0.09624   4.727 2.28e-06 ***
---
Signif. codes:  0 '***' 0.001 '**' 0.01 '*' 0.05 '.' 0.1 ' ' 1

Theta = 1.561
Number of iterations in BFGS optimization: 19
Log-likelihood: -699.6 on 11 Df
> exp(coef(fit.zinf))
  count_(Intercept)            count_age  count_yearsmarried count_religiousness        count_rating
          7.9304362            1.0013474           1.0471076           0.8420468           0.8738989
   zero_(Intercept)             zero_age   zero_yearsmarried  zero_religiousness         zero_rating
          0.1172925            1.0377332           0.9094787           1.3606699           1.5760128
```

[그림 22-3] 허들 모형과 제로 인플레이션 모형 분석 결과

[그림 22-3] 상단에 있는 허들 모형(hurdle model)에서 제로허들 계수는 이벤트 발생(positive count) 확률을 나타내는 반면에 하단에 있는 제로 인플레이션(ZINB) 모형에서 제로팽창 계수는 이벤트 0(zero count)이 발생할 확률을 나타낸다.

전체적으로 두 모형 모두 동일한 결과 해석과 매우 유사한 모형 적합도를 나타낸다. 하지만 허들 모형이 해석하기가 더 좋기 때문에 조금 더 선호되는 모형이라고 할 수 있다. 왜냐하면 허들 모형은 혼외관계 발생 건수를 처리하는 기능을 보여 주기 때문이다. 허들 모형에서는 다른 모든 변수를 통제한 상태에서 결혼기간이 1년 증가할수록 혼외관계 발생 기대 건수(expected number of affairs)는 1.10배 증가하는 것으로 나타난 반면, 연령, 종교성, 그리고 결혼만족도가 한 단위 증가할수록 혼외관계 발생 기대 건수는 각각 3.5%, 28%, 그리고 37% 감소하는 것으로 나타났다.

예제 2 "bioChemists" 데이터를 활용한 포아송 회귀분석

```
> library(pscl)
> ?bioChemists
```

다음 bioChemists 데이터는 미국 대학에서 생화학을 전공하는 박사과정 대학원생들의 논문발표 건수에 대한 데이터이다. 먼저 데이터의 변수 구성과 논문발표 건수의 빈도 플롯을 제시하면 다음과 같다.

article production by graduate students in biochemistry Ph.D. programs

Description

A sample of 915 biochemistry graduate students.

Usage

`data(bioChemists)`

Format

`art`
: count of articles produced during last 3 years of Ph.D.

`fem`
: factor indicating gender of student, with levels Men and Women

`mar`
: factor indicating marital status of student, with levels Single and Married

`kid5`
: number of children aged 5 or younger

`phd`
: prestige of Ph.D. department

`ment`
: count of articles produced by Ph.D. mentor during last 3 years

출처: http://127.0.0.1:25403/library/pscl/html/bioChemists.html

art: 대학원생의 지난 3년간 논문발표 건수(count of articles)
fem: 대학원생의 성별
mar: 대학원생의 결혼 유무(미혼, 기혼)
kid5: 대학원생의 5세 이하 자녀의 수
phd: 박사과정 학과의 명성
ment: 박사과정 멘토의 지난 3년간 논문발표 건수

```
> head(bioChemists)
> bio <- bioChemists
> head(bio)
```

```
> head(bioChemists)
  art   fem     mar kid5  phd ment
1   0   Men Married    0 2.52    7
2   0 Women  Single    0 2.05    6
3   0 Women  Single    0 3.75    6
4   0   Men Married    1 1.18    3
5   0 Women  Single    0 3.75   26
6   0 Women Married    2 3.59    2
> ?bioChemists
> bio=bioChemists
> head(bio)
  art   fem     mar kid5  phd ment
1   0   Men Married    0 2.52    7
2   0 Women  Single    0 2.05    6
3   0 Women  Single    0 3.75    6
4   0   Men Married    1 1.18    3
5   0 Women  Single    0 3.75   26
6   0 Women Married    2 3.59    2
```

```
> plot(table(bio$art))
```

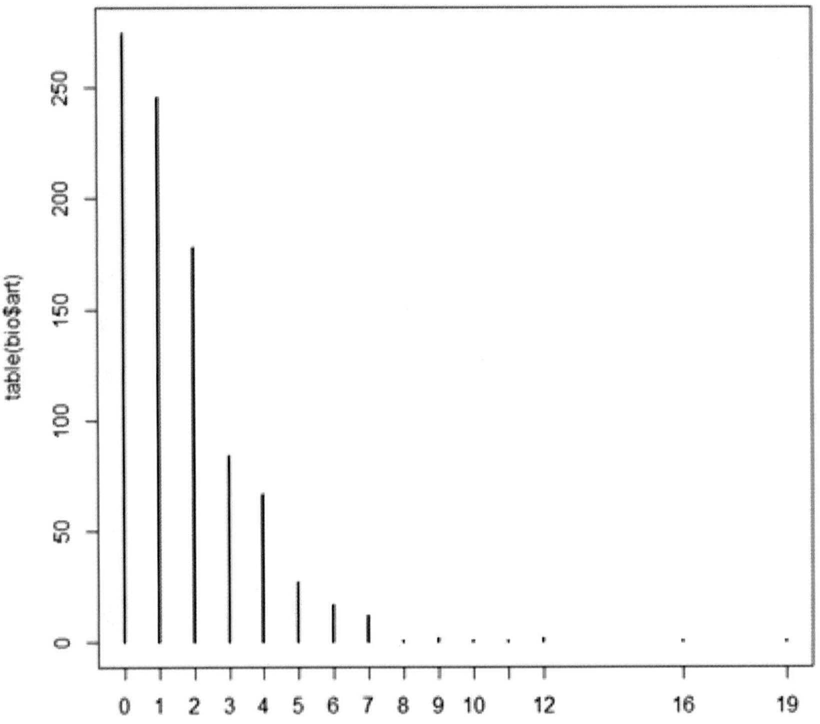

이제 art를 종속변수로 하고 모든 변수를 poisson 회귀분석에 포함하면 다음 결과를 얻게 된다.

```
> fit.poisson <- glm(art ~ fem + mar + kid5 + phd + ment, family=poisson,
  data=bio)
> summary(fit.poisson)
> exp(coef(fit.poisson))
```

```
> # fit poisson regression
> fit.poisson <- glm(art ~ fem + mar + kid5 + phd + ment, data=bio, family=poisson)
> summary(fit.poisson)

Call:
glm(formula = art ~ fem + mar + kid5 + phd + ment, family = poisson,
    data = bio)

Deviance Residuals:
    Min       1Q   Median       3Q      Max
-3.5672  -1.5398  -0.3660   0.5722   5.4467

Coefficients:
             Estimate Std. Error z value Pr(>|z|)
(Intercept)  0.304617   0.102981   2.958   0.0031 **
femWomen    -0.224594   0.054613  -4.112 3.92e-05 ***
marMarried   0.155243   0.061374   2.529   0.0114 *
kid5        -0.184883   0.040127  -4.607 4.08e-06 ***
phd          0.012823   0.026397   0.486   0.6271
ment         0.025543   0.002006  12.733  < 2e-16 ***
---
Signif. codes:  0 '***' 0.001 '**' 0.01 '*' 0.05 '.' 0.1 ' ' 1

(Dispersion parameter for poisson family taken to be 1)

    Null deviance: 1817.4  on 914  degrees of freedom
Residual deviance: 1634.4  on 909  degrees of freedom
AIC: 3314.1

Number of Fisher Scoring iterations: 5

> exp(coef(fit.poisson))
(Intercept)    femWomen  marMarried        kid5         phd        ment
  1.3561053   0.7988403   1.1679422   0.8312018   1.0129051   1.0258718
> |
```

위 분석 결과를 보면 대학원생이 여성인 경우 남성에 비해 논문발표 기대 건수가 약 20% 낮으며, 기혼자의 경우 1.17배 높음을 알 수 있다. 그리고 5세 이하의 자녀가 1명 증가할수록 논문발표 기대 건수는 17% 감소하며, 멘토의 논문발표 건수가 1개 증가할수록 논문발표 기대 건수는 1.02배 증가하는 것으로 나타났다.

하지만 Poisson 회귀분석의 경우 과산포(overdispersion)의 경우를 확인해야 한다. 왜냐하면 과산포가 모형에 존재함에도 이를 조정하지 않으면 신뢰구간이 지나치게 작게 추정되어 실제 유의하지 않은 결과를 유의하다고 할 수 있기 때문이다. 따라서 다음 기능을 활용하여 과산포를 확인한 결과 과산포가 1보다 상당히 큰 1.80으로 나타났으므로 과산포가 있다고 할 수 있다. 그리고 qcc.overdispersion.test( ) 기능을 활용한 결과도 과산포가 없다는 영가설을 기각하게 됨을 알 수 있다($p < 0.001$).

```
> deviance(fit.poisson)/df.residual(fit.poisson)
> library(qcc)
> qcc.overdispersion.test(bio$art, type="poisson")
```

```
> deviance(fit.poisson)/df.residual(fit.poisson)
[1] 1.797988
> library(qcc)
Package 'qcc', version 2.6
Type 'citation("qcc")' for citing this R package in publications.
> qcc.overdispersion.test(bio$art, type="poisson")

Overdispersion test Obs.Var/Theor.Var Statistic p-value
       poisson data           2.191358  2002.901       0
```

과산포(overdispersion)가 존재하는 경우 과산포를 조정하기 위해서는 일반적으로 quasipoisson model을 이용하는 것이 바람직하다(Kabacoff, 2015).

```
> fit.qpoisson <- glm(art ~ fem + mar + kid5 + phd + ment,
  family=quasipoisson, data=bio)
> summary(fit.qpoisson)
> exp(coef(fit.qpoisson))
```

```
> fit.qpoisson <- glm(art ~ fem + mar + kid5 + phd + ment, data=bio, family=quasipoisson)
> summary(fit.qpoisson)

Call:
glm(formula = art ~ fem + mar + kid5 + phd + ment, family = quasipoisson,
    data = bio)

Deviance Residuals:
    Min       1Q   Median       3Q      Max
-3.5672  -1.5398  -0.3660   0.5722   5.4467

Coefficients:
             Estimate Std. Error t value Pr(>|t|)
(Intercept)  0.304617   0.139273   2.187 0.028983 *
femWomen    -0.224594   0.073860  -3.041 0.002427 **
marMarried   0.155243   0.083003   1.870 0.061759 .
kid5        -0.184883   0.054268  -3.407 0.000686 ***
phd          0.012823   0.035700   0.359 0.719544
ment         0.025543   0.002713   9.415  < 2e-16 ***
---
Signif. codes:  0 '***' 0.001 '**' 0.01 '*' 0.05 '.' 0.1 ' ' 1

(Dispersion parameter for quasipoisson family taken to be 1.829006)

    Null deviance: 1817.4  on 914  degrees of freedom
Residual deviance: 1634.4  on 909  degrees of freedom
AIC: NA

Number of Fisher Scoring iterations: 5

> exp(coef(fit.qpoisson))
(Intercept)    femWomen  marMarried        kid5         phd        ment
  1.3561053   0.7988403   1.1679422   0.8312018   1.0129051   1.0258718
> |
```

위 분석 결과를 보면 family=poisson 모형에 비해 회귀계수는 동일하지만 표준오차가 증가하였음을 알 수 있다. 따라서 marMarried(결혼 유무)는 더 이상 유의하지 않은 것으로 나타났다. 분석 결과를 해석하면 다른 모든 변수를 통제한 상태에서, 대학원생이 여성인 경우 남성에 비해 논문발표 기대 건수가 약 20% 낮으며, 5세 이하의 자녀가 1명 증가할수록 논문발표 기대 건수는 17% 감소한다. 하지만 멘토의 논문발표 건수가 1개 증가할수록 대학원생의 논문발표 기대 건수는 1.02배 증가하는 것으로 나타났다.

그리고 기본적인 카운트 데이터의 분포에서 설명될 수 있는 것보다 더 많은 제로 케이스(zero observations)가 있는 경우 앞에서 살펴본 것처럼 허들 모형(hurdle negative binomial model)이 더 적합하다고 하겠다. 따라서 다음과 같이 허들 모형으로 분석해 보자(Jackman, 2017).

```
> library(pscl)
> fit.hd <- hurdle(art ~ fem + mar + kid5 + phd + ment, data=bio,
  dist="negbin")
> summary(fit.hd)
> exp(coef(fit.hd))
```

```
Call:
hurdle(formula = art ~ fem + mar + kid5 + phd + ment, data = bio, dist = "negbin")

Pearson residuals:
    Min      1Q  Median      3Q     Max 
-1.2581 -0.8036 -0.2497  0.4745  6.2753 

Count model coefficients (truncated negbin with log link):
             Estimate Std. Error z value Pr(>|z|)    
(Intercept)  0.355125   0.196832   1.804  0.07120 .  
femWomen    -0.244672   0.097218  -2.517  0.01184 *  
marMarried   0.103417   0.109430   0.945  0.34463    
kid5        -0.153260   0.072229  -2.122  0.03385 *  
phd         -0.002933   0.048067  -0.061  0.95134    
ment         0.023738   0.004287   5.537 3.07e-08 ***
Log(theta)   0.603472   0.224995   2.682  0.00731 ** 
Zero hurdle model coefficients (binomial with logit link):
            Estimate Std. Error z value Pr(>|z|)    
(Intercept)  0.23680    0.29552   0.801   0.4230    
femWomen    -0.25115    0.15911  -1.579   0.1144    
marMarried   0.32623    0.18082   1.804   0.0712 .  
kid5        -0.28525    0.11113  -2.567   0.0103 *  
phd          0.02222    0.07956   0.279   0.7800    
ment         0.08012    0.01302   6.155 7.52e-10 ***
---
Signif. codes:  0 '***' 0.001 '**' 0.01 '*' 0.05 '.' 0.1 ' ' 1

Theta: count = 1.8285
Number of iterations in BFGS optimization: 15 
Log-likelihood: -1553 on 13 Df
> exp(coef(fit.hd))
count_(Intercept)    count_femWomen  count_marMarried        count_kid5         count_phd 
        1.4263586         0.7829614         1.1089540         0.8579068         0.9970710 
       count_ment  zero_(Intercept)     zero_femWomen   zero_marMarried         zero_kid5 
        1.0240221         1.2671826         0.7779048         1.3857390         0.7518272 
         zero_phd         zero_ment 
        1.0224681         1.0834185 
```

허들 모형(hurdle model)의 분석 결과를 살펴보면, 5세 이하 아이가 1명 증가할 경우 논문발표 기대 건수는 약 25% 감소하며, 멘토의 논문발표 건수가 1개 증가할수록 대학원생의 논문발표 기대 건수도 1.08배 증가, 즉 8% 증가하는 것으로 나타났다. 그리고 대학원생의 성별(femWomen)은 더 이상 유의하지 않은 것으로 나타났다($p=0.114$).

23 요인분석

23.1 주성분분석 및 요인분석

이 장의 주제인 요인분석을 수행하기 전에 주성분분석(principal component analysis, PCA)과 요인분석(factor analysis, FA)의 차이에 대한 이해가 먼저 필요하다.

주성분분석과 요인분석은 종종 동일한 결과를 산출하지만 [그림 23-1]에서 보듯이 그 맥락(context)이 다르다고 하겠다. 즉, 주성분은 측정변수들을 요약한 결과인 반면 요인분석은 각 측정변수의 원인(배경)이 되는 공통요인을 찾아내는 것이 목적이다. 공통요인에 대한 가정이 강할 때 요인분석은 더 정확한 결과를 산출하지만 측정변수의 고유분산이 별로 없을 때에는 주성분이 추출되는 것만큼 공통요인도 추출된다(Fabrigar et al., 1999). 일반적으로 공통요인에 의해 설명되는 각 측정변수의 분산 비율을 의미하는 공통성(communality)이 낮고(예: 0.40), 요인당 측정변수의 수가 비교적 적을 때(예: 3개 이하) 주성분분석과 요인분석의 결과는 달라진다고 하겠다.

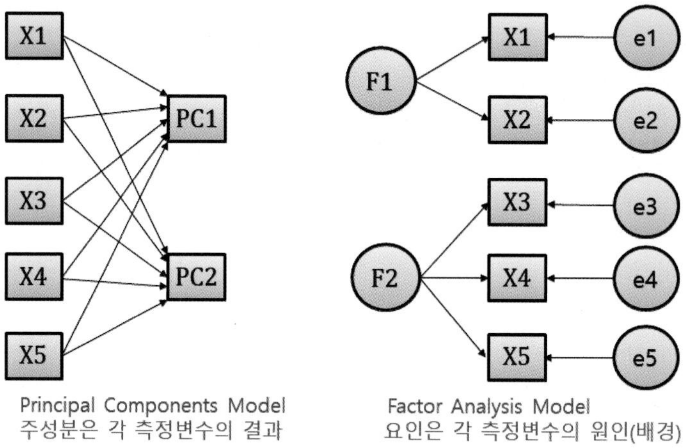

출처: Kabacoff (2015), p. 320에서 재구성.

[그림 23-1] 주성분분석과 요인분석의 맥락

주성분분석과 요인분석의 특성과 차이점은 〈표 23-1〉에서 더 구체적으로 설명할 수 있겠다(홍세희, 2007; Fabrigar ct al., 1999).

〈표 23-1〉 주성분분석과 요인분석의 특성

주성분분석	요인분석
많은 변수(large correlated variables)를 소수의 주성분(uncorrelated components)으로 축소, 즉 데이터 축소(data reduction)가 목적	측정변수들 간의 관계를 설명하는 잠재구조(latent structure)를 개발하는 것이 목적
주성분은 측정변수의 결과로서 측정변수의 분산을 설명할 목적	요인은 측정변수의 원인(배경)으로 측정변수 사이의 관계를 설명하는 공통(잠재)요인을 찾아내고 이론적 구조를 개발할 목적
측정변수의 고유분산이 없다고 가정하고, 즉 오차가 없다고 가정하고 분석하며 주성분 간의 상관관계는 없다고 가정하고 분석	공통요인(common factor)에 대한 가정이 강하고 고유요인, 즉 오차(random error)를 인정하며 요인 간에 상관관계가 있다고 가정하고 분석

주성분의 설명력은 eigenvalue(고유값 또는 설명분산)으로 표현하는데 이는 주성분에 의해 설명되는 전체 측정변수의 표준화된 분산을 의미(고유값의 합은 측정변수의 수와 동일하며 주성분이 갖는 설명력은 70~80% 유지 요구)	측정변수는 공통요인(common factor)과 고유요인(unique factor)에 의해 설명. 그리고 요인분석은 공통요인모형에 기초하며 요인 간 상관관계가 있다고 분석
주성분 수의 결정은 eigenvalue(>1.0)을 주로 활용	요인 수 결정은 스크리 도표의 parallel analysis에 기초하며 eigenvalue(>0)을 활용
주성분분석은 데이터를 축소하면서 간명성은 얻지만 측정변수에 대한 설명력은 놓치게 된다.	요인분석은 잠재요인을 발견하여 측정변수 간의 관계를 설명할 수 있다.

주요 용어

- 공통성(communality): (공통)요인에 의해 설명되는 각 측정변수의 분산 비율
- 고유값/설명분산(eigenvalue): 각 요인이 설명하는 전체 측정변수들의 표준화된 분산, 즉 요인의 설명력을 의미
- 스크리 도표(scree plot): 고유값/설명분산의 변화를 보여 주고 있으며, 요인 수를 결정하는 데 기준이 된다. 설명분산이 급격히 작아지는(완만해지는) 점에서 (그 이전까지의 요인으로) 요인의 개수를 결정
- 요인계수(factor loadings): 각 변수에 대한 (공통)요인의 회귀계수를 나타냄
- 요인회전(rotation): 해석을 용이하게 하기 위해 요인구조를 단순화, 명확화 함
- Heywood cases: 요인 간 상관관계가 1.0을 초과하거나 음의 분산(negative variances)이 나오는 경우를 말한다. 이런 경우에는 모형이 잘못 설정되어(misspecified) 있거나 표본 크기가 작은 경우 또는 데이터가 한쪽으로 치우친(skewed) 비정규분포를 보이는 경우에 발생한다(한편, 사각회전에서는 요인 간 상관관계를 인정하므로 요인계수가 1.0을 초과할 수 있다).

그리고 주성분분석 및 요인분석의 절차는 다음과 같은 절차로 진행된다.

첫째, 추출할 주성분 및 요인의 수를 결정
둘째, 주성분 및 요인을 추출
셋째, 요인구조를 보다 명확히 파악하기 위해 주성분 및 요인을 회전

요인분석 및 주성분분석에 사용되는 R 패키지는 'psych'이며 다음과 같은 명령어(기능)를 활용한다.

기능(function)	설명
principal( )	주성분분석
fa( )	요인분석(주축요인추출, 최소잔차, 최대우도법 등)
fa.parallel( )	시뮬레이션 분석(parallel analysis) 결과를 제시하는 스크리 플롯
factor.plot( )	요인분석 및 주성분분석 플롯
fa.diagram( )	요인분석 및 주성분분석 다이어그램
scree( )	요인분석 및 주성분분석을 위한 스크리 플롯

출처: Kabacoff (2015), p. 321.

23.2 주성분분석 실행

먼저 주성분분석에 사용할 데이터는 Grnt_fem.csv로 여자 중학생의 지적능력을 측정한 것으로 6개의 변수로 구성되어 있다. 먼저 다음과 같이 데이터를 불러온 다음 ① 추출할 주성분 수 결정, ② 주성분 추출, ③ 주성분 회전의 순서로 분석을 시행한다.

> grnt <– read.csv("E:/R/Grnt_fem.csv")

> head(grnt)

```
> grnt <- read.csv("E:/R/Grnt_fem.csv")
> head(grnt)
  visperc cubes lozenges paragrap sentence wordmean
1      33    22       17        8       17       10
2      30    25       20       10       23       18
3      36    33       36       17       25       41
4      28    25        9       10       18       11
5      30    25       11       11       21        8
6      20    25        6        9       21       16
> |
```

23.2.1 추출할 주성분의 수 결정

주성분분석의 첫 단계로 'psych' 패키지의 fa.parallel( ) 기능을 이용하여 추출할 주성분의 수를 결정한다.

> library(psych)

> fa.parallel(grnt, fa="pc", n.iter=100)

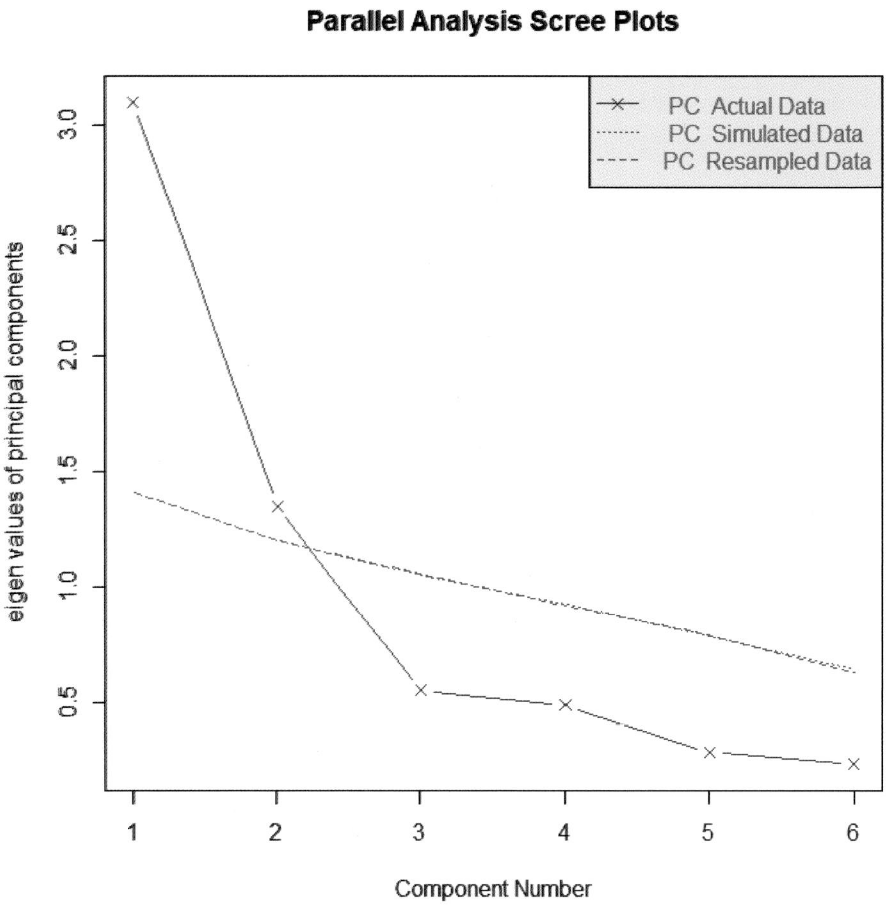

주성분 수의 결정은 주성분에 의해 설명되는 전체 측정변수의 표준화된 분산을 의미하는 eigenvalues(고유값, 설명분산)에 기초하며 Kaiser.Harris 기준에 의하면 고유값이 1보다 큰(eigenvalues > 1.0) 주성분 수를 선정한다. 그리고 스크리 도표에서 고유값이 완만하게 변하기 전까지의 주성분 수로도 주성분을 결정하는데 위 그림을 보면 2개의 주성분을 추출할 수 있음을 알 수 있다. 또한 분석 데이터에 기초한 고유값이 랜덤데이터에 기초한, 즉 시뮬레이션 분석(parallel analysis) 결과인 평균 고유값보다 상위에 있는 주성분 수로 결정하는 것이 일반적이다(Kabacoff, 2015).

그래서 이 모든 기준을 기초로 할 때 주성분의 수는 2개가 적합한 것으로 보인다.

23.2.2 주성분 추출

이제 다음 명령어를 활용하여 2개의 주성분을 추출해 보자.

```
> pc <– principal(grnt, nfactors=2, rotate="none")
> pc
```

```
> pc <- principal(grnt, nfactors=2, rotate="none")
> pc
Principal Components Analysis
Call: principal(r = grnt, nfactors = 2, rotate = "none")
Standardized loadings (pattern matrix) based upon correlation matrix
          PC1   PC2   h2   u2 com
visperc  0.64  0.49 0.65 0.35 1.9
cubes    0.53  0.66 0.71 0.29 1.9
lozenges 0.67  0.45 0.65 0.35 1.7
paragrap 0.82 -0.39 0.83 0.17 1.4
sentence 0.81 -0.37 0.80 0.20 1.4
wordmean 0.79 -0.43 0.81 0.19 1.5

                       PC1  PC2
SS loadings           3.10 1.35
Proportion Var        0.52 0.22
Cumulative Var        0.52 0.74
Proportion Explained  0.70 0.30
Cumulative Proportion 0.70 1.00

Mean item complexity =  1.6
Test of the hypothesis that 2 components are sufficient.

The root mean square of the residuals (RMSR) is  0.09
 with the empirical chi square  17.44  with prob <  0.0016
```

PC1, PC2: 주성분 적재값(loadings)으로 각 변수와 주성분의 상관관계

h2: 공통성(communality)으로 주성분에 의한 각 변수의 설명된 분산 비율(amount of variance)

u2: 주성분에 의해 설명되지 않은 분산 비율

SS loadings: 주성분의 고유값(eigenvalues)으로 주성분에 의해 설명되는 전체 측정변수에 대한 표준화된 분산(standardized variance) (고유값의 합 = 변수의 수)

Proportion Var: 각 주성분에 의해 설명되는 분산의 비율

위 결과에서 보듯이 2개의 주성분 PC1, PC2가 추출되었지만 주성분에 대한 회전을 하지 않은 관계로 주성분의 구조가 명확하게 보이지는 않음을 알 수 있다. 따라서 구조를 명확히 하기 위해 회전을 할 필요가 있다.

23.2.3 주성분 회전

이제 주성분의 구조를 보다 명확하게 나타나도록 다음 명령어를 이용하여 주성분을 회전(rotation)시켜 보자. 주성분분석에서는 주성분 간에 상관관계가 없는 것으로 가정하기 때문에 varimax 회전방식을 선택하는 것이 일반적이다.

```
> rc <- principal(grnt, nfactors=2, rotate="varimax")
> rc
```

다음의 결과는 주성분 회전을 실시한 것이며 회전을 실시하지 않은 결과보다 주성분의 구조가 훨씬 명확한 구조를 보이고 있음을 알 수 있다. 즉, 첫 번째 주성분(RC1)에 paragrap, sentence, wordmean 변수가 두 번째 주성분(RC2)에 visperc, cubes, lozenges 변수가 포함되고 있음을 알 수 있다.

```
> rc <- principal(grnt, nfactors=2, rotate="varimax")
> rc
Principal Components Analysis
Call: principal(r = grnt, nfactors = 2, rotate = "varimax")
Standardized loadings (pattern matrix) based upon correlation matrix
          RC1  RC2   h2   u2 com
visperc  0.22 0.78 0.65 0.35 1.2
cubes    0.03 0.84 0.71 0.29 1.0
lozenges 0.27 0.76 0.65 0.35 1.2
paragrap 0.89 0.18 0.83 0.17 1.1
sentence 0.87 0.19 0.80 0.20 1.1
wordmean 0.89 0.13 0.81 0.19 1.0

                       RC1  RC2
SS loadings           2.47 1.98
Proportion Var        0.41 0.33
Cumulative Var        0.41 0.74
Proportion Explained  0.56 0.44
Cumulative Proportion 0.56 1.00

Mean item complexity =  1.1
Test of the hypothesis that 2 components are sufficient.

The root mean square of the residuals (RMSR) is  0.09
 with the empirical chi square  17.44  with prob <  0.0016
```

주성분의 회전은 주성분 적재값 매트릭스(component loading matrix)를 해석하기 용이하도록 (more interpretable) 하기 위해 실시한다.

회전 방법은 직각회전(orthogonal rotation)과 사각회전(oblique rotation)이 있다. 직각회전은 주성분간에 상관이 없는 것(uncorrelated)으로 가정하며, 반면 사각회전은 주성분 간에 상관이 있는(correlated) 것으로 가정한다.

그리고 추출된 2개의 주성분에 대한 주성분 적재값(SS Loadings)과 설명된 분산 및 누적분산이 제시되어 있는데, 먼저 SS Loadings는 주성분의 고유값(eigenvalue)으로 주성분에 의해 설명되는 측정변수의 표준화된 분산을 의미한다. 그리고 2개의 주성분 중 첫 번째 주성분의 분산 설명력이 더 크고(41%) 두 주성분의 누적 분산 설명력은 74%로 나타나 주성분분석에서 요구하는 70~80% 정도 분산의 설명력을 충족하고 있다고 하겠다.

23.3 요인분석 실행

이제 요인분석을 실행해 보자. 여기서 말하는 요인분석은 엄격한 의미에서 탐색적 요인분석(exploratory factor analysis, EFA)으로, 다음 장에서 설명할 확인적 요인분석(confirmatory factor analysis, CFA)과는 구별된다. 탐색적 요인분석은 (공통)요인과 측정변수 간의 명확한 관계를 알지 못할 때 그 관계를 탐색할 목적으로 수행되는 것이 일반적이다. 즉, 측정변수 간의 관계를 요인으로 설명하고자 하며, 측정변수 간의 관계를 설명하는 이론적 구조를 발견하는 목적을 갖는다고 하겠다(다음 사례 참조).

사례: 외상후스트레스장애(PTSD) 척도의 (공통)요인과 측정변수의 관계

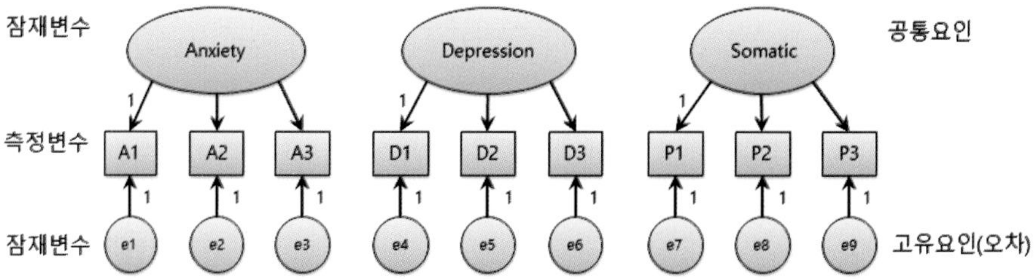

측정변수는 공통요인과 고유요인에 의해 설명되며, 변수의 총 분산 = 공통분산 + 고유분산이다. 공통분산(communality)은 공통요인에 의해 설명되는 각 변수의 분산 비율을 의미한다. 그리고 측정변수와 공통요인 및 고유요인의 관계는 다음의 회귀식으로 설명된다.

$$\text{A1} = \lambda 1^* Axiety + e1$$

여기서 요인계수(λ1)는 표준화된 회귀계수이며(요인 간 상관이 있는 경우) 1.0보다 클 수 있으며, 모든 변수를 표준화시켰으므로 회귀식에 절편은 없다.

요약: 요인분석 가이드라인

- 요인추출 시 eigenvalue (>1.0)의 법칙을 따르지 않으며(주성분분석에서는 eigenvalue >1.0을 따른다), scree plot 및 parallel analysis를 이용한다(요인 수에 대한 검증은 χ^2 검증(최대우도법), *TLI* 및 *RMSEA*로 가능하다).
- 요인추출방법으로 주축요인추출, 최대우도법 또는 최소잔차법을 사용한다(요인은 결과가 아니라 원인).
- 요인회전은 요인 간 상관관계를 인정하는 사각회전(예: promax)을 이용한다. 하지만 근거가 명확하다면 직각회전도 가능하다.

출처: 홍세희(2007); Fabrigar et al. (1999); Kabacoff (2015).

이제 요인분석을 실행해 보자. 여기서 사용할 데이터는 HS1939.csv로 Hollings-Swinefold (1939)가 수집한 데이터로 중학생들의 지적능력에 대한 테스트(mental ability test) 결과로 9개의 변수로 구성되어 있다(Rosseel, 2018).

	A	B	C	D	E	F	G	H	I	J
1	x1	x2	x3	x4	x5	x6	x7	x8	x9	
2	3.33	7.75	0.38	2.33	5.75	1.29	3.39	5.75	6.36	
3	5.33	5.25	2.13	1.67	3.00	1.29	3.78	6.25	7.92	
4	4.50	5.25	1.88	1.00	1.75	0.43	3.26	3.90	4.42	
5	5.33	7.75	3.00	2.67	4.50	2.43	3.00	5.30	4.86	
6	4.83	4.75	0.88	2.67	4.00	2.57	3.70	6.30	5.92	
7	5.33	5.00	2.25	1.00	3.00	0.86	4.35	6.65	7.50	
8	2.83	6.00	1.00	3.33	6.00	2.86	4.70	6.20	4.86	
9	5.67	6.25	1.88	3.67	4.25	1.29	3.39	5.15	3.67	
10	4.50	5.75	1.50	2.67	5.75	2.71	4.52	4.65	7.36	
11	3.50	5.25	0.75	2.67	5.00	2.57	4.13	4.55	4.36	
12	3.67	5.75	2.00	2.00	3.50	1.57	3.74	5.70	4.31	
13	5.83	6.00	2.88	2.67	4.50	2.71	3.70	5.15	4.14	
14	5.67	4.50	4.13	2.67	4.00	2.29	5.87	5.20	5.86	

먼저 다음과 같이 데이터를 불러온다.

```
> options(digits=2)
> HS <- read.csv("E:/R/HS1939.csv")
> head(HS)
```

```
> options(digits=2)
> HS <- read.csv("E:/R/HS1939.csv")
> head(HS)
   x1  x2   x3  x4  x5   x6  x7  x8  x9
1 3.3 7.8 0.38 2.3 5.8 1.29 3.4 5.8 6.4
2 5.3 5.2 2.12 1.7 3.0 1.29 3.8 6.2 7.9
3 4.5 5.2 1.88 1.0 1.8 0.43 3.3 3.9 4.4
4 5.3 7.8 3.00 2.7 4.5 2.43 3.0 5.3 4.9
5 4.8 4.8 0.88 2.7 4.0 2.57 3.7 6.3 5.9
6 5.3 5.0 2.25 1.0 3.0 0.86 4.3 6.6 7.5
> 
```

23.3.1 추출할 요인 수 결정

요인분석(FA)의 첫 단계로 추출할 요인 수를 결정하는데 여기서는 다음과 같이 스크리 플롯을 활용한다. 먼저 주성분분석과 요인분석을 위한 스크리 플롯을 살펴보자.

```
> fa.parallel(HS, fa="both", n.iter=100, main="Scree plots with parallel
  analysis")
```

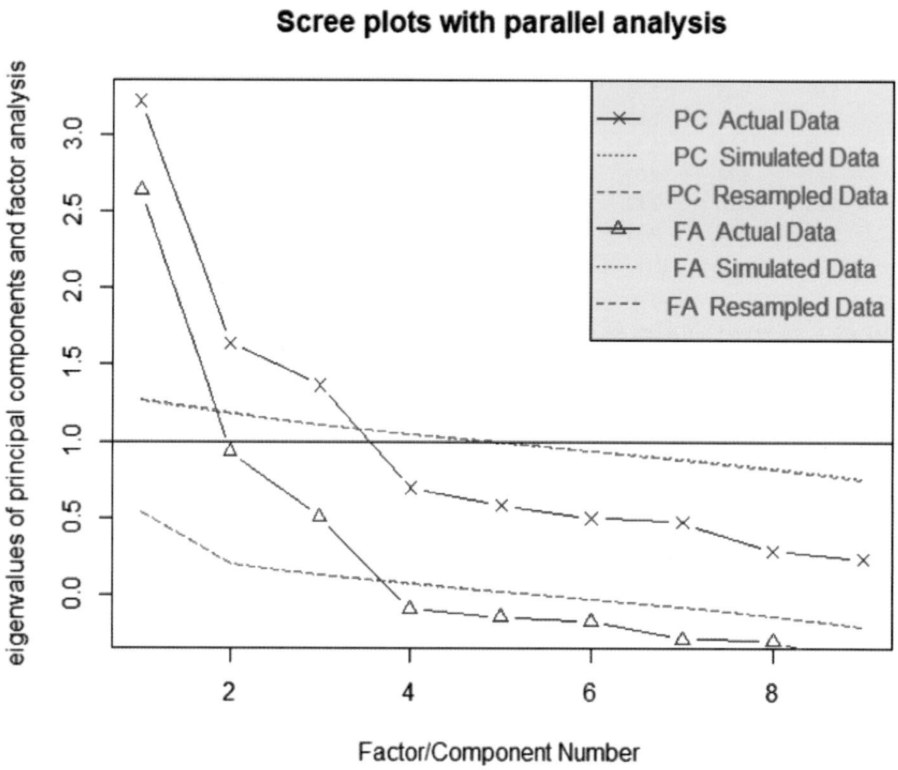

위 스크리 플롯을 살펴보면 주성분분석(PCA)의 경우 3개의 고유값(eigenvalues> 1)을 추출할 수 있으며, 요인분석(FA)의 결과 역시 3개의 요인이 명확해 보인다. 3개의 고유값(eigenvalues)이 완만해지기 전에 나타났으며, 또한 시뮬레이션 분석에 의한 평균 고유값보다 큰 것이 3개의 요인으로 나타났다. 요인분석의 경우에는 Kaiser.Harris 기준은 eigenvalues=1이 아니라 eigenvalues=0을 기준으로 한다.

앞의 결과는 다음 결과, 즉 요인분석만을 위한 스크리 플롯에서 더욱 분명해짐을 알 수 있다.

```
> fa.parallel(HS, fa="fa", n.iter=100, main="Scree plots with parallel analysis")
```

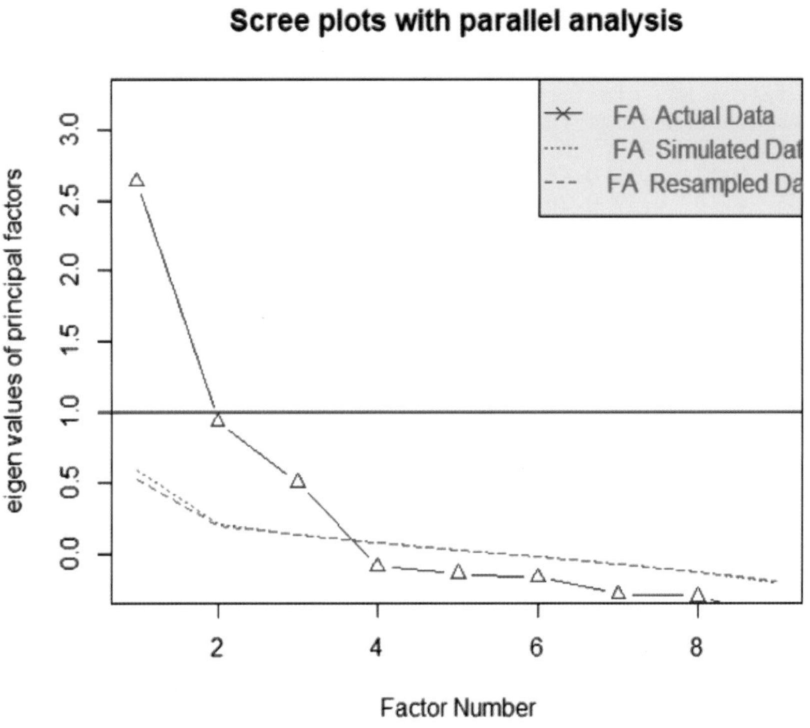

23.3.2 공통요인 추출(Extracting common factors)

이제 추출할 요인의 수가 3개로 결정되었으므로 공통요인을 추출해 보자. 주성분분석(PCA)과 달리 요인분석에서 공통요인을 추출하는 방법에는 여러 가지가 있다. 구체적으로 최대우도법(maximum likelihood, ml), 주축요인추출(iterated principal axis, pa), 가중최소제곱법(weighted least square, wls), 최소잔차법(minimum residual, minres) 등이 있는데 이중 최소잔차법이 디폴트 방법이다. 각 추출방법별로 결과는 큰 차이가 없으므로 여기서는 가장 흔히 사용하는 주축요인추출법(fm="pa")을 사용하고자 한다.

```
> fa <– fa(HS, nfactors=3, rotate="none", fm="pa")  # 주축요인추출
> fa
```

```
> fa <- fa(HS, nfactors=3, rotate="none", fm="pa")  #주축요인추출
> fa
Factor Analysis using method =  pa
Call: fa(r = HS, nfactors = 3, rotate = "none", fm = "pa")
Standardized loadings (pattern matrix) based upon correlation matrix
    PA1   PA2   PA3   h2   u2 com
x1 0.58  0.17  0.34 0.48 0.52 1.8
x2 0.31  0.10  0.39 0.26 0.74 2.0
x3 0.40  0.31  0.44 0.45 0.55 2.8
x4 0.77 -0.36 -0.11 0.73 0.27 1.5
x5 0.75 -0.40 -0.16 0.75 0.25 1.6
x6 0.76 -0.33 -0.05 0.69 0.31 1.4
x7 0.31  0.43 -0.48 0.51 0.49 2.7
x8 0.39  0.54 -0.27 0.52 0.48 2.4
x9 0.51  0.45  0.01 0.46 0.54 2.0

                       PA1  PA2  PA3
SS loadings           2.83 1.21 0.81
Proportion Var        0.31 0.13 0.09
Cumulative Var        0.31 0.45 0.54
Proportion Explained  0.58 0.25 0.17
Cumulative Proportion 0.58 0.83 1.00

Mean item complexity =  2
Test of the hypothesis that 3 factors are sufficient.
```

위 결과를 살펴보면 3개의 요인이 전체 측정변수 분산의 54%를 설명하고 있지만 요인적재값(loadings)을 보고서 그 요인구조를 해석하기가 어려워 보인다. 따라서 요인구조를 명확히 하기 위해 요인회전(rotation)이 필요함을 알 수 있다.

23.3.3 요인회전(Rotating factors)

요인회전 방식으로 먼저 직각회전을 실시해 보자. 직각회전은 요인 간 상관관계가 없는 것으로 가정하는 회전방식이다.

```
# 직각회전(factor extraction with orthogonal rotation)
> fa.varimax <- fa(HS, nfactors=3, rotate="varimax", fm="pa")
> print(fa.varimax)
```

```
> fa.varimax <- fa(HS, nfactors=3, rotate="varimax", fm="pa")
> print(fa.varimax)
Factor Analysis using method =  pa
Call: fa(r = HS, nfactors = 3, rotate = "varimax", fm = "pa")
Standardized loadings (pattern matrix) based upon correlation matrix
    PA1   PA3   PA2   h2   u2 com
x1 0.28  0.61  0.15 0.48 0.52 1.5
x2 0.10  0.49 -0.03 0.26 0.74 1.1
x3 0.04  0.66  0.13 0.45 0.55 1.1
x4 0.83  0.16  0.10 0.73 0.27 1.1
x5 0.86  0.09  0.09 0.75 0.25 1.0
x6 0.80  0.21  0.09 0.69 0.31 1.2
x7 0.09 -0.08  0.70 0.51 0.49 1.1
x8 0.05  0.17  0.70 0.52 0.48 1.1
x9 0.13  0.41  0.52 0.46 0.54 2.0

                       PA1  PA3  PA2
SS loadings           2.19 1.34 1.33
Proportion Var        0.24 0.15 0.15
Cumulative Var        0.24 0.39 0.54
Proportion Explained  0.45 0.28 0.27
Cumulative Proportion 0.45 0.73 1.00

Mean item complexity =  1.3
Test of the hypothesis that 3 factors are sufficient.
```

직각회전의 경우 요인 간 상관관계는 없다고(r=0) 가정하며, 요인적재값(factor structure matrix)은 각 측정변수와 요인과의 상관관계(correlations of the variables with the factors)를 나타낸다.

사각회전(factor extraction with oblique rotation)

```
> library(GPArotation)
> fa.promax <- fa(HS, nfactors=3, rotate="promax", fm="pa")
> fa.promax
```

반면, 사각회전의 경우 요인 간의 상관관계가 존재한다고(interfactor correlations are not zero) 가정하며, 요인 적재값을 나타내는 요인 매트릭스(factor pattern matrix)는 각 측정변수에 대한 요인의 표준화된 회귀계수(standardized regression coefficients; the weights for predicting the variables from the factors)를 나타낸다. 다음 결과에서 보듯이 PA1은 x4, x5, x6에, PA2는 x7, x8, x9에, 그리고 PA3는 x1, x2, x3에 밀접한 요인(factor)임을 알 수 있다. 그리고 요인 간 상관관계 매트릭스도 제시되어 있다.

```
> fa.promax<- fa(HS, nfactors=3, rotate="promax", fm="pa")
> fa.promax
Factor Analysis using method =  pa
Call: fa(r = HS, nfactors = 3, rotate = "promax", fm = "pa")
Standardized loadings (pattern matrix) based upon correlation matrix
     PA1   PA2   PA3   h2   u2 com
x1  0.16  0.04  0.60 0.48 0.52 1.1
x2  0.01 -0.12  0.53 0.26 0.74 1.1
x3 -0.11  0.03  0.70 0.45 0.55 1.1
x4  0.85  0.01  0.00 0.73 0.27 1.0
x5  0.89  0.01 -0.08 0.75 0.25 1.0
x6  0.80 -0.01  0.07 0.69 0.31 1.0
x7  0.05  0.75 -0.23 0.51 0.49 1.2
x8 -0.05  0.71  0.06 0.52 0.48 1.0
x9  0.00  0.48  0.34 0.46 0.54 1.8

                       PA1  PA2  PA3
SS loadings           2.21 1.33 1.32
Proportion Var        0.25 0.15 0.15
Cumulative Var        0.25 0.39 0.54
Proportion Explained  0.46 0.27 0.27
Cumulative Proportion 0.46 0.73 1.00

 With factor correlations of
     PA1  PA2  PA3
PA1 1.00 0.26 0.39
PA2 0.26 1.00 0.35
PA3 0.39 0.35 1.00
```

다음 결과는 요인분석 모형의 적합성을 나타내는 것으로서 RMSR=0.02, TLI=0.96, RMSEA=0.05로 나타나 모형이 적합함을 알 수 있다(홍세희, 2007).

```
Mean item complexity =  1.2
Test of the hypothesis that 3 factors are sufficient.

The degrees of freedom for the null model are  36  and the objective functio
 Square of  904
The degrees of freedom for the model are 12  and the objective function was

The root mean square of the residuals (RMSR) is  0.02
The df corrected root mean square of the residuals is  0.03

The harmonic number of observations is  301 with the empirical chi square  7
 0.8
The total number of observations was  301  with Likelihood Chi Square =  23
32

Tucker Lewis Index of factoring reliability =  0.96
RMSEA index =  0.054  and the 90 % confidence intervals are  0.016 0.088
BIC =  -46
Fit based upon off diagonal values = 1
Measures of factor score adequacy
```

한편, 요인분석의 다이어그램을 다음과 같이 제시할 수 있는데, x4, x5, x6은 첫 번째 요인으로, x7, x8, x9는 두 번째 요인으로, 그리고 x1, x2, x3는 세 번째 요인으로 묶여짐을 확인할 수 있다.

```
> fa.diagram(fa.promax, digits=2)
```

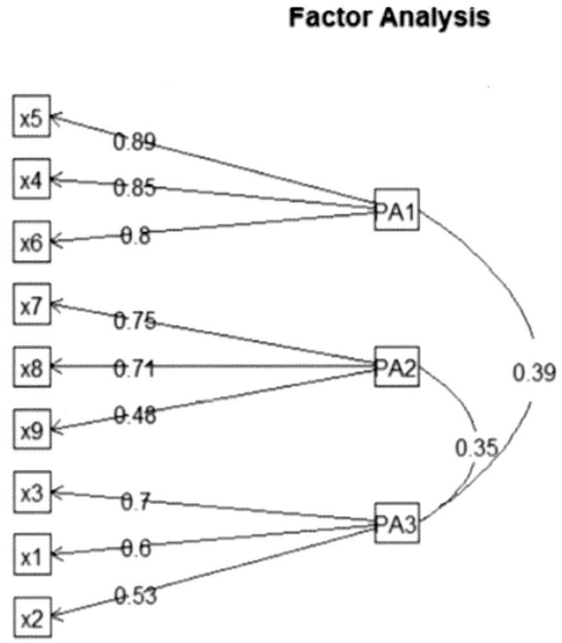

24 구조방정식모형

24.1 구조방정식모형의 이해

구조방정식모형(Structural Equation Modeling, SEM)은 실제 측정된(관찰된) 측정변수로 구성된 다수의 회귀모형을 통해 인과적 관계를 동시에 검정할 수 있는 경로분석(Path Analysis)을 넘어서 요인분석을 통해 밝혀진 측정되지 않은 잠재요인들의 관계를 검정할 수 있는 분석방법이다. 이 모형은 교육학, 심리학, 경영학, 사회복지학, 간호학 등 다양한 학문 분야에서 널리 사용되고 있다. 최근에는 구조방정식모형이 잠재적 요인 간의 관계를 검정한다고 해서 잠재변수모형(Latent Variable Modeling, LVM)으로도 불리고 있다(Beaujean, 2014; Finch & French, 2015, Rosseel, 2018).

구조방정식모형은 회귀분석과 요인분석의 결합으로 다음과 같이 모형화할 수 있다.

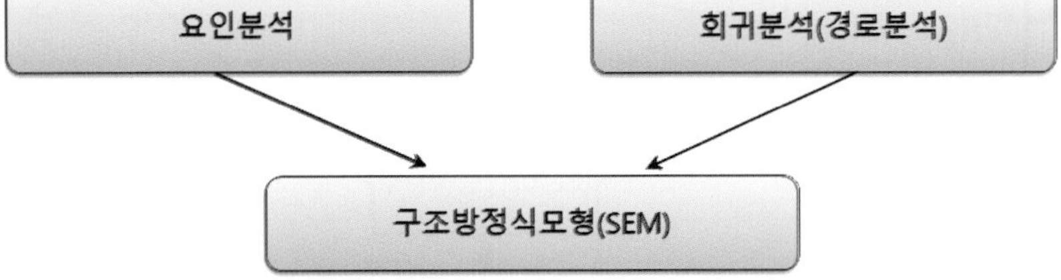

그리고 회귀분석, 경로분석, 요인분석, 구조방정식모형의 발전적 구성은 다음 그림과 같이 제시될 수 있다.

24.1.1 회귀분석: 측정변수인 독립변수와 종속변수의 관계를 분석

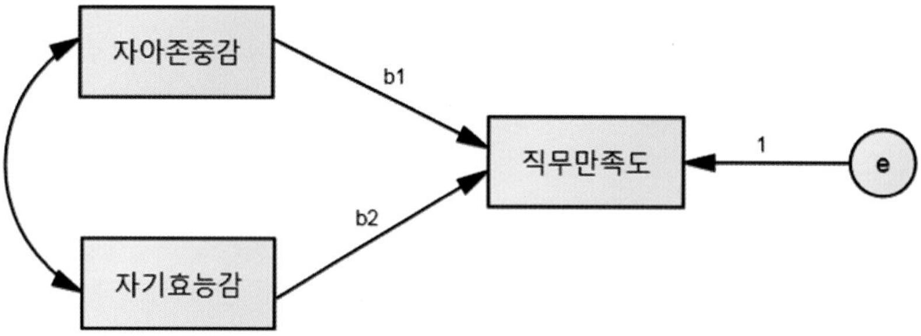

24.1.2 경로분석: 측정변수인 여러 개의 종속변수와 독립변수 간의 관계 분석

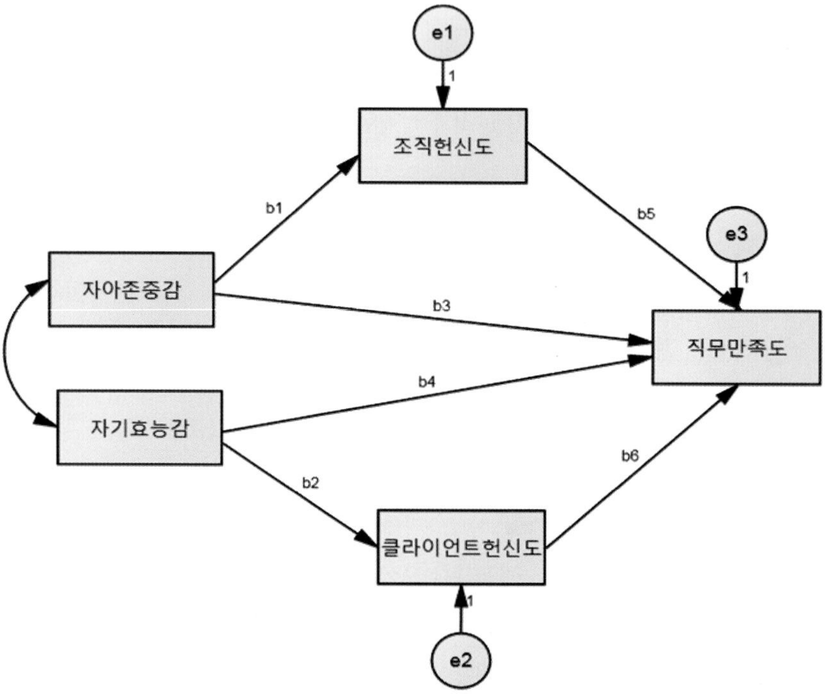

24.1.3 탐색적 요인분석(EFA): 잠재변수와 측정변수 간의 관계를 탐색

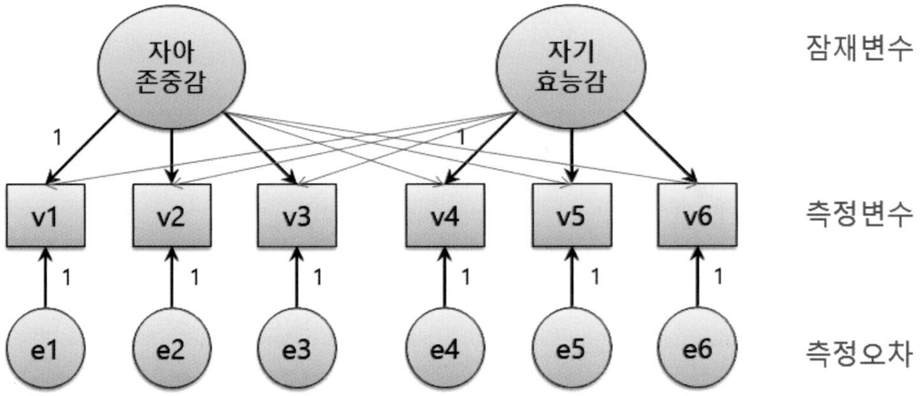

측정변수를 measured variables, observed variables, manifest variables, 또는 indicators라고도 부르며, 잠재변수는 latent variables라고 한다. 그리고 측정오차는 잠재요인에 의해 설명되지 않는 측정변수의 오차를 의미한다.

24.1.4 확인적 요인분석(CFA): 잠재변수와 측정변수 간의 관계(모형)를 확인

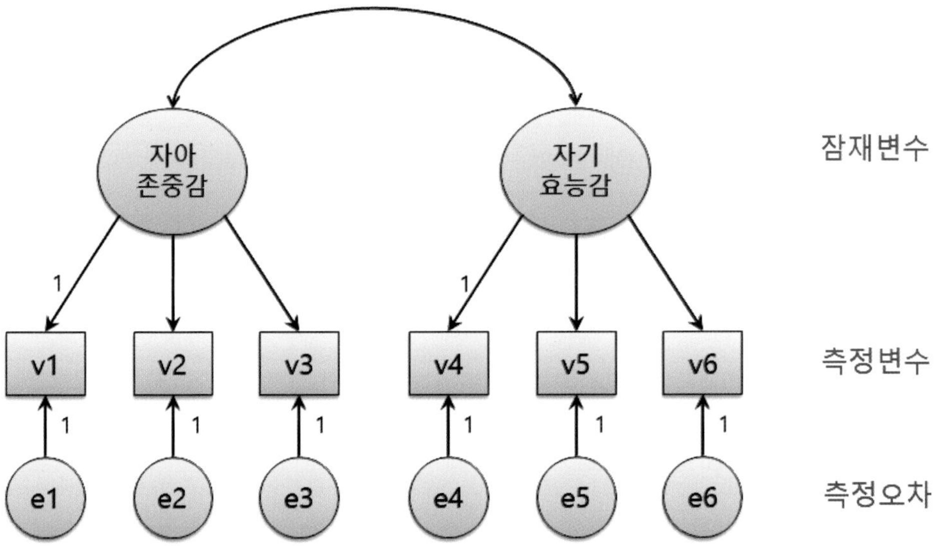

24.1.5 구조방정식모형: 잠재변수 간의 관계를 검정

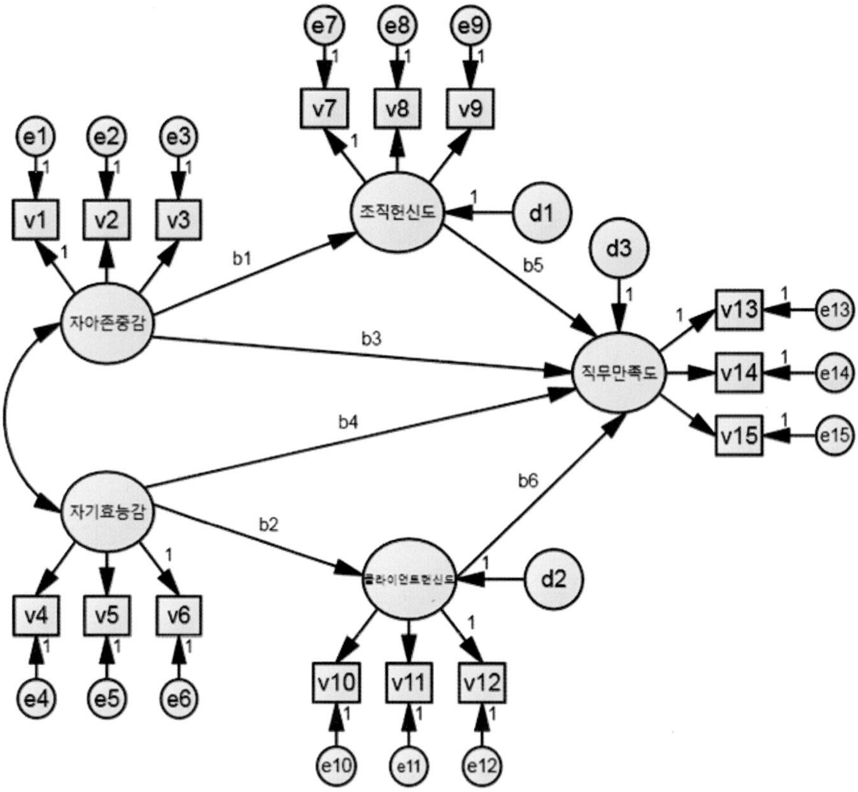

24.2 구조방정식모형의 특성

구조방정식모형은 여러 특성과 장점이 있지만 이를 간단히 요약하면 다음과 같이 제시될 수 있다(홍세희 2007; Rosseel, 2014).

24.2.1 측정오차의 통제 가능

구조방정식은 경로분석에 비해 측정오차를 통제할 수 있는 장점이 있다. 즉, 측정변수에서는 일반적으로 측정오차가 있기 마련이고 측정변수를 활용하는 경로분석에서는 이 측정오차를 통제할 방법이 없지만 구조방정식에서는 요인분석을 통해 잠재요인에 의해 설명되지 않는 측정오차(measurement error)를 고려할 수 있는 장점이 있어 모형 추정이 더 정확하다고 하겠다. 예를 들어, 측정변수 v1의 경우 잠재요인인 자아존중감에 의해 설명되지 않는 오차 e1을 고려해서 분석할 수 있다. 즉, v1=자아존중감 + e1으로 설명된다고 하겠다.

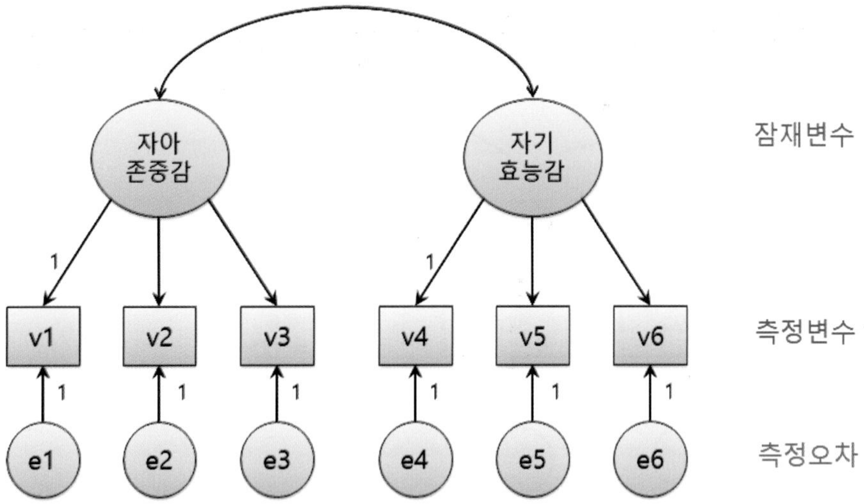

24.2.2 매개변수의 사용 용이

일반적인 회귀분석에서는 매개변수(mediators)의 사용이 용이하지 않지만(물론 여러 개의 회귀식을 통해 매개효과 분석이 가능하지만) 기본적으로 경로분석에 바탕을 둔 구조방정식모형에서는 여러 변수 간의 관계에서 매개효과를 쉽게 검정할 수 있다. 다음 그림에서 ses는 67_alienation (매개변수)을 통해 71_alienation에 미치는 매개효과를 쉽게 검정할 수 있다(Wheaton et al, 1977).

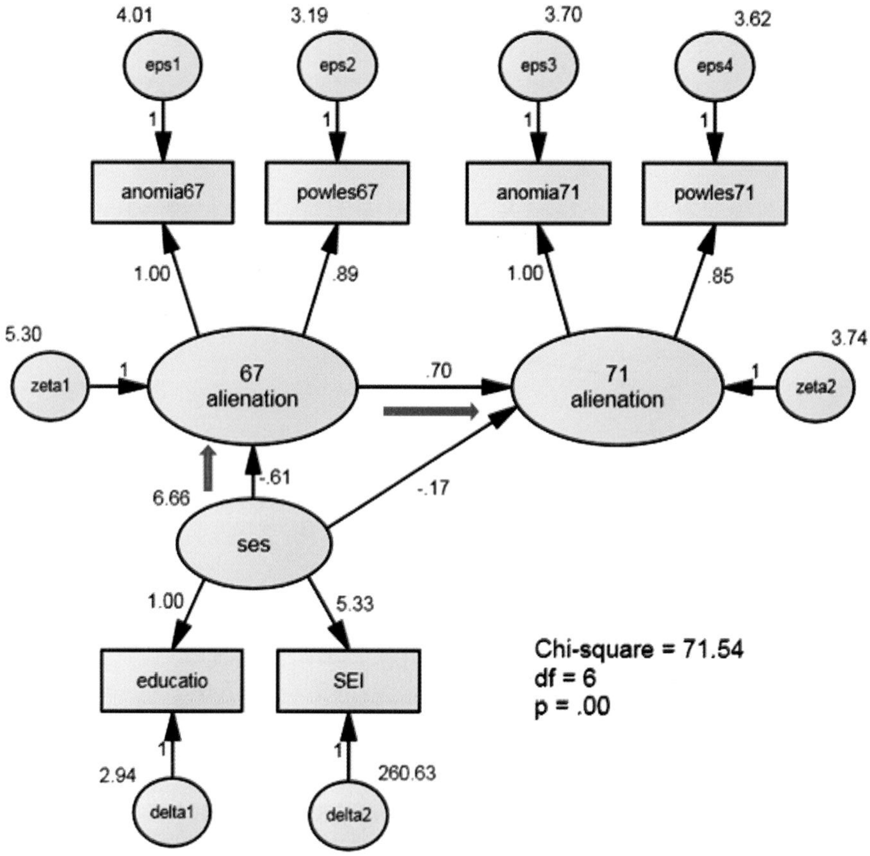

출처: Arbuckle (2014).

24.2.3 이론적 모형에 대한 통계적 평가 가능

연구자가 이론적으로 설정한 모형에 대해 수집한 데이터를 가지고 통계적 평가를 쉽게 할 수 있다. 즉, 다양한 적합도 지수를 활용하여 분석한 모형에 대한 평가를 통해 모형의 적합성을 평가할 수 있다.

다음은 ADHD에 대한 지식이 공감에 영향을 주어 교사의 중재에 영향을 미친다는 이론적 모형을 통계적으로 검정한 사례에 해당된다.

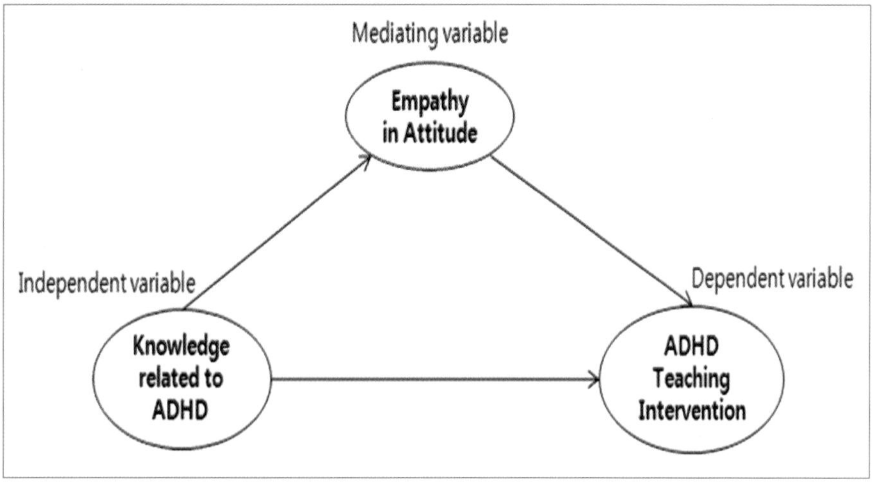

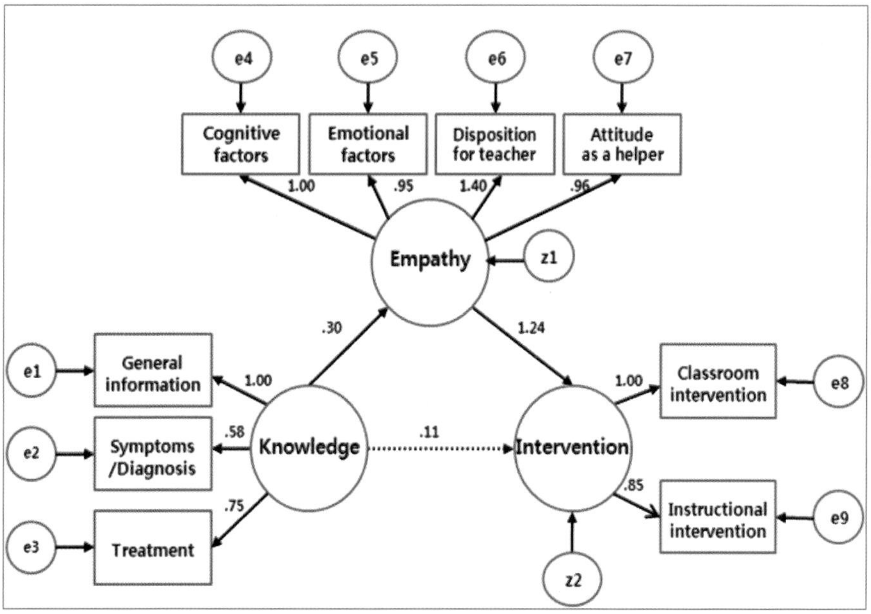

Model fitness	χ^2	df	p	CFI	TLI	RMSEA
Statistic value	31.09	24	.151	.99	.99	.03

CFI=comparative fit index; TLI=Tucker-Lewis index; RMSEA=root means square error of approximation.

출처: 박완주, 황성동(2013), pp. 47, 51-52.

24.3 구조방정식모형의 구성

구조방정식모형을 이해하려면 몇 가지 주요 개념과 그 구성을 먼저 이해할 필요가 있다. 다음 [그림 24-1]에서 보는 바와 같이 잠재변수는 원으로 표시하며, 측정변수는 사각형으로 표시한다. 따라서 Knowledge, Empathy, Intervention은 잠재변수에 해당되고 General information, Symptoms, Treatment 등은 측정변수에 해당되며 e1, e2 … e9은 측정오차에 해당된다. 측정오차는 앞서 설명한대로 모형의 잔차(residuals)를 의미하며 공통요인에 의해 설명되지 않은 부분을 의미한다.

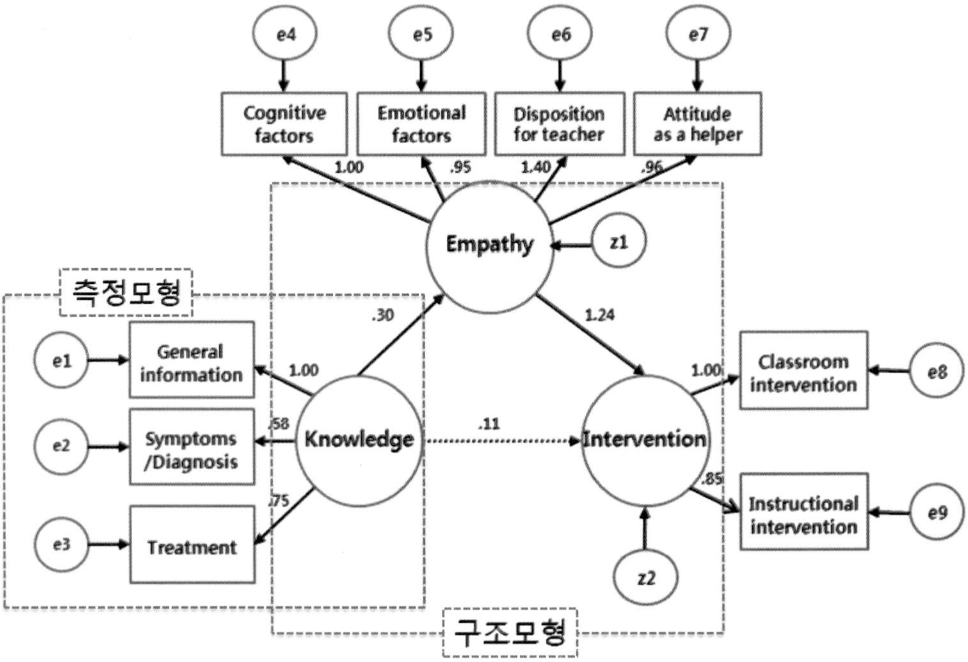

[그림 24-1] 구조방정식모형의 구성

그리고 구조방정식에서는 독립변수와 종속변수의 개념을 외생변수와 내생변수로 표시하는데 내생변수(endogenous variable)는 다른 변수에 의해 설명되는 변수를 의미하며 [그림 24-1]에서 Empathy와 Intervention이 내생변수에 해당된다. 반면에 외생변수(exogenous variable)는 다른 변수에 의해 설명되지 않는 변수를 의미하며 Knowledge가 여기에 해당된다.

한편, 오차변수는 모든 내생변수에 의해서만 설정되므로 Empathy와 Intervention에 대해서 오차변수인 z1, z2가 설정되어 있다. 이는 외생변수인 Knowledge에 의해 설명되지 않은 남은 부분(residuals)이라고 할 수 있다. 그리고 모형에서 추정하고자 하는 값을 (자유)미지수(free parameter)라고 부르며 회귀계수(요인계수), 분산, 공분산이 미지수에 해당된다. [그림 24-1]에서 .30, 1.24, .11, .58, .75 등의 수치는 미지수(추정된 값)에 해당된다고 하겠다. 구조방정식모형에서 미지수를 추정하는 방법은 보통 최대우도법(maximum likelihood, ML)을 사용하는데 이 방법은 변수들의 다변량 정규분포를 가정하며(모형으로부터 얻은) 추정값과 (표본으로부터 얻은) 실제 값의 차이를 최소화하면서 미지수를 추정하는 방법을 의미한다(Rosseel, 2012).

그리고 잠재변수와 측정변수 사이의 관계를 추정하는 측정모형에서는 하나의 요인계수(주로, 첫 번째 요인계수)를 1.0으로 고정하는데, 이는 잠재변수에 척도 단위를 부여하기 위해 고정된 값이 필요하기 때문이다. 한편 구조모형은 잠재변수 간의 인과적 관계를 추정하는 모형을 의미하며, 구조방정식모형은 측정오차를 통제하면서 잠재변수 간의 관계를 설명하는 데 관심을 가진다고 말할 수 있다(Rosseel, 2018b).

24.4 구조방정식모형의 분석 과정

구조방정식모형의 분석 과정 및 절차는 다음과 같이 요약될 수 있다(홍세희, 2007; Beaujean, 2014).

1. 모형 설정
   - 연구가설 설정(변수 간 관계 구성)
   - 모형 설정하기: 측정변수의 설정
   - 모형 확인: 미지수(parameters) 확인/설정
2. 모형 분석(미지수 추정)
   - 분석 프로그램을 이용하여 모형 분석 및 미지수 추정
3. 모형 평가 및 수정
   - 모형 평가하기(모형 적합도)
   - 모형 수정하기
   - 경쟁모형 도입하기

24.4.1 모형 설정

우선 연구 가설 설성의 예를 들년, 다음과 같이 사회경제적 지위(SES)가 사회적 소외(alienation)에 영향을 주며 과거의 사회적 소외(67_alienation) 또한 현재의 사회적 소외(71_alienation)에 영향을 주는 것으로 가설을 세운다.

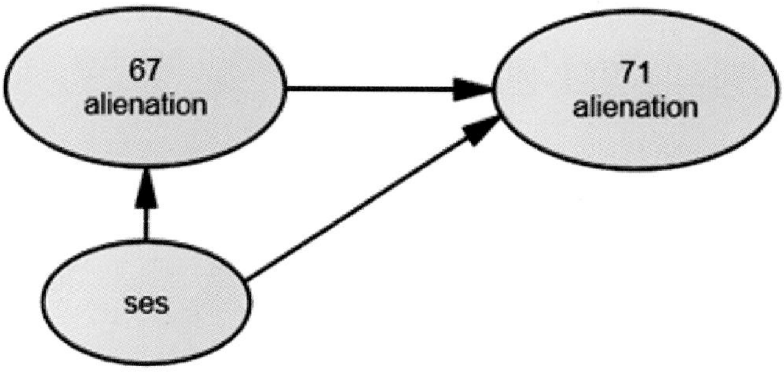

이어서 모형 설정에서는 SES, 67_alienation, 71_aienation의 관계를 각 측정오차를 통제한 상태에서 관계를 분석하고자 한다. 그리고 각 잠재변수에 대한 측정변수를 설정할 때, 일반적으로 각 잠재변수당 측정변수를 2~5개 설정하는데 여기서는 각 잠재

변수당 2개의 측정변수를 설정하였다. 그래서 분석모형을 설정하면 다음과 같이 만들 수 있다.

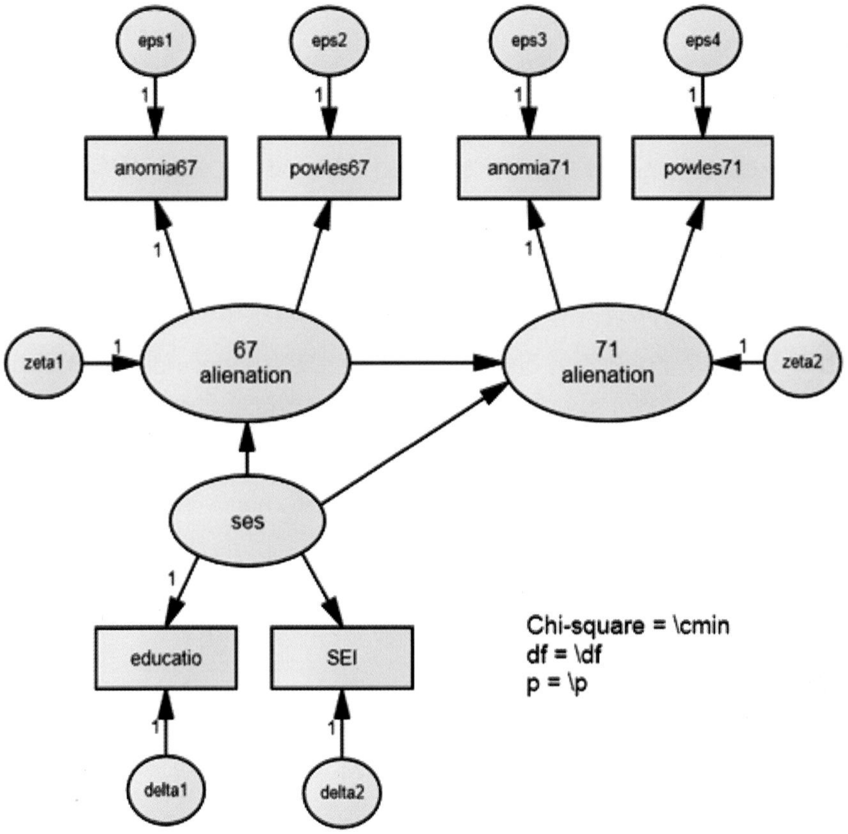

출처: Arbuckle (2014).

여기서 미지수 설정은 내생변수에만 오차변수를 설정하므로 67_alienation과 71_alienation에 Zeta1, Zeta2를 설정하고 이어서 요인계수, 회귀계수, (외생변수)분산을 자유미지수로 설정한다. 그리고 모든 측정변수에 측정오차(delta1, delta2, eps1 … eps4)를 설정하고 오차변수의 계수는 모두 1로 고정한다. 아울러 잠재변수에 척도 단위를 부여하기 위해 각 잠재변수의 첫 번째 요인계수를 1로 고정한다.

TIP

모형 설정단계에서 모형을 확인할 때 주어진 정보의 수, 즉 추정가능한 모든 미지수의 수(p)와 추정할 미지수의 수(q)를 확인하게 되는데 연구에서 관찰변수의 수를 k라고 할 때 추정가능한 모든 미지수의 수는 $p=k(k+1)/2$가 되며, $p-q$를 자유도(degrees of freedom, df)라고 한다. 여기서 독립모형(baseline model)은 변수들의 관계에 대해 전혀 추정을 하지 않고 측정변수의 분산만을 추정하는 모형을 의미하며, 포화모형(saturated model)은 모든 미지수를 추정하는 모형으로 자유도=0인 모형을 의미한다. 이런 가운데 우리가 추정하고자 하는 분석모형(target model)은 추정할 미지수가 추정가능한 모든 미지수의 수보다 작은, 즉 자유도>0인 모형을 의미한다. 우리가 모형을 추정할 때는 설명력과 아울러 간명성을 고려하는 것이 일반적이므로 적은 미지수로 좋은 적합도 모형을 추구하는 것이 필요하다. 한편 부정모형(under-identified model)은 추정가능한 모든 미지수의 수가 추정할 미지수의 수보다 적은 경우, 즉 자유도<0인 모형을 의미한다.

출처: 성태제(2019); 홍세희(2007); Rosseel (2014).

24.4.2 모형분석(미지수 추정)

구조방정식모형의 표본크기에 대해서 일부에서 최소한 200명 이상이 되어야 한다고 하지만 이에 대해 절대적인 기준은 없으며 일반적으로 추정하고자 하는 미지수의 5~10배의 표본이 필요하다(홍세희, 2007). 모형분석은 다양한 구조방정식모형 프로그램(예: AMOS, Mplus, R 등)을 이용하여 모형을 분석하게 된다. 다음은 AMOS에 있는 데이터로 모형을 분석한 결과이다.

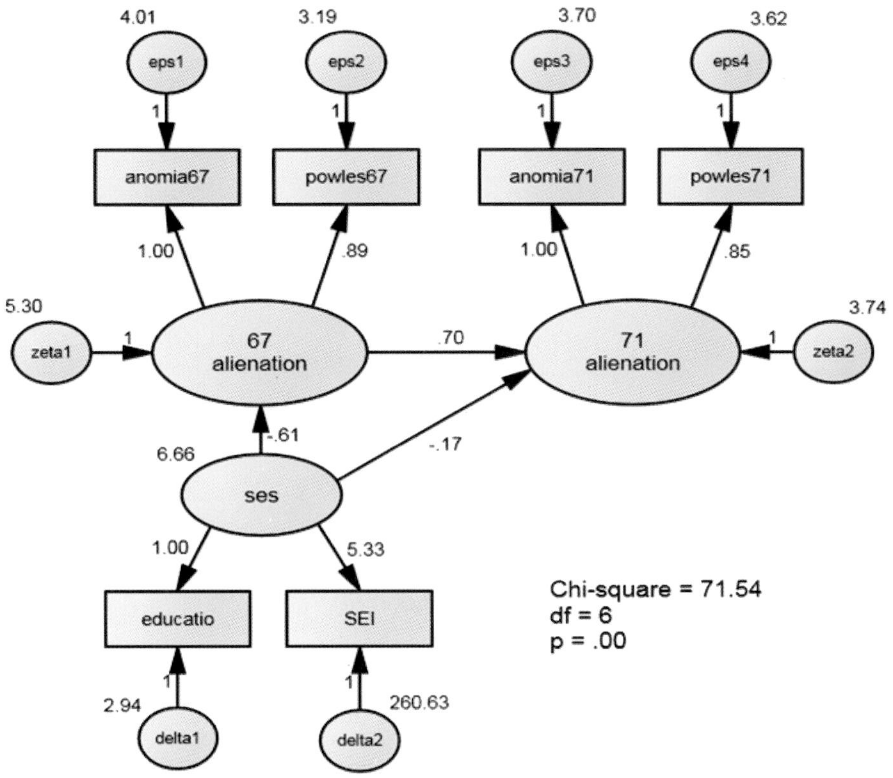

출처: Arbuckle (2014).

24.4.3 모형평가 및 수정

모형분석 결과가 나타나면 추정하고자 하는 미지수의 값에 대한 해석을 하게 되고 이어서 모형이 적합한지 평가를 하게 된다. 모형평가 방법에는 χ^2검정과 적합도 지수 검정방법이 있다. 우선 χ^2값은 모형으로부터 기대값(공분산행렬)과 데이터로부터 관측값(공분산행렬)의 차이이며 이 차이가 커질수록 χ^2값은 커지며 모형의 적합도는 낮아진다고 하겠다. 하지만 χ^2값은 표본 크기에 민감하며 많은 경우 영가설(모형으로부터 추정된 공분산행렬과 표본데이터로부터 만들어진 공분산행렬에 차이가 없다. 즉, $\chi^2 = 0$)을 기각하게 되는 매우 엄격한 검정방법으로 적합도 평가 기준으로는 한계가 있다. 따라서 적합도 지수(fit statistics)를 주로 활용하며 가장 보편적으로 활용하는 적합도 지수와 그 기준은 다음 〈표 24-1〉과 같이 정리할 수 있다(홍세희, 2000; Brown & Cudeck, 1992; Fabrigar et al., 1999; Rosseel, 2018).

〈표 24-1〉 모형 적합도 지수

유형	적합도 지수	기준	표본크기 영향	간명성
Goodness of fit	**CFI** (Comparative Fit Index)	CFI > .90	받지 않음	간명성 고려 않음
	TLI (Tucker Lewis Index)	TLI > .90	받지 않음	간명성 고려
Badness of fit	**RMSEA** (Root Mean Square Error of Approximation)	RMSEA < .05 (good fit)	받지 않음	간명성 고려
		0.05 ≤ RMSEA < .08 (acceptable fit)		
		.08 ≤ RMSEA ≤ .10 (marginal fit)		
		RMSEA > .10 (poor fit)		
	SRMR (Standardized root mean squared residual)	SRMR ≤ .08	받지 않음	간명성 고려

좋은 기준(goodness of fit) 적합도 지수: 독립모형(baseline 모형)과 연구모형(target 모형)을 비교함으로써 적합도에 있어서 상대적 개선효과를 측정(relative improvement)한다. 따라서 CFI 및 TLI는 1.0에 가까울수록 적합도가 좋다고 하겠다.

나쁜 기준(badness of fit) 적합도 지수: 이 지수는 잔차에 기초한 지수(residual based index)로서 모형이 적합하면 잔차(residuals)가 작아진다. 이 잔차는 모형의 추정 공분산 매트릭스와 표본의 공분산 매트릭스의 차이(the difference between the model implied covariance matrix and the sample covariance matrix)를 의미하며, 여기서 SRMR은 평균상관 잔차(average correlation residuals)를 말한다(Muthen & Muthen, 2017). 따라서 RMSEA 및 SRMR은 0에 가까울수록 좋은 적합도가 된다.

이상의 적합도 지수는 특정한 모형에 적용되는 절대적 적합도 지수(absolute fit statistics)이며 모형을 서로 비교할 때 활용하는 상대적 적합도 지수(relative fit statistics)로 AIC, BIC, SBIC 등이 있다(Finch & French, 2015).

한편, 모형수정은 분석한 모형이 적합하지 않을 때 수행하는데 이때 수정지수(modification indices), 즉 $\chi^2 > 3.84$를 일반적인 수정을 위한 고려 기준으로 사용하게 된다. 이런 경우는 하나의 모형을 가지고 수정 전과 수정 후의 적합도를 비교하여 모형을 수정 선택하게 된다. 하지만 모형 수정을 할 경우에는 이론적으로 의미 있는 경우로 제한하며, 데이터를 기준으로 억지로 만든 모형이 되지 않도록 유의할 필요가 있다. 특히 수정모형이 과도하게 적합한(overfitting) 모형이 되지 않도록 유의해야 한다. 왜냐하면 과도한 적합모형은 특정 데이터에는 적합하지만 일반적으로 적용할 수 있는 경우가 아닐 수 있기 때문이다. 모형은 통계적으로 적합도가 높은 모형을 찾는 것이 아니라 이론에 기반하여 적합한 모형을 찾는 것이 일반적이다. 따라서 모형이 특정 데이터에 적합한 모형이 아니라 일반적인 관계를 설명을 할 수 있는 일반화할 수 있는 모형이 중요하다.

반면에 경쟁모형을 도입하여 모형을 수정하고 평가하는 방법이 있는데 이는 이론적으로 가능한 여러 모형을 제시하여 그 중 이론적으로 그리고 통계적으로 가장 적절한 모형을 선택하게 된다. [그림 24-2]에서 오른쪽 모형은 수정모형인데 모형의 데이터가 시계열데이터인 경우 각 측정변수(anomia67, powles67, anomia71, powles71)는 서로 상관이 있는 것이 일반적이므로 측정변수 간 상관관계가 있는 것으로 모형을 수정하였다. 이는 통계치에 의존한 것이 아니라 이론에 바탕을 두고 수정한 사례에 해당된다고 하겠다. 이렇게 두 모형을 비교할 때는 두 모형이 서로 포함관계(nested) — 즉, 한 모형에서 추정하고자 하는 미지수가 다른 모형에 모두 포함된 경우 — 인 경우에는 χ^2 차이를 이용하여 검정하고 두 모형이 서로 포함관계가 아닌(not nested) 경우에는 모형의 간명성을 고려하는 적합도 지수인 TLI, RMSEA 및 SRMR을 이용하는 것이 바람직하다.

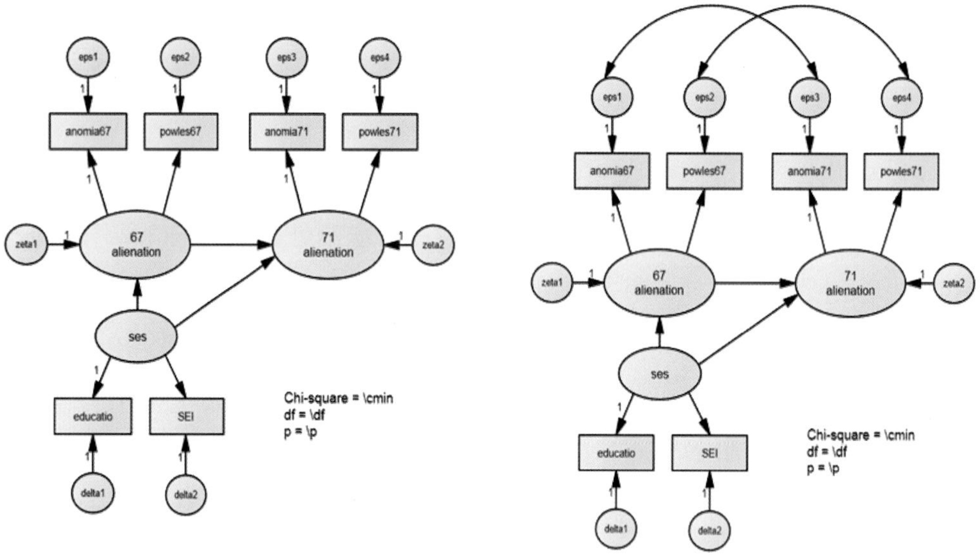

출처: Arbuckle (2014).

[그림 24-2] 원 모형(왼쪽)과 수정모형(오른쪽)

24.5 구조방정식모형의 실행

이제 R을 이용하여 실제 구조방정식모형을 실행해 보자. 구조방정식모형을 위한 R 패키지로는 lavaan, sem 등이 있으나 가장 많이 활용되는 패키지는 lavaan이다 (Rosseel, 2012; Rosseel, 2020a, 2020b). 분석을 위해서는 우선 다음과 같이 패키지를 설치하고 불러온다.

```
> install.packages("lavaan")
> library(lavaan)
```

그리고 구조방정식모형의 그림(plot)을 그리기 위해서는 semPlot 패키지가 필요하며 (Epskamp, 2017), 다음과 같이 패키지를 추가로 설치하고 불러온다.

```
> install.packages("semPlot")
> library(semPlot)
```

우선 구조방정식모형 분석을 위한 R 명령어(syntax)는 다음과 같이 구성된다. 여기서 물결모양 ~은 'tilde'로 읽으며 컴퓨터 키보드 왼쪽 상단 Esc키 바로 하단에 있다. 잠재변수모형에는 '=~'를, 회귀분석에는 '~'을 그리고 분산 및 공분산 구성은 '~~' 부호를 사용한다. f1, f2, f3는 잠재변수이며 y1 … y10은 측정변수이다. 그리고 모형의 명령어는 홑따옴표 ' '로 묶어 준다.

```
# 구조방정식모형 명령어(syntax) 구성

myModel <- '# 잠재변수(latent variables)
             f1 =~ y1 + y2 + y3
             f2 =~ y4 + y5 + y6
             f3 =~ y7 + y8 + y9 + y10

          # 회귀분석(regressions)
             f1 ~ f2 + f3
             f2 ~ f3 + x1 + x2
             y1 + y2 ~ f1 + f2 + x1 + x2

          # 분산 및 공분산(variances and covariances)
             y1 ~~ y1
             y1 ~~ y2
             f1 ~~ f2

          # 절편(intercepts)
             y1 ~ 1
             f1 ~ 1 '
```

24.5.1 확인적 요인분석

우선 lavaan 패키지에 포함된 데이터 HolzingerSwineford1939를 이용하여 확인적 요인분석(confirmatory factor analysis, CFA)을 실행해 보자. 이 데이터는 중학교 학생들로부터 지능검사결과를 수집한 데이터로 9개의 변수로 구성되어 있다. 모형은 다음과 같이 9개의 측정변수로부터 3개의 잠재변수가 파악되었다(Rosseel, 2020b).

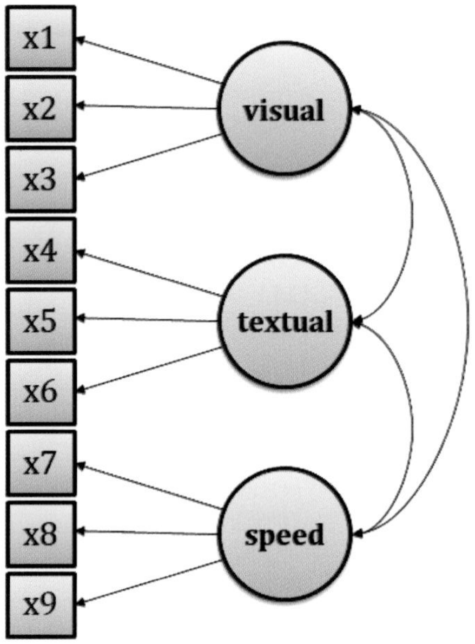

출처: Rossell (2020b), p. 5.

그리고 확인적 요인분석을 위한 명령어는 cfa( )기능을 활용하는데 다음에 제시된 명령어로 이를 실행해 보자. 먼저 데이터를 불러온다.

```
> library(lavaan)
> HS1939 <- HolzingerSwineford1939
> head(HS1939)
```

```
> HS1939 <- HolzingerSwineford1939
> head(HS1939)
  id sex ageyr agemo  school grade       x1   x2    x3       x4   x5
1  1   1    13     1 Pasteur     7 3.333333 7.75 0.375 2.333333 5.75
2  2   2    13     7 Pasteur     7 5.333333 5.25 2.125 1.666667 3.00
3  3   2    13     1 Pasteur     7 4.500000 5.25 1.875 1.000000 1.75
4  4   1    13     2 Pasteur     7 5.333333 7.75 3.000 2.666667 4.50
5  5   2    12     2 Pasteur     7 4.833333 4.75 0.875 2.666667 4.00
6  6   2    14     1 Pasteur     7 5.333333 5.00 2.250 1.000000 3.00
         x6       x7   x8       x9
1 1.2857143 3.391304 5.75 6.361111
2 1.2857143 3.782609 6.25 7.916667
3 0.4285714 3.260870 3.90 4.416667
4 2.4285714 3.000000 5.30 4.861111
5 2.5714286 3.695652 6.30 5.916667
6 0.8571429 4.347826 6.65 7.500000
```

```
> HS.model <- ' # latent variables
          visual =~ x1 + x2 + x3
          textual =~ x4 + x5 + x6
          speed =~ x7 + x8 + x9 '

> fit <- cfa(HS.model, data=HS1939)
> summary(fit)
```

그리고 분석 결과가 다음과 같이 나타나는데 요인계수, 잠재변수의 분산 및 공분산, 그리고 측정변수의 오차분산이 제시되어 있다. 각 잠재변수의 요인계수는 모두 통계적으로 유의한 것으로 나타났으며, 분산 및 공분산도 모두 유의한 것으로 나타났다.

```
Parameter Estimates:

  Information                                      Expected
  Standard Errors                                  Standard

Latent Variables:
                   Estimate  Std.Err  z-value  P(>|z|)
  visual =~
    x1                1.000
    x2                0.554    0.100    5.554    0.000
    x3                0.729    0.109    6.685    0.000
  textual =~
    x4                1.000
    x5                1.113    0.065   17.014    0.000
    x6                0.926    0.055   16.703    0.000
```

```
  speed =~
    x7                1.000
    x8                1.180    0.165    7.152    0.000
    x9                1.082    0.151    7.155    0.000

Covariances:
                   Estimate  Std.Err  z-value  P(>|z|)
  visual ~~
    textual           0.408    0.074    5.552    0.000
    speed             0.262    0.056    4.660    0.000
  textual ~~
    speed             0.173    0.049    3.518    0.000

Variances:
                   Estimate  Std.Err  z-value  P(>|z|)
   .x1                0.549    0.114    4.833    0.000
   .x2                1.134    0.102   11.146    0.000
   .x3                0.844    0.091    9.317    0.000
   .x4                0.371    0.048    7.779    0.000
   .x5                0.446    0.058    7.642    0.000
   .x6                0.356    0.043    8.277    0.000
   .x7                0.799    0.081    9.823    0.000
   .x8                0.488    0.074    6.573    0.000
   .x9                0.566    0.071    8.003    0.000
    visual            0.809    0.145    5.564    0.000
    textual           0.979    0.112    8.737    0.000
    speed             0.384    0.086    4.451    0.000
```

그리고 모형 적합도를 제시하면 다음에서 보는 것처럼 χ^2 =85.3(p<0.001), CFI=0.93, TLI=0.90, RMSEA=0.09, SRMR=0.06으로 나타나 모형 적합도는 비교적 적합하다고 할 수 있다.

> summary(fit, fit.measures=T)

```
> summary(fit, fit.measures=T)
lavaan (0.5-23.1097) converged normally after  35 iterations

  Number of observations                           301

  Estimator                                         ML
  Minimum Function Test Statistic               85.306
  Degrees of freedom                                24
  P-value (Chi-square)                           0.000

Model test baseline model:

  Minimum Function Test Statistic              918.852
  Degrees of freedom                                36
  P-value                                        0.000

User model versus baseline model:

  Comparative Fit Index (CFI)                    0.931
  Tucker-Lewis Index (TLI)                       0.896

Loglikelihood and Information Criteria:

  Loglikelihood user model (H0)              -3737.745
  Loglikelihood unrestricted model (H1)      -3695.092

  Number of free parameters                         21
  Akaike (AIC)                                7517.490
  Bayesian (BIC)                              7595.339
  Sample-size adjusted Bayesian (BIC)         7528.739

Root Mean Square Error of Approximation:

  RMSEA                                          0.092
  90 Percent Confidence Interval          0.071  0.114
  P-value RMSEA <= 0.05                          0.001

Standardized Root Mean Square Residual:

  SRMR                                           0.065
```

이제 semPlot 패키지를 이용해 구조방정식모형을 그림(plot)으로 만들어 보자.

```
> library(semPlot)
> semPaths(fit, rotation=4)
```

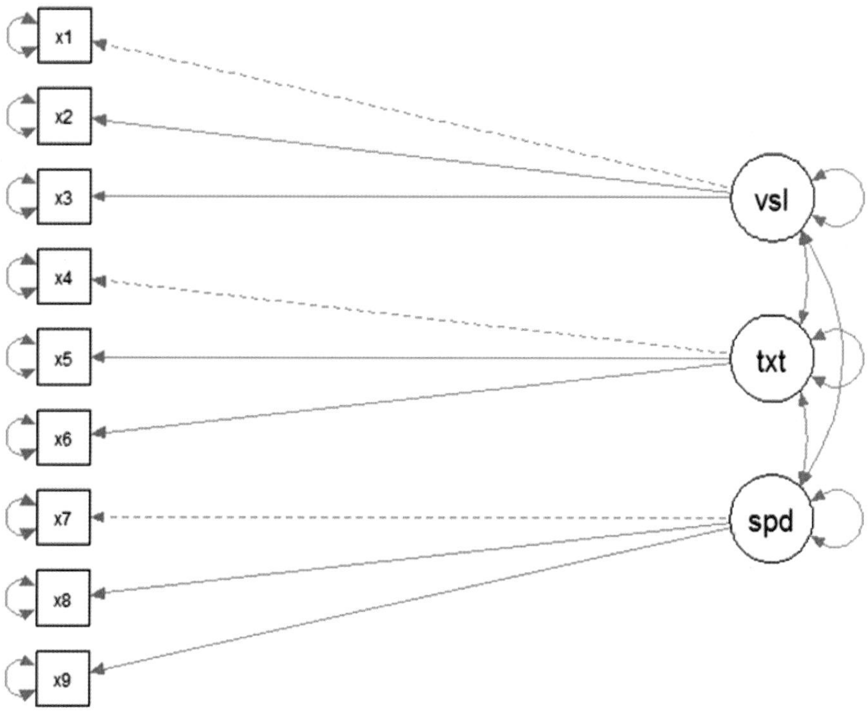

여기에 미지수의 추정값을 제시하고자 한다면 다음과 같이 "est"를 추가한다.

```
> semPaths(fit, rotation=4, "path", "est", style="lisrel", edge.label.cex=0.8,
  edge.color="blue")
```

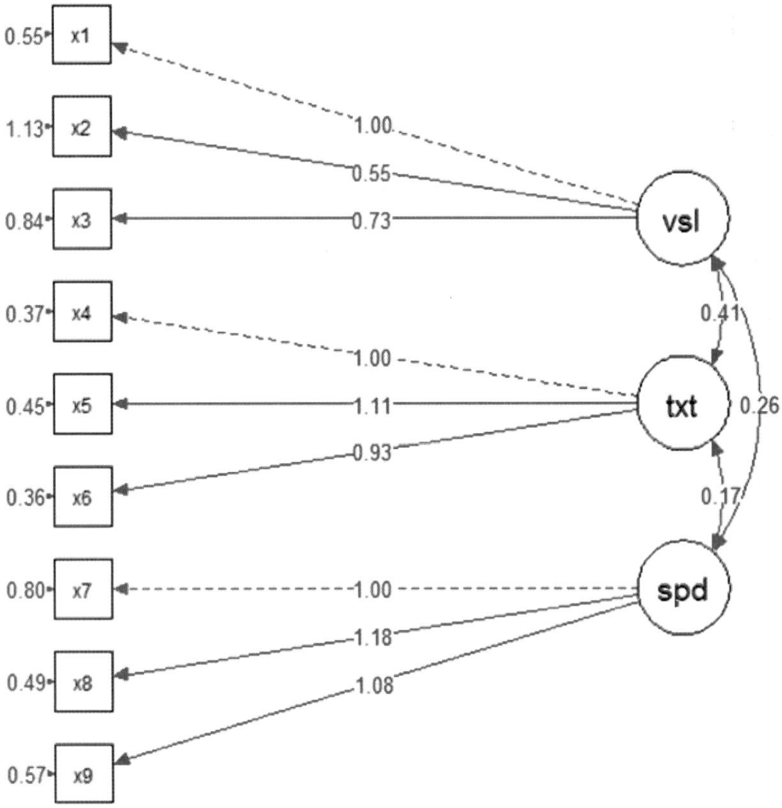

그리고 모형을 컬러로 제시하고 싶다면 다음과 같이 옵션("col", pastel=T)을 추가한다.

```
> semPaths(fit, rotation=4, "col", "est", style="lisrel", edge.label.cex=0.8,
  edge.color="blue", group="latents", pastel=T)
```

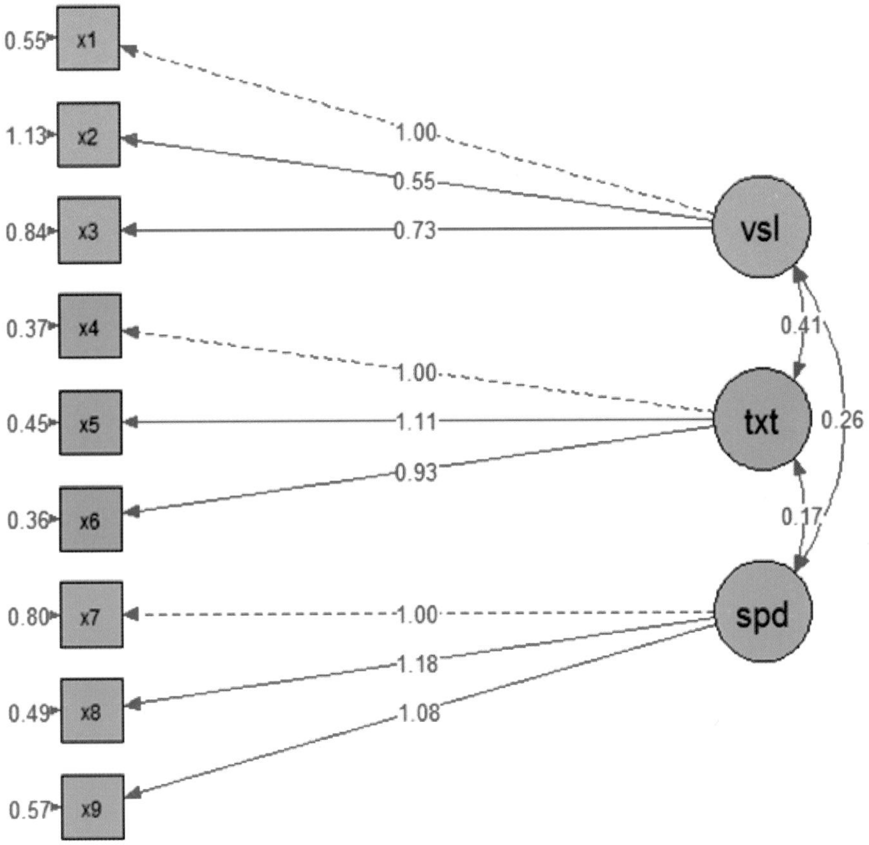

이상에서 확인하듯이 R에서는 구조방정식모형의 그림(plot)을 바로 만들어 주기 때문에 분석 결과를 모형으로 제시할 때 매우 편리하다.

구조방정식모형 그림(plot) 만들기 명령어

- rotation: 잠재변수를 회전
- est: 미지수의 값을 제시(path와 함께)
- edge.label.cex: 미지수의 값을 확대 및 축소
- edge.color: 미지수(요인계수, 회귀계수 등) 선(line)을 컬러로
- group: 잠재변수와 측정변수를 그룹화
- pastel: 파스텔 색상으로(col와 함께)
- style="lisrel": 외생변수의 분산을 제시하지 않음

출처: Epskamp (2017).

24.5.2 구조방정식모형 실행

여기에 사용할 데이터 역시 lavaan 패키지에 포함된 데이터로 저개발국가의 민주주의와 산업화에 관한 데이터(PoliticalDemocracy)이며, 모두 11개의 측정변수로 이루어져 있다(Bollen, 1989). 그리고 구체적인 변수에 대한 설명은 다음과 같다.

PoliticalDemocracy 데이터의 측정변수

- y1: 1960년 언론의 자유
- y2: 1960년 정치적 반대의사 표현의 자유
- y3: 1960년 선거의 공정성
- y4: 1960년 의회 운영의 효과성
- y5: 1965년 언론의 자유
- y6: 1965년 정치적 반대의사 표현의 자유
- y7: 1965년 선거의 공정성
- y8: 1965년 의회 운영의 효과성
- x1: 1960년 1인당 GNP
- x2: 1960년 1인당 에너지 소비량
- x3: 1960년 노동참여율

출처: Rosseel (2020a), pp. 92–93.

그리고 기본적인 모형은 다음과 같이 구상되었는데 1960년 산업화(ind60)가 1960년 민주화(dem60) 및 1965년 민주화(dem65)에 영향을 주며, 1960년 민주화는 1965년 민주화에 영향을 주는 것으로 모형이 설정되었다(Rosseel, 2020b).

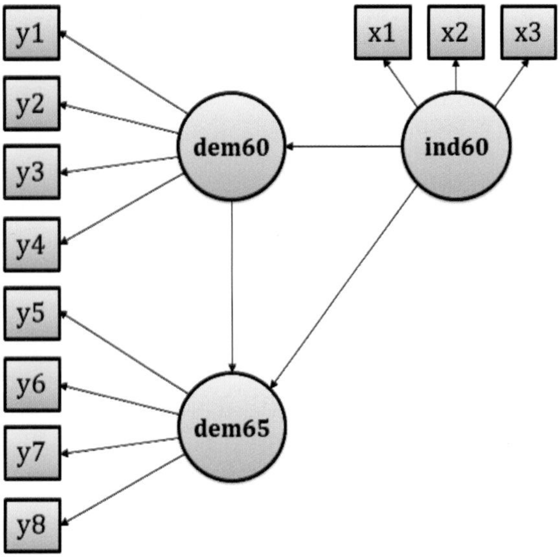

출처: Rosseel (2020b), p. 9.

모형분석을 위해 sem( ) 기능을 활용하여 실행하면 구조방정식모형 분석 결과가 나타난다.

먼저 데이터(PD)를 보면 측정변수가 x1, x2, x3, y1, y2 … y8로 전체 11개의 변수로 구성되어 있음을 알 수 있다.

```
> library(lavaan)
> PD <- PoliticalDemocracy
> head(PD)
```

```
> PD <- PoliticalDemocracy
> head(PD)
     y1       y2       y3       y4       y5       y6       y7       y8
1  2.50 0.000000 3.333333 0.000000 1.250000 0.000000 3.726360 3.333333
2  1.25 0.000000 3.333333 0.000000 6.250000 1.100000 6.666666 0.736999
3  7.50 8.800000 9.999998 9.199991 8.750000 8.094061 9.999998 8.211809
4  8.90 8.800000 9.999998 9.199991 8.907948 8.127979 9.999998 4.615086
5 10.00 3.333333 9.999998 6.666666 7.500000 3.333333 9.999998 6.666666
6  7.50 3.333333 6.666666 6.666666 6.250000 1.100000 6.666666 0.368500
        x1       x2       x3
1 4.442651 3.637586 2.557615
2 5.384495 5.062595 3.568079
3 5.961005 6.255750 5.224433
4 6.285998 7.567863 6.267495
5 5.863631 6.818924 4.573679
6 5.533389 5.135798 3.892270
```

다음 분석 결과를 살펴보면 요인계수, 잠재변수의 회귀계수 및 공분산, 그리고 측정변수의 오차분산이 제시되어 있다. 각 잠재변수의 요인계수는 모두 통계적으로 유의한 것으로 나타났으며, 잠재변수의 회귀계수 또한 모두 유의한 것으로 나타났다. 즉, ind60는 dem60에 영향을 주며, ind60와 dem60는 dem65에 모두 유의한 영향을 주는 것으로 나타났다.

```
> model_1 <- '
        # 측정모형(latent variables)
         ind60 =~ x1 + x2 + x3
         dem60 =~ y1 + y2 + y3 + y4
         dem65 =~ y5 + y6 + y7 + y8
        # 회귀분석(regressions)
         dem60 ~ ind60
         dem65 ~ ind60 + dem60'

> fit_1 <- sem(model_1, data=PD)
> summary(fit_1)
```

```
lavaan (0.6-1) converged normally after  42 iterations

  Number of observations                            75

  Estimator                                         ML
  Model Fit Test Statistic                      72.462
  Degrees of freedom                                41
  P-value (Chi-square)                           0.002

Model test baseline model:

  Minimum Function Test Statistic              730.654
  Degrees of freedom                                55
  P-value                                        0.000
```

```
Parameter Estimates:

  Information                                 Expected
  Information saturated (h1) model          Structured
  Standard Errors                             Standard

Latent Variables:
                   Estimate  Std.Err  z-value  P(>|z|)
  ind60 =~
    x1                1.000
    x2                2.182    0.139   15.714    0.000
    x3                1.819    0.152   11.956    0.000
  dem60 =~
    y1                1.000
    y2                1.354    0.175    7.755    0.000
    y3                1.044    0.150    6.961    0.000
    y4                1.300    0.138    9.412    0.000
  dem65 =~
    y5                1.000
    y6                1.258    0.164    7.651    0.000
    y7                1.282    0.158    8.137    0.000
    y8                1.310    0.154    8.529    0.000

Regressions:
                   Estimate  Std.Err  z-value  P(>|z|)
  dem60 ~
    ind60             1.474    0.392    3.763    0.000
  dem65 ~
    ind60             0.453    0.220    2.064    0.039
    dem60             0.864    0.113    7.671    0.000
```

```
Variances:
                   Estimate  Std.Err  z-value  P(>|z|)
   .x1                0.082    0.020    4.180    0.000
   .x2                0.118    0.070    1.689    0.091
   .x3                0.467    0.090    5.174    0.000
   .y1                1.942    0.395    4.910    0.000
   .y2                6.490    1.185    5.479    0.000
   .y3                5.340    0.943    5.662    0.000
   .y4                2.887    0.610    4.731    0.000
   .y5                2.390    0.447    5.351    0.000
   .y6                4.343    0.796    5.456    0.000
   .y7                3.510    0.668    5.252    0.000
   .y8                2.940    0.586    5.019    0.000
    ind60             0.448    0.087    5.169    0.000
   .dem60             3.872    0.893    4.338    0.000
   .dem65             0.115    0.200    0.575    0.565
```

한편, 모형 적합도는 χ^2 =72.5(p=0.002), CFI=0.95, TLI=0.94, RMSEA=0.10, SRMR=0.05로 나타났다.

```
> fitMeasures(fit_1, c("cfi", "tli", "rmsea", "srmr"))
```

```
> fitMeasures(fit_1, c("cfi", "tli", "rmsea", "srmr"))
  cfi   tli rmsea  srmr
0.953 0.938 0.101 0.055
```

이어서 분석모형을 그림(plot)으로 제시하면 다음과 같다.

```
> semPaths(fit_1, 'col', 'est', rotation=4, group="latents", pastel=T,
  style="lisrel", edge.label.cex=0.8, edge.color="blue", layout="tree2")
```

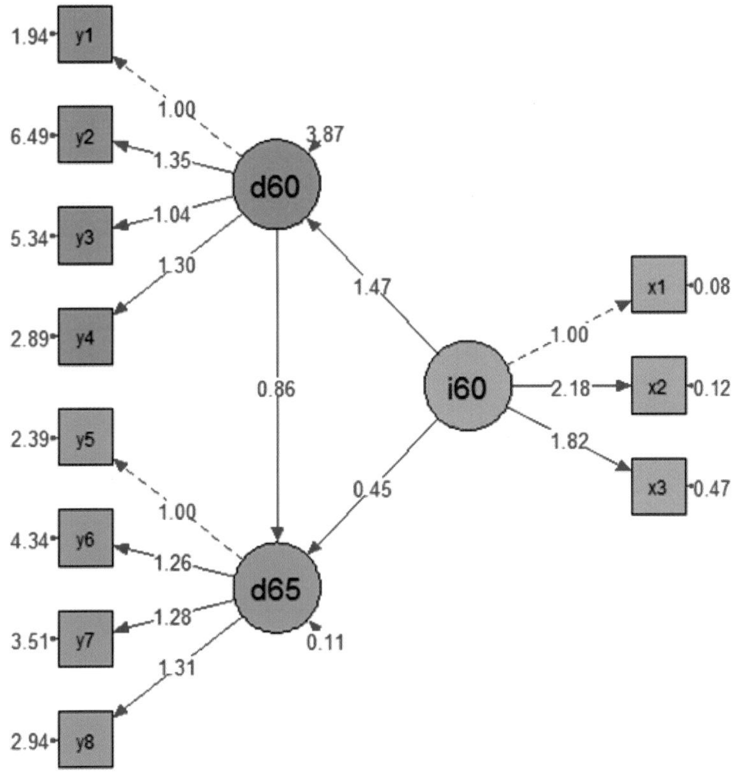

24.5.3 모형 수정

앞서 분석한 모형은 시계열 데이터에 기반한 모형이므로 동일한 내용을 측정하는 측정변수, 즉 y1, y2, y3, y4는 y5, y6, y7, y8과 서로 상관이 있음을 이론적으로 이해하고 있다. 따라서 측정변수 간의 상관을 인정하는 모형으로 수정할 필요가 있다. 그리고 모형을 수정하고자 할 때 활용하는 modindices( ) 기능으로 그 결과를 보면 다음과 같이 각 측정변수들이 상관을 고려해야 할 통계적 수치를 제공하고 있음을 알 수 있다 (Rosseel, 2020b).

> modindices(fit_1, sort=T)

```
> modindices(fit_1, sort=T)
      lhs op rhs    mi    epc sepc.lv sepc.all sepc.nox
88     y2 ~~  y6 9.279  2.129   2.129    0.401    0.401
104    y6 ~~  y8 8.668  1.513   1.513    0.423    0.423
81     y1 ~~  y5 8.183  0.884   0.884    0.410    0.410
93     y3 ~~  y6 6.574 -1.590  -1.590   -0.330   -0.330
79     y1 ~~  y3 5.204  1.024   1.024    0.318    0.318
86     y2 ~~  y4 4.911  1.432   1.432    0.331    0.331
94     y3 ~~  y7 4.088  1.152   1.152    0.266    0.266
33  ind60 =~  y5 4.007  0.762   0.510    0.197    0.197
54     x1 ~~  y2 3.785 -0.192  -0.192   -0.263   -0.263
32  ind60 =~  y4 3.568  0.811   0.543    0.163    0.163
```

이와 같은 이론적 및 통계적 근거를 바탕으로 원 모형을 수정하면 다음과 같은 수정모형을 만들 수 있다.

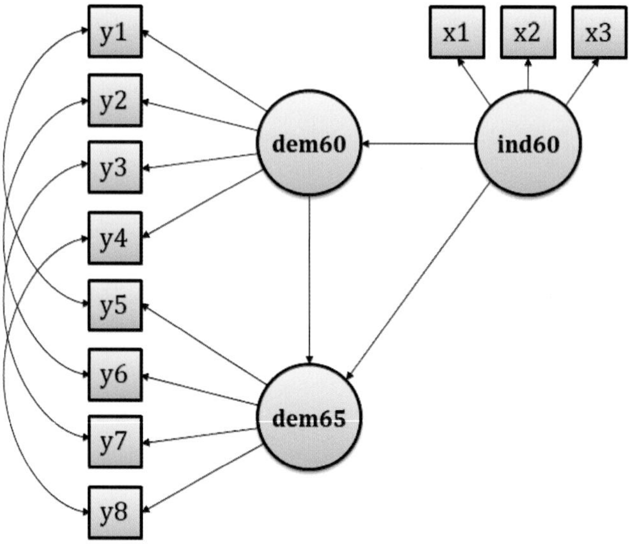

출처: Rosseel (2020b), p. 9.

수정모형으로 분석하기 위해 다음과 같이 측정변수의 잔차의 상관을 고려한 명령어를 만들어 실행한다.

```
> model_2 <- '
      # 측정모형(latent variables)
       ind60 =~ x1 + x2 + x3
       dem60 =~ y1 + y2 + y3 + y4
       dem65 =~ y5 + y6 + y7 + y8
      # 회귀분석(regressions)
       dem60 ~ ind60
       dem65 ~ ind60 + dem60
      # 잔차의 상관(residual correlations)
       y1 ~~ y5
       y2 ~~ y6
       y3 ~~ y7
       y4 ~~ y8'

> fit_2 <- sem(model_2, data=PD)
> summary(fit_2)

> fitMeasures(fit_2, c("cfi", "tli", "rmsea", "srmr"))
```

그러면 다음과 같은 결과가 나타나는데, 분석 결과를 살펴보면 요인계수, 잠재변수의 회귀계수 및 공분산, 그리고 측정변수의 오차분산이 제시되어 있다. 각 잠재변수의 요인계수는 모두 통계적으로 유의한 것으로 나타났으며, 잠재변수의 회귀계수 또한 모두 유의하며 측정변수 간의 공분산이 제시되어 있다. 그리고 모형 적합도는 $\chi^2 = 50.8$($p=0.064$), CFI=0.98, TLI=0.97, RMSEA=0.07, SRMR=0.05로 나타났다. 이 결과는 수정 전의 모형의 적합도와 비교할 때 전반적으로 더 좋은 적합도를 나타내고 있다고 할 수 있다.

```
lavaan (0.6-1) converged normally after  58 iterations

  Number of observations                            75

  Estimator                                         ML
  Model Fit Test Statistic                      50.835
  Degrees of freedom                                37
  P-value (Chi-square)                           0.064

Model test baseline model:

  Minimum Function Test Statistic              730.654
  Degrees of freedom                                55
  P-value                                        0.000
```

```
Parameter Estimates:

  Information                                 Expected
  Information saturated (h1) model          Structured
  Standard Errors                             Standard

Latent Variables:
                   Estimate  Std.Err  z-value  P(>|z|)
  ind60 =~
    x1                1.000
    x2                2.181    0.139   15.720    0.000
    x3                1.819    0.152   11.966    0.000
  dem60 =~
    y1                1.000
    y2                1.388    0.188    7.401    0.000
    y3                1.053    0.161    6.552    0.000
    y4                1.368    0.153    8.928    0.000
  dem65 =~
    y5                1.000
    y6                1.317    0.180    7.314    0.000
    y7                1.326    0.174    7.618    0.000
    y8                1.391    0.171    8.118    0.000

Regressions:
                   Estimate  Std.Err  z-value  P(>|z|)
  dem60 ~
    ind60             1.435    0.385    3.728    0.000
  dem65 ~
    ind60             0.507    0.209    2.425    0.015
    dem60             0.816    0.100    8.156    0.000
```

```
Covariances:
                   Estimate  Std.Err  z-value  P(>|z|)
 .y1 ~~
   .y5                0.892    0.366    2.433    0.015
 .y2 ~~
   .y6                1.893    0.762    2.486    0.013
 .y3 ~~
   .y7                1.268    0.623    2.035    0.042
 .y4 ~~
   .y8                0.141    0.464    0.303    0.762

Variances:
                   Estimate  Std.Err  z-value  P(>|z|)
   .x1                0.082    0.020    4.177    0.000
   .x2                0.120    0.070    1.708    0.088
   .x3                0.467    0.090    5.172    0.000
   .y1                2.181    0.456    4.779    0.000
   .y2                6.490    1.231    5.271    0.000
   .y3                5.490    0.991    5.538    0.000
   .y4                2.470    0.660    3.741    0.000
   .y5                2.662    0.506    5.260    0.000
   .y6                4.249    0.817    5.201    0.000
   .y7                3.560    0.712    4.999    0.000
   .y8                2.531    0.609    4.159    0.000
    ind60             0.448    0.087    5.171    0.000
   .dem60             3.678    0.885    4.154    0.000
   .dem65             0.350    0.187    1.865    0.062

> fitMeasures(fit_2, c("cfi", "tli", "rmsea", "srmr"))
  cfi   tli rmsea  srmr
0.980 0.970 0.071 0.050
```

이어서 분석모형을 그림(plot)으로 제시하면 다음과 같다. 원 모형의 그림과 달리 측정변수의 잔차의 상관관계(예: y1~~y5, y2~~y6 등)가 포함되어 있다.

```
> semPaths(fit_2, 'col', 'est', rotation=4, group="latents", pastel=T,
  style="lisrel", edge.label.cex=0.8, edge.color="blue", layout="tree2")
```

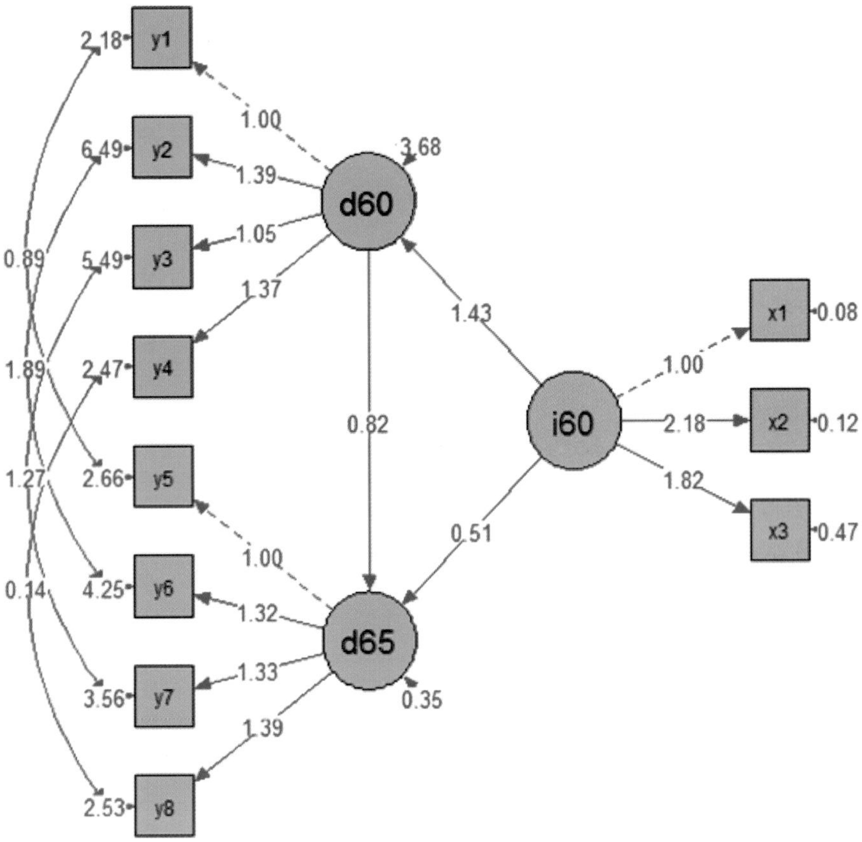

이제 이 두 모형을 비교하면 다음과 같이 비교 분석할 수 있다. 다음 결과에서 보듯이 원 모형(fit_1)과 수정모형(fit_2)의 χ^2값에 대한 anova 비교분석을 실시하면 두 모형의 χ^2값의 차이(72.46−50.83), 즉 $\chi_d^2 = 21.6 (p < 0.001)$로 통계적으로 유의하므로 χ^2값, AIC 및 BIC가 작은 수정모형(fit_2)을 선택하는 것이 적절하다고 하겠다(Finch & French, 2015). 그리고 모형 적합도 지수를 비교해도 CFI, TLI, RMSEA 등 모든 지수에서 수정모형의 적합도가 더 좋음을 알 수 있다. 따라서 원 모형(fit_1)보다는 수정모형(fit_2)이 이론적으로나 통계적으로나 더 타당함을 확인할 수 있다.

```
> # 모형비교
> anova(fit_1, fit_2)
Chi Square Difference Test

      Df    AIC    BIC  Chisq Chisq diff Df diff Pr(>Chisq)
fit_2 37 3166.3 3233.5 50.835
fit_1 41 3179.9 3237.9 72.462     21.626       4  0.0002378 ***
---
Signif. codes:  0 '***' 0.001 '**' 0.01 '*' 0.05 '.' 0.1 ' ' 1
```

```
> fitMeasures(fit_1, c("cfi", "tli", "rmsea", "srmr"))
  cfi   tli rmsea  srmr
0.953 0.938 0.101 0.055
> fitMeasures(fit_2, c("cfi", "tli", "rmsea", "srmr"))
  cfi   tli rmsea  srmr
0.980 0.970 0.071 0.050
```

24.5.4 매개효과분석

매개효과모형은 다음 [그림 24-3]과 같이 독립변수(X)가 매개변수(M)를 통하여 종속변수(Y)에 간접적으로 영향을 미치는 모형을 말한다. 그리고 X가 Y에 영향을 주는 직접효과(c)가 유의한지 아닌지에 따라 부분매개 또는 완전매개의 효과가 있다고 해석한다.

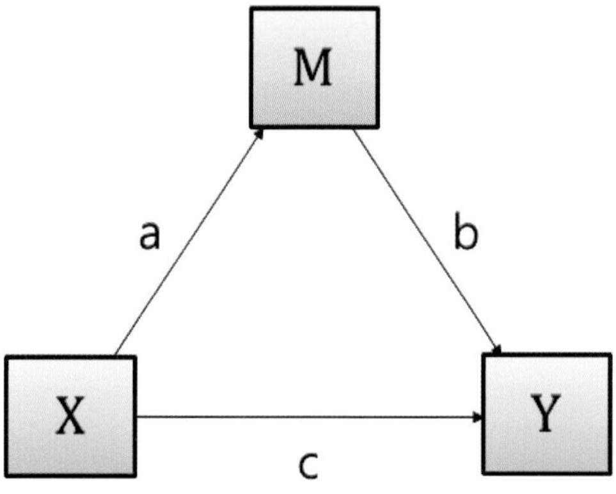

[그림 24-3] 매개효과모형

R에서 간접효과 또는 매개효과모형은 다음과 같이 명령어를 구성한다(Rosseel, 2020a).

매개효과모형의 명령어 구조

```
model <- '
  # 직접효과(direct effect)
  Y ~ c*X
  # 매개변수(mediator)
  M ~ a*X
  Y ~ b*M
  # 간접효과(indirect effect) (a*b)
  ab := a*b
  # 전체효과(total effect)
  total := c + (a*b)'

fit <- sem(model, data = Data)
summary(fit)
```

24.5.4.1 부분매개효과모형

여기서 사용할 데이터는 구조방정식모형에서 일반적으로 사용하는 고전적인 Wheaton 데이터로 사회적 지위와 소외감 간의 관계를 검정한 데이터이다(Wheaton et al., 1977). 하지만 이 데이터는 지금까지의 데이터와는 달리 일반적인 데이터(full data)가 아니라 공분산 매트릭스 데이터(covariance matrix data)이며, 다음과 같이 공분산 데이터를 직접 입력하여 데이터를 만든다. 그리고 공분산 데이터 이름을 wheaton.cov 라고 지정한다(Rosseel, 2020a).

```
# 공분산매트릭스 입력(a covariance matrix as input)

> lower <- '
 11.834,
  6.947,  9.364,
  6.819,  5.091, 12.532,
  4.783,  5.028,  7.495,  9.986,
 -3.839, -3.889, -3.841, -3.625, 9.610,
-21.899, -18.831, -21.748, -18.775, 35.522, 450.288 '

> wheaton.cov <- getCov(lower, names = c("anomia67", "powerless67",
"anomia71", "powerless71", "education", "sei"))

> wheaton.cov
```

입력한 데이터를 불러오면 다음과 같은 공분산매트릭스 데이터가 나타난다.

```
> wheaton.cov <- getCov(lower, names=c("anomia67","powerless67", "anomia71",
+                                     "powerless71","education","sei"))
> wheaton.cov
            anomia67 powerless67 anomia71 powerless71 education     sei
anomia67      11.834       6.947    6.819       4.783    -3.839 -21.899
powerless67    6.947       9.364    5.091       5.028    -3.889 -18.831
anomia71       6.819       5.091   12.532       7.495    -3.841 -21.748
powerless71    4.783       5.028    7.495       9.986    -3.625 -18.775
education     -3.839      -3.889   -3.841      -3.625     9.610  35.522
sei          -21.899     -18.831  -21.748     -18.775    35.522 450.288
```

그리고 부분매개효과모형(partial mediation model)은 다음과 같이 설정할 수 있다. 즉, 사회적 지위(ses)가 71년 소외감(al71)에 직접 영향을 주는 동시에 67년 소외감(al67)을 통해 간접적으로도 영향을 준다고 가정한다. 여기서 c는 직접효과, a*b는 매개효과를 의미한다.

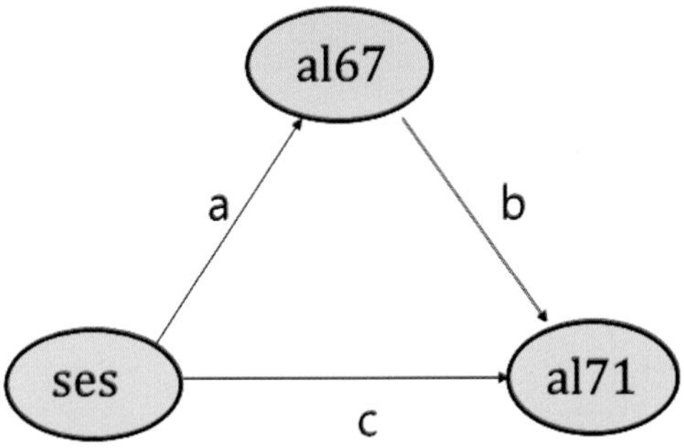

우선 부분매개효과모형을 위한 R 명령어 설정은 다음과 같이 한다.

```
# 부분매개효과(partially mediated model)
> wheaton.model3 <- '
        # 잠재변수(latent variables)
        ses =~ education + sei
        alien67 =~ anomia67 + powerless67
        alien71 =~ anomia71 + powerless71
        # 회귀식(regressions)
        alien71 ~ c*ses
        alien67 ~ a*ses
        alien71 ~ b*alien67
        # 간접효과 (a*b)(:=는 ~라고 정의한다는 의미)
        ab := a*b
        # 총효과(total)
        total := c + (a*b)
        # 잔차 상관(correlated residuals)
        anomia67 ~~ anomia71
        powerless67 ~~ powerless71'

# 모형 추정(공분산 데이터의 경우 표본 수 sample.nobs를 제시한다)
> fit3 <- sem(wheaton.model3, sample.cov=wheaton.cov, sample.nobs=932)
```

```
# 결과 및 적합도 제시
> summary(fit3, standardized=TRUE)  # 표준화계수 제시
> fitMeasures(fit3, c("cfi", "tli", "rmsea", "srmr")) # 모형 적합도 제시
```

그러면 다음 결과를 얻게 되는데, 분석 결과를 살펴보면 요인계수, 잠재변수의 회귀계수 및 분산, 그리고 측정변수의 오차분산 및 공분산이 제시되어 있다. 각 요인계수는 모두 통계적으로 유의한 것으로 나타났으며, 잠재변수의 회귀계수 또한 모두 유의한 것으로 나타났다. 그리고 직접효과(c), 간접효과(ab) 및 총효과(total)가 모두 유의하게 나타났으며, 모형 적합도는 χ^2 =4.73(p=0.316), CFI=1.00, TLI=0.99, RMSEA=0.01, SRMR=0.007로 나타나 적합도는 모두 매우 좋은 것으로 나타났다.

```
> summary(fit3, standardized=TRUE)
lavaan (0.5-23.1097) converged normally after  73 iterations

  Number of observations                           932

  Estimator                                         ML
  Minimum Function Test Statistic                4.735
  Degrees of freedom                                 4
  P-value (Chi-square)                           0.316

Parameter Estimates:

  Information                                 Expected
  Standard Errors                             Standard

Latent Variables:
                   Estimate  Std.Err  z-value  P(>|z|)   Std.lv  Std.all
  ses =~
    education         1.000                               2.607    0.842
    sei               5.219    0.422   12.364    0.000   13.609    0.642
  alien67 =~
    anomia67          1.000                               2.663    0.774
    powerless67       0.979    0.062   15.895    0.000    2.606    0.852
  alien71 =~
    anomia71          1.000                               2.850    0.805
    powerless71       0.922    0.059   15.498    0.000    2.628    0.832

Regressions:
                   Estimate  Std.Err  z-value  P(>|z|)   Std.lv  Std.all
  alien71 ~
    ses        (c)   -0.227    0.052   -4.334    0.000   -0.207   -0.207
  alien67 ~
    ses        (a)   -0.575    0.056  -10.195    0.000   -0.563   -0.563
  alien71 ~
    alien67    (b)    0.607    0.051   11.898    0.000    0.567    0.567
```

```
Covariances:
                   Estimate  Std.Err  z-value  P(>|z|)   Std.lv  Std.all
 .anomia67 ~~
   .anomia71          1.623    0.314    5.176    0.000    1.623    0.356
 .powerless67 ~~
   .powerless71       0.339    0.261    1.298    0.194    0.339    0.121

Variances:
                   Estimate  Std.Err  z-value  P(>|z|)   Std.lv  Std.all
   .education         2.801    0.507    5.525    0.000    2.801    0.292
   .sei             264.597   18.126   14.597    0.000  264.597    0.588
   .anomia67          4.731    0.453   10.441    0.000    4.731    0.400
   .powerless67       2.563    0.403    6.359    0.000    2.563    0.274
   .anomia71          4.399    0.515    8.542    0.000    4.399    0.351
   .powerless71       3.070    0.434    7.070    0.000    3.070    0.308
    ses               6.798    0.649   10.475    0.000    1.000    1.000
   .alien67           4.841    0.467   10.359    0.000    0.683    0.683
   .alien71           4.083    0.404   10.104    0.000    0.503    0.503

Defined Parameters:
                   Estimate  Std.Err  z-value  P(>|z|)   Std.lv  Std.all
    ab               -0.349    0.041   -8.538    0.000   -0.319   -0.319
    total            -0.576    0.058   -9.956    0.000   -0.527   -0.527

> fitMeasures(fit3, c("cfi", "tli", "rmsea", "srmr"))
  cfi   tli rmsea  srmr
1.000 0.999 0.014 0.007
```

그리고 부분매개설정 모형과 분석 결과 모형의 그림은 다음과 같다.

```
> semPaths(fit3, rotation=4, edge.label.cex=1.0, 'col', group="latents",
  pastel=T, edge.color="black")
```

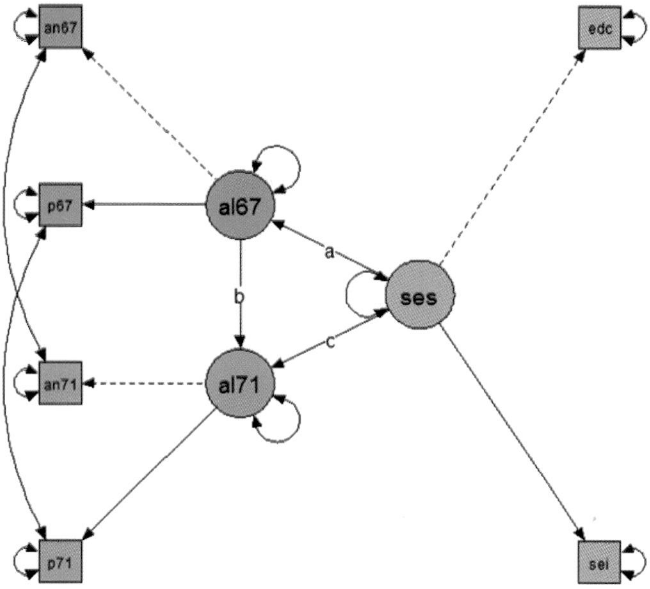


```
> semPaths(fit3, 'col', 'est', rotation=4, groups="latents", pastel=T,
  edge.label.cex=0.8, edge.color="black")
```

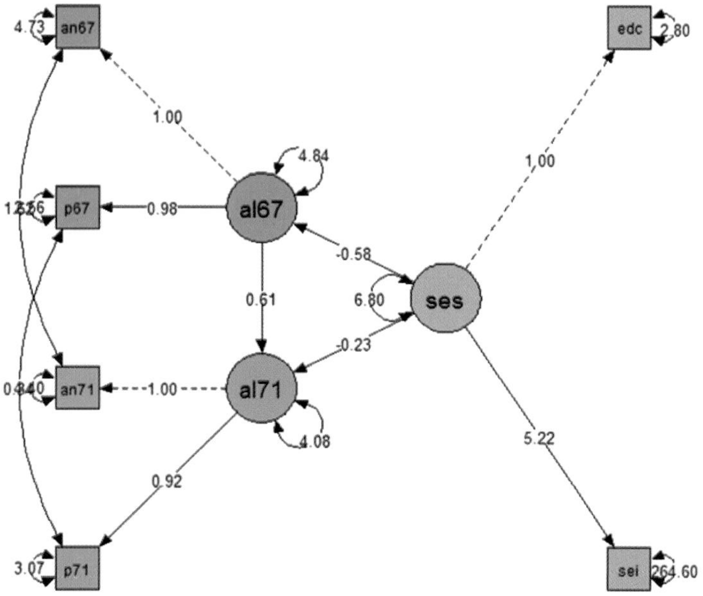

24.5.4.2 완전매개모형

지금까지는 Wheaton 데이터로 부분매개모형을 검정하였다. 하지만 완전매개모형(full mediation model)을 경쟁모형으로 만들어 서로 비교함으로써 부분매개모형의 가설이 강하다는 것을 보다 객관적으로 검정할 수 있다. 이때 두 모형의 카이제곱 차이를 ANOVA 검정을 통해 비교하거나 아니면 간명성을 고려한 적합도 지수(TLI, RMSEA, SRMR)를 활용하여 비교할 수 있다(홍세희, 2011).

우선 완전매개효과모형을 위한 R 명령어 설정은 다음과 같이 하는데 부분매개모형과의 차이는 직접효과(c)를 제외한다는 점이다(그림 참조).

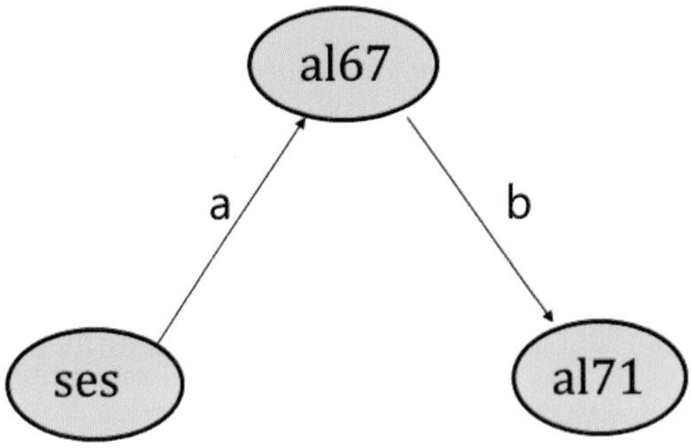

```
# 완전매개효과(fully mediated model)
> wheaton.model4 <- '
      # 잠재변수(latent variables)
      ses =~ education + sei
      alien67 =~ anomia67 + powerless67
      alien71 =~ anomia71 + powerless71
      # 회귀식(regressions)
      alien67 ~ a*ses
      alien71 ~ b*alien67
      # 간접효과 (a*b)
      ab := a*b
      # 총효과(total)
      total := a*b
      # 잔차 상관(correlated residuals)
      anomia67 ~~ anomia71
      powerless67 ~~ powerless71'

> fit4 <- sem(wheaton.model4, sample.cov=wheaton.cov, sample.nobs=932)
> summary(fit4, standardized=TRUE)
> fitMeasures(fit4, c("cfi", "tli", "rmsea", "srmr"))
```

분석 결과는 다음과 같이 나타나는데 자세히 살펴보면 요인계수, 잠재변수의 회귀계수 및 분산, 그리고 측정변수의 오차분산 및 공분산이 제시되어 있다. 각 요인계수는 모두 통계적으로 유의한 것으로 나타났으며, 잠재변수의 회귀계수 또한 모두 유의한 것으로 나타났다. 그리고 직접효과(c)가 없으므로 간접효과(ab)와 총효과(total)는 동일한 값으로(−0.45) 유의하게 나타났으며($p<0.001$), 모형 적합도는 $\chi^2=25.71$ ($p<0.001$), CFI=0.99, TLI=0.97, RMSEA=0.67, SRMR=0.03으로 나타나 적합도는 대체로 좋은 것으로 나타났다.

```
> summary(fit4, standardized=TRUE)
lavaan (0.5-23.1097) converged normally after  71 iterations

  Number of observations                           932

  Estimator                                         ML
  Minimum Function Test Statistic               25.707
  Degrees of freedom                                 5
  P-value (Chi-square)                           0.000

Parameter Estimates:

  Information                                 Expected
  Standard Errors                             Standard

Latent Variables:
                   Estimate  Std.Err  z-value  P(>|z|)   Std.lv  Std.all
  ses =~
    education         1.000                               2.620    0.846
    sei               5.169    0.436   11.849    0.000   13.543    0.639
  alien67 =~
    anomia67          1.000                               2.654    0.772
    powerless67       0.972    0.061   15.988    0.000    2.581    0.844
  alien71 =~
    anomia71          1.000                               2.853    0.804
    powerless71       0.929    0.069   13.534    0.000    2.652    0.839

Regressions:
                   Estimate  Std.Err  z-value  P(>|z|)   Std.lv  Std.all
  alien67 ~
    ses        (a)   -0.593    0.058  -10.267    0.000   -0.585   -0.585
```

```
  alien71 ~
    alien67     (b)    0.759    0.043   17.755    0.000    0.706    0.706

Covariances:
                   Estimate  Std.Err  z-value  P(>|z|)   Std.lv  Std.all
 .anomia67 ~~
   .anomia71          1.583    0.347    4.555    0.000    1.583    0.343
 .powerless67 ~~
   .powerless71       0.258    0.294    0.877    0.380    0.258    0.091

Variances:
                   Estimate  Std.Err  z-value  P(>|z|)   Std.lv  Std.all
   .education         2.735    0.536    5.101    0.000    2.735    0.285
   .sei             266.395   18.600   14.322    0.000  266.395    0.592
   .anomia67          4.776    0.445   10.734    0.000    4.776    0.404
   .powerless67       2.693    0.390    6.911    0.000    2.693    0.288
   .anomia71          4.458    0.598    7.455    0.000    4.458    0.354
   .powerless71       2.958    0.513    5.762    0.000    2.958    0.296
    ses               6.865    0.673   10.199    0.000    1.000    1.000
   .alien67           4.631    0.456   10.164    0.000    0.657    0.657
   .alien71           4.081    0.436    9.365    0.000    0.501    0.501

Defined Parameters:
                   Estimate  Std.Err  z-value  P(>|z|)   Std.lv  Std.all
    ab               -0.450    0.048   -9.320    0.000   -0.413   -0.413
    total            -0.450    0.048   -9.320    0.000   -0.413   -0.413

> fitMeasures(fit4, c("cfi", "tli", "rmsea", "srmr"))
  cfi   tli rmsea  srmr
0.990 0.971 0.067 0.032
```

그리고 완전매개설정 모형과 분석 결과 모형 그림을 제시하면 다음과 같다.

```
> semPaths(fit4, 'col', rotation=4, groups="latents", pastel=T,
  edge.color="black", edge.label.cex=0.8)
```

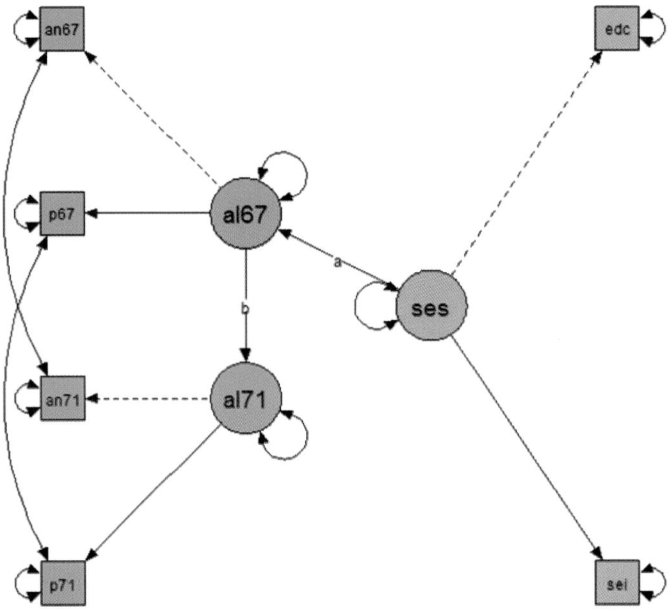


```
> semPaths(fit4, 'col', 'est', rotation=4, groups="latents", pastel=T,
  edge.color="black", edge.label.cex=0.8)
```

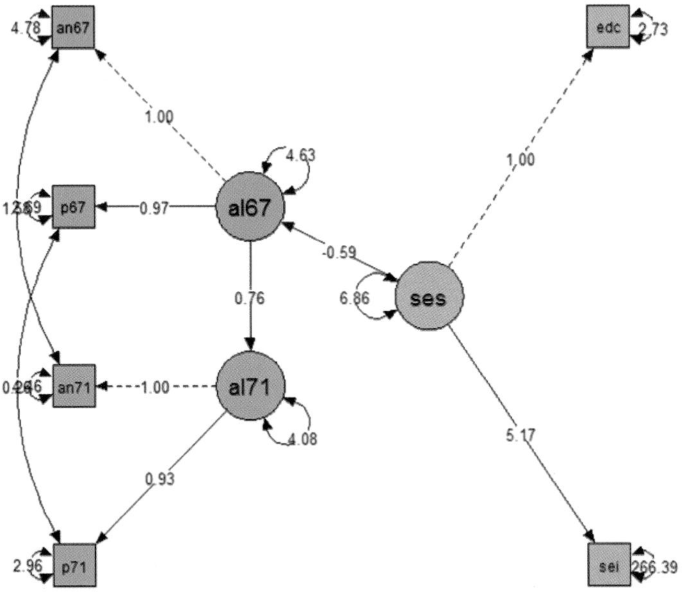

이어서 두 모형을 비교하면 다음과 같다. χ^2값의 차이, 즉 χ^2_d =20.97(p< 0.001)로 유의하므로, χ^2값이 작은 모형(fit3), 즉 부분매개효과모형이 더 적합하다고 할 수 있다. 그리고 상대적 적합도 지수인 AIC 및 BIC를 기준으로 할 때도 부분매개효과모형(fit3)이 완전매개모형(fit4)보다 작기 때문에 더 적합하다고 말할 수 있다(AIC의 경우 30461 vs. 30480, BIC의 경우 30543 vs. 30557).

> anova(fit4, fit3)

```
> # 모형비교
> anova(fit4, fit3)
Chi Square Difference Test

     Df   AIC   BIC   Chisq Chisq diff Df diff Pr(>Chisq)
fit3  4 30461 30543  4.7353
fit4  5 30480 30557 25.7066     20.971       1  4.662e-06 ***
---
Signif. codes:  0 '***' 0.001 '**' 0.01 '*' 0.05 '.' 0.1 ' ' 1
> |
```

그리고 두 모형의 적합도 지수를 비교하더라도 〈표 24-2〉에서 보는 것처럼 부분매개모형의 TLI, RMSEA, SRMR 수치가 모두 더 좋은 것으로 나타나 부분매개모형을 선택하는 것이 더 적절하다고 결론 내릴 수 있다.

〈표 24-2〉 완전매개모형과 부분매개모형의 적합도 지수 비교

모형	χ^2	df	TLI	RMSEA	SRMR
완전매개모형(fit4)	25.707	5	.971	.067	.032
부분매개모형(fit3)	4.735	4	.999	.014	.007

Ⅳ 데이터 시각화

25 ggplot2를 이용한 데이터 시각화

25.1 막대그래프(단일변수)

제3장에서 설명한대로 tidyverse는 기존의 데이터 처리 패키지인 dplyr과 그래픽 패키지인 ggplot2를 결합한 것으로 데이터 처리에도 유용하지만 그래픽을 위해서도 유용한 패키지이다. 여기서는 tidyverse 패키지에 포함된 ggplot2 패키지를 이용한 데이터 시각화를 구현해 보자.

ggplot2는 2005년 Hadley Wickham(Wichham, 2016)에 의해 만들어진 패키지로 R 패키지 중 가장 많이 활용되는 패키지 중 하나이며, 동시에 그래픽과 데이터 시각화에 가장 많이 활용되는 패키지이다. ggplot2는 "the grammar of graphics"의 원리에 기반해서 그래픽을 만드는데 마치 양파 껍질을 하나씩 벗기듯이 한 가지 한 가지 기능을 더해가면서 그래픽을 만드는 방식을 채택하고 있다. 따라서 그 원칙은 다음과 같이 데이터, 변수(x, y), 그래픽 유형(산포도, 막대그래프, 선그래프 등), 기타로 구성된다. 여기서 aes는 aesthetic elements의 의미로 x축, y축 변수와 미적 요소(예: color, fill, size 등)를 포함하는 기능이다. 그리고 geom_x( )는 geom_point( ), geom_bar( ), geom_ histogram( ), geom_line( ) 등 다양한 플롯을 지정할 수 있다.

```
ggplot(data 이름) +
  aes(x축 변수, y축 변수) +
  geom_x( )
```

한편, 여기서 ggplot과 aes를 합쳐서 다음과 같이 사용할 수도 있다.

```
ggplot(data 이름, aes(x축 변수, y축 변수)) +
  geom_x( )
```

먼저 다음과 같이 gapminder 패키지에 있는 gapminder 데이터에서 2007년 데이터만 선택해서 gapminder_2007 데이터를 만든다.

```
> library(tidyverse)
> library(gapminder)
> data(gapminder)
> gapminder_2007 <- filter(gapminder, year==2007)
```

```
> gapminder_2007
# A tibble: 142 x 6
   country     continent  year lifeExp       pop gdpPercap
   <fct>       <fct>     <int>   <dbl>     <int>     <dbl>
 1 Afghanistan Asia       2007    43.8  31889923      975.
 2 Albania     Europe     2007    76.4   3600523     5937.
 3 Algeria     Africa     2007    72.3  33333216     6223.
 4 Angola      Africa     2007    42.7  12420476     4797.
 5 Argentina   Americas   2007    75.3  40301927    12779.
 6 Australia   Oceania    2007    81.2  20434176    34435.
 7 Austria     Europe     2007    79.8   8199783    36126.
 8 Bahrain     Asia       2007    75.6    708573    29796.
 9 Bangladesh  Asia       2007    64.1 150448339     1391.
10 Belgium     Europe     2007    79.4  10392226    33693.
# ... with 132 more rows
```

그리고 이어서 먼저 막대그래프(geom_bar)를 다음과 같이 만들어 보자.

```
> ggplot(gapminder_2007, aes(continent)) + geom_bar( )
```

여기서 명령어 aes(continent)는 aes(x=continent, y=..count..)의 축약된 표현으로 ..count..는 각 항목의 빈도를 나타내는 변수에 해당된다. 따라서 대륙(continent)별 국가 수를 보여 준다.

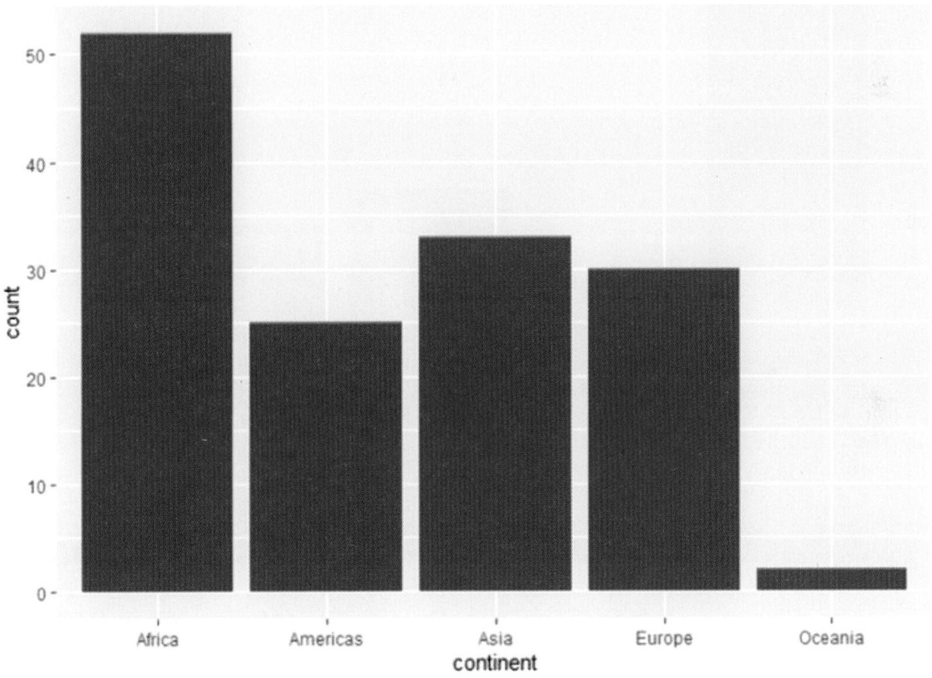

막대그래프의 색상을 바꾸고 싶으면 다음과 같이 geom_bar 항목에 옵션을 추가할 수 있다.

```
# 색상은 maroon으로 테두리는 white로 지정
> ggplot(gapminder_2007, aes(continent)) + geom_bar(col="white",
  fill="maroon")
```

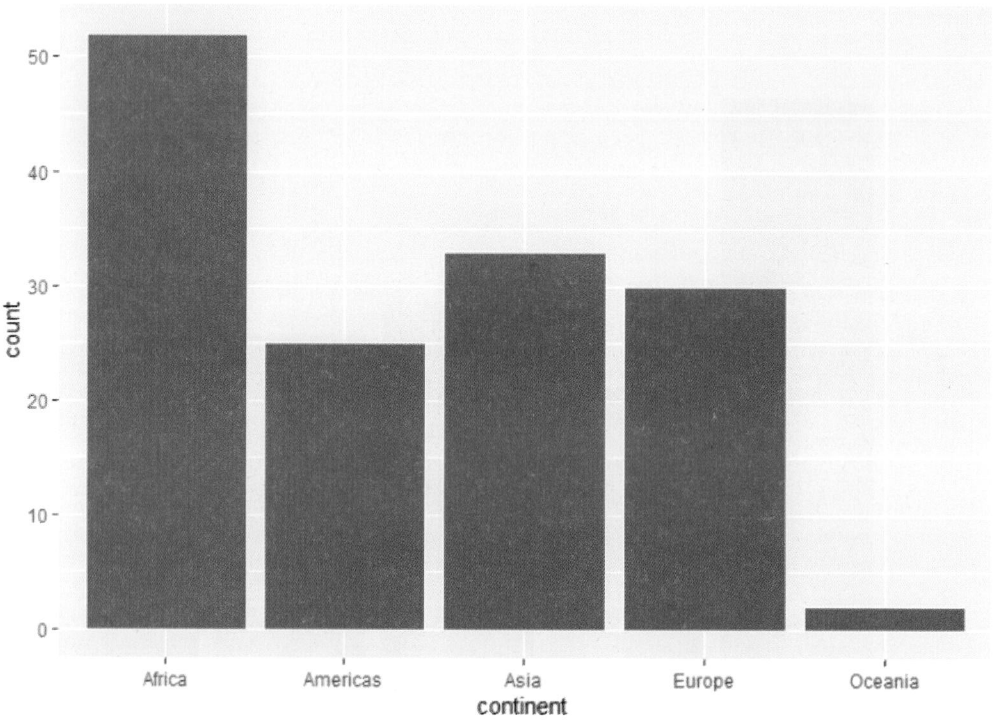

여기서 빈도에 대한 레이블을 표현하고 싶으면 다음과 같이 geom_text 옵션을 활용할 수 있다. vjust는 빈도의 상하 위치, size는 크기를 조정한다.

```
> ggplot(gapminder_2007, aes(continent)) + geom_bar(col="white",
  fill="maroon") + geom_text(stat='count', aes(label=..count..), vjust=-0.5, size=3)
```

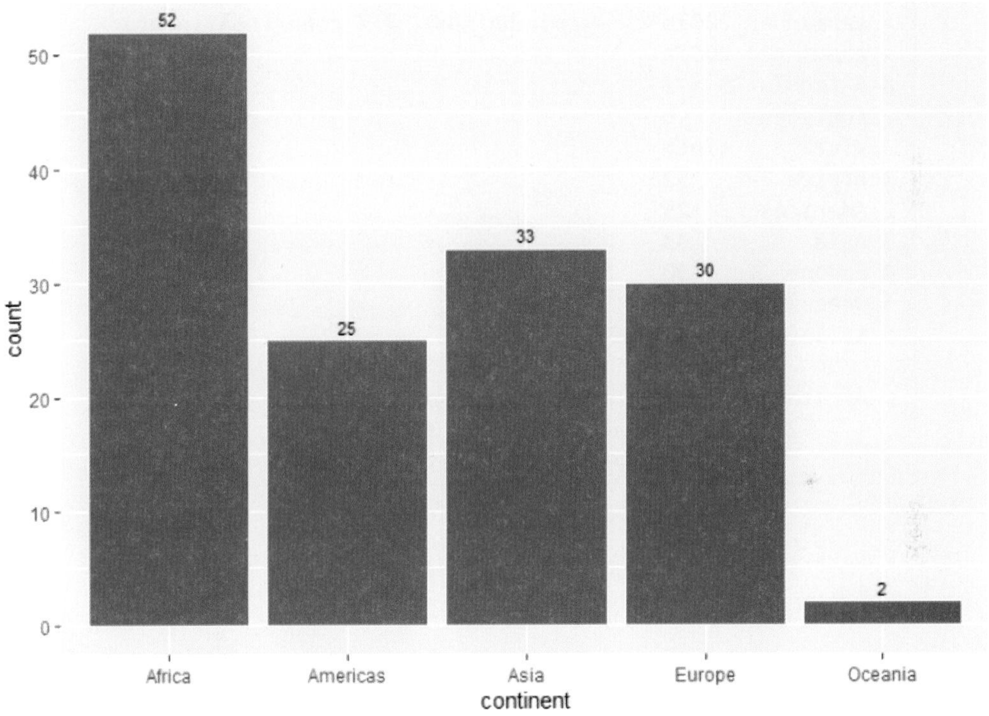

한편, 대륙별 빈도(국가)를 정렬(sort)하고 싶으면 다음과 같이 할 reorder 옵션을 사용할 수 있다. 이를 위해서는 먼저 대륙별 국가 빈도를 계산한 새 데이터가 필요하다.

```
> gapminder_2007a <– gapminder_2007 %>% count(continent)
> gapminder_2007a
```

```
> gapminder_2007a <- gapminder_2007 %>% count(continent)
> gapminder_2007a
# A tibble: 5 x 2
  continent     n
  <fct>     <int>
1 Africa       52
2 Americas     25
3 Asia         33
4 Europe       30
5 Oceania       2
> table(gapminder_2007$continent)

  Africa Americas     Asia   Europe  Oceania 
      52       25       33       30        2 
> |
```

앞의 명령어에서 대륙별 국가 빈도가 명확하게 계산되었음을 알 수 있으며 다음에서 보는 것처럼 'reorder' 기능을 활용하여 각 항목을 정렬할 수 있음을 알 수 있다. 여기서 stat="identity" 옵션은 빈도 수(n)가 이미 계산되어 있으므로 계산하지 말라는 의미이다.

```
> ggplot(gapminder_2007a, aes(x=reorder(continent, n), y=n)) +
  geom_bar(stat="identity", fill="maroon") +
  geom_text(aes(label=n), vjust=-0.5, size=3) +
  labs(x="", y="Frequency", title="Number of Countries by Continent in 2007")
```

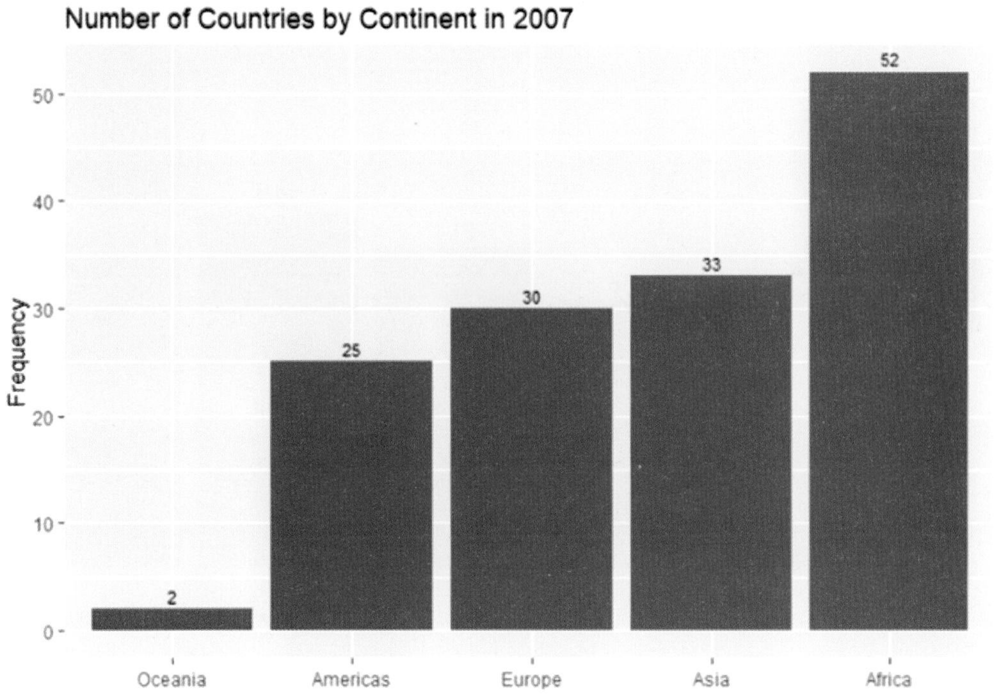

여기서 만약 빈도를 퍼센트로 제시하고 싶으면 다음과 같이 할 수 있다. round(~, 1)은 반올림해서 소수점 첫째 자리까지 제시하라는 의미다.

```
> ggplot(gapminder_2007a, aes(x=reorder(continent, n/sum(n)), y=n/sum(n))) +
  geom_bar(stat="identity", fill="maroon") +
  geom_text(aes(label=round(n/sum(n)*100, 1)), vjust=-0.5) +
  scale_y_continuous(labels=scales::percent) +
  labs(x="", y="Percent", title="Proportion of Countries by Continent in 2007")
```

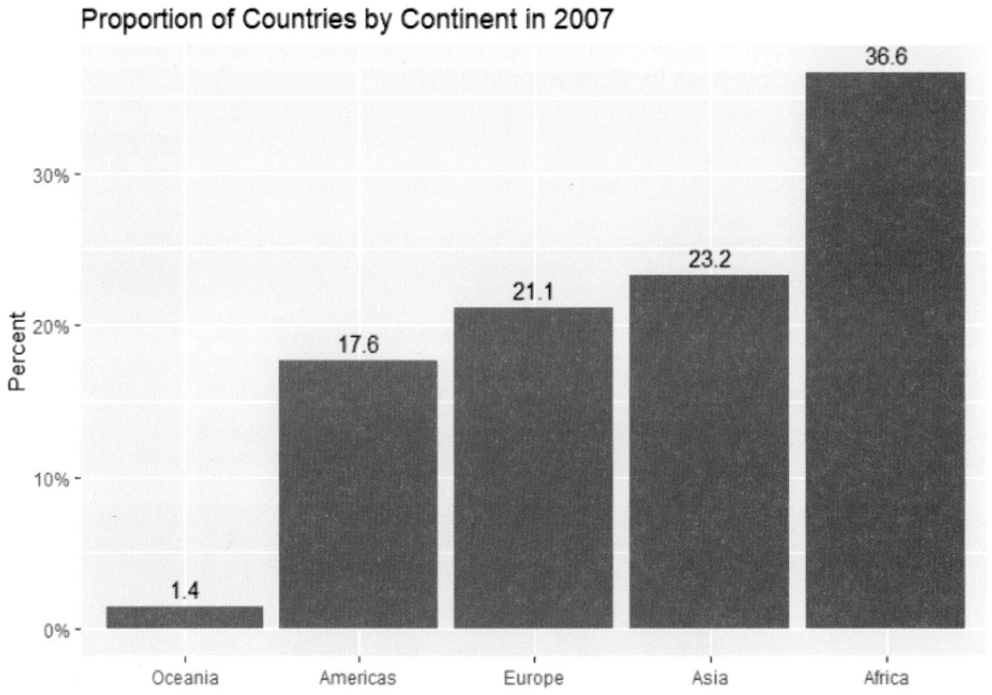

한편, 퍼센트를 제시하는 또 다른 방법은 다음과 같이 퍼센트와 퍼센트 레이블을 나타내는 새 변수를 만드는 방법을 활용할 수 있다.

```
> gapminder_2007b <- gapminder_2007 %>% count(continent) %>%
mutate(pct=n/sum(n), pctlabel=paste(round(pct*100, 1), "%"))

> ggplot(gapminder_2007b, aes(x=reorder(continent, pct), y=pct)) +
geom_bar(stat="identity", fill="indianred") +
geom_text(aes(label=pctlabel), vjust=-0.5) +
scale_y_continuous(labels=scales::percent) +
labs(x="", y="Percent", title="Countries by Continent in 2007")
```

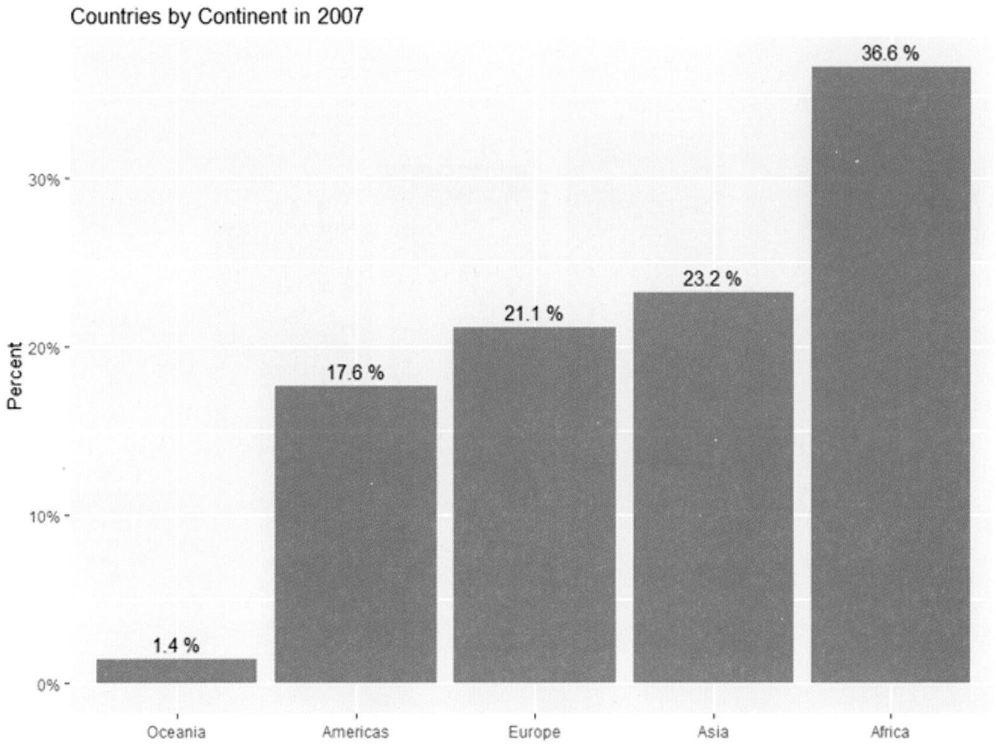

여기서 만약 내림차순으로 정렬하고 싶다면 다음과 같이 pct 대신 -pct로 변경할 수 있다.

```
> ggplot(gapminder_2007b, aes(x=reorder(continent, -pct), y=pct)) +
geom_bar(stat="identity", fill="indianred") +
geom_text(aes(label=pctlabel), vjust=-0.5) +
scale_y_continuous(labels=scales::percent) +
labs(x="", y="Percent", title="Countries by Continent in 2007")
```

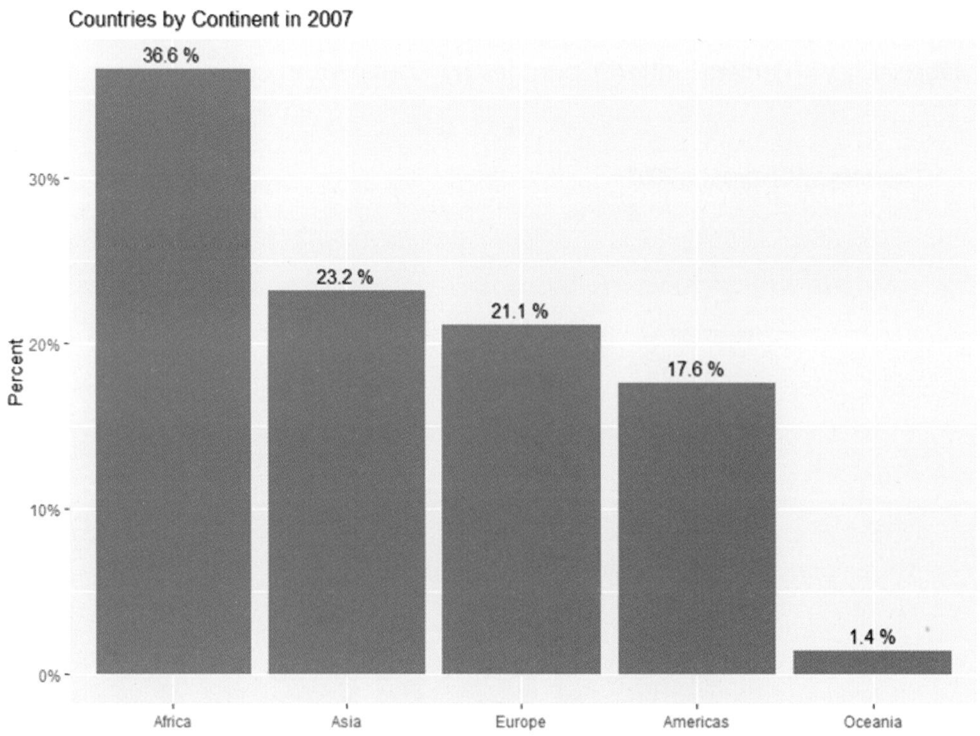

25.2 막대그래프(두 변수)

두 변수를 막대그래프에서 나타낼 때는 geom_col 기능을 활용한다. 먼저 다음과 같이 새로운 변수 meanLifeExp(평균 기대수명), totalPop(전체 인구), totalPop_bil(전체 인구, 10억 단위)를 만들자.

```
> gapminder2 <- gapminder %>% group_by(year) %>%
  summarize(meanLifeExp=mean(lifeExp), totalPop=sum(pop),
  totalPop_bil=sum(pop)/1000000000)
```

먼저 연도별 평균수명을 제시해 보자.

```
> ggplot(gapminder2, aes(x=year, y=meanLifeExp)) + geom_col( )
```

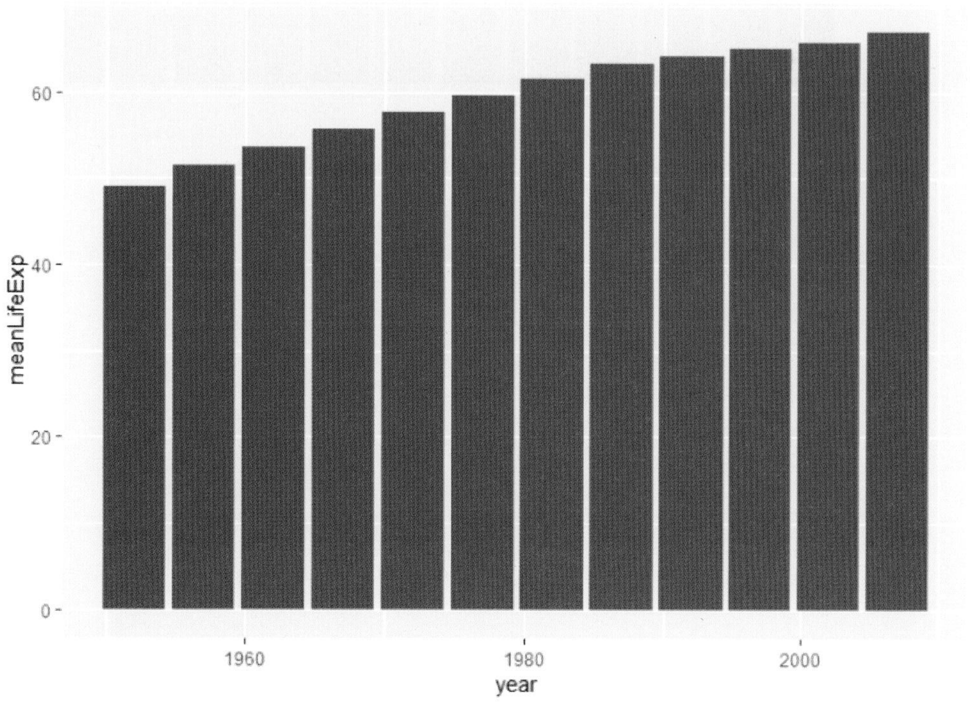

이번에는 연도별 전체 인구를 나타내 보자.

```
> ggplot(gapminder2, aes(x=year, y=totalPop)) + geom_col(fill="darkblue")
```

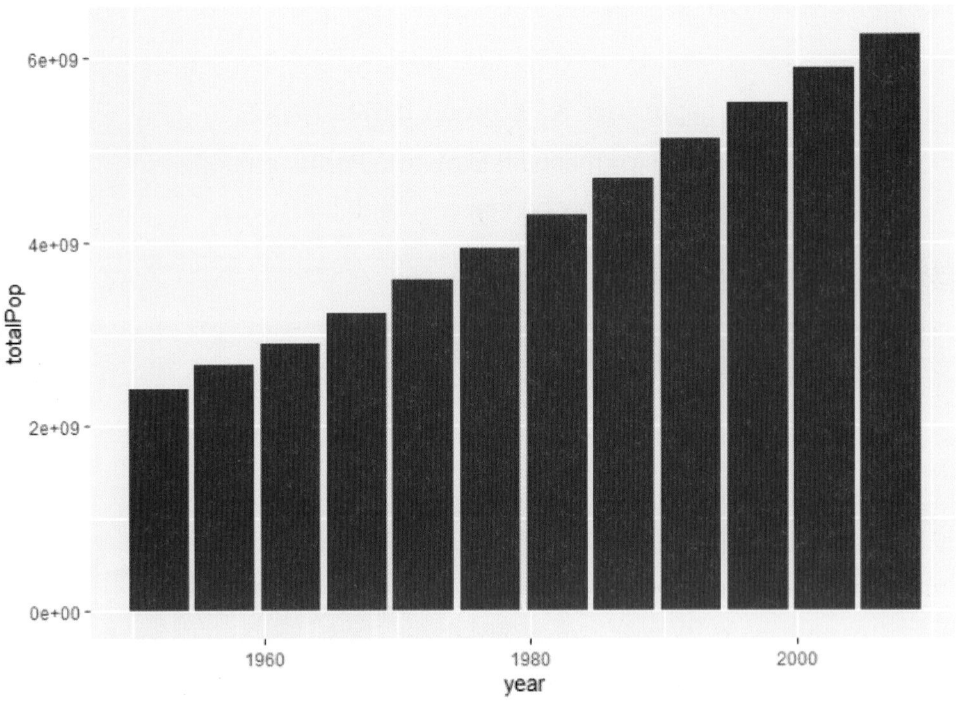

여기서 다음과 같이 y축 변수를 10억 단위 전체 인구(totalPop_bil)로 하고 그 레이블을 제시해 보자.

```
> ggplot(gapminder2, aes(x=year, y=totalPop_bil)) +
geom_col(fill="cornflowerblue") +
geom_text(aes(label=round(totalPop_bil, 2)), vjust=-0.5, size=3)
```

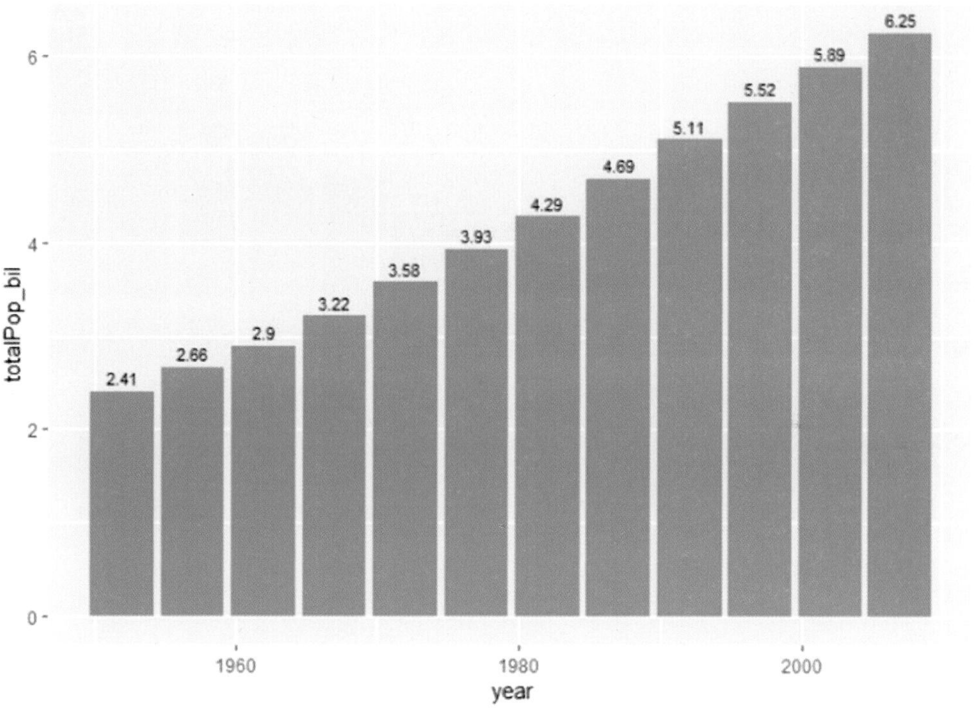

이번에는 x축 변수(연도)를 1952~2007년을 5년 단위로 구체적으로 표시해 보자.

```
> ggplot(gapminder2, aes(x=year, y=totalPop_bil)) +
geom_col(fill="cornflowerblue") +
geom_text(aes(label=round(totalPop_bil,2)), vjust=-0.5, size=3) +
scale_x_continuous(breaks=seq(1952, 2007, 5))
```

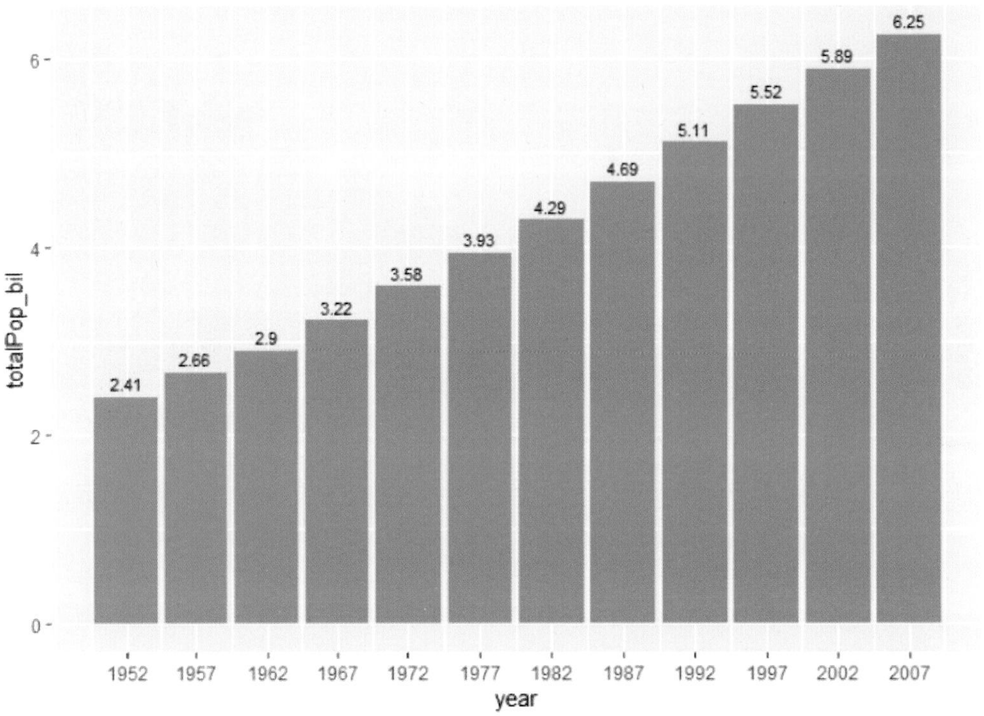

그리고 labs( ) 옵션을 이용하여 그래프의 x축, y축 레이블과 제목을 추가해 보자.

```
> ggplot(gapminder2, aes(x=year, y=totalPop_bil)) +
geom_col(fill="cornflowerblue") +
geom_text(aes(label=round(totalPop_bil, 2)), vjust=-0.5, size=3) +
scale_x_continuous(breaks=seq(1952, 2007, 5)) +
labs(x="Year", y="Total population in billions", title="World Population by Year")
```

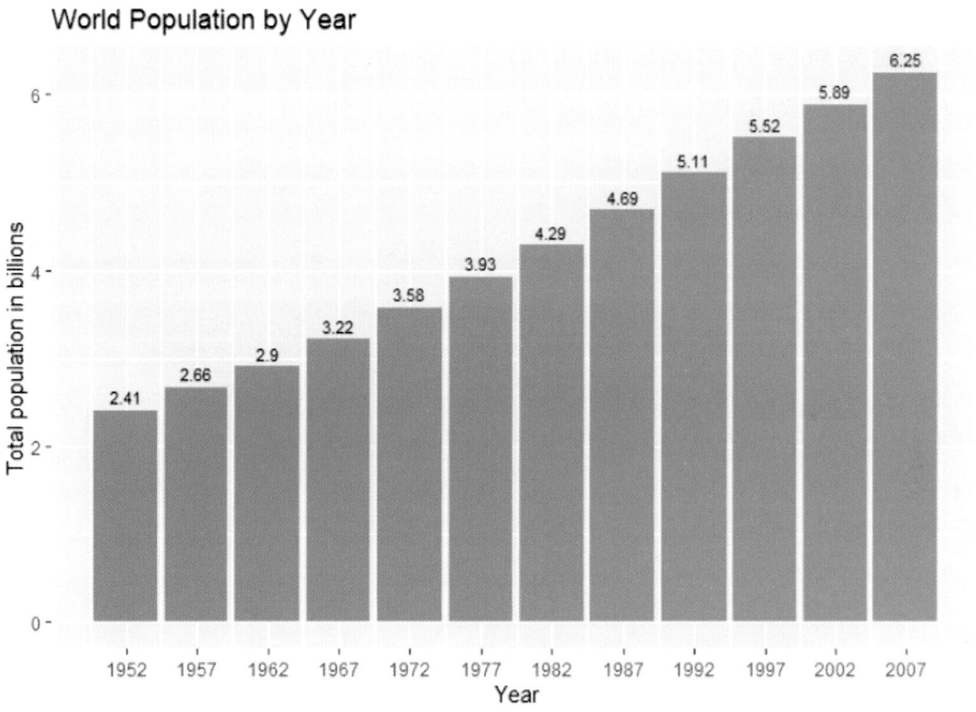

이번에는 coord_flip( ) 옵션을 이용하여 그래프의 가로축과 세로축을 서로 바꾸어 보자. 여기서는 geom_text의 레이블이 vjust에서 수평조정인 hjust로 변경된 점이 다르다.

```
ggplot(gapminder2, aes(x=year, y=totalPop_bil)) +
geom_col(fill="cornflowerblue") +
  geom_text(aes(label=round(totalPop_bil,2)), hjust=-0.5, size=3) +
  scale_x_continuous(breaks=seq(1952, 2007, 5)) +
    labs(x="Year", y="Total population in billions",
       title="World Population by Year") + coord_flip( )
```

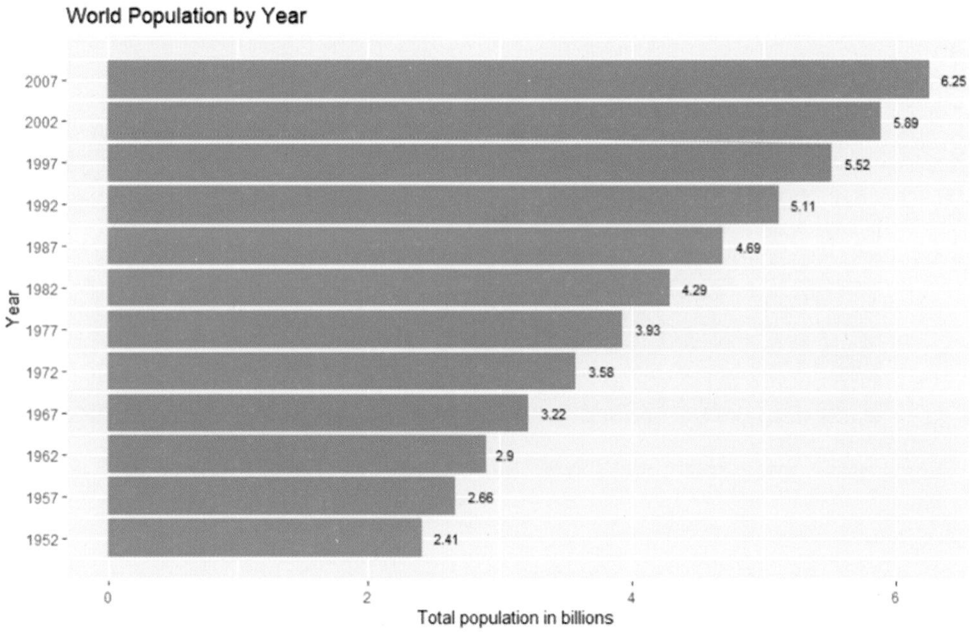

25.3 선 그래프(두 변수)

이제는 앞서 살펴본 데이터(gapminder2)로 선 그래프(line graph)를 만들어 보자. x축에는 연도, y축에는 총 인구(단위: 10억)로 제시한다.

```
> ggplot(gapminder2, aes(x=year, y=totalPop_bil)) +
  geom_line(size=1.5, color="steelblue")
```

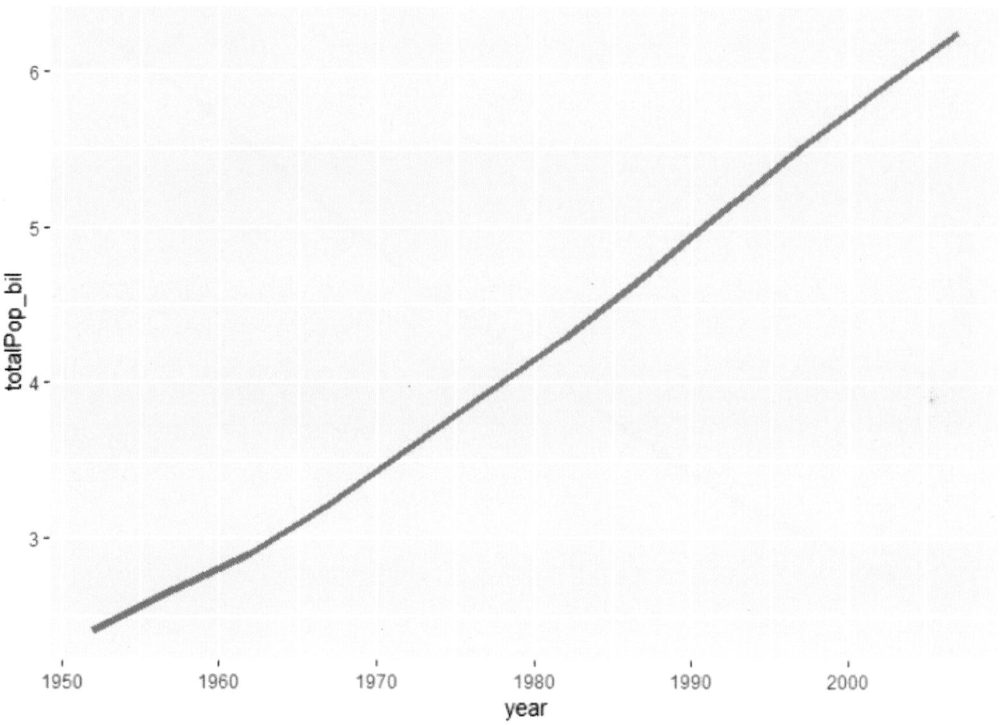

여기서 각 연도별 총 인구수를 포인트로 우선 제시하기 위해 geom_point( ) 옵션을 추가한다.

```
> ggplot(gapminder2, aes(x=year, y=totalPop_bil)) +
  geom_line(size=1.5, color="steelblue") +
  geom_point(size=3, color="red")
```

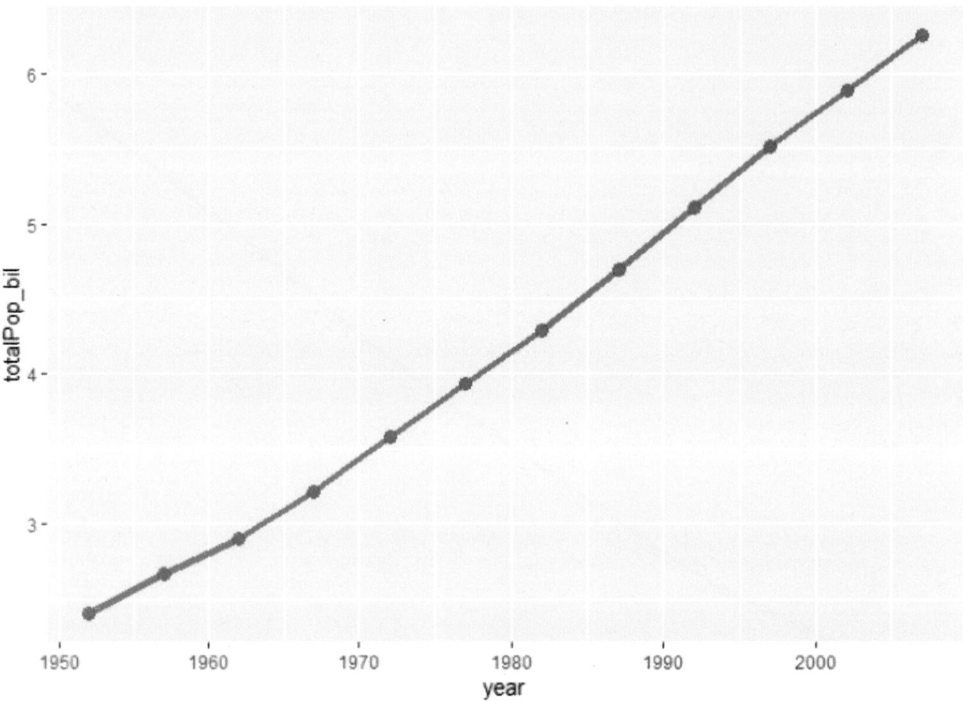

이어서 각 연도별 총 인구에 대한 레이블(수치)을 다음과 같이 제시할 수 있으며, x축은 실제 연도를 나타낼 수 있다.

```
> ggplot(gapminder2, aes(x=year, y=totalPop_bil)) +
  geom_line(size=1.5, color="steelblue") +
  geom_point(size=3, color="red") +
  geom_text(aes(label=round(totalPop_bil, 2)), vjust=-0.5, size=3) +
  scale_x_continuous(breaks=seq(1952, 2007, 5))
```

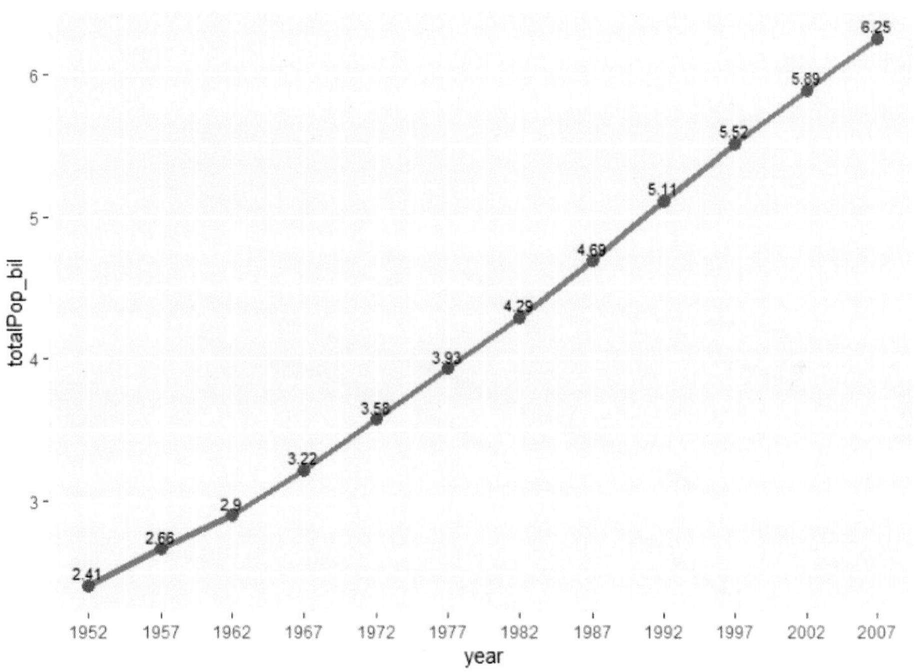

이번에는 선 그래프를 이용하여 연도별 평균수명의 변화를 대륙별로 제시해 보자. 여기서는 먼저 gapminder 데이터를 연도 및 대륙으로 구분하기 위해 group_by( ) 기능을 사용하여 새 데이터 gapminder4를 만든다. 다음 결과에서 보듯이 오세아니아 대륙의 평균 수명이 가장 높음을 알 수 있다.

```
> gapminder4 <- gapminder %>% group_by(year, continent) %>%
  summarize(meanLifeExp=mean(lifeExp))

> ggplot(gapminder4, aes(x=year, y=meanLifeExp, color=continent)) +
  geom_line(size=2) + scale_x_continuous(breaks=seq(1952, 2007, 5))
```

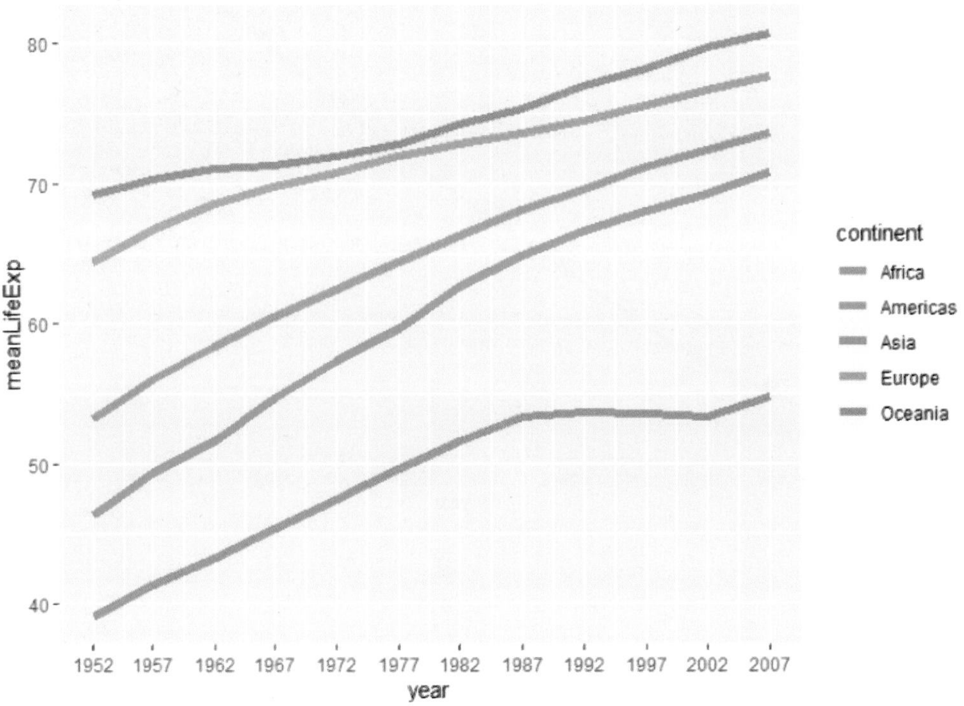

여기서 연도별, 대륙별 평균수명을 구체적인 수치로 제시될 수 있도록 geom_point( ) 및 geom_text( ) 옵션을 활용하여 다음과 같이 만들어 보자.

```
> ggplot(gapminder4, aes(year, meanLifeExp, color=continent)) +
geom_line(size=2) +
geom_point(size=3, color="orange") +
geom_text(aes(label=round(meanLifeExp, 1)), vjust=-0.5, col="black") +
scale_x_continuous(breaks=seq(1952, 2007, 5))
```

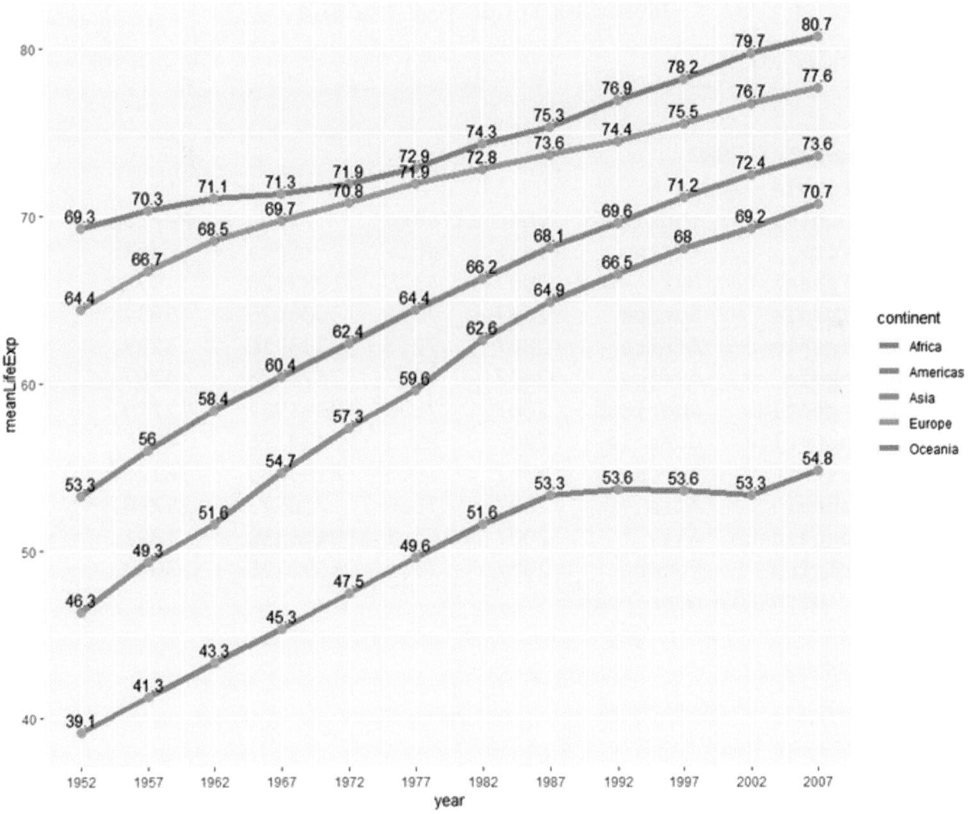

25.4 산점도(두 변수)

이번에는 두 변수의 관계를 파악할 수 있는 산점도(scatterplot or point plot)를 만들어 보자.

먼저 앞서 gapminder 데이터의 연도를 2007년으로 한정하여 gapmider_2007 데이터를 만든다.

```
> library(gapminder)
> gapminder_2007 <- filter(gapminder, year==2007)
> gapminder_2007
```

```
> gapminder_2007
# A tibble: 142 x 6
   country     continent  year lifeExp       pop gdpPercap
   <fct>       <fct>     <int>   <dbl>     <int>     <dbl>
 1 Afghanistan Asia       2007    43.8  31889923      975.
 2 Albania     Europe     2007    76.4   3600523     5937.
 3 Algeria     Africa     2007    72.3  33333216     6223.
 4 Angola      Africa     2007    42.7  12420476     4797.
 5 Argentina   Americas   2007    75.3  40301927    12779.
 6 Australia   Oceania    2007    81.2  20434176    34435.
 7 Austria     Europe     2007    79.8   8199783    36126.
 8 Bahrain     Asia       2007    75.6    708573    29796.
 9 Bangladesh  Asia       2007    64.1 150448339     1391.
10 Belgium     Europe     2007    79.4  10392226    33693.
# ... with 132 more rows
```

그리고 이어서 2007년 1인당 GDP(gdpPercap)와 평균수명(lifeExp)을 다음과 같이 geom_point( ) 옵션을 활용하여 산점도(scatterplot)로 만들어 본다.

```
> ggplot(gapminder_2007, aes(x=gdpPercap, y=lifeExp)) + geom_point( )
```

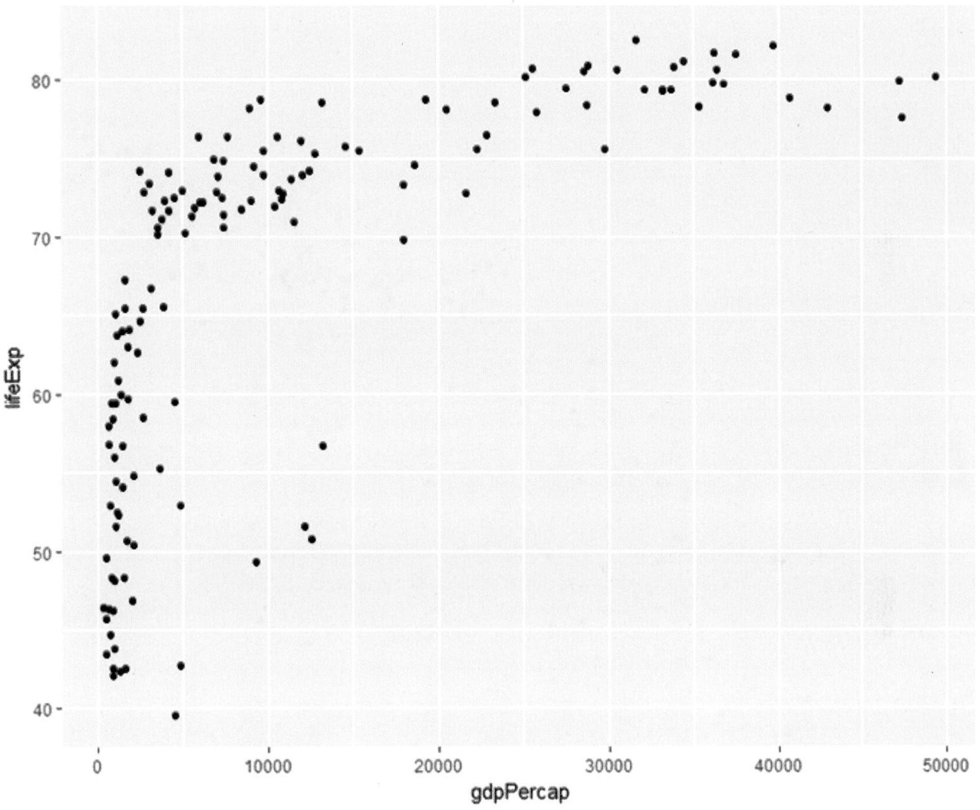

하지만 많은 국가들이 10,000달러 미만이므로 x축의 변수에 로그(log10)를 적용하여 보다 자세한 이해하기 쉬운 플롯을 만들면 다음과 같다.

```
> ggplot(gapminder_2007, aes(x=gdpPercap, y=lifeExp)) + geom_point( ) +
  scale_x_log10( )
```

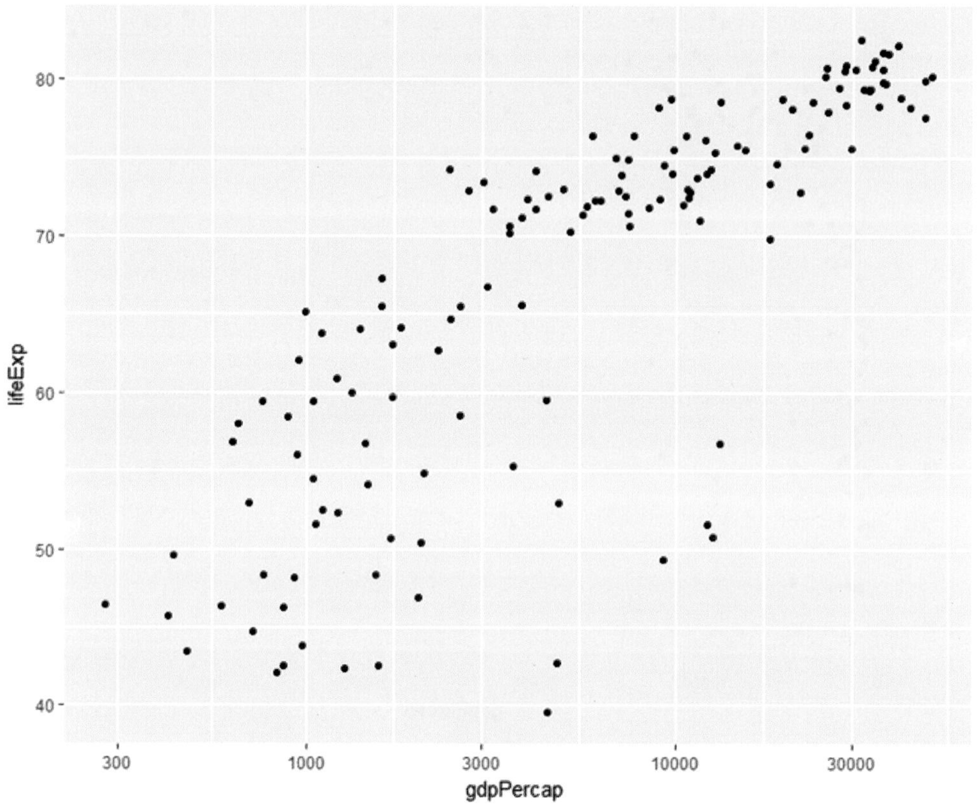

이번에는 점(point)을 대륙별로 다른 색깔로 구분하면 다음과 같으며, 아프리카 국가들은 주로 왼쪽 하단에 유럽 및 오세아니아 국가들은 오른쪽 상단에 위치하고 있음을 알 수 있다. 그리고 1인당 소득이 증가할수록 평균수명이 증가함을 확인할 수 있다.

```
> ggplot(gapminder_2007, aes(x=gdpPercap, y=lifeExp, color=continent)) +
  geom_point( ) + scale_x_log10( )
```

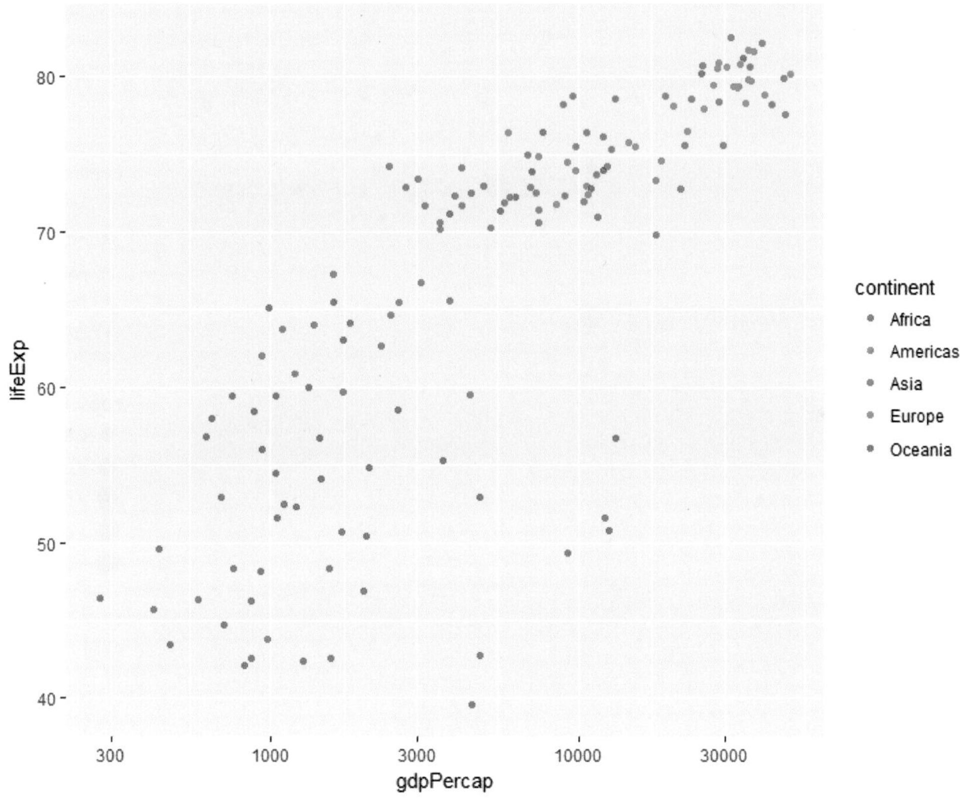

이어서 다음과 같이 이전 그림에다 각 국가(point)의 인구 규모가 반영된 플롯으로 만들 수 있다. 아시아 국가 중에서 유달리 점(point)이 큰 것은 중국과 인도임을 짐작할 수 있을 것이다.

```
> ggplot(gapminder_2007, aes(x=gdpPercap, y=lifeExp, color=continent,
  size=pop)) + geom_point( ) + scale_x_log10( )
```

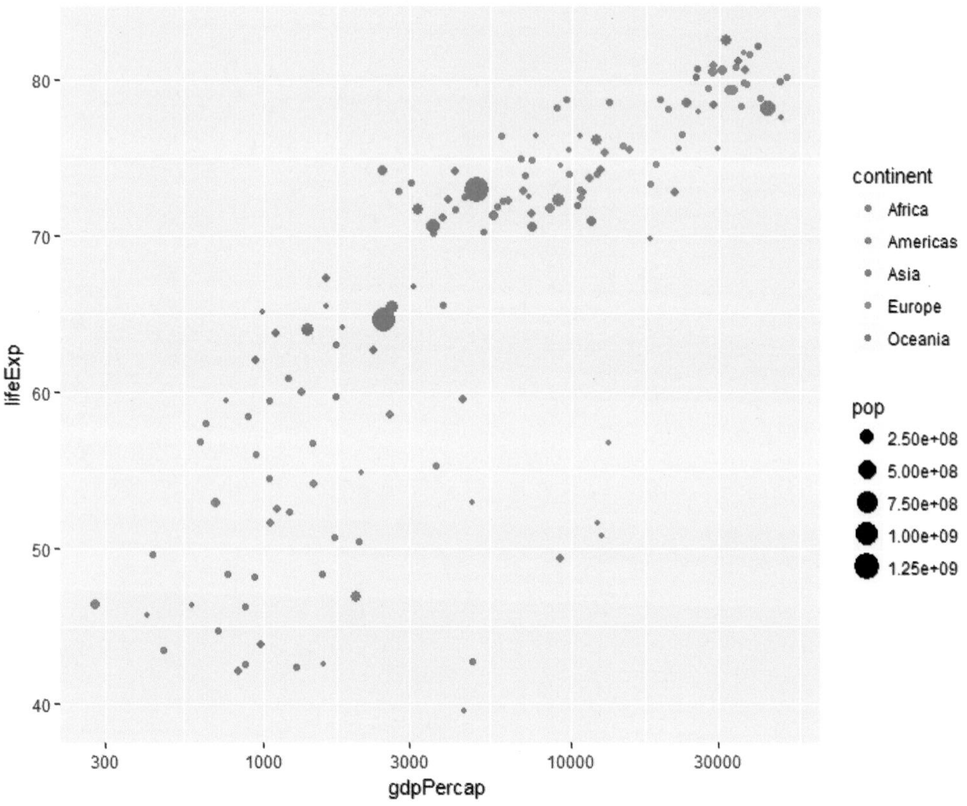

이번에는 facet_wrap( ) 옵션을 활용하여 앞의 산점도를 대륙별로 제시하면 다음과 같이 나타나며, 아프리카나 아시아와 달리 유럽과 오세아니아 국가들은 소득과 평균 수명이 높아서 대체로 오른쪽 상단에 위치함을 알 수 있다.

```
> ggplot(gapminder_2007, aes(x=gdpPercap, y=lifeExp, color=continent)) +
  geom_point( ) + scale_x_log10( ) + facet_wrap(~ continent)
```

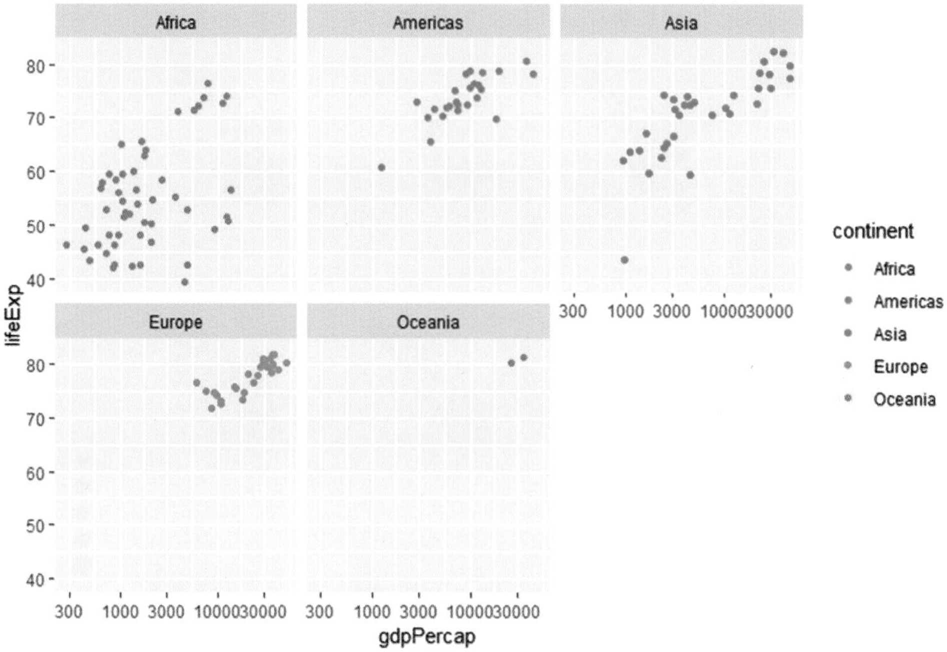

이번에는 원 데이터 gapminder로 산점도를 연도별로 제시하면 다음과 같다. 연도별로 전체적인 패턴은 비슷하지만 인구가 가장 많은 아시아의 두 국가(중국, 인도)에서 1인당 GDP가 성장하는 추세임을 알 수 있다.

```
> ggplot(gapminder, aes(x=gdpPercap, y=lifeExp, color=continent, size=pop))
  + geom_point( ) + scale_x_log10( ) + facet_wrap(~ year)
```

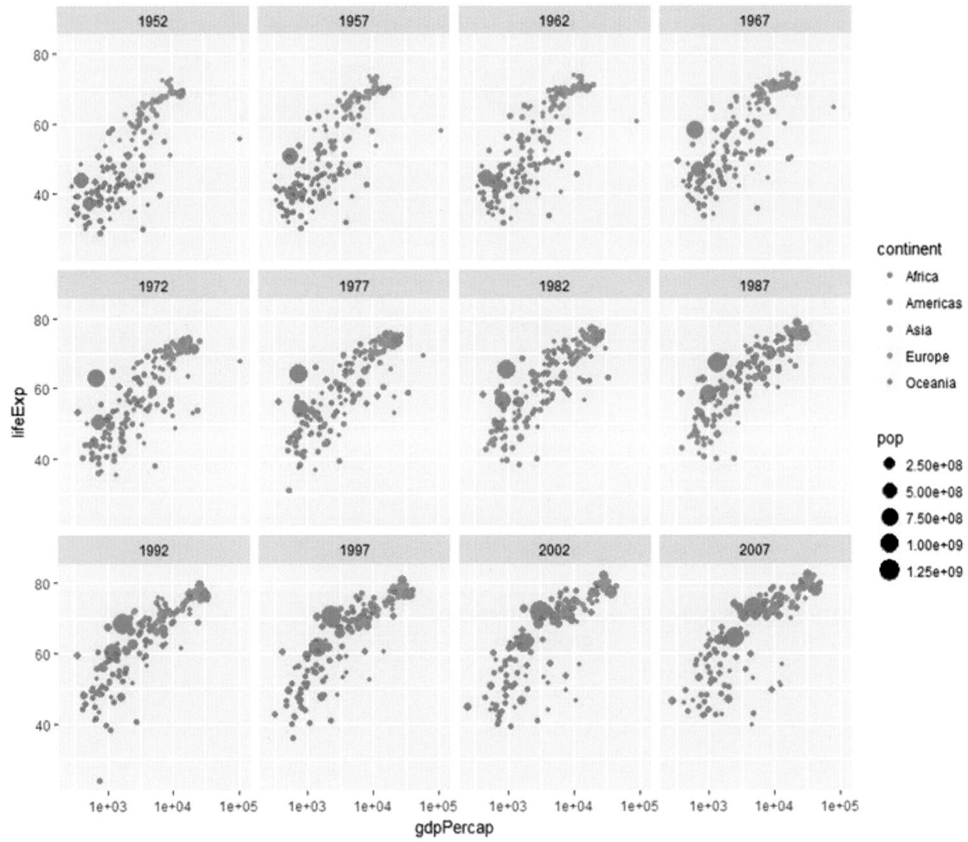

25.5 히스토그램

연속변수의 분포를 짐작할 수 있는 그래프로 히스토그램(histogram)이 있다. 여기서 geom_ histogram( ) 옵션을 이용하여 다음과 같이 1인당 GDP를 대륙별로 구분한 히스토그램을 만들 수 있다. 다음 그림에서 보듯이 아프리카 국가들은 주로 왼쪽에, 유럽 및 오세아니아 국가들은 주로 오른쪽에 위치하고 있음을 알 수 있다.

```
> ggplot(gapminder, aes(x=gdpPercap, fill=continent)) +
  geom_histogram(col="blue") + scale_x_log10( )
```

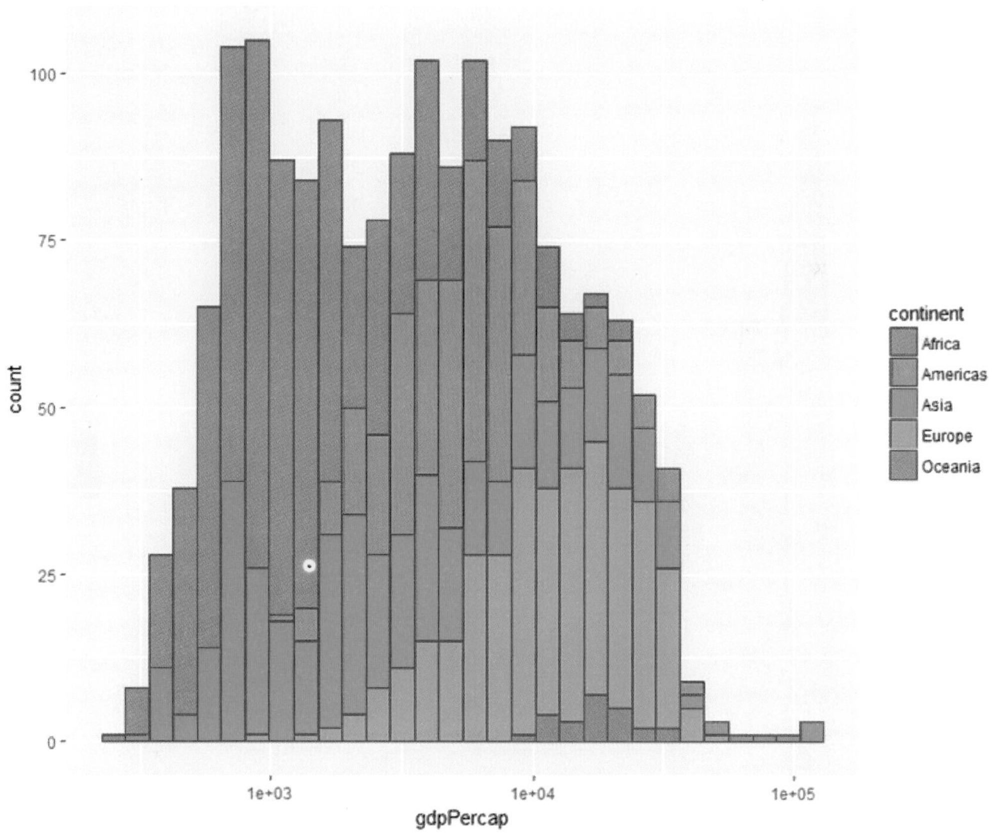

25.6 밀도 그래프

밀도 그래프(density plot)는 히스토그램과 마찬가지로 연속변수의 분포를 나타내는 그래프로서 geom_density( ) 옵션을 이용한다. 다음 데이터 Salaries는 car 패키지에 포함된 데이터로 미국 어느 대학 교수들의 소득(연봉)에 대한 데이터로 교수들의 직위(rank)별로 소득의 분포를 보여 주고 있으며, 예상대로 정교수(Prof)의 소득이 가장 높음을 알 수 있다.

```
> library(car)
> ggplot(Salaries, aes(salary, fill=rank)) + geom_density( )
```

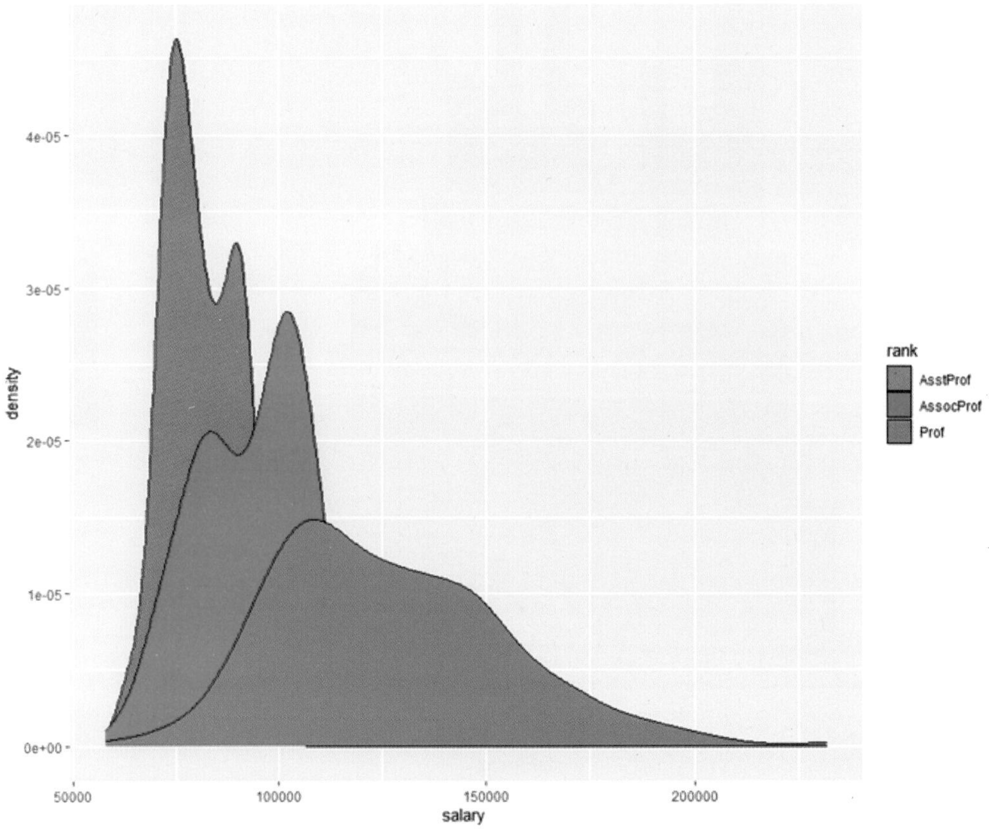

다음 그림은 색상의 투명도(alpha=1.0 기준)를 조금 낮추었으며, 범례의 위치를 오른쪽 상단에 제시하였다.

```
> ggplot(Salaries, aes(salary, fill=rank)) + geom_density(alpha=0.5) +
  theme(legend.position=c(.9,.8))
```

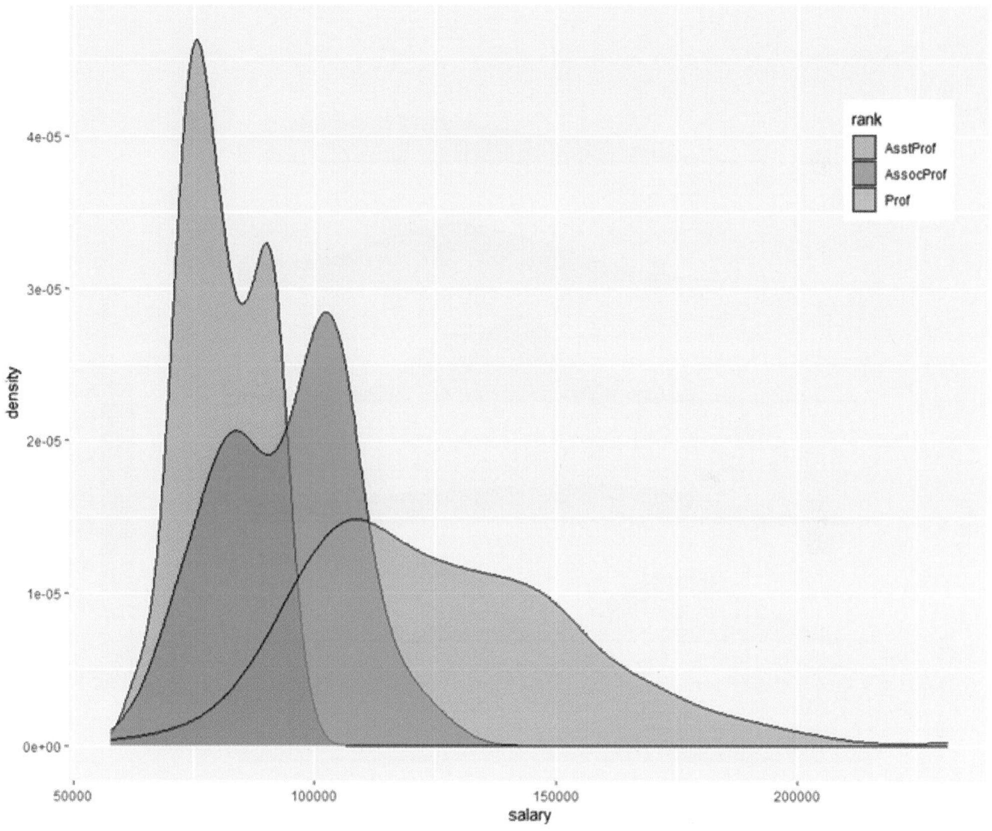

다음은 lattice 패키지에 있는 데이터 singer를 이용한 밀도 그래프이다. singer는 미국 뉴욕시 합창단원들의 파트별 단원들의 신장(height)을 기록한 데이터이다. 단원들의 파트(voice.part)별 신장을 나타내기 위해 facet_grid( ) 옵션을 활용하였다.

```
> library(lattice)
> ggplot(singer, aes(height, fill=voice.part)) + geom_density( ) +
  facet_grid(voice.part~.)
```

다음 그림에서 보는 바와 같이 베이스(Bass)의 신장이 가장 크다는 것을 알 수 있고, 가장 작은 신장은 소프라노(Soprano)로 나타났다.

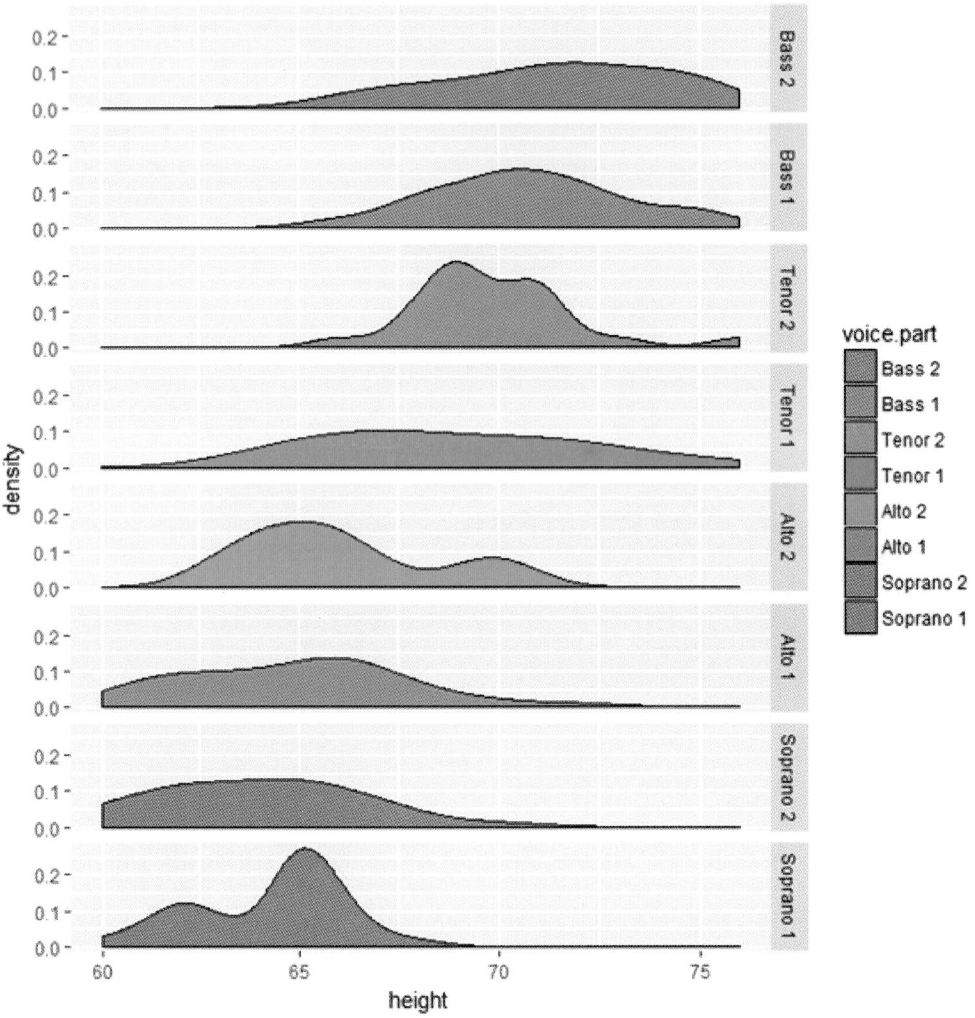

25.7 박스플롯

박스플롯(box plot) 또한 연속변수의 분포를 나타내는 그림으로서 geom_boxplot( ) 옵션을 이용하게 된다. 앞에서 사용한 데이터 Salaries로 분석하면 교수들의 직위(rank)별로 소득의 분포(최소, 최대, 25%, 중간값, 75%, 이상치)를 보여 주고 있으며, 중간값을 기준으로 할 때 조교수, 부교수, 정교수의 순으로 중간 소득이 높음을 알 수 있다.

```
> ggplot(Salaries, aes(x=rank, y=salary)) + geom_boxplot(fill="lightblue")
```

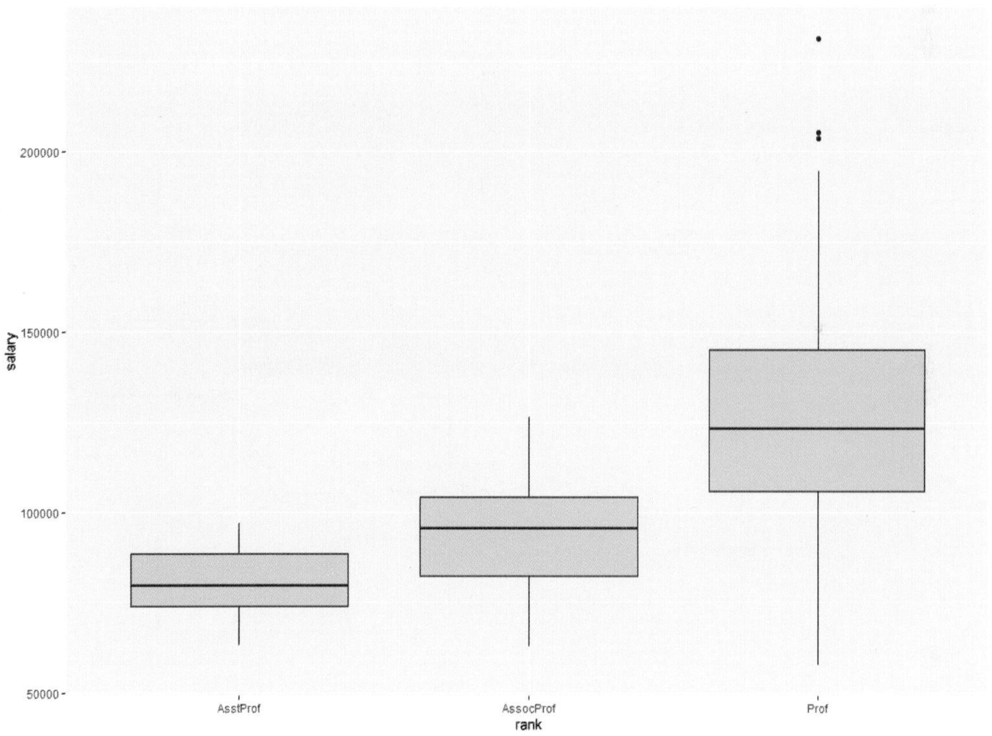

여기서 notch=TRUE 옵션을 추가하면 notched boxplot을 만들 수 있다. 이때 두 집단의 notch가 서로 중복되지(overlap) 않으면 두 집단의 중간값은 95% 신뢰수준에서 유의하게 다를 가능성이 크다(Kabacoff, 2020).

```
> ggplot(Salaries, aes(x=rank, y=salary)) +
  geom_boxplot(notch=TRUE, fill="lightblue", alpha=0.7) +
  labs(title="Salary distribution by rank")
```

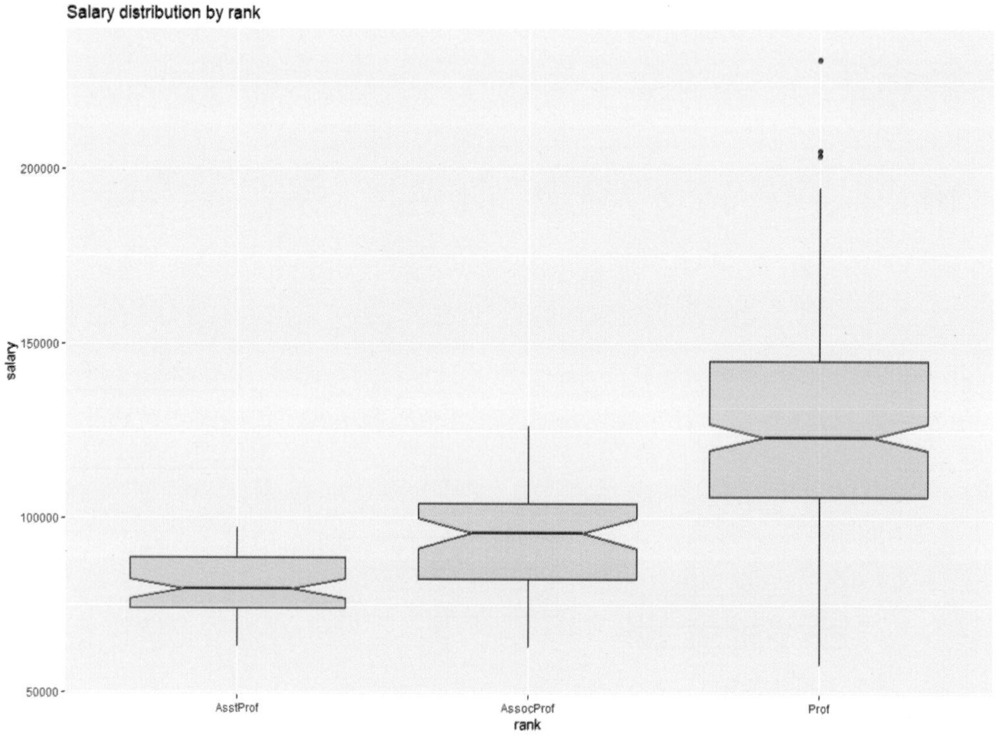

26 sjPlot을 이용한 데이터 시각화

이번 장에서는 사회과학 분야의 데이터 시각화에 특화된 sjPlot 패키지를 이용하여 데이터 시각화를 수행하고자 한다(Ludecke, 2020).

먼저 sjPlot 패키지를 설치해야 하는데 이는 sjPlot 패키지와 함께 데이터 시각화를 하는 데 필요한 보조 패키지(예: sjlabelled, sjmisc)와 함께 한꺼번에 설치하는 것이 편리하다. 이를 위해서는 다음과 같이 devtools 패키지를 통해 strengejacke를 설치한다.

```
> install.packages("devtools")
> devtools::install_github("strengejacke/strengejacke")

> library(sjlabelled)
> library(sjmisc)
> library(sjstats)
> library(ggeffects)
> library(sjPlot)
> library(tidyverse)
```

이번에는 데이터를 불러오는데 여기서 사용할 데이터는 세 가지로 먼저, sjPlot에 포함된 유럽의 노인 부양에 대한 가족 케어 데이터(efc), 타이태닉호 데이터(titanic2207.csv), 그리고 미국 어떤 대학의 교수 연봉 데이터(Salaries)로 다음과 같이 불러온다.

```
> data(efc)
> titanic <- read.csv("E:/R/titanic2207.csv")
> data(Salaries, package="carData")
```

26.1 단일변수 그래프(univariate graph)

먼저 plot_freq( ) 기능을 이용하여 범주형 단일변수 그래프(categorical univariate graphs)를 만들어 보자.

타이태닉호에 승선한 승객들의 선실 등급(class)별로 막대그래프를 만들면 다음과 같이 나타난다. 그래프에서 보는 것처럼 plot_freq( )을 이용하면 간단한 명령어로 각 클래스별로 빈도수와 퍼센트를 한꺼번에 제시하여 이해하기 매우 편리함을 알 수 있다.

```
> plot_frq(titanic, class)
```

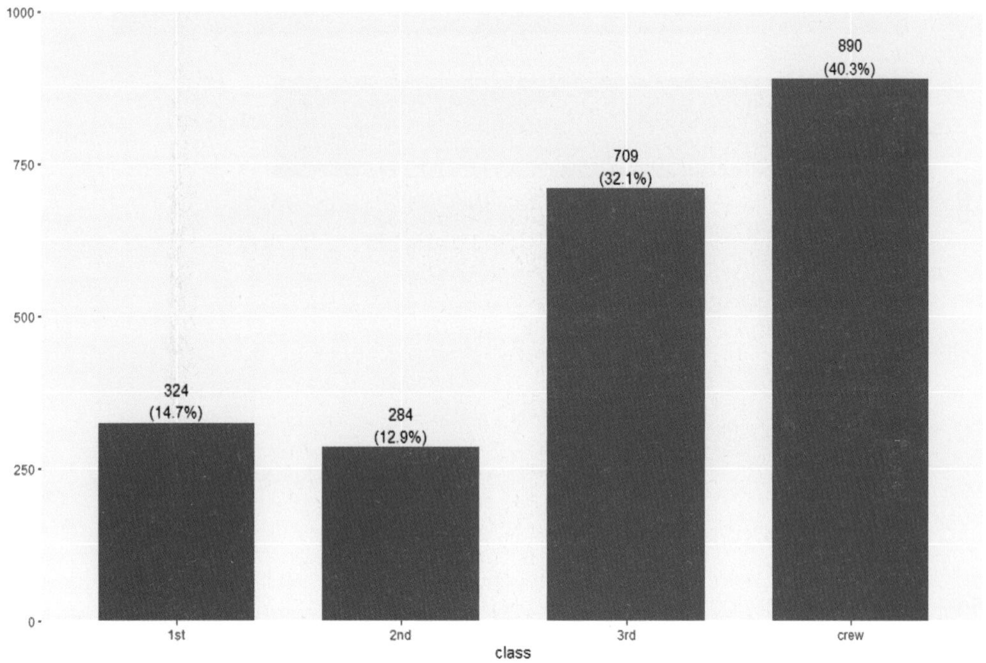

여기서 막대그래프를 수평으로 만들고 싶으면 ggplot2처럼 coord.flip=TRUE를 추가하면 된다. 그리고 hjust는 레이블의 수평 방향 정렬에 대한 옵션이다.

```
> plot_frq(titanic, class, coord.flip=TRUE, hjust="left")
```

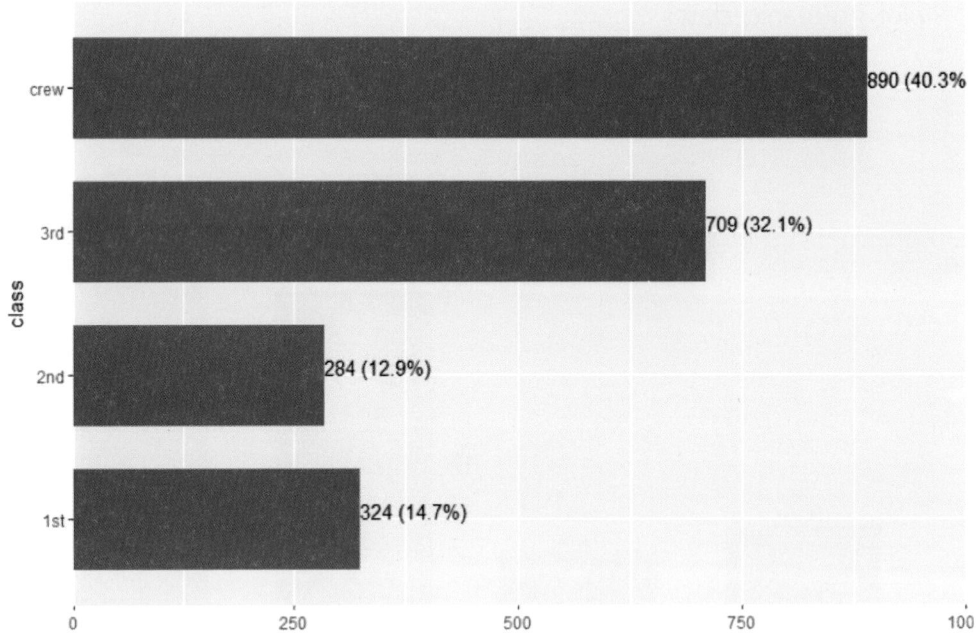

그리고 범주형 변수를 추가하면 2개의 막대그래프를 한꺼번에 구현할 수 있으며, 오름차순 정렬(sort.frq="asc") 및 색상(geom.colors="indianred2")을 바꿀 수 있다.

```
> plot_frq(titanic, class, survived, sort.frq="asc", geom.colors="indianred2")
```

class

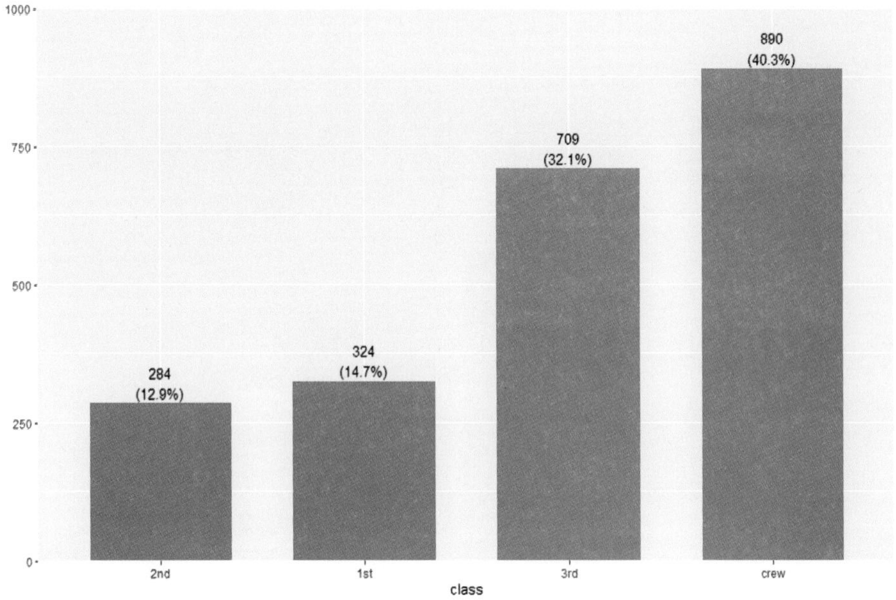

survived

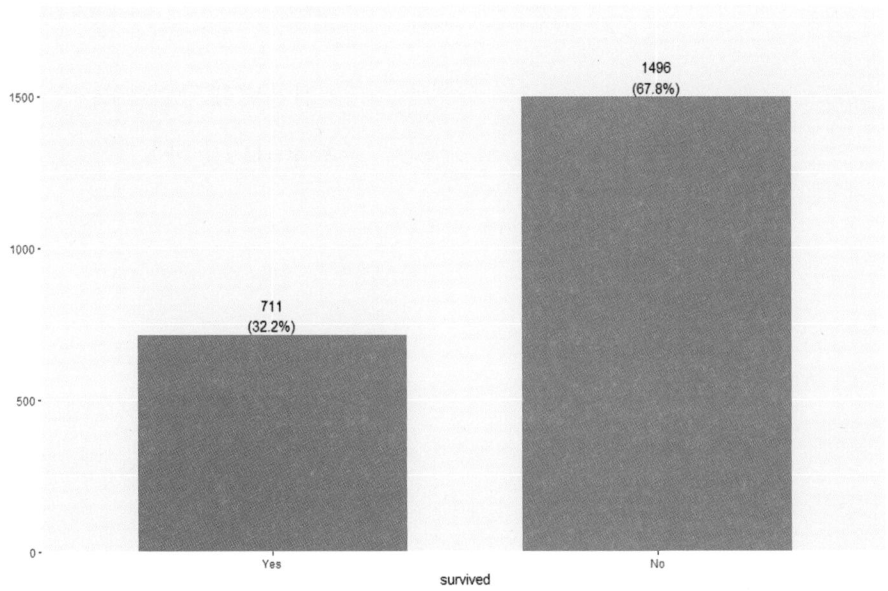

만약 이때 내림차순으로 정렬하고 싶으면 sort.frq="desc" 옵션을 추가하면 된다.

```
> plot_frq(titanic, class, sort.frq="desc", geom.colors="indianred2")
```

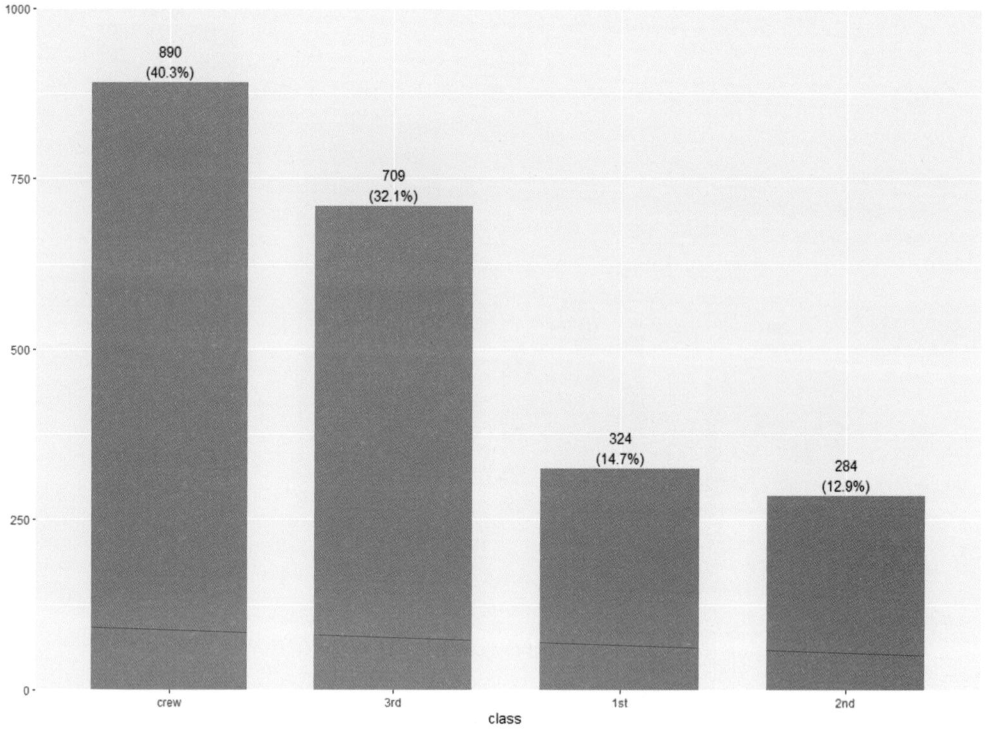

이번에는 연속변수(continuous variables)에 대한 단일 그래프를 만들어 보자.

먼저 다음과 같이 타이태닉호 승객들의 연령(age)에 대한 히스토그램(type="h")을 만드는 데 평균과 표준편차를 제시하며 또한 정규분포 곡선도 함께 제시한다.

```
> plot_frq(titanic, age, type="h", show.mean=T, show.sd=T, normal.curve=T)
```

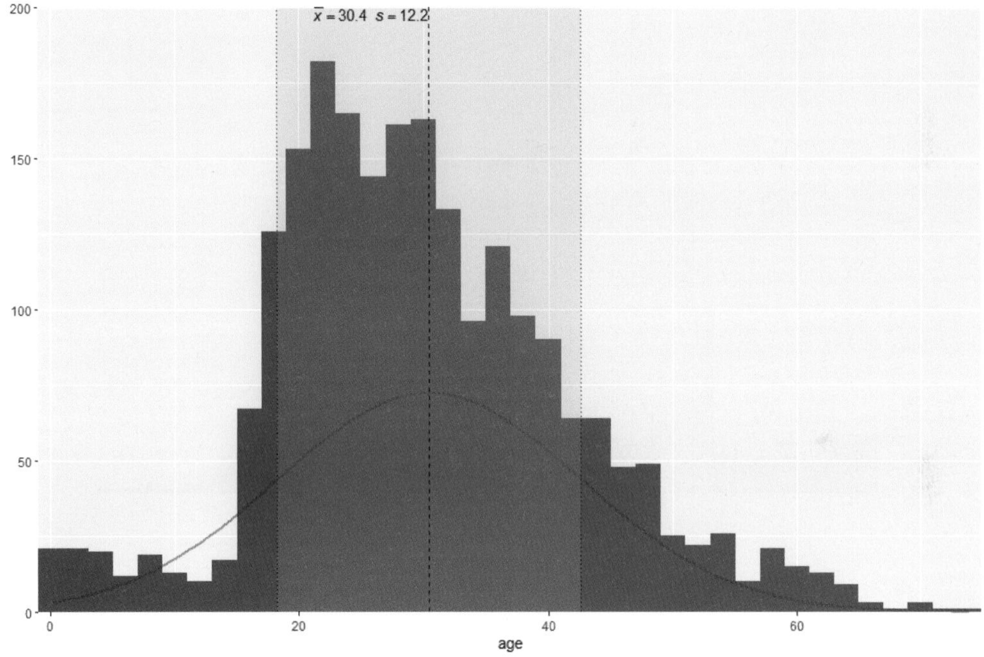

그리고 다음과 같이 색상(geom_colors)과 정규분포 곡선(normal.curve.color)의 색깔도 바꿀 수 있다.

```
> plot_frq(titanic, age, type="h", show.mean=T, show.sd=T, normal.curve=T,
      geom.colors="orange", normal.curve.color="blue")
```

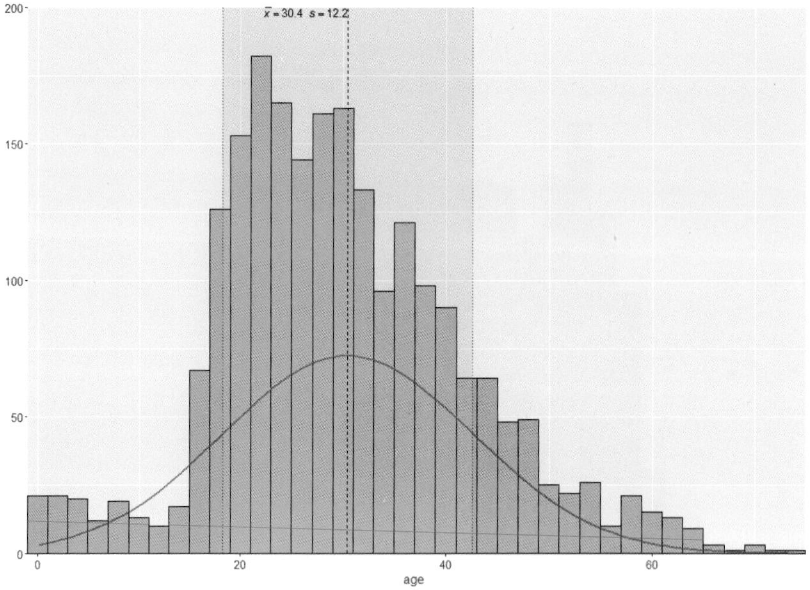

이번에는 승객들의 연령에 대한 boxplot, violin plot, 그리고 density plot을 다음과 같이 만들 수 있다.

```
> plot_frq(titanic, age, type="box", title="Boxplot of age")
```

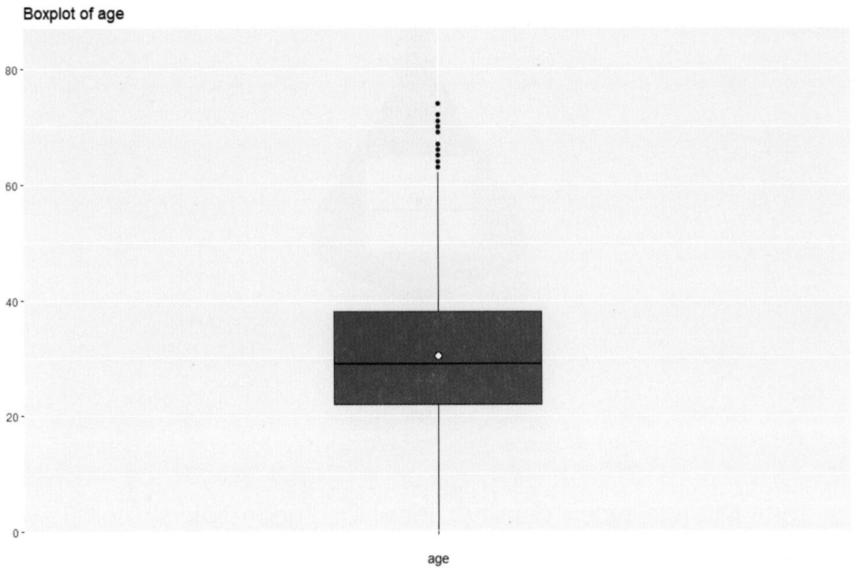

```
> plot_frq(titanic, age, type="violin", title=NULL)
```

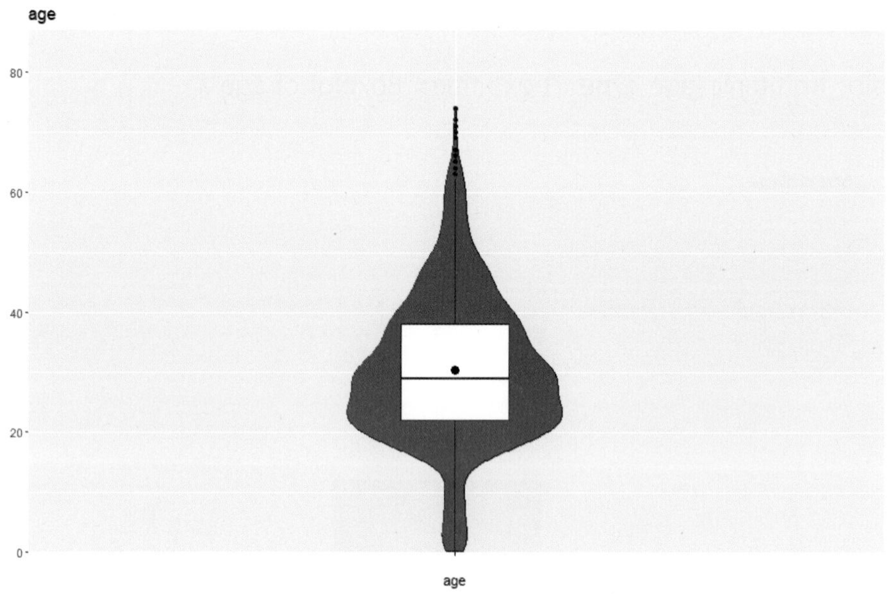


```
> plot_frq(titanic, age, type="density", title=NULL, geom.colors="cornflowerblue")
```

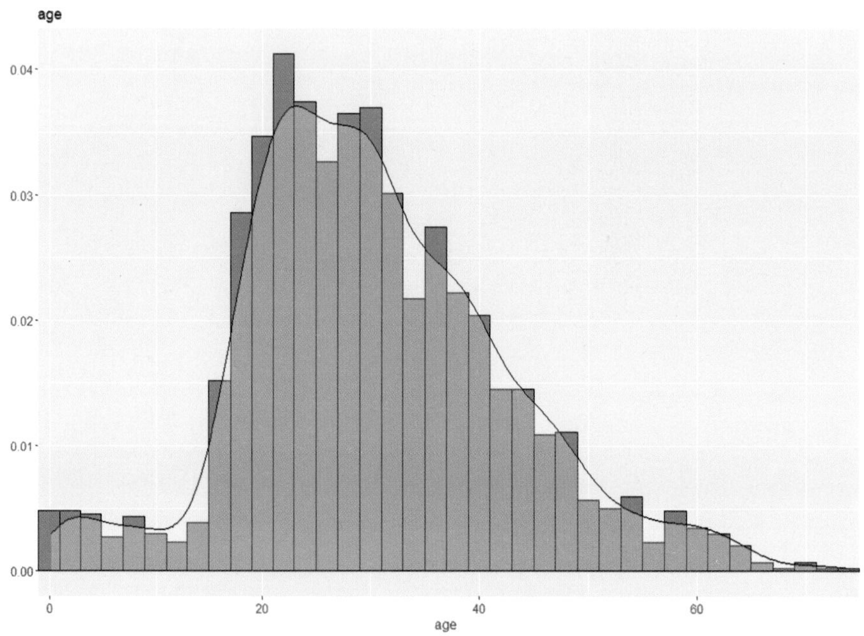

이번에는 연속변수인 연령을 하위집단으로 나누어 제시할 수 있다. 이를 위해 먼저 group_ var( ) 기능을 이용하여 연령을 5세 단위로 구분한 ageGrp, 이에 대한 group_labels( ) 기능을 이용해 레이블을 제시한 ageGrpLab이라는 객체를 만든다. 그리고 나서 plot_frq를 활용하면 다음과 같이 집단별 빈도표가 아주 편리하게 만들어짐을 알 수 있다.

```
> ageGrp <- group_var(titanic$age)
> ageGrpLab <- group_labels(titanic$age)
> plot_frq(ageGrp, title = 'Age group', axis.labels = ageGrpLab)
```

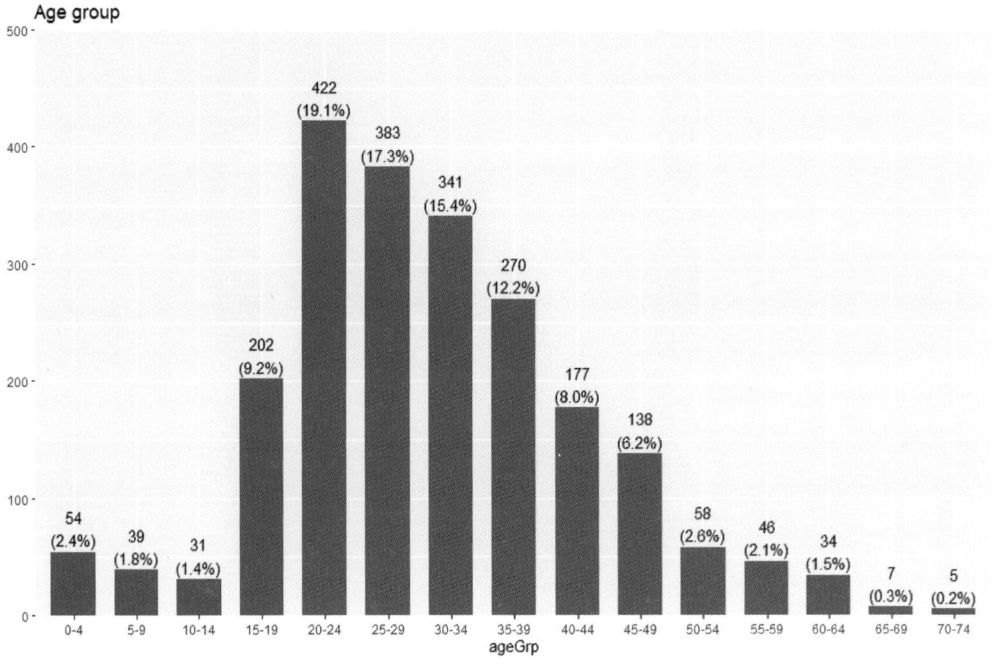

26.2 이원형 그래프(bivariate graph)

이번에는 두 변수로 이원형 그래프를 만들어 보자. 먼저 plot_scatter( ) 기능을 이용하여 타이태닉호 승객들의 연령(age)을 성별(gender)로 구분한 산점도(scatterplot)로 제시해 보자.

```
> plot_scatter(titanic, gender, age)
```

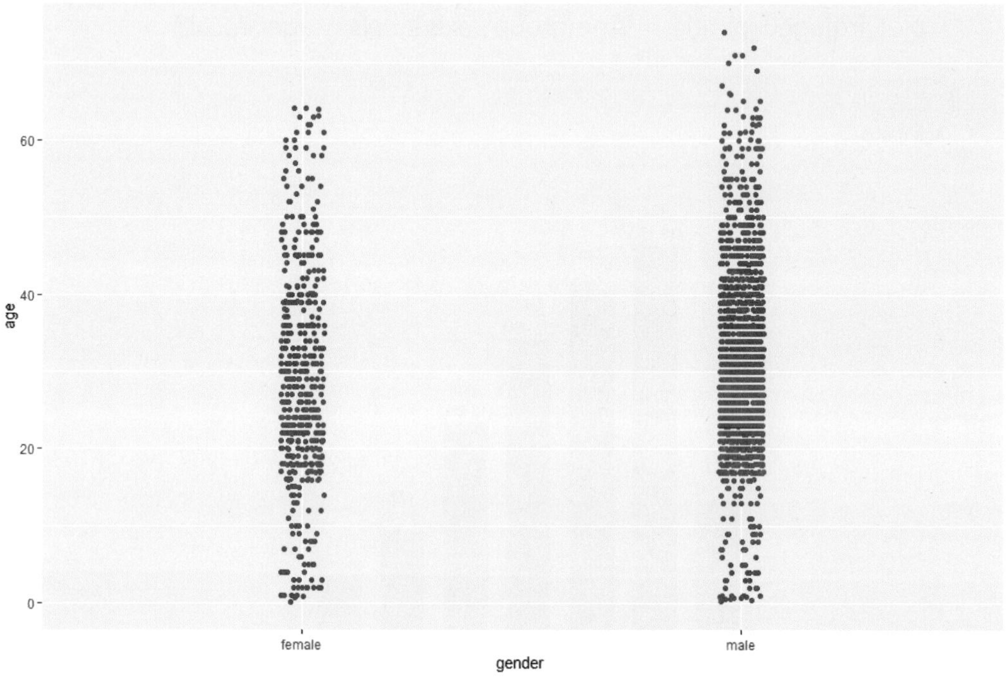

여기서 jitter 옵션을 활용하여 데이터의 값들을 보다 자세히 제시할 수 있다.

```
> plot_scatter(titanic, gender, age, jitter=.4)
```

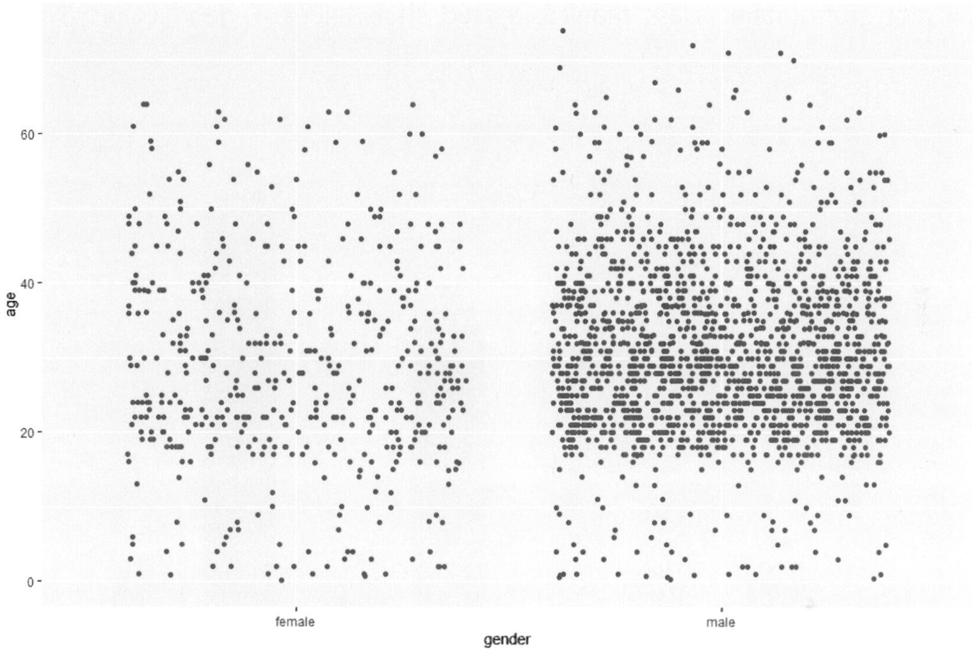

이번에는 plot_grpfrq( ) 기능을 이용하여 집단별 빈도(grouped frequencies)를 나타내는 그래프를 만들어 보자. 먼저 다음과 같이 타이태닉호 승객들의 등급(class)별 생존여부(survived)를 빈도와 퍼센트로 제시해 보자.

```
> plot_grpfrq(titanic$class, titanic$survived, show.values=T, geom.colors=NULL)
```

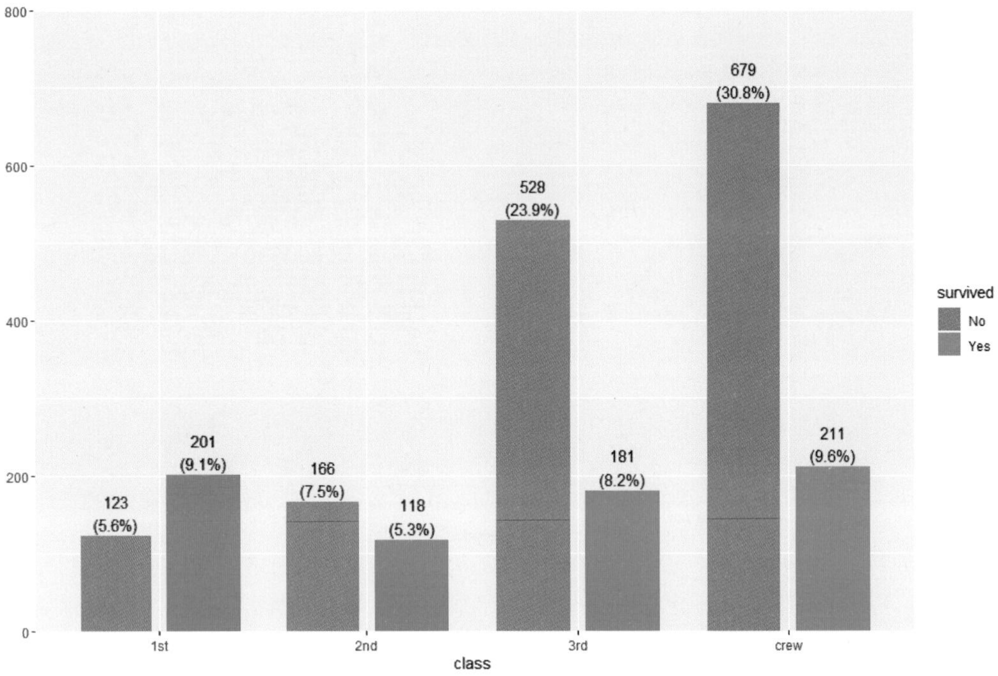

이번에는 bar.pos="stack" 옵션을 추가하여 누적형 빈도(stacked frequencies) 그래프를 다음과 같이 만든다.

```
> plot_grpfrq(titanic$class, titanic$survived, show.values=T,
  geom.colors=NULL, bar.pos="stack")
```

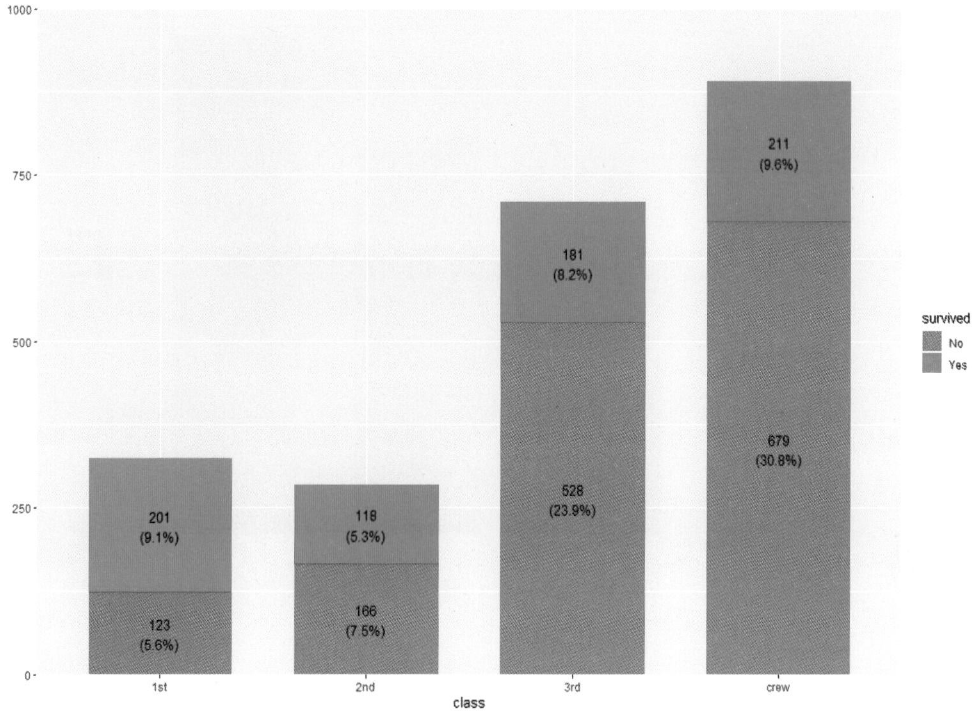

이때 만약 제목을 제시하고 싶으면 title=NULL 옵션을 추가한다.

```
> plot_grpfrq(titanic$class, titanic$survived, show.values=T,
  geom.colors=NULL, bar.pos="stack", title=NULL)
```

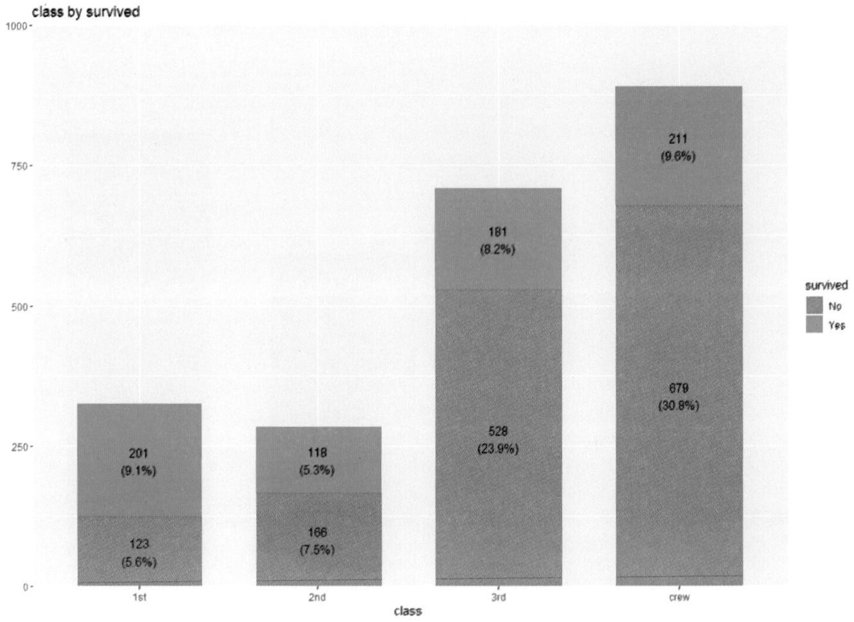

이번에는 box plot과 선(line) 그래프를 다음과 같이 만들 수 있다.

```
> plot_grpfrq(titanic$age, titanic$class, type="box")
```

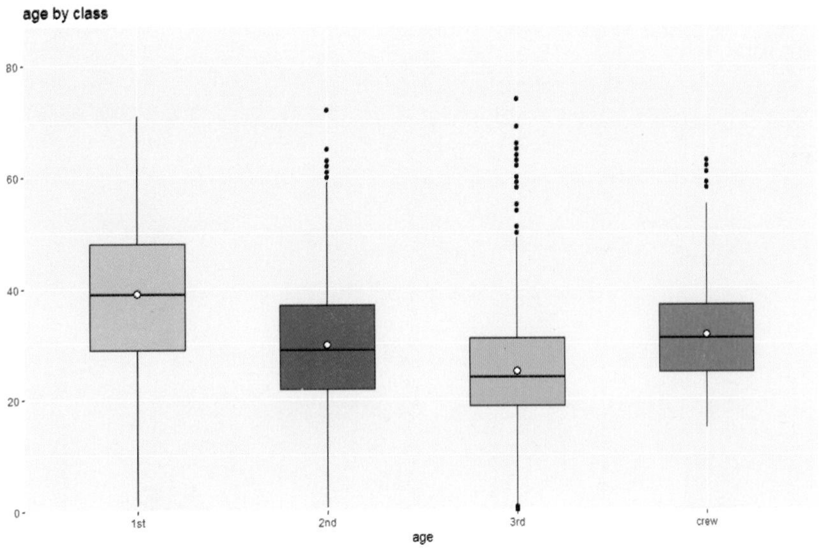


```
> plot_grpfrq(titanic$class, titanic$survived, type = "line", geom.colors=NULL)
```

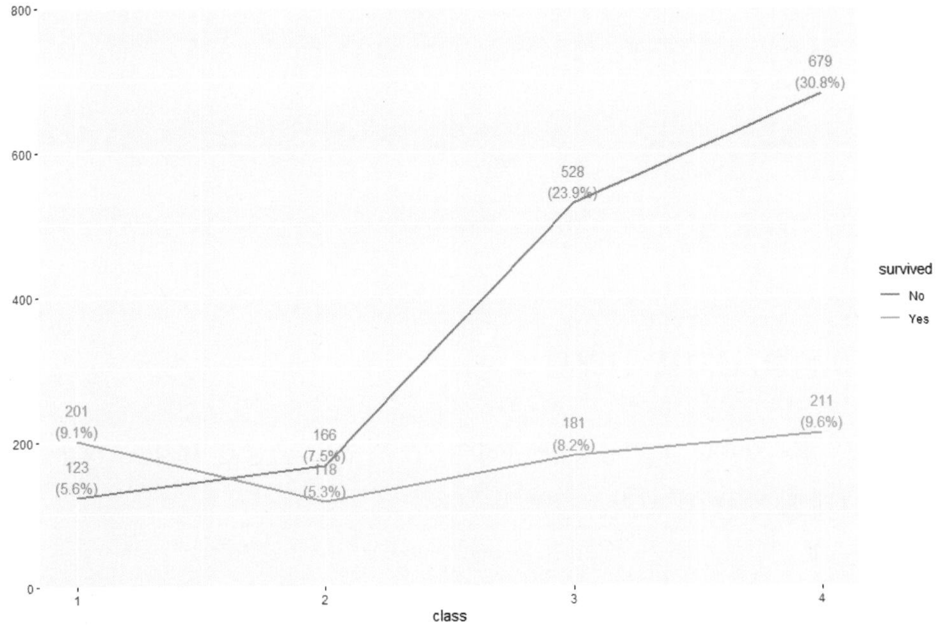

만약 box plot에서 제3의 변수(interaction variable) 여기서는 성별(gender)을 포함하여 연령(age)을 등급(class)별로 제시하고 싶으면 다음과 같이 만들 수 있다.

```
> plot_grpfrq(titanic$age, titanic$class, intr.var=factor(titanic$gender),
  type="box")
```

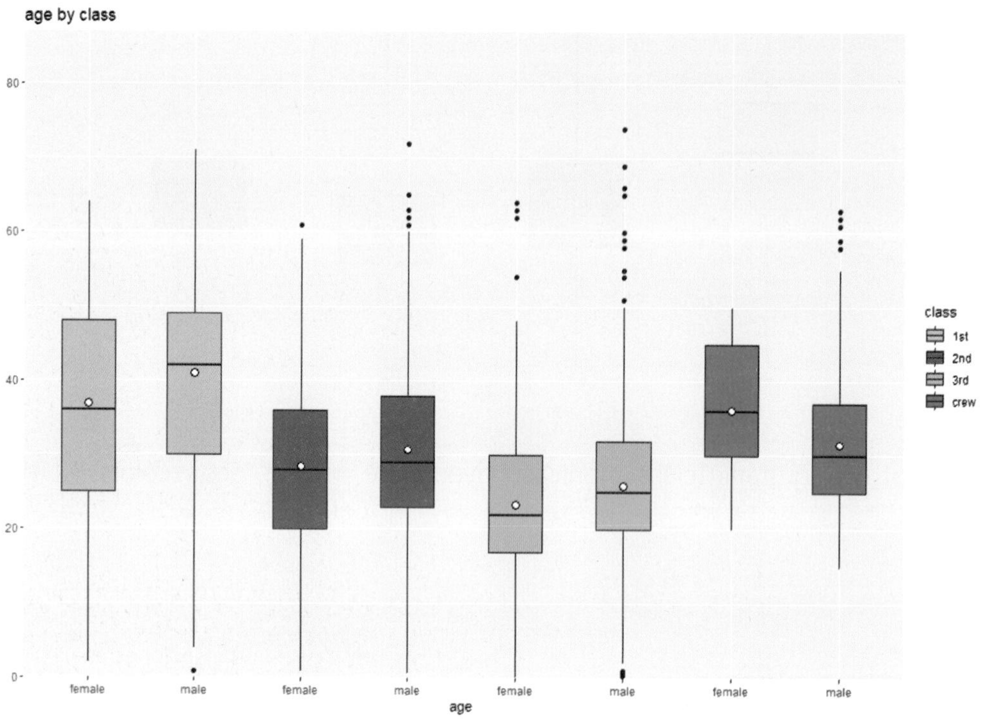

26.3 이원형 교차표 그래프

이번에는 plot_xtab( ) 기능을 활용하여 두 변수로 구성된 교차표(contingency tables)를 그래프로 나타내 보자.

다음 그림에서 보듯이 타이태닉호의 등급별 생존여부를 빈도와 퍼센트로 제시하는 점은 plot_grpfrq( )와 동일하지만 여기서는 각 등급별 생존여부 비율(proportion)과 합계(total)를 함께 제시하는 점이 다르다고 하겠다.

```
> plot_xtab(titanic$class, titanic$survived, geom.colors=NULL)
```

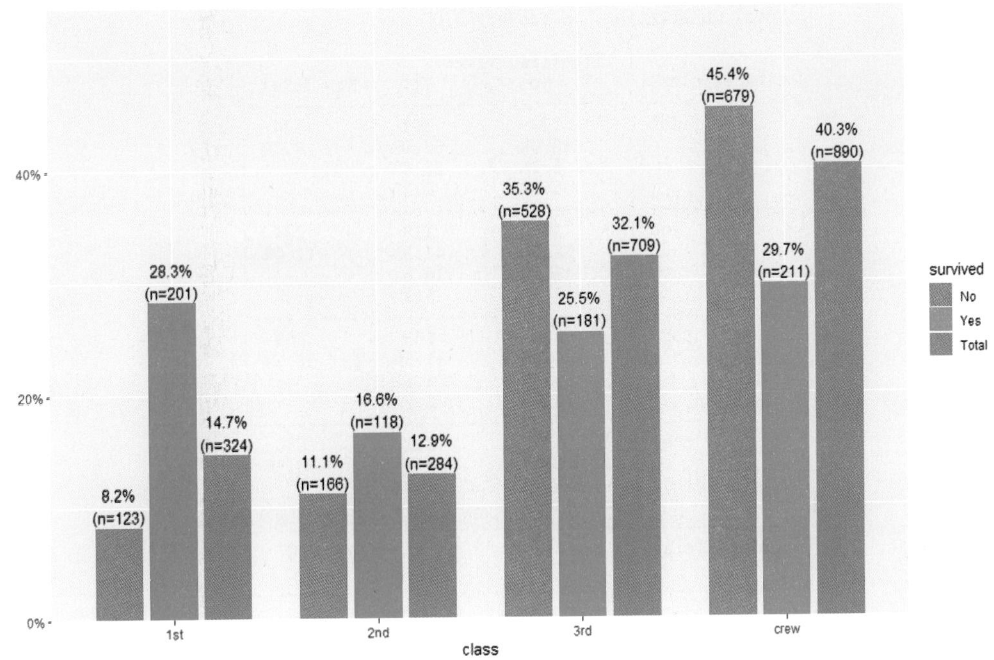

위 그림의 결과를 다음 교차표의 Column Percent와 확인하면 동일한 결과임을 알 수 있다.

> library(gmodels)

> CrossTable(titanic$class, titanic$survived, prop.chisq=F, format="SPSS", digits=1)

```
   Cell Contents
|-------------------------|
|                   Count |
|             Row Percent |
|          Column Percent |
|           Total Percent |
|-------------------------|

Total Observations in Table:  2207

              | titanic$survived
titanic$class |        No  |       Yes  | Row Total |
--------------|-----------|-----------|-----------|
          1st |      123  |      201  |      324  |
              |    38.0%  |    62.0%  |    14.7%  |
              |     8.2%  |    28.3%  |           |
              |     5.6%  |     9.1%  |           |
--------------|-----------|-----------|-----------|
          2nd |      166  |      118  |      284  |
              |    58.5%  |    41.5%  |    12.9%  |
              |    11.1%  |    16.6%  |           |
              |     7.5%  |     5.3%  |           |
--------------|-----------|-----------|-----------|
          3rd |      528  |      181  |      709  |
              |    74.5%  |    25.5%  |    32.1%  |
              |    35.3%  |    25.5%  |           |
              |    23.9%  |     8.2%  |           |
--------------|-----------|-----------|-----------|
         crew |      679  |      211  |      890  |
              |    76.3%  |    23.7%  |    40.3%  |
              |    45.4%  |    29.7%  |           |
              |    30.8%  |     9.6%  |           |
--------------|-----------|-----------|-----------|
 Column Total |     1496  |      711  |     2207  |
              |    67.8%  |    32.2%  |           |
--------------|-----------|-----------|-----------|
```

Pearson's Chi-squared test

Chi^2 = 187.2956   d.f. = 3   p = 2.343039e-40

여기서 범례를 그림 안에 제시하고 싶으면 다음 옵션을 추가할 수 있다.

```
> set_theme(legend.pos="top left", legend.inside=T, legend.size=1.0)
> plot_xtab(titanic$class, titanic$survived, geom.colors=NULL)
```

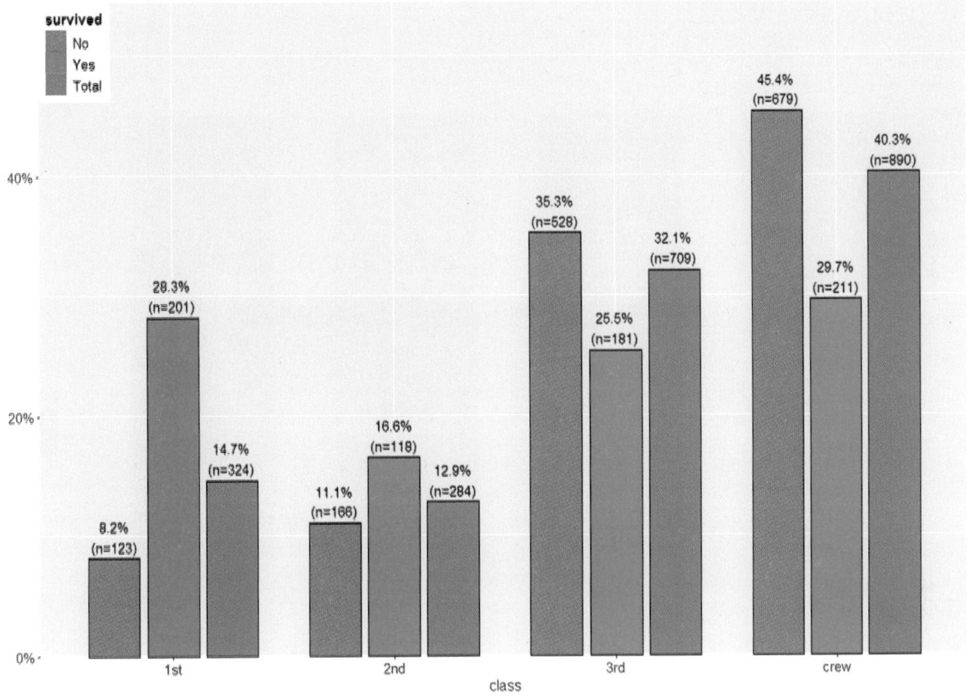

그리고 다시 원래 옵션대로 되돌리고 싶으면 다음 명령어를 추가하면 된다.

```
> set_theme( )
```

이번에는 누적 그래프로 만들고 싶으면 다음과 같이 margin="row", bar.pos="stack" 옵션을 추가한다. 여기서 margin="row"를 추가한 것은 앞서 살펴본 교차표의 row percent를 기준으로 하기 위한 것이다.

```
> plot_xtab(titanic$class, titanic$survived, margin="row", bar.pos="stack",
  geom.colors=NULL)
```

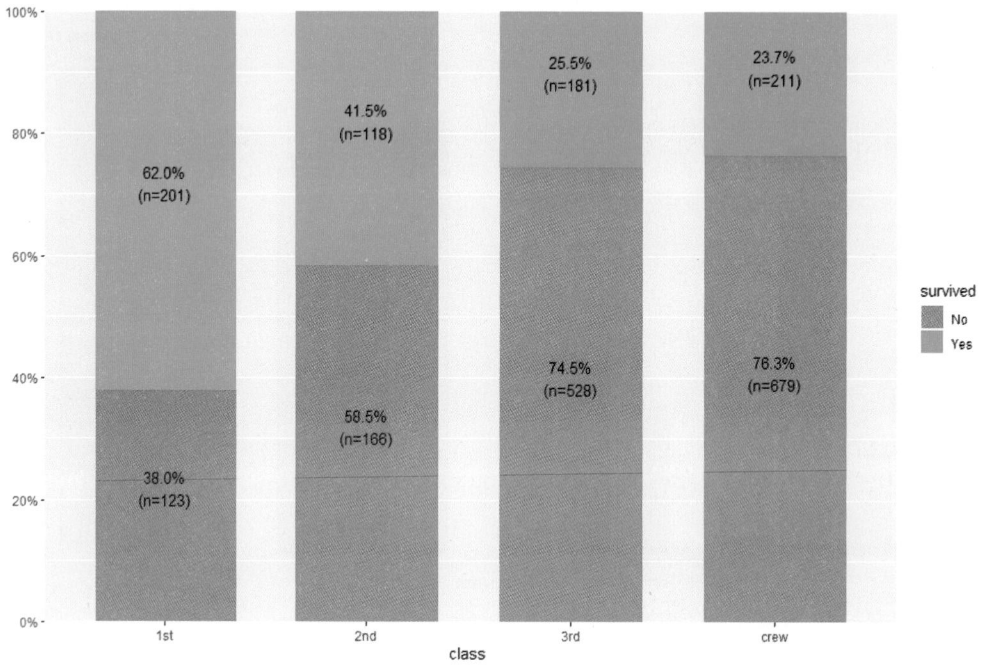

여기서 타이태닉호 승객들의 등급과 생존여부에 대한 카이스퀘어 검정값과 두 변수 간의 연관성 정도를 나타내는 Cramer's V값을 나타내고자 한다면 show.summary=TRUE를 추가하면 된다(앞에서 분석한 카이스퀘어 검정값 Chi^2=187.3과 동일함을 알 수 있다). 그리고 x축과 y축을 변경하였다.

```
> plot_xtab(titanic$class, titanic$survived, margin="row", bar.pos="stack",
  show.summary=TRUE, coord.flip=TRUE, geom.colors=NULL)
```

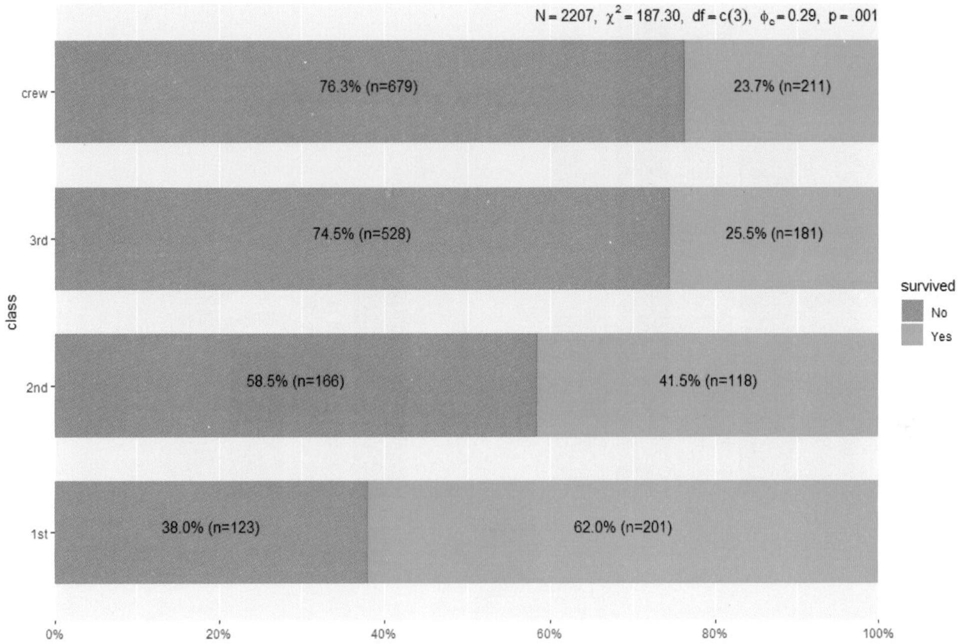

이번에는 행과 열의 변수를 서로 바꾸면 다음과 같은 결과를 얻을 수 있으며, 1, 2, 3등급의 승객과 승무원 중에서 1등급 승객들의 생존율(62.0%)이 가장 높고, 승무원들의 생존율(23.7%)이 가장 낮음을 알 수 있다. 그리고 전체 생존율은 32.2%였다.

```
> plot_xtab(titanic$survived, titanic$class, title=NULL)
```

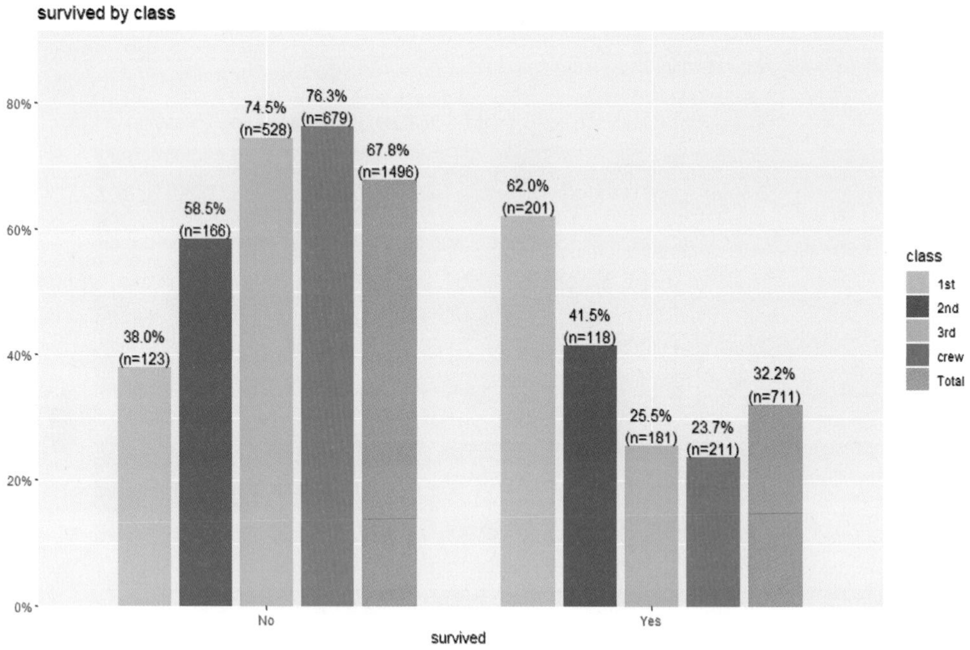

이를 누적 그래프로 나타내면 다음과 같으며, 생존자 그룹에서 각 등급의 승객이 차지하는 비중이 제시되었음을 알 수 있다. 즉, 앞에서 살펴본 교차표에서 열(column) 퍼센트와 동일함을 알 수 있다.

```
> plot_xtab(titanic$survived, titanic$class, margin="row", bar.pos="stack",
  geom.colors=NULL)
```

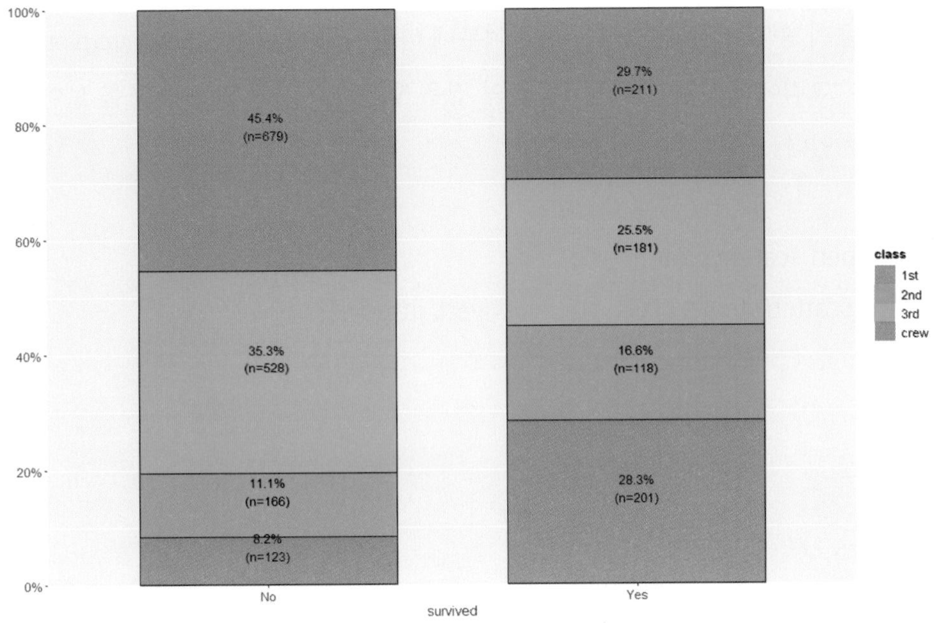


```
> plot_xtab(titanic$survived, titanic$class, margin="row", bar.pos="stack",
  coord.flip=TRUE, geom.colors=NULL)
```

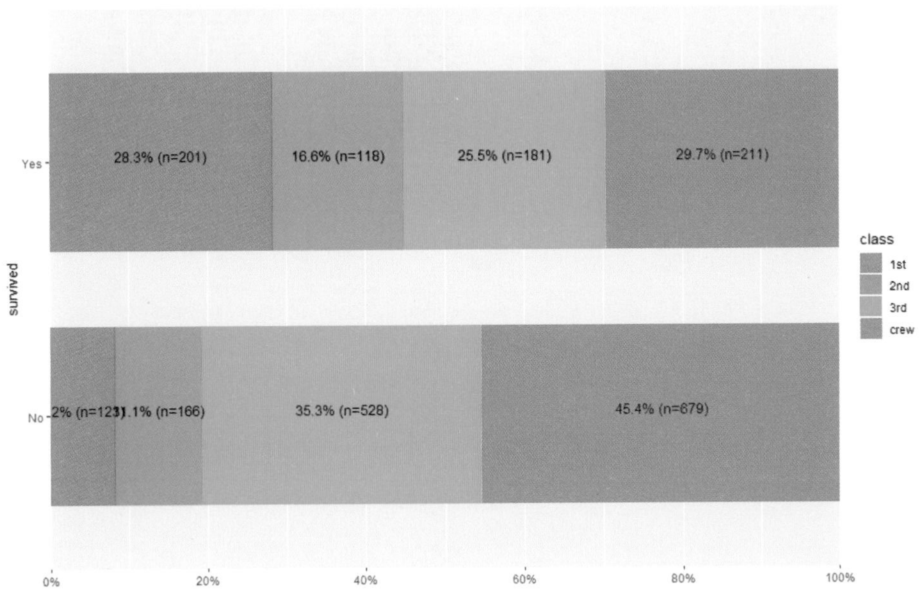

26.4 다원형 그래프(multivariate graphs)

이번에는 세 변수 이상을 활용하여 다원형 그래프를 만들어 보자. 먼저 다음과 같이 타이태닉호의 승객 등급과 연령을 생존여부에 따라 구분하여 산점도(scatterplot)로 제시해 보자. 그림에서 보는 것처럼 1등급의 경우 생존자가 가장 많은 분포를 보이고 있음을 알 수 있다.

```
# grouped scatter plot
> plot_scatter(titanic, class, age, survived, jitter=.4)
```

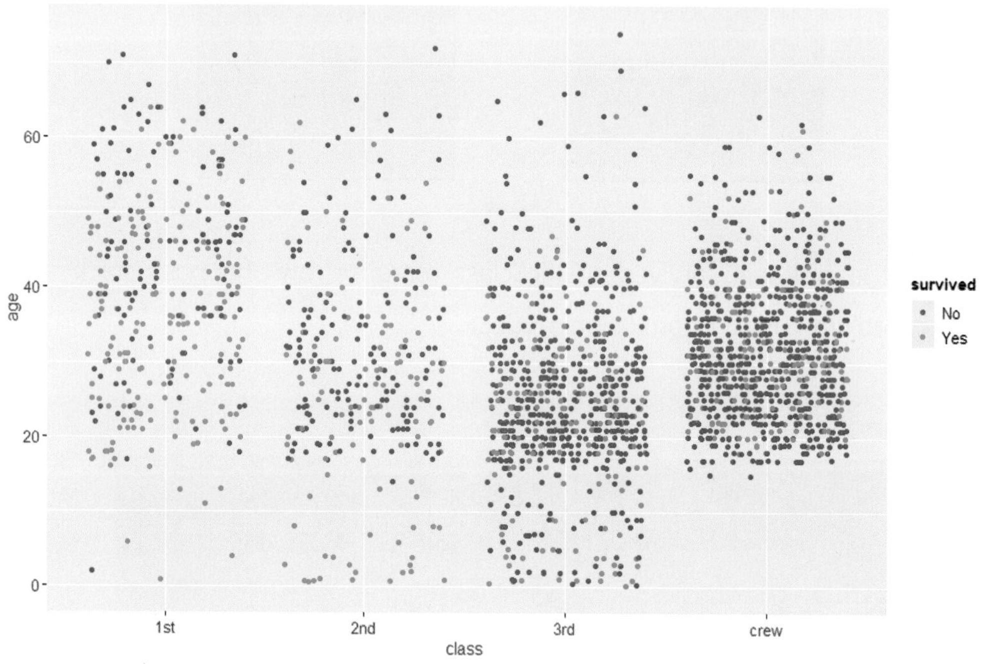

이번에는 대학교수들의 연봉을 박사학위 후 기간과 연봉과의 관계를 보여 주는 산점도로 나타냈으며, 교수 직위별로 제시하면 다음과 같다.

```
> plot_scatter(Salaries, yrs.since.phd, salary, rank)
```

그림에서 보는 것처럼 조교수(AsstProf)의 연봉이 가장 낮고 교수(Prof)들의 연봉이 가장 높게 나타남을 알 수 있다.

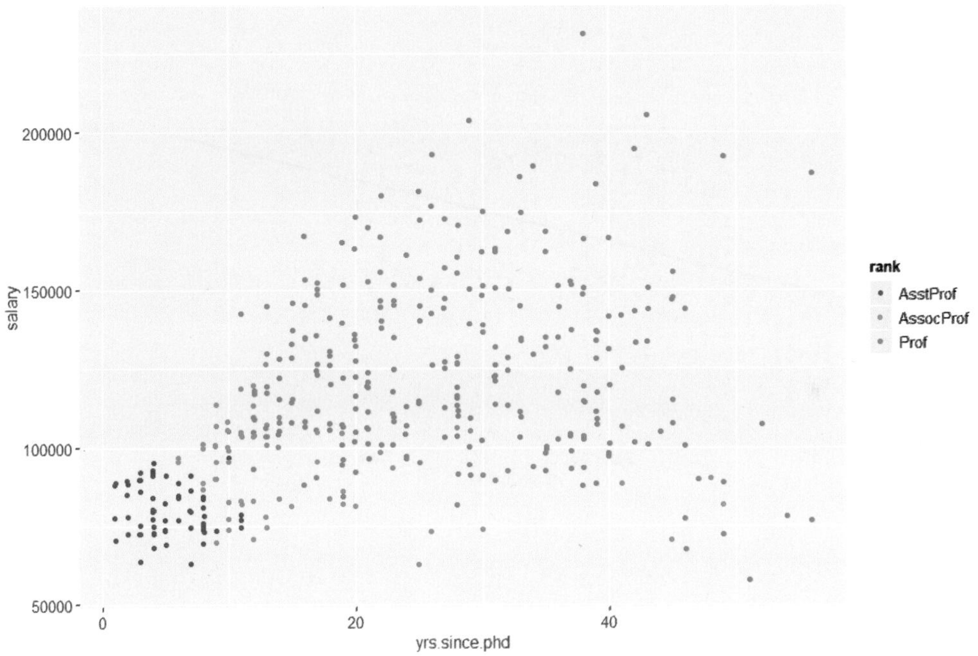

이번에는 앞의 산점도에 회귀선을 추가해 보자. 다음 그림에서 보는 것처럼 박사학위 후 기간이 지날수록 연봉은 증가하는 것으로 나타난다.

```
> plot_scatter(Salaries, yrs.since.phd, salary, rank, fit.line="lm")
```

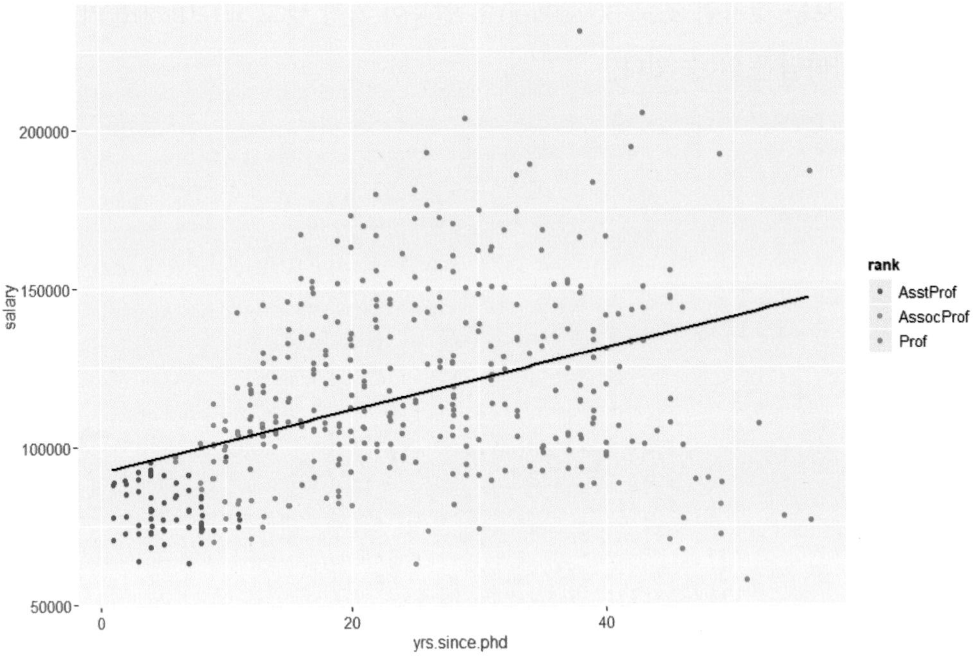

이번에는 grid 옵션을 이용하여 교수의 직위별로 회귀선을 추가하면 다음 그림에서 보는 것처럼 조교수와 부교수의 경우에는 박사학위 후 기간이 지날수록 연봉이 감소하는 것으로 나타나며, 정교수의 경우에는 별다른 변화가 없음을 알 수 있다.

```
> plot_scatter(Salaries, yrs.since.phd, salary, rank, fit.grps="lm", grid=T)
```

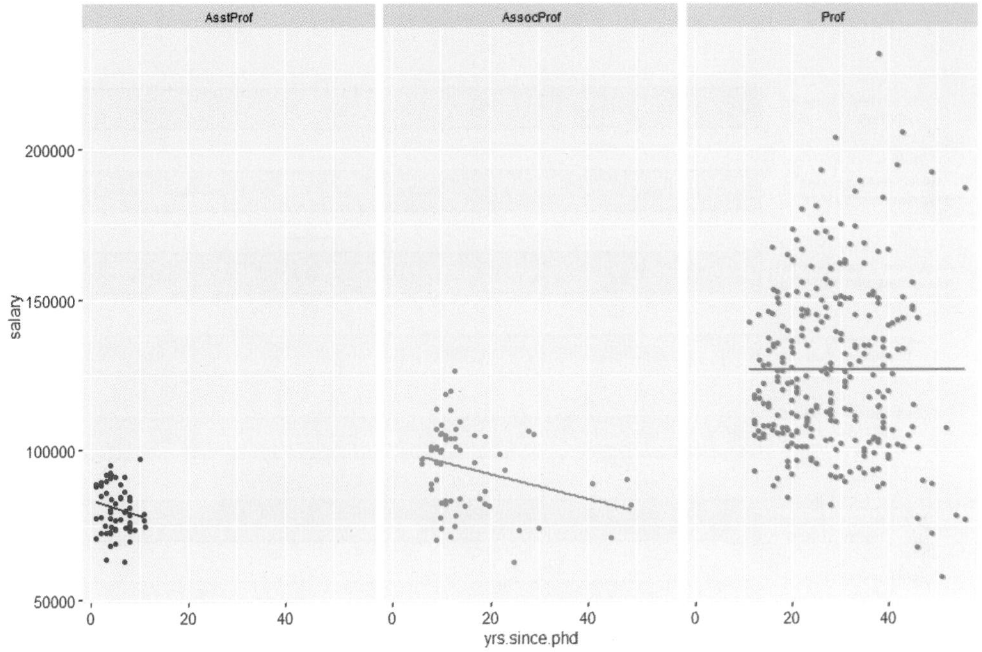

이번에는 plot_stackfrq( ) 기능을 활용하여 누적 비율 그래프(stacked proportional bars)를 만들어 보자. 여기에 사용할 데이터는 유럽의 노인에 대한 가족 부양 데이터(efc)이며, 이중 돌봄(caregiving) 제공자로서 돌봄에 대해 느끼는 점들에 대한 9개 항목 척도(COPE-Index)이다.

```
> plot_stackfrq(efc[, 6:14], geom.colors=NULL)
```

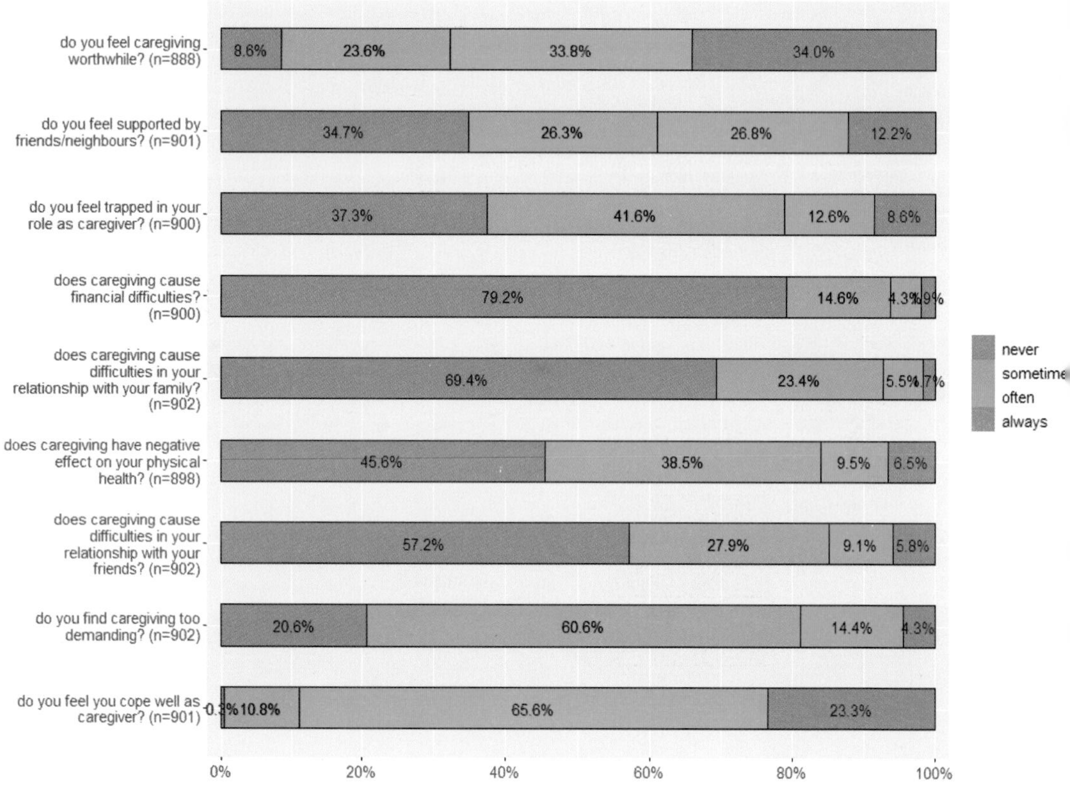

이번에는 돌봄 제공자(care giver)의 성별에 따라 돌봄에 대한 느낌의 항목을 제시하면 다음과 같으며, 남녀 간에 별다른 차이가 없음을 알 수 있다.

```
> library(dplyr)
> efc %>%  group_by(c161sex) %>% select(6:14) %>%
  plot_stackfrq(geom.colors=NULL)
```

남성

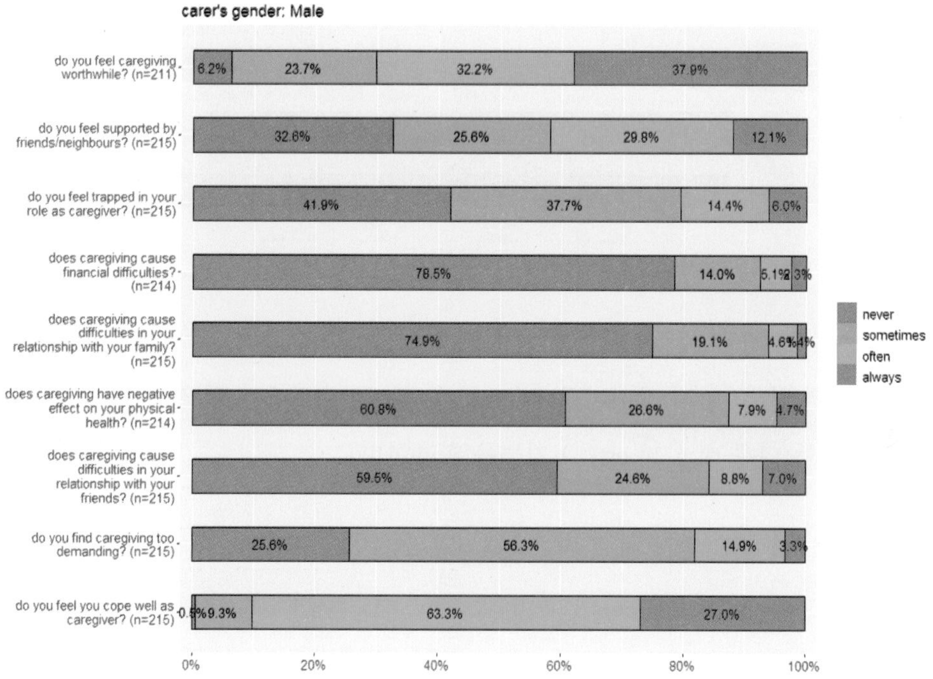

여성

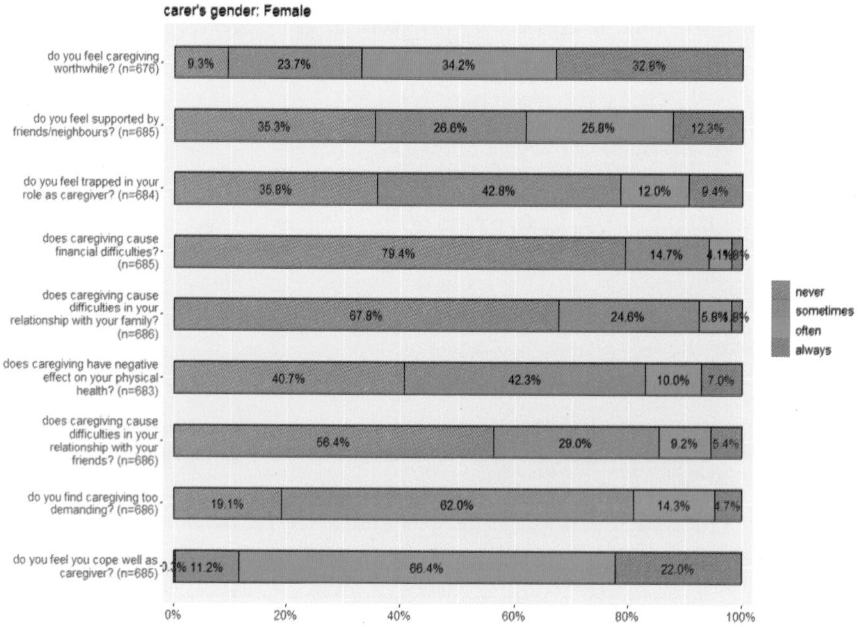

이번에는 돌봄 제공자들이 느끼는 척도(COPE-Index)를 리커트 척도 방식으로 시각화하면 다음과 같다. 먼저 변수이름에 "cop"가 있는 변수들을 모두 선택하여 하위데이터 셋으로 만든 다음 plot_likert( ) 기능을 활용한다.

```
> mydf <- find_var(efc, pattern="cop", out="df")
> plot_likert(mydf)
```

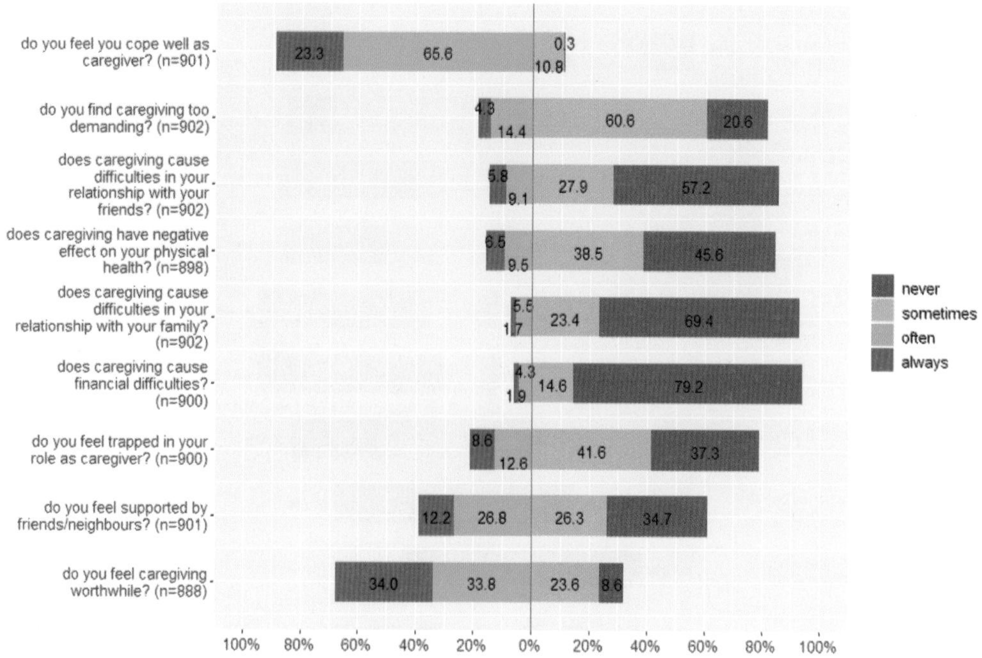

```
> plot_likert(mydf, grid.range=c(1.2, 1.4), expand.grid=FALSE, values=
  "sum.outside", show.prc.sign=TRUE)
```

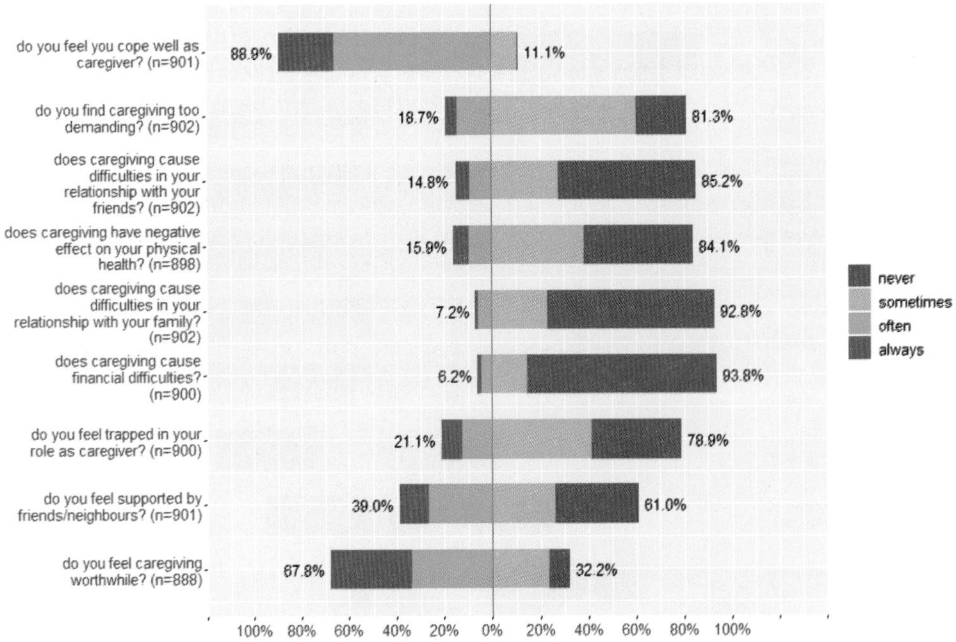

참고문헌

권재명(2017). 실리콘밸리 데이터과학자가 알려주는 따라 하며 배우는 데이터 과학. 서울: 제이펍.

김태근(2006). u-Can 회귀분석. 서울: 인간과 복지.

문건웅(2015). 의학논문 작성을 위한 R 통계와 그래프. 서울: 한나래출판사.

박완주, 황성동(2013). 교사의 주의력결핍과잉행동장애에 대한 지식정도와 공감수준이 교육적 중재에 미치는 영향: 공감의 매개효과를 중심으로. 정신간호학회지, 22(1), 45-55.

성태제(2019). 알기 쉬운 통계분석(3판). 서울: 학지사.

안재형(2011). R을 이용한 누구나 하는 통계분석. 서울: 한나래출판사.

조민호(2016). 빅데이터 분석을 위한 R 프로그래밍. 서울: 정보문화사.

조인호(2017). R을 이용한 실무데이터분석. 서울: 데이타솔루션 비정기교육 자료.

홍세희(2000). 구조방정식 모형의 적합도 지수 선정기준과 그 근거. 한국 심리학회지: 임상, 19, 161-177.

홍세희(2007). 구조방정식 모형의 이론과 응용. 연세대학교 사회복지학과.

홍세희(2011). 구조방정식 모형: 중급. S&M 리서치 그룹.

황성동(2019). 누구나 할 수 있는 jamovi 통계분석. 서울: 학지사.

Adhikari, A., & DeNero, J. (2018). *Computational and Inferential Thinking: The Foundations of Data Science.* UC Berkeley.

Arbuckle, J. L. (2014). Amos 23.0 User's Guide. Chicago: IBM SPSS.

Beaujean, A. A. (2014). Latent Variable Modeling Using R: A Step-by-Step Guide. New York: Routledge.

Bollen, K. A. (1989). *Structural Equations with Latent Variables.* John Wiley & Sons.

Browne, M. W., & Cudeck, R. (1992). Alternative ways of assessing model fit. *Sociological Methods and Research, 21*, 230-258.

Casas, P. (2018). funModeling: Exploratory Data Analysis and Data Preparation Tool-Box Book. R package version 1.6.7. https://CRAN.R-project.org/package=funModeling

Chang, W. (2013). *R Graphics Cookbook.* Sebastopol, CA: O'Reilly.

Epskamp, S. (2017). Package: semPlot. R pakage version 1.1. http://CRAN.R-project.org/package= semPlot, March 27, 2017.

Fabrigar, L. R., Wegener, D. T., MacCallum, R. C., & Strahan, E. J. (1999). Evaluating the use of exploratory factor analysis in psychological research. *Psychological Methods, 4*(3), 272-299.

Finch, W. H., & French, B. F. (2015). Latent Variable Modeling with R. New York: Routledge.

Fox, J., & Weisberg, S. (2020). *car: Companion to Applied Regression.* [R package]. Retrieved from https://cran.r-project.org/package=car

Jackman, S. (2017). pscl: Classes and Methods for R Developed in the Political Science Computational Laboratory. United States Studies Centre, University of Sydney. Sydney, New South Wales, Australia. R package version 1.5.2. URL https://github.com/atahk/pscl/

Kabacoff, R. I. (2015). *R in Action* (2nd ed.). Shelter Island, NY: Manning Publications.

Kabacoff, R. I. (2020). Data Visualization with R. Quantitative Analysis Center, Wesleyan University. https://rkabacoff.github.io/datavis/.

Lander, J. P. (2014). *R for Everyone: Advanced Analytics and Graphics.* Indianapolis, IN: Addison- Wesley.

Long, J. S., & Freese, J. (2014). *Regression Models for Categorical Dependent Variables Using Stata* (3rd ed.). Stata Press.

Ludecke, D. (2020). sjPlot: Data Visualization for Statistics in Social Science. R package version 2.8.4 http://CRAN.R-project.org/package=sjPlot.

Makowski, D. (2018). The psycho Package: An Efficient and Publishing-Oriented Workflow for Psychological Science. *Journal of Open Source Software, 3*(22), 470. https://doi.org/10.21105/ joss.00470

Muthen, L. K., & Muthen, B. O. (2017). *Mplus User's Guide.* Eighth Edition. Los Angeles, CA: Muthen & Muthen.

R Core Team (2021). R: A language and environment for statistical computing. R Foundation for Statistical Computing, Vienna, Austria. URL https://www.R-project.org/.

Revelle, W. (2018) psych: Procedures for Personality and Psychological Research, Northwestern University, Evanston, Illinois, USA, https://CRAN.R-project.org/package=psych Version = 1.8.4.

Rosseel, Y. (2012). lavaan: An R package for structural equation modeling, *Journal of Statistical Software, 48*(2), 1−36. URL http://www.jstatsoft.org/v48/i02/.

Rosseel, Y. (2014). Structural equation modeling with lavaan. Presented at Summer School-sing R for personality research at Bertinoro, Italy.

Rosseel, Y. et al. (2020a). *Package 'lavaan'.* R pakage version 0.6−7. http://CRAN.R-project.org/ package=lavaan, July 31, 2020.

Rosseel, Y. (2020b). *The lavaan tutorial.* Department of Data Analysis, Ghent University, Belgium, August 2, 2020.

Schumacker, R. E. (2016). *Using R with Multivariate Statistics.* Thousand Oaks, CA: Sage Publications.

Venables, W. N., & Ripley, B. D. (1999) *Modern Applied Statistics with S-PLUS.* Third Edition. Springer.

Wheaton, B., Muthén, B., Alwin, D., & Summers, G. (1977). Assessing reliability and stability in panel models. In D. R. Heise (Ed.), *Sociological Methodology* 1977 (pp. 84−136). San Francisco: Jossey-Bass.

Wickham, et al. (2019). Welcome to the tidyverse. *Journal of Open Source Software, 4*(43), 1686, https://doi.org/10.21105/joss.01686.

Wickham, H. (2016). *ggplot2: Elegant Graphics for Data Analysis.* Springer-Verlag New York. ISBN 978−3−319−24277−4, https://ggplot2.tidyverse.org.

Wickham, H., & Grolemund, G. (2017). *R for Data Science.* Sebastopol, CA: O'Reilly.

찾아보기

저자 소개

황성동(Hwang, Sung-Dong)

〈학력 및 주요 경력〉

부산대학교 사회복지학과 (학사)

미국 West Virginia University (석사)

미국 University of California, Berkeley (박사)

행정고시, 입법고시, 사회복지사(1급) 출제위원 역임

건국대학교 교수, LG 연암재단 해외 연구교수, UC DATA 연구원 역임

현 경북대학교 사회복지학부 교수 및 사회과학연구원 데이터분석센터장

〈주요 저서 및 논문〉

『R을 이용한 메타분석』 (2판, 학지사, 2020)

『누구나 할 수 있는 jamovi 통계분석』 (학지사, 2019)

『알기 쉬운 사회복지조사방법론』 (2판, 학지사, 2015)

「Licensure of Sheltered-Care Facilities: Does It Assure Quality?」 (Social Work)

「한국 학령기 ADHD 아동을 위한 인지행동중재의 효과 연구: 메타분석」 (대한간호학회지)

sungdong@knu.ac.kr

쉽게 하는
R 통계분석
Easy Statistical Analysis with R

2021년 9월 5일 1판 1쇄 인쇄
2021년 9월 10일 1판 1쇄 발행

지은이 • 황성동
펴낸이 • 김진환
펴낸곳 • (주) 학지사
04031 서울특별시 마포구 양화로 15길 20 마인드월드빌딩
대표전화 • 02)330-5114 팩스 • 02)324-2345
등록번호 • 제313-2006-000265호

홈페이지 • http://www.hakjisa.co.kr
페이스북 • https://www.facebook.com/hakjisa

ISBN 978-89-997-2399-5 93310

정가 25,000원